T0297645

Getriebetechnik

Hanfried Kerle · Burkhard Corves · Mathias Hüsing

Getriebetechnik

Grundlagen, Entwicklung und Anwendung ungleichmäßig übersetzender Getriebe

5., überarbeitete und erweiterte Auflage

Hanfried Kerle
Braunschweig, Deutschland

Burkhard Corves
Mathias Hüsing
Aachen, Deutschland

ISBN 978-3-658-10056-8
DOI 10.1007/978-3-658-10057-5

ISBN 978-3-658-10057-5 (eBook)

Die Deutsche Nationalbibliothek verzeichnet diese Publikation in der Deutschen Nationalbibliografie; detaillierte bibliografische Daten sind im Internet über http://dnb.d-nb.de abrufbar.

Bis zur 3. Auflage erschien dieses Werk unter dem Titel "Einführung in die Getriebelehre"

Springer Vieweg

Lektorat: Thomas Zipsner

Gedruckt auf säurefreiem und chlorfrei gebleichtem Papier.

Springer Fachmedien Wiesbaden GmbH ist Teil der Fachverlagsgruppe Springer Science+Business Media
(www.springer.com)

Vorwort

Die Tatsache, dass das Fachbuch „Getriebetechnik" jetzt in der 5. Auflage vorliegt, belegt eindeutig das vorhandene und zugleich stetig wachsende Interesse der Maschinenbaustudenten und -ingenieure an der Bewegungstechnik, an der Lehre vom Erzeugen mechanischer Bewegungen mit Hilfe ungleichmäßig übersetzender Getriebe. Das kleine Lehrbuch über Gelenk- und Kurvengetriebe ist inzwischen um ein neues Kapitel über Rädergetriebe erweitert worden und hat damit – durch die Kombination von gleichmäßig und ungleichmäßig übersetzenden Getrieben – nach Meinung der Autoren den Nutzen für Studierende und Anwender vergrößert.

Der Inhalt des Buches reicht für eine zweisemestrige Vorlesung. Die Übungsbeispiele mit Lösungen zu den einzelnen Kapiteln sind weiterhin auf der Webseite des Instituts für Getriebetechnik und Maschinendynamik (IGM) der RWTH Aachen einseh- und abrufbar. Für die Lösung der Übungsaufgaben ist neben dem Programm „Cinderella" das Programm „GeoGebra" neu hinzugekommen; beide Geometrieprogramme sind dynamisch interaktiv, d. h. sie lassen sich intuitiv bedienen und passen sowohl die Aufgabenstellung als auch die zugehörige Lösung unmittelbar den Eingaben des Anwenders an. Wie schon für die 4. Auflage ist auch hier der Anhang des Buches mit den Praxisbeispielen besonders zu erwähnen. Die Praxisbeispiele sollen den breiten Anwendungsbezug für getriebetechnische Lösungen im Maschinenbau aufzeigen und Anregungen für eigene Lösungen bieten.

Auf Anregung des Verlags sind zwei wichtige Neuerungen hinzugekommen: Einerseits enthalten einige Abbildungen jetzt farbliche Elemente und werden dadurch für den Leser attraktiver und aussagekräftiger. Andererseits ist die 5. Auflage des Buches mit eBook-Funktionalität ausgestattet worden; neben der Print-Version gibt es zugleich die elektronische Version, die auf unterschiedlichen Endgeräten zu lesen bzw. mobil zu verwenden ist. Mit Hilfe von QR-Codes gelangt der Leser zügig zu den Übungsbeispielen auf der Webseite des IGM. In den Literaturverzeichnissen zu den einzelnen Kapiteln erscheinen Links, die über sog. Identifier den Weg auf die Webseite des Portals „Digitale Mechanismen- und Getriebebibliothek (DMG-Lib)" weisen (www.dmg-lib.org). DMG-Lib wurde von 2004 bis 2009 von der Deutschen Forschungsgemeinschaft als Leistungszentrum für Forschungsinformation gefördert und wird von der TU Ilmenau federführend betreut. Das Portal mit Informationen über Personen, Literatur, Mechanismenbeschreibungen und -sammlungen zur Getriebetechnik ist inzwischen durch das von der EU geförderte Projekt

„thinkMotion" (www.thinkmotion.eu/) weltweit vernetzt und eine Fundgrube für interessierte Leser und Anwender. Das DMG-Lib-Portal ist somit zum Aufbewahrungsort des Fachwissens über Getriebetechnik für zukünftige Generationen von Maschinenbauingenieuren geworden.

Die 1. Auflage des Fachbuches „Getriebetechnik" erschien im Jahre 1998 und entstand aus einem Vorlesungsskript des erstgenannten Autors an der TU Braunschweig. Damals wie heute ist die Grundlage für das Erscheinen des Buches Teamarbeit zwischen den Autoren, ihren engagierten Mitarbeitern und dem Verlag. Es ist den Autoren ein besonderes Anliegen, Herrn Peter Markert, ehemaliger Leiter der Konstruktion am IGM der RWTH Aachen, für die fachliche und technische Umsetzung ihrer Ideen und für die Arbeiten am Layout des Buches zu danken. Dank gebührt ferner Herrn Thomas Zipsner, Cheflektor des Springer Vieweg Verlags für die Beratung und Betreuung sowie gute Ausstattung des Buches.

Braunschweig und Aachen im Oktober 2015

Hanfried Kerle
Burkhard Corves
Mathias Hüsing

Weitere Informationen

Bezeichnungen, Vereinbarungen und Einheiten

In diesem Buch werden Vektoren als gerichtete Größen, wie z. B. Kräfte $\vec{F}$, Geschwindigkeiten $\vec{v}$ und Beschleunigungen $\vec{a}$, mit einem obenliegenden Pfeil gekennzeichnet; gelegentlich verbindet ein solcher Pfeil zwei Punkte A und B und gibt dadurch Anfangs- und Endpunkt des Vektors an: $\overrightarrow{AB}$. Mit $\overline{AB}$ ist dann der Betrag dieses Vektors (Strecke zwischen A und B) gemeint. Matrizen werden durch Fettdruck hervorgehoben. Für Matrizen und Vektoren bedeutet ein „T„ als Hochindex, z. B. $\mathbf{J}^{\mathrm{T}}$, die transponierte oder Zeilenform; mit $\mathbf{J}^{-1}$ wird die Inverse (Kehrmatrix) von $\mathbf{J}$ bezeichnet.

Zur Vereinheitlichung der Schreibweisen für kinematische und (kineto-)statische Größen ist im Gegensatz zu den früheren Auflagen dieses Buchs die Doppelindizierung für innere Kräfte vertauscht worden: Die Gelenkkraft $\vec{G}_{ij}$ wirkt auf das Getriebeglied i und kommt vom Glied j. Entsprechendes gilt für Federkräfte und Reibmomente zwischen den Gliedern i und j.

Normalerweise ist dem Gestell eines Getriebes die Zahl 1 zugeordnet. Gelegentlich wird jedoch zusätzlich in den Abbildungen für das Gestell die Zahl 0 vergeben, um mit den Bezeichnungen in einigen Beiträgen der Kapitelliteratur konform zu gehen.

Die Maßeinheiten richten sich nach dem SI-Einheitensystem mit den Grundeinheiten m für die Länge, kg für die Masse und s für die Zeit; abgeleitete kohärente Einheiten sind dann z. B. 1 N(ewton) $= 1\,\mathrm{kgm/s^2}$ für die Kraft, 1 Pa(scal) $= 1\,\mathrm{N/m^2}$ für den Druck und 1 W(att) $= 1\,\mathrm{Nm/s}$ für die Leistung.

Dynamische Geometriesoftware (DGS)

Dynamische Geometriesoftware (DGS) bietet vielfältige Möglichkeiten für die Synthese und Analyse von Getrieben und Mechanismen. In der Regel ist sie intuitiv bedienbar und bietet damit einen einfachen Zugang für Interessierte. Es gibt viele verschiedene DGS-Programme. Für die vorliegende Auflage wurden Übungsaufgaben mit zwei DGS-Programmen erstellt. Es handelt sich um die Programme „Cinderella“ und „GeoGebra“. Beide Programme sind für die nicht-kommerzielle Nutzung kostenlos per Download zu erhalten.

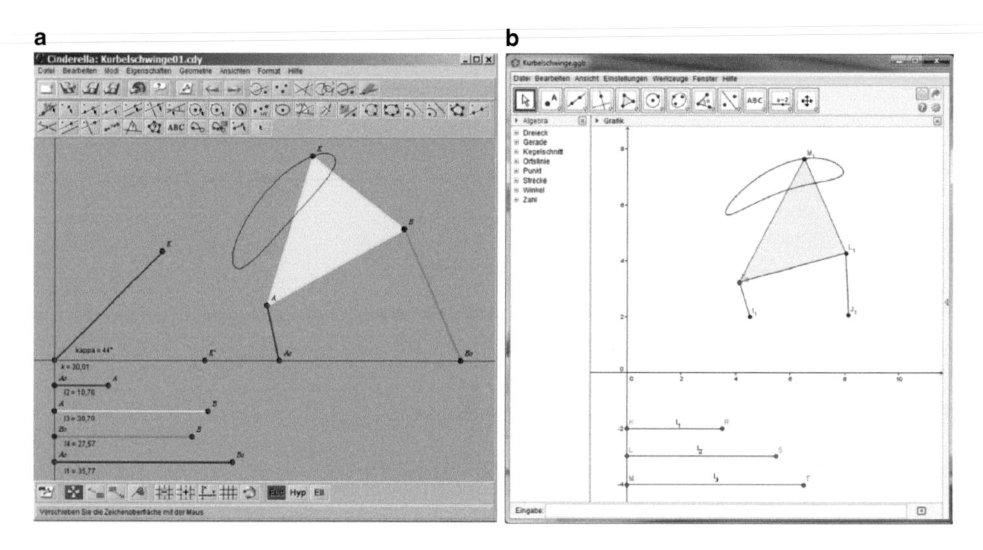

Abb. 1 Kurbelschwinge: **a** „Cinderella"-Display und **b** „GeoGebra"-Display

„Cinderella" wurde von Wissenschaftlern der TU München und der PH Schwäbisch Gmünd entwickelt mit dem Anspruch, mathematisch robust und dennoch einfach benutzbar zu sein.

„GeoGebra" bietet darüber hinaus neben den geometrischen auch algebraische Funktionalitäten. Es wurde von einem Wissenschaftler der Universität Salzburg initiiert und wird von einer breiten Internet-Community weiterentwickelt.

DGS-Programme sind mausgeführt und interaktiv. Sie erlauben auf einfache und intuitive Weise die Erstellung geometrischer Konstruktionen auf dem Rechner. Die Basiselemente der Konstruktionen werden mit der Maus „gegriffen" und können auf dem Bildschirm bewegt werden. Dabei folgt die ganze Konstruktion der Bewegung in konsistenter Weise, so dass auf sehr anschauliche Art das „dynamische" Verhalten der geometrischen Konstruktion erkundet werden kann.

Außerdem lassen sich Ortskurven und sonstige kinematische Diagramme darstellen, eine Besonderheit, die gerade für die Anwendung in der Getriebetechnik von großer Bedeutung ist. So können mit dieser Funktionalität beispielsweise die Koppelkurven von Getrieben gezeichnet werden.

Bei beiden Geometrieprogrammen besteht die Möglichkeit, die geometrische Konstruktion als HTML-File zu speichern. Diese sind dann auch außerhalb der Programmumgebung verwendbar. Dabei gibt es zwei Varianten: eine rein animierte Version, die die Bewegung des Getriebes zeigt, oder eine interaktive Version, die das Verändern verschiedener geometrisch-kinematischer Daten des Getriebes erlaubt.

Neben den in der 5. Auflage enthaltenen Übungsaufgaben gibt es vertiefende Übungsaufgaben, die dem Benutzer in der Form von Datensätzen für die Aufgabenstellung und für die Musterlösung als „Cinderella"-Files, „GeoGebra"-Files oder als HTML-Files zur Verfügung stehen. Die Datensätze können auf der Internetseite

http://www.igm.rwth-aachen.de/index.php?id=DGS0

zusammen mit einer kurzen Anleitung heruntergeladen werden. Für die HTML-Files ist lediglich ein üblicher JAVA-fähiger Browser erforderlich. Für die weitergehende Verwendung von DGS-Files ist es erforderlich, eine lauffähige Version des jeweiligen Programms zu installieren. Informationen hierzu sind unter

http://www.cinderella.de

http://www.geogebra.org

zu finden.

Inhaltsverzeichnis

Über die Autoren

Univ.-Prof. Dr.-Ing. Burkhard Corves
Geboren 1960 in Kiel; von 1979 bis 1984 Studium des Maschinenbaus, Fachrichtung Kraftfahrwesen, an der RWTH Aachen, dort von 1984 bis 1991 wissenschaftlicher Mitarbeiter und Oberingenieur am Institut für Getriebetechnik und Maschinendynamik (IGM), 1989 Promotion auf dem Gebiet Kinematik und Dynamik von Handhabungsgeräten, von 1991 bis 2000 Projektleiter im Bereich Forschung und Entwicklung für Hohlglasproduktionsanlagen bei der Fa. Emhart Glass SA, Schweiz, 2000 Berufung zum Universitätsprofessor und Direktor des IGM der RWTH Aachen.

Prof. Dr.-Ing. Mathias Hüsing
Geboren 1961 in Cloppenburg, von 1981 bis 1988 Studium des Maschinenbaus an der Universität Hannover mit der Studienrichtung „Konstruktiver Maschinenbau", von 1988 bis 1995 wissenschaftlicher Mitarbeiter und seit 1991 Oberingenieur am Institut für Getriebetechnik und Maschinendynamik (IGM) der RWTH Aachen, 1995 Promotion auf dem Gebiet der Toleranzuntersuchung von ungleichmäßig übersetzenden Getrieben, seit 2012 Akademischer Direktor am IGM, seit 2010 Lehrauftrag für das Fach „Maschinendynamik starrer Systeme“ und seit 2015 außerplanmäßiger Professor an der RWTH Aachen.

Akad. Direktor i. R. Dr.-Ing. Hanfried Kerle
Geboren 1941 in Kiel, von 1961 bis 1967 Studium des Maschinenbaus mit dem Schwerpunkt Mechanik und Werkstoffkunde an der Technischen Hochschule Braunschweig, von 1967 bis 1973 wissenschaftlicher Assistent am Institut für Getriebelehre und Maschinendynamik der umbenannten Technischen Universität Braunschweig, 1973 Promotion mit einer Dissertation über Kurvengetriebe, von 1973 bis 1990 Oberingenieur bzw. Akadem. Oberrat am selben Institut, von 1990 bis 1999 am neu errichteten Institut für Fertigungsautomatisierung und Handhabungstechnik (FH), von 1999 bis 2004 Leiter der Abteilung „Fertigungsautomatisierung und Werkzeugmaschinen“ am Institut für Werkzeugmaschinen und Fertigungstechnik der TU Braunschweig, von 1994 bis 2004 Lehrauftrag für das Fach „Getriebelehre (Mechanismen)“ an der TU Braunschweig.

Einführung

1

Zusammenfassung

Dieses Kapitel grenzt die gleichmäßig übersetzenden Getriebe, z. B. Zahnradgetriebe, von den ungleichmäßig übersetzenden Getrieben ab, die Thema dieses Buches sind. Die Getriebetechnik wird in drei Hauptgebiete unterteilt: Getriebesystematik, Getriebeanalyse und Getriebesynthese. Der Leser erhält anhand von Bildern einen Einblick in Technikbereiche, in denen Getriebe als Bewegungs- und Kraftübertragungsbaugruppen eine große Rolle spielen. Am Beispiel einer getriebetechnischen Aufgabe werden grundlegende Fragen erörtert und für die Antworten auf die entsprechenden Kapitel des Buches verwiesen. Hinweise auf weitere Hilfsmittel schließen das Kapitel ab.

1.1 Aufgaben und Inhalt der Getriebetechnik

Die Getriebetechnik oder Getriebelehre ist eine grundlegende Ingenieurwissenschaft, die eine breite Anwendung im Maschinen- und Gerätebau findet. Sie ist einerseits eine Querschnittswissenschaft für viele Ingenieurzweige, andererseits ordnet sie sich noch am besten zwischen der Mechanik und der Konstruktion ein: Mit Hilfe getriebetechnischer Methoden werden technologische Aufgabenstellungen – z. B. in der Produktionstechnik – im Bereich der Bewegungs- und Kraftübertragungen in Konstruktionen umgesetzt, d. h. es werden Getriebe analysiert und entwickelt und das Zusammenwirken einzelner, miteinander beweglich verbundener Funktionsteile von Maschinen und Geräten erforscht. Die Getriebetechnik hat die Aufgabe, die vielfältigen Erscheinungsformen der Getriebe zusammenzufassen, systematisch zu ordnen und Gesetzmäßigkeiten herauszuarbeiten. Sie bietet Methoden und Verfahren zur Analyse der Eigenschaften und des Verhaltens der Getriebe, verallgemeinert dabei die gewonnenen Erkenntnisse und gibt wissenschaftlich begründete Anleitungen für die Verbesserung und die Neuentwicklung von Getrieben (Volmer 1995, Luck und Modler 1995, Hagedorn et al. 2009, Mallik et al. 1994, Uicker et al. 2011, Steinhilper et al. 1993 und Fricke et al. 2015).

H. Kerle, B. Corves, M. Hüsing, *Getriebetechnik*, DOI 10.1007/978-3-658-10057-5_1

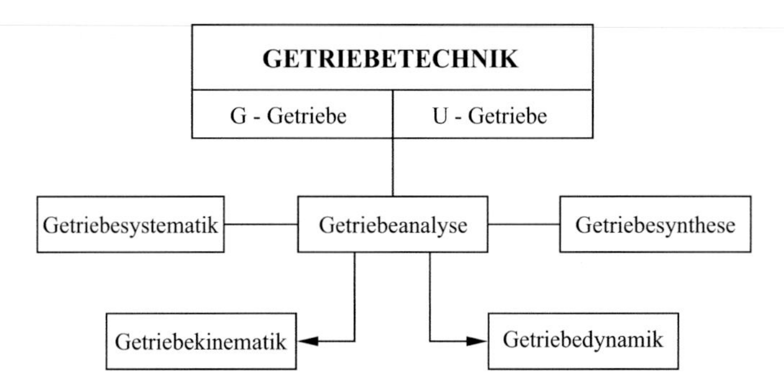

Abb. 1.1 Einteilung der Getriebetechnik

Grundsätzlich wird unterschieden zwischen gleichförmig oder *gleichmäßig übersetzenden Getrieben* (G-Getriebe), z. B. Zahnrad-, Schnecken- oder Riemengetriebe, und ungleichförmig oder *ungleichmäßig übersetzenden* oder periodischen *Getrieben* (U-Getriebe), z. B. Schubkurbelgetriebe oder Kurvengetriebe. Die Gruppe der U-Getriebe soll hier vorrangig behandelt werden.

Der Zweck von Getrieben ist die Umwandlung einer gegebenen in eine gewünschte Bewegung und die Übertragung bestimmter Kräfte und (Dreh-)Momente (Kräftepaare). So wird z. B. bei einem Schubkurbelgetriebe eine Drehung (Rotation) in eine Schiebung (Translation) umgewandelt oder umgekehrt.

Entsprechend den zu lösenden Aufgaben lässt sich die Getriebetechnik in drei Hauptgebiete unterteilen (Abb. 1.1).

Die *Getriebesystematik* als Aufbaulehre behandelt den strukturellen Aufbau und die Aufbauelemente der Getriebe. Gegenstand der *Getriebeanalyse* ist es, Getriebe, deren Aufbau und Abmessungen bekannt sind, zu untersuchen, d. h. zu berechnen, wobei entweder die Bewegungen oder die wirkenden Kräfte im Vordergrund stehen: *Getriebekinematik* oder *Getriebedynamik*. In der Lehre vermittelt die Getriebeanalyse eine geordnete Menge von Gesetzmäßigkeiten, die als Grundlage für die Getriebesynthese benutzt werden (Volmer 1987). Die *Getriebesynthese* umfasst die Entwicklung von Getrieben aus bekannten Aufbauelementen für vorgegebene Forderungen. Hierzu gehören z. B. die Festlegung der Getriebestruktur (Typensynthese), die Bestimmung kinematischer Abmessungen (Maßsynthese) und die konstruktive Gestaltung der Getriebeglieder und Gelenke unter Berücksichtigung statischer und dynamischer Beanspruchungen. Da die Getriebesynthese insofern Kenntnisse in Technischer Mechanik, Maschinendynamik, Werkstoffkunde, Konstruktions- und Fertigungstechnik voraussetzt, ist sie im Allgemeinen schwieriger zu handhaben als die Getriebeanalyse.

Im Zuge einer ständig wachsenden Rechnerleistung und der damit gekoppelten Entwicklung von Programmen konnten die numerischen Schwierigkeiten relativiert, wenn nicht sogar erst durch den Rechnereinsatz bewältigt werden. Eine Reihe von Syntheseverfahren beruht auf der wiederholten Analyse mit systematisch geänderten Abmessungen von Getriebegliedern. Aus einer Vielzahl von Lösungen wird automatisch oder manuell das beste Getriebe anhand der vorgegebenen Forderungen ausgewählt. Man bezeichnet diese Verfahrensweise als *Synthese durch iterative* (systematisch wiederholte) *Analyse* (Volmer 1995).

1.2 Anwendungsgebiete der Getriebetechnik

Die Getriebetechnik umfasst viele Bereiche des Maschinenbaus wie Feingerätetechnik, Fahrzeugtechnik, Textiltechnik, Verpackungsmaschinen, Land-, Druck-, Schneid-, Stanz- und Handhabungstechnik.

Mechanische Robustheit, Zuverlässigkeit und Wirtschaftlichkeit sprechen dafür, Baugruppen und komplette Maschinen für die vorgenannten Bereiche mit den Mitteln der Getriebetechnik zu entwerfen und auszulegen. Die wachsende Bedeutung elektrischer, elektronischer und anderer Bauelemente steht dazu nicht im Gegensatz, sondern erweitert und ergänzt die Palette der Lösungsmöglichkeiten für den Ingenieur im Maschinen- und Gerätebau. Durch den Einsatz zusätzlicher elektrischer, hydraulischer, pneumatischer und anderer Antriebselemente (z. B. *Formgedächtnisaktoren*) bei der Lösung von Bewegungsaufgaben entsteht oft erst die gewünschte Flexibilität. Ein von einem Rechner gesteuerter Antrieb kann sensorgeführt als Hauptantrieb unterschiedlichen Belastungen angepasst werden, ein Vorschaltgetriebe ersetzen oder als Nebenantrieb den Bewegungsbereich eines Getriebes verändern. Für gesteuerte (sensorgeführte) Bewegungen dieser Art wird heute der Begriff *Mechatronik* verwendet. In der Kombination von Mechanik, Elektrotechnik, Elektronik, Hydraulik und Pneumatik wird die Getriebetechnik stets einen wichtigen Platz in den Ingenieurwissenschaften einnehmen.

Einen Eindruck von den vielen Anwendungen unterschiedlicher Getriebe im Maschinenbau vermitteln die Abb. 1.2 bis 1.10.

Abb. 1.2 V6-Motor mit Ventilsteuerung (Werkbild: Mercedes-Benz AG, Stuttgart)

In Abb. 1.2 ist ein Pkw-Ottomotor zu sehen. Das Herz dieses Motors bilden drei sechsgliedrige (ebene) Getriebe auf der Basis jeweils zweier gekoppelter Schubkurbelgetriebe, deren Kolbenbahnen V-förmig angeordnet sind (V6-Motor). Die von der Nockenwelle gesteuerten Ein- und Auslassventile für den Gaswechsel stellen spezielle federkraftschlüssige (ebene) Kurvengetriebe dar.

Ebenfalls einem Verbrennungsmotor zuzuordnen ist der in Abb. 1.3 gezeigte Schraubenkompressor zur Verdichtung der Ansaugluft; die sichtbaren beiden „Schrauben" sind nach einem räumlichen Verzahnungsgesetz konjugiert zueinander gefertigt und bilden mehrfach im Eingriff stehende räumliche Kurvengelenke, die hochgenau gefertigt werden müssen.

Abbildung 1.4 zeigt eine Pkw-Vorderachse, bei der sowohl die Lenkung als auch die beiden Vorderradaufhängungen räumliche Getriebe darstellen, d. h. Getriebe mit windschiefen Bewegungsachsen. Im vorliegenden Fall besitzen die Getriebe einen Freiheitsgrad $F > 1$, um neben der Hauptbewegung „Lenken" bzw. „Einfedern in vertikaler Richtung" noch weitere Einstell- oder Ausgleichsbewegungen zu ermöglichen.

Die automatisierte Montage von Automobilen erfolgt heute größtenteils mit Hilfe von Industrierobotern. Industrieroboter sind ebenfalls räumliche Getriebe, deren Bewegungsachsen vorzugsweise senkrecht oder parallel zueinander liegen oder sich sogar in einem Punkt schneiden. Sie haben als Basis eine sogenannte offene kinematische Kette wie der menschliche Arm, die einzelnen Glieder sind über Dreh- oder Schubgelenke miteinander verbunden. Abbildung 1.5 zeigt einen Roboter mit sechs Bewegungsachsen (Freiheitsgrad $F = 6$) A1 bis A6, die sämtlich Drehachsen darstellen. Die Achsen A1 bis A3 dienen im Wesentlichen der *Positionierung*, die Achsen A4 bis A6 im Wesentlichen der *Orientierung* des Endglieds mit dem Greifer oder Werkzeug im x-y-z-Raum. Dadurch, dass die

Abb. 1.3 Schraubenkompressor mit räumlicher Verzahnung (Werkbild: Mercedes-Benz AG, Stuttgart)

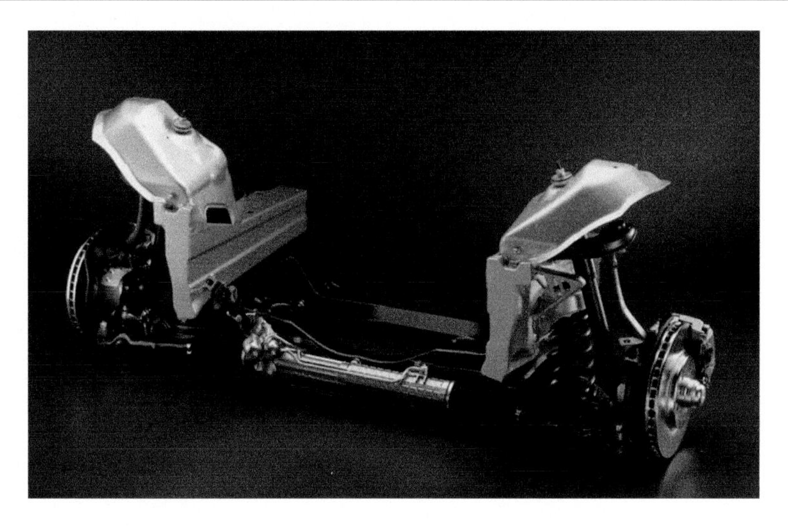

Abb. 1.4 Pkw-Vorderachse (Werkbild: Mercedes-Benz AG, Stuttgart)

Achsen A2 und A3 parallel sind und sich die Achsen A4 bis A6 in einem Punkt schneiden, reduziert sich der Rechenaufwand für die Kinematik des Roboters.

Mechanische Greifer für die Mikromontage, d. h. für die Montage kleiner und kleinster Teile im μm-Bereich, verlangen zwar nur geringe Bewegungen der Greifglieder, diese Bewegungen müssen jedoch synchron und mit höchster Präzision ablaufen. Am ehemaligen Institut für Fertigungsautomatisierung und Handhabungstechnik (IFH) der TU Braunschweig wurde 1997 ein reinraumtauglicher Mikrogreifer aus Kunststoff oder superelastischem Metall mit abriebfreien stoffschlüssigen Gelenken entwickelt und auf einer CNC-Präzisionswerkzeugmaschine gefräst, dessen Greifglieder von neuartigen Aktoren auf der Basis von Formgedächtnislegierungen (FGL) bewegt werden, Abb. 1.6. Die stoff-

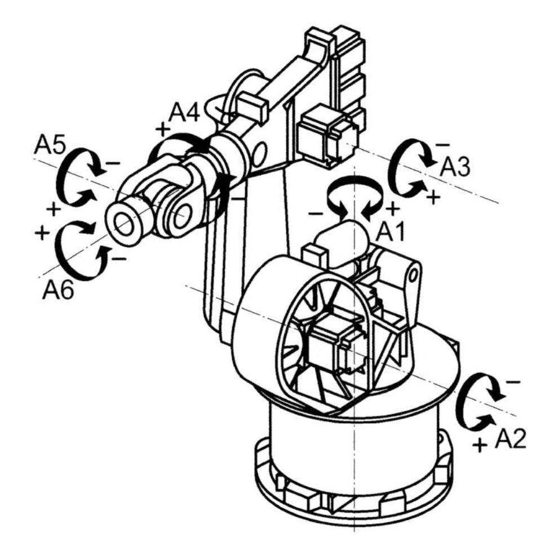

Abb. 1.5 Industrieroboter mit sechs Bewegungsachsen (Werkbild: KUKA Roboter GmbH, Augsburg)

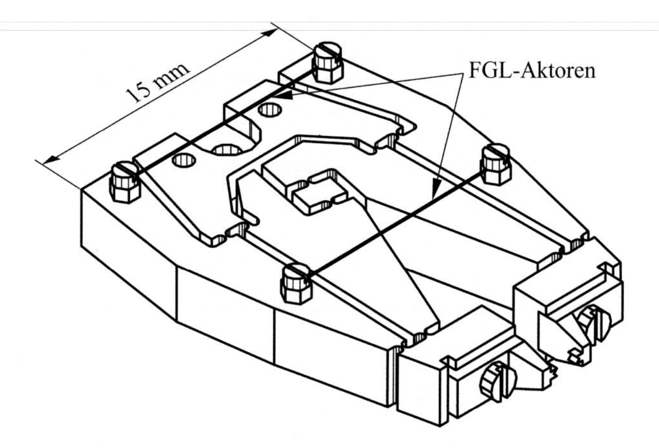

Abb. 1.6 Mikrogreifer mit acht Gliedern und stoffschlüssigen Gelenken (Werkbild: IFH der TU Braunschweig)

schlüssigen Gelenke entstehen durch gezieltes Schwächen von Materialquerschnitten. Die Abstände zwischen diesen Gelenken sind mit Rechnerunterstützung so gewählt worden, dass sich die Greifglieder im Greifbereich synchron gegeneinander bewegen (Übersetzungsverhältnis $i = 1$) (Hain 1989). Insgesamt entstand ein sog. Parallelgreifer mit zwei alternativ zum Öffnen und Schließen des Greifers wirkenden FGL-Antrieben zwischen den bewegten Gliedern (Hesselbach und Pittschellis 1995).

Bei den Kurvengetrieben sind Rundtaktautomaten als Schrittgetriebe in der Handhabungstechnik als Anwendungen zu nennen (Hesse 1993), die nach Katalog in verschiedenen Baugrößen ausgewählt werden können, Abb. 1.7. Zwischen den einzelnen Stillständen (Rasten) des Abtriebsgliedes (hier: Rollenstern) lässt sich durch eine geeignete

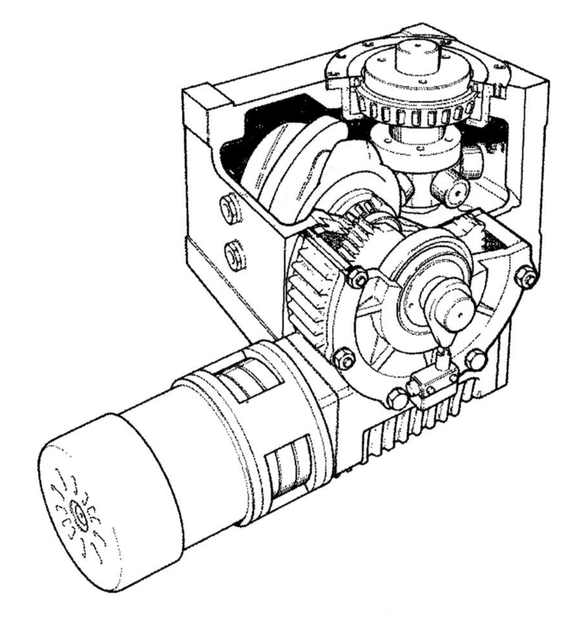

Abb. 1.7 Kurvenschrittgetriebe für Rundtaktautomat (Werkbild: MANIFOLD Erich Erler GmbH & Co., Düsseldorf)

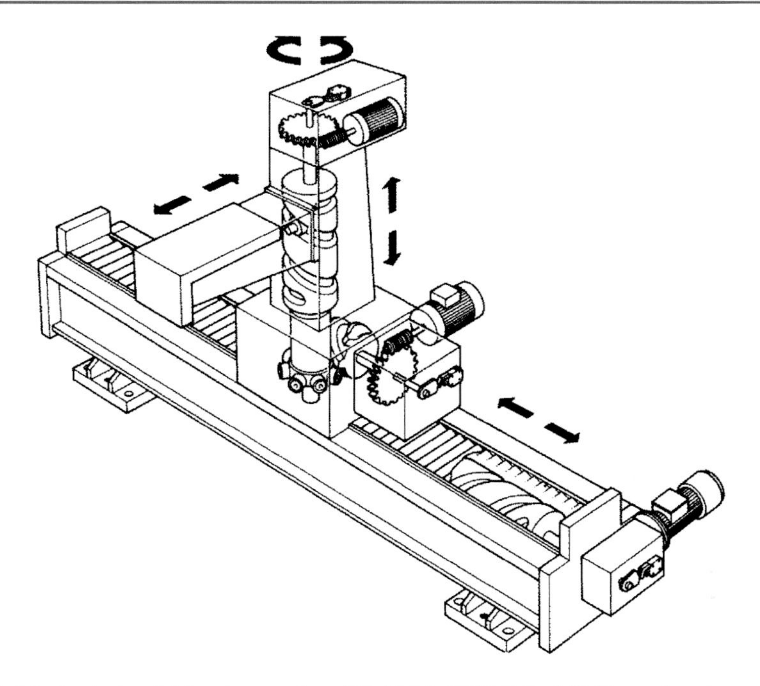

Abb. 1.8 Mechanisches Mehrachsensystem (Werkbild: SOPAP GmbH, Ravensburg)

Formgebung des angetriebenen Kurvenkörpers (hier: Globoid) fast jedes nach kinematischen und dynamischen Gesichtspunkten günstige Übergangsgesetz verwirklichen. Bei dem skizzierten sehr kompakt aufgebauten Kurvengetriebe sind die Antriebs- und die Abtriebsdrehachse räumlich zueinander mit einem Kreuzungswinkel von 90° versetzt.

Derartige Getriebe dienen entweder mit Wulstkurve und Rollenstern oder Nutkurve und Einzelrolle als Bausteine für zusammengesetzte mechanische Mehrachsensysteme (Abb. 1.8), die im Unterschied zu frei programmierbaren Industrierobotern durch die Bewegungsgesetze der Kurvenkörper festprogrammiert sind. Es ist nur noch eine Ablaufsteuerung zwischen den einzelnen Antrieben erforderlich. Bei dem in der Abbildung skizzierten System werden mindestens drei Tischbewegungen kurvengesteuert: die beiden Schiebungen in horizontaler und vertikaler Richtung und die Drehung um die vertikale Achse.

In Abb. 1.9 ist eine Kniehebelpresse auf der Grundlage eines sechsgliedrigen Getriebes dargestellt. Die vertikal arbeitende Baugruppe enthält den „Kniehebel“ mit dem Druckkörper als Gleitstein wie bei einem Schubkurbelgetriebe; horizontal ist der Drehantrieb mit Zwischenglied für den Kniehebel angeordnet. Die Kniehebelwirkung entsteht in der oberen Stillstandslage („Totlage“) des Druckkörpers bei gleichmäßig rotierendem Antrieb. Ein Niederhalter beim Pressvorgang kann ebenfalls über den Hauptantrieb gesteuert werden.

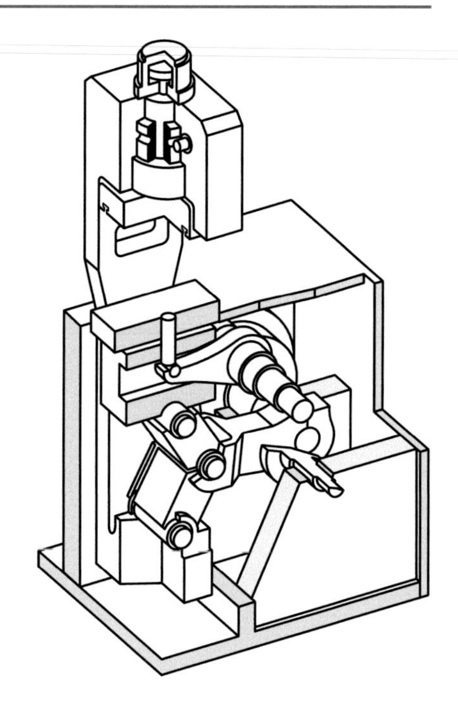

Abb. 1.9 Kniehebelpresse (Werkbild: Gräbener Pressensysteme GmbH & Co KG, Netphen-Werthenbach)

Abbildung 1.10 zeigt einen Schaufellader mit zwei Hubzylindern zum Heben und Schwenken der Schaufel. Die Grundlage dieses Getriebes ist eine kinematische Kette (siehe Abschn. 2.4.1), die aus neun Gliedern besteht, einschließlich des Fahrzeugs als Gestell.

Abb. 1.10 Schaufellader (Werkbild: Liebherr-International AG, Bulle/FR, Schweiz)

1.3 Beispiel einer getriebetechnischen Aufgabe

Am ehemaligen IFH der TU Braunschweig wurde 1994 ein neuartiger Roboter mit sechs Bewegungsfreiheiten entwickelt, der sich von herkömmlichen Industrierobotern grundlegend unterscheidet. Bei diesem HEXA genannten Prototypen wird die Arbeitsplattform (Endeffektorträger) über sechs Arme geführt (Abb. 1.11). Dadurch sind alle Antriebe gestellfest und müssen nicht mitbewegt werden.

Solche Roboter werden *Parallelroboter* genannt, weil die Arbeitsplattform stets durch mehrere *Gelenkketten* gleichzeitig (parallel) geführt wird. Parallelroboter zeichnen sich durch große Nutzlasten, hohe Verfahrgeschwindigkeiten und -beschleunigungen aus, weil die bewegten Massen im Vergleich zu seriellen Robotern (z. B. Abb. 1.5) sehr gering sind (Kerle 1994, Hesselbach et al. 1996).

Bei der Entwicklung, Konstruktion und beim Einsatz eines solchen Roboters, der ein räumliches Getriebe darstellt, tauchen sofort folgende Fragen auf:

1. Welcher Getriebetyp liegt dem HEXA-Parallelroboter zugrunde? (Abschn. 2.1)
2. Aus welchen Elementen setzt sich das Getriebe strukturell zusammen? Welche Gelenke sind zu wählen? (Abschn. 2.2)
3. Welche Gleichungen beschreiben – zumindest im Ansatz – die Geometrie und somit auch den Arbeitsraum des Roboters? (Kap. 3, 4)
4. Welche Gliedlängen sind für einen vorgegebenen Arbeitsraum zu wählen? (Kap. 6)
5. Wie sind die Antriebe auszulegen, wenn die Abmessungen der Glieder und deren Material, die Kinematik und die Belastung der Arbeitsplattform durch Nutz- und Trägheitskräfte vorgegeben werden? (Kap. 5)
6. Welchen Beanspruchungen (Belastungen) unterliegen dabei die einzelnen Glieder bzw. Gelenke des Roboters? (Kap. 5)

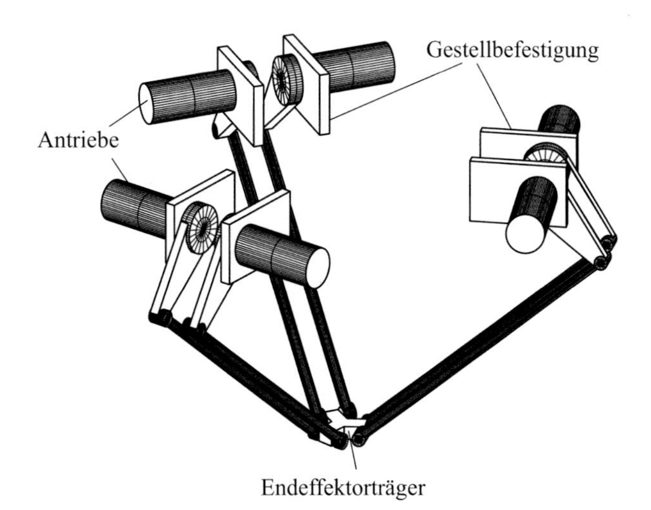

Abb. 1.11 HEXA-Parallelroboter

Diese Fragen werden in den genannten Abschnitten/Kapiteln ausführlich behandelt. Dabei werden die Darstellungen aber im Wesentlichen auf ebene Getriebe beschränkt bleiben; nur Abschn. 2.4.3 und Kap. 9 handeln von räumlichen Getrieben.

1.4 Hilfsmittel

1.4.1 VDI-Richtlinien

Sehr hilfreich für die Auslegung von Getrieben ist eine Reihe von Richtlinien des Vereins Deutscher Ingenieure (VDI), z. B. s. Tab. 1.1:

Tab. 1.1 Relevante VDI-Richtlinien zur Auslegung von Getrieben

VDI-Richtlinie	Ausgabe	Titel/Seitenzahl
2127	1993-02	Getriebetechnische Grundlagen; Begriffsbestimmungen der Getriebe / 48 S. Überprüft und bestätigt: 2011-10
2130	1984-04	Getriebe für Hub- und Schwingbewegungen; Konstruktion und Berechnung viergliedriger ebener Gelenkgetriebe für gegebene Totlagen / 26 S. Überprüft und bestätigt: 2012-04
2142, Blatt 1	1994-10	Auslegung ebener Kurvengetriebe – Grundlagen, Profilberechnung und Konstruktion / 51 S. Überprüft und bestätigt: 2002-11
2142, Blatt 2	2011-06	Auslegung ebener Kurvengetriebe – Berechnungsmodule für Kurven- und Koppelgetriebe / 66 S. Berichtigung: 2014-07
2142, Blatt 3	2014-09	Auslegung ebener Kurvengetriebe – Praxisbeispiele / 71 S.
2143, Blatt 1	1980-10	Bewegungsgesetze für Kurvengetriebe; Theoretische Grundlagen / 27 S. Überprüft und bestätigt: 2002-11
2143, Blatt 2	1987-01	Bewegungsgesetze für Kurvengetriebe; Praktische Anwendung / 63 S. mit Beilage Überprüft und bestätigt: 2002-11
2145	1980-12	Ebene viergliedrige Getriebe mit Dreh- und Schubgelenken; Begriffserklärungen und Systematik / 58 S. Überprüft und bestätigt: 2012-06
2156	1975-09	Einfache räumliche Kurbelgetriebe; Systematik und Begriffsbestimmungen / 11 S. Überprüft und bestätigt: 2007-12

Tab. 1.1 (Fortsetzung)

VDI-Richtlinie	Ausgabe	Titel/Seitenzahl
2722	2003-08	Gelenkwellen und Gelenkwellenstränge mit Kreuzgelenken – Einbaubedingungen für Homokinematik / 38 S. Überprüft und bestätigt: 2014-08
2727, Blatt 1	1991-05	Konstruktionskataloge; Lösung von Bewegungsaufgaben mit Getrieben; Grundlagen / 19 S. Überprüft und bestätigt: 2012-04
2727, Blatt 2	1991-05	Konstruktionskataloge; Lösung von Bewegungsaufgaben mit Getrieben; Erzeugung hin- und hergehender Schubbewegungen; Antrieb gleichsinnig drehend / 23 S. Überprüft und bestätigt: 2001-01
2727, Blatt 3	1996-04	Konstruktionskataloge – Lösung von Bewegungsaufgaben mit Getrieben – Erzeugung gleichsinniger Drehbewegungen mit Rast(en) – Antrieb gleichsinnig drehend / 36 S. Überprüft und bestätigt: 2012-04
2727, Blatt 4	2000-06	Konstruktionskataloge – Lösung von Bewegungsaufgaben mit Getrieben – Erzeugung von Schwingungsbewegungen mit Rast(en) – Antrieb gleichsinnig drehend / 60 S. Überprüft und bestätigt: 2011-04
2727, Blatt 5	2006-05	Konstruktionskataloge – Lösung von Bewegungsaufgaben mit Getrieben – Erzeugung von ungleichmäßigen Umlaufbewegungen ohne Stillstand (Vorschaltgetriebe); Antrieb gleichsinnig drehend / 52 S. Überprüft und bestätigt: 2011-04
2727, Blatt 6	2010-10	Konstruktionskataloge – Lösung von Bewegungsaufgaben mit Getrieben – Extreme Schwinggetriebe / 44 S.
2728, Blatt 1	1996-02	Lösung von Bewegungsaufgaben mit symmetrischen Koppelkurven – Übertragungsaufgaben / 23 S. Überprüft und bestätigt: 2014-03
2728, Blatt 2	2014-07	Lösung von Bewegungsaufgaben mit symmetrischen Koppelkurven – Führungsaufgaben – Geradführungen / 24 S. Entwurf
2729, Blatt 1	2014-09	Modulare kinematische Analyse ebener Gelenkgetriebe mit Dreh- und Schubgelenken – Kinematische Analyse / 44 S. Entwurf
2740, Blatt 1	1995-04	Mechanische Einrichtungen in der Automatisierungstechnik – Greifer für Handhabungsgeräte und Industrieroboter / 47 S. Überprüft und bestätigt: 2012-09
2740, Blatt 2	2002-04	Mechanische Einrichtungen in der Automatisierungstechnik – Führungsgetriebe / 86 S. Überprüft und bestätigt: 2012-09
2740, Blatt 3	1999-05	Mechanische Einrichtungen in der Automatisierungstechnik – Getriebe zur Erzeugung zeitweiliger Synchronbewegungen / 35 S. Überprüft und bestätigt: 2012-09
2741	2004-02	Kurvengetriebe für Punkt- und Ebenenführung / 82 S. Überprüft und bestätigt: 2010-04

1.4.2 Arbeitsblätter (Kurzrichtlinien)

In einigen Zeitschriften sind gelegentlich Arbeitsblätter zur Analyse und Synthese von Getrieben zu finden, die von namhaften Autoren erarbeitet worden sind, z. B. in den Zeitschriften „Maschinenbautechnik“ von 1963 bis 1991, „Konstruktion“ und „Der Konstrukteur“.

1.4.3 Getriebetechniksoftware

Wegen der in der Getriebetechnik oftmals erforderlichen umfangreichen Formeln und Algorithmen bietet sich der Einsatz von Rechnerprogrammen zur Entlastung des Anwenders bei der Synthese und Analyse von Getrieben an. Mit der einfachen Verfügbarkeit von Speicherkapazität und dem Vorhandensein leistungsfähiger Prozessoren genügt heutzutage für die meisten Anwendungen schon ein Standard-PC, um zahlreiche getriebetechnischen Aufgabenstellungen softwaregestützt in Angriff nehmen zu können. In der heutigen Zeit steht eine Fülle von unterschiedlichen Softwarelösungen für getriebetechnische Probleme zur Verfügung. Eine Verweisliste auf aktuelle Softwareanwendungen aus Forschung und Praxis findet sich unter folgenden Webadressen des Instituts für Getriebetechnik und Maschinendynamik der RWTH Aachen:

http://www.igm.rwth-aachen.de/index.php?id=206&L=0

und

http://www.igm.rwth-aachen.de/index.php?id=370&L=0

Literatur

Fricke, A., Günzel, D., Schaeffer, T.: Bewegungstechnik – Konzipieren und Auslegen von mechanischen Getrieben. Hanser, München (2015)

Hagedorn, L., Thonfeld, W., Rankers, A.: Konstruktive Getriebelehre. 6. bearb. Aufl. Springer, Berlin/Heidelberg (2009)

Hain, K.: Das gegenläufige Konstanz-Gelenkviereck als Greifergetriebe. Werkstatt und Betrieb **122**(4), 306–308 (1989). DMG-Lib ID: 511009

Hesse, S.: Montagemaschinen. Vogel, Würzburg (1993)

Hesselbach, J., Pittschellis, R.: Greifer für die Mikromontage. wt-Produktion und Management **85**, 595–600 (1995)

Hesselbach, J., Thoben, R., Pittschellis, R.: Parallelroboter für hohe Genauigkeiten. wt-Produktion und Management **86**, 591–595 (1996)

Kerle, H.: Parallelroboter in der Handhabungstechnik – Bauformen, Berechnungsverfahren, Einsatzgebiete. VDI-Ber. **1111**, 207–227 (1994). DMG-Lib ID: 3042009

Luck, K., Modler, K.-H.: Getriebetechnik. 2. Aufl. Springer, Berlin/Heidelberg (1995). DMG-Lib ID: 113009

Mallik, A.K., Ghosh, A., Dittrich, G.: Kinematic Analysis and Synthesis of Mechanisms. CRC Press, Inc., Boca Raton (Fl), USA (1994)

Steinhilper, W., Hennerici, H., Britz, S.: Kinematische Grundlagen ebener Mechanismen und Getriebe. Vogel, Würzburg (1993)

Uicker, J.J.jr., Pennock, G.R., Shigley, J.E.: Theory of Machines and Mechanisms. Oxford University Press, New York/Oxford (2011)

Volmer, J. (Hrsg.): Getriebetechnik – Lehrbuch. 5. Aufl. VEB Verlag Technik, Berlin (1987)

Volmer, J. (Hrsg.): Getriebetechnik – Grundlagen. 2. Aufl. Verlag Technik, Berlin/München (1995). DMG-Lib ID: 9102009

Getriebesystematik 2

Zusammenfassung

Dieses Kapitel erläutert zunächst die wichtigsten Begriffe der Getriebetechnik und leitet so über zur Aufbaulehre der Getriebe oder Getriebesystematik mit Gliedern und Gelenken. Der Leser lernt die Unterschiede zwischen Übertragungs- und Führungsgetrieben einerseits und zwischen ebenen, sphärischen und räumlichen Getrieben andererseits kennen. Ausgehend vom Freiheitsgrad f einzelner Gelenke wird der Getriebefreiheitsgrad oder -laufgrad als Abzählformel

$$F = b\,(n-1) - \sum_{i=1}^{g} (b - f_i)$$

hergeleitet und an zahlreichen Beispielen erläutert. Da sich jedes Getriebe mit festgelegtem Gestellglied, An- und Abtriebsglied(ern) auf eine kinematische Kette zurückführen lässt, werden die wesentlichen kinematischen Ketten vorgestellt, aus denen sich zwangläufige ebene und räumliche Getriebe mit $F = 1$ entwickeln lassen.

2.1 Grundbegriffe

Die Definition eines Getriebes lautet (Volmer 1987):

Ein Getriebe ist eine mechanische Einrichtung zum Übertragen (Wandeln oder Umformen) von Bewegungen und Kräften oder zum Führen von Punkten eines Körpers auf bestimmten Bahnen. Es besteht aus beweglich miteinander verbundenen Teilen (Gliedern), wobei deren gegenseitige Bewegungsmöglichkeiten durch die Art der

H. Kerle, B. Corves, M. Hüsing, *Getriebetechnik*, DOI 10.1007/978-3-658-10057-5_2

Verbindung (Gelenke) bestimmt sind. Ein Glied ist stets Bezugskörper (Gestell), die Mindestanzahl der Glieder und Gelenke beträgt jeweils drei.

Nach dieser Definition gibt es Getriebe zum Übertragen von Bewegungen bzw. Leistungen – sie werden *Übertragungsgetriebe* genannt – und Getriebe zum Führen von Gliedern oder Körpern, die *Führungsgetriebe* heißen. Im Rückblick auf das Kapitel zuvor handelt es sich bei den Getrieben der Abb. 1.2, 1.3, 1.7 und 1.9 um Übertragungsgetriebe, bei den Getrieben der Abb. 1.4 bis 1.6, 1.8, 1.10 und 1.11 um Führungsgetriebe.

2.1.1 Übertragungsgetriebe

In Übertragungs- oder auch Funktionsgetrieben erfolgt die Bewegungsübertragung nach einer *Übertragungsfunktion* (auch *Getriebefunktion*) und zwar ohne oder mit einer Änderung der Bewegungsform (z. B. Drehen, Schieben, Schrauben). Die *Bewegungs-* oder *Abtriebsfunktion* q des Getriebes setzt sich aus der zeitabhängigen *Antriebsfunktion* $p(t)$ und der Übertragungsfunktion $q(p)$ zusammen: $q(t) = q[p(t)]$, Abb. 2.1.

Entsprechend der Ableitungsstufe gibt es mehrere Übertragungsfunktionen (ÜF):

$$\begin{aligned} &q = q\,[p\,(t)] \\ &\rightarrow \text{ ÜF 0. Ordnung (ÜF 0) } q(p) \end{aligned} \tag{2.1}$$

Die Antriebsfunktion $p(t)$ ist vorgegeben.

Einmaliges Differenzieren nach der Zeit t liefert die Abtriebsgeschwindigkeit:

$$\begin{aligned} &\dot{q} \equiv \frac{dq}{dt} = \frac{dq}{dp} \cdot \frac{dp}{dt} = q' \cdot \dot{p} \\ &\rightarrow \text{ ÜF 1. Ordnung (ÜF 1) } q' \equiv \frac{dq}{dp} \end{aligned} \tag{2.2}$$

Entsprechend erhält man für die Abtriebsbeschleunigung:

$$\begin{aligned} &\ddot{q} \equiv \frac{d^2q}{dt^2} = q'' \cdot \dot{p}^2 + q' \cdot \ddot{p} \\ &\rightarrow \text{ ÜF 2. Ordnung (ÜF 2) } q'' \equiv \frac{d^2q}{dp^2} \end{aligned} \tag{2.3}$$

Für die gleichmäßig übersetzenden *G-Getriebe* gilt:

$$\begin{aligned} &q = K \cdot p\,(t)\,, \quad K = \text{konst. (reziprokes } \textit{Übersetzungsverhältnis}) \\ &\rightarrow \frac{q}{p} = \frac{\dot{q}}{\dot{p}} = \frac{\ddot{q}}{\ddot{p}} = K = q' = \frac{1}{i} \end{aligned} \tag{2.4}$$

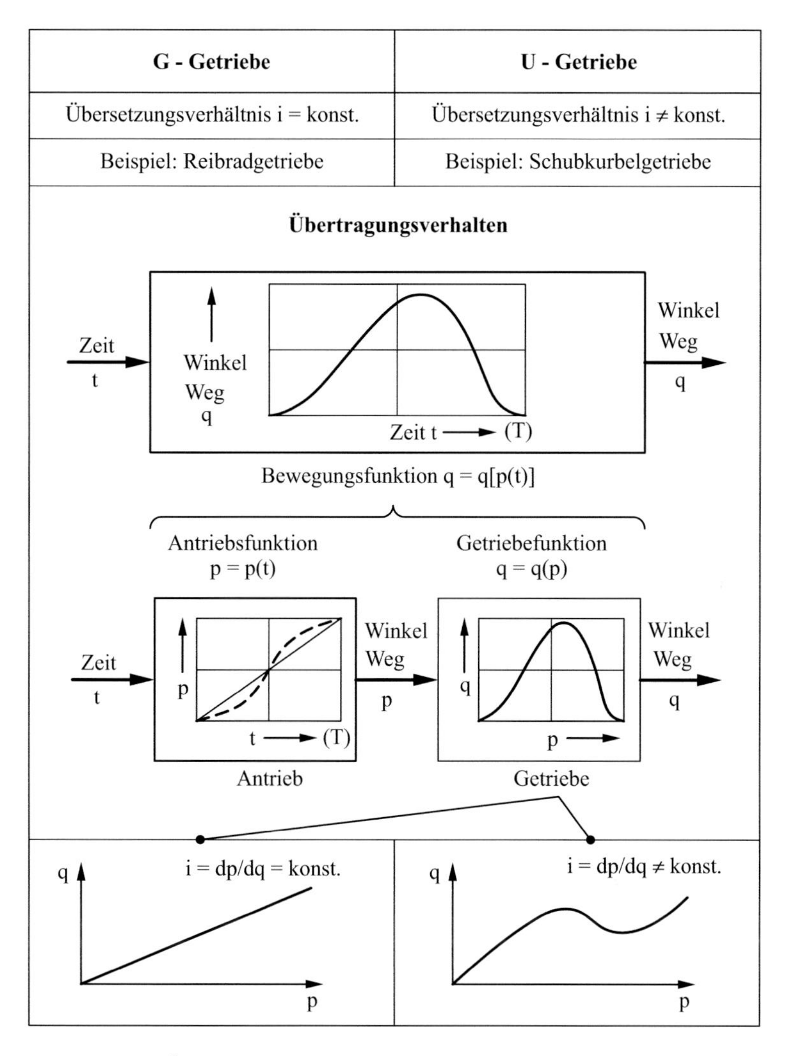

Abb. 2.1 Einteilung der Übertragungsgetriebe (Periodendauer T) (Dittrich 1985)

2.1.2 Führungsgetriebe

Definition (Volmer 1987)
Führungsgetriebe sind Getriebe, bei denen ein Glied so geführt wird, dass es bestimmte Lagen einnimmt bzw. dass Punkte des Gliedes bestimmte Bahnen (Führungsbahnen) beschreiben. Die beweglichen Glieder eines Führungsgetriebes werden entsprechend ihrer Funktion als führende oder geführte Getriebeglieder bezeichnet, d. h. die Begriffe An- und Abtriebsglied werden nicht benutzt, auch nicht

der Begriff Übertragungsfunktion. Die Einleitung einer Bewegung kann meist an beliebiger Stelle erfolgen.

Man unterscheidet drei Arten von Führung:

a) Eindimensionale Führung = *Positionierung* eines Gliedpunktes auf vorgeschriebener Bahnkurve; in der Ebene: $f(x, y) = 0$
b) Zweidimensionale Führung = Positionierung und *Orientierung* in der Ebene: Führen zweier Gliedpunkte auf vorgeschriebenen Bahnkurven; in der Ebene ist damit die Lage des Getriebeglieds vollständig definiert.
c) Dreidimensionale Führung = Positionierung und Orientierung im Raum: Führen dreier Gliedpunkte auf vorgeschriebenen Bahnkurven $f(x, y, z) = 0$

2.1.3 Lage der Drehachsen

Die Betrachtung der Bahnkurven leitet über zu einem Ordnungsmerkmal aller Getriebe anhand der Lage (Raumanordnung) der *Drehachsen* in den Gelenken.

Hinweis
Für ein Schubgelenk liegt die zugeordnete Drehachse im Unendlichen mit dem Kreuzungswinkel 90° zur Schubrichtung (*Bewegungsachse*).

a) Ebene Getriebe (Abb. 2.2):
   - Alle Drehachsen sind parallel,
   - die Bewegungsbahnen von Gliedpunkten liegen in parallelen Ebenen.
b) Sphärische Getriebe (Abb. 2.3):
   - Alle Drehachsen schneiden sich in einem Punkt,
   - die Bewegungsbahnen von Gliedpunkten liegen auf konzentrischen Kugelschalen.

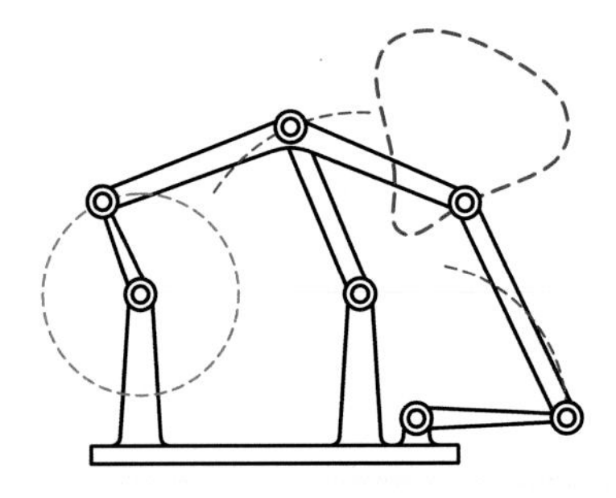

Abb. 2.2 Ebenes Getriebe

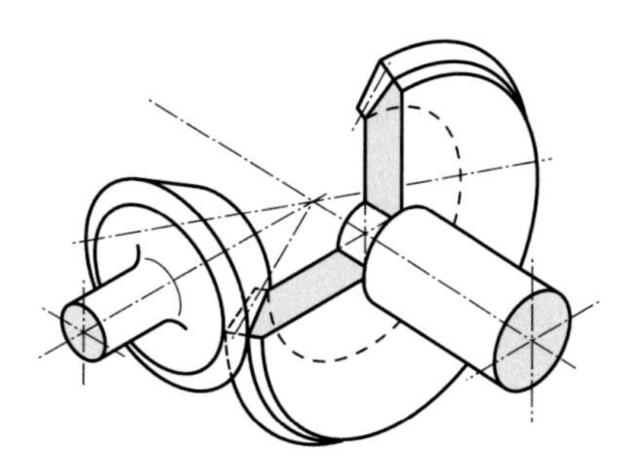

Abb. 2.3 Sphärisches Getriebe (2 Kegelräder)

c) Räumliche Getriebe (Abb. 2.4):
   - Die *Drehachsen* kreuzen sich, d. h. es gibt zwischen ihnen einen *Kreuzungsabstand* und einen *Kreuzungswinkel* (siehe Kap. 9),
   - die Bewegungsbahnen von Gliedpunkten liegen in nichtparallelen Ebenen oder auf allgemeinen räumlichen Flächen.

d) Kombinierte Bauformen (Abb. 2.5, 2.6, 2.7):
   Neben den ebenen, sphärischen und räumlichen Bauformen sind auch kombinierte Bauformen möglich. Am häufigsten sind dabei solche kombinierten Getriebe anzutreffen, bei denen mehrere gleiche ebene Teilgetriebe räumlich zueinander angeordnet werden, wie z. B. der in Abb. 2.5 dargestellte Nabenabzieher, bei dem die Haken durch das äußere Gewinde der Verstellspindel auf die Größe des abzuziehenden Teiles eingestellt werden. Mit der innenliegenden Abziehspindel werden die Haken zum Abziehen in Längsrichtung verschoben.
   Wie im vorliegenden Fall können mitunter aus einem solchen komplexen räumlichen Getriebe Baugruppen herausgegriffen werden, die für sich ein ebenes Getriebe darstellen.

Hinweis
Bei räumlichen Getrieben gibt es im Allgemeinen momentane *Schraubachsen* statt reine *Drehachsen*.

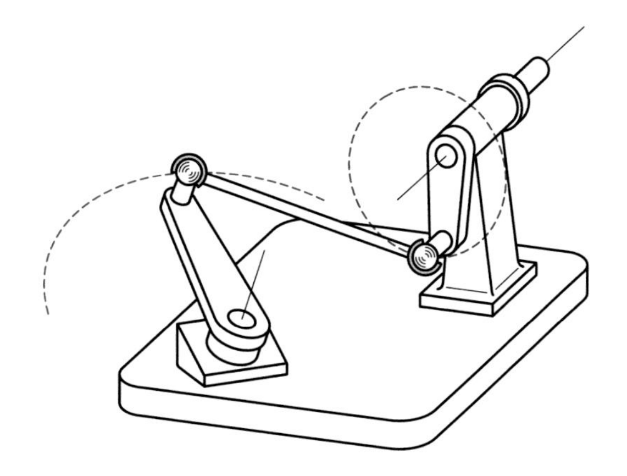

Abb. 2.4 Räumliches Getriebe (Dittrich 1970)

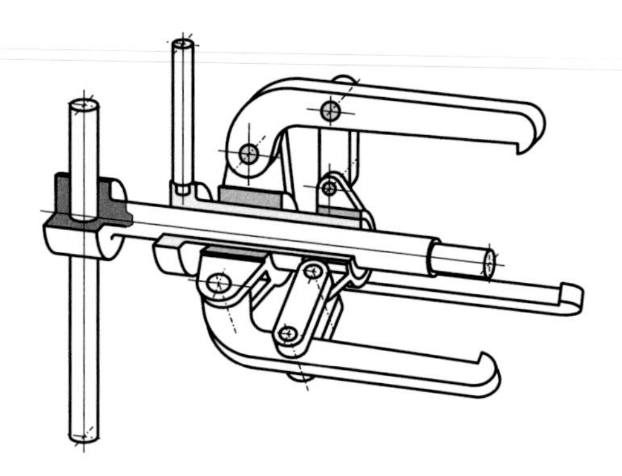

Abb. 2.5 Nabenabzieher

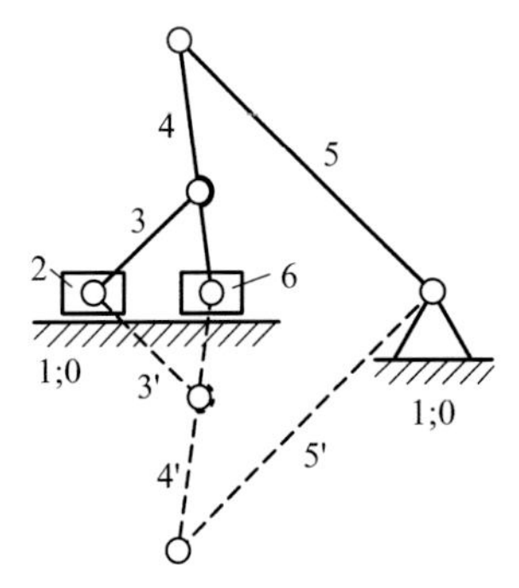

Abb. 2.6 Automatik-Regenschirm

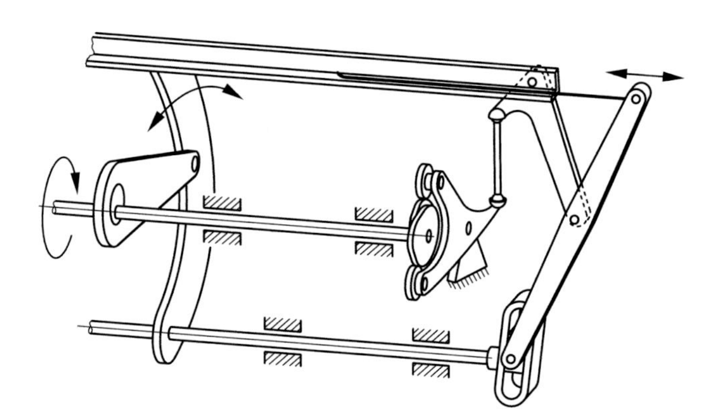

Abb. 2.7 Webladengetriebe als Greiferantrieb in einer Webmaschine

Wenn man zum Beispiel bei der Schraubbewegung der Verstellspindel nur die Längsbewegung relativ zur äußeren Mutter betrachtet, kann jeder Haken mit seinen Führungsgliedern als ein ebenes Getriebe mit drei Drehgelenken und einem Schubgelenk angesehen werden, wobei die äußere Mutter das Gestell ist.
Auf ähnliche Weise ist das in Abb. 2.6 gezeigte Getriebe zum Öffnen und Schließen eines Automatik-Regenschirms durch räumlich-symmetrische Anordnung von gleichartigen ebenen Getrieben entstanden.
Neben der symmetrischen räumlichen Anordnung gleichartiger ebener Teilgetriebe ist jedoch auch die allgemeine räumliche Kombination ebener Teilgetriebe anzutreffen. Dies ist z. B. in dem in Abb. 2.7 gezeigten Webladengetriebe zu sehen.

2.2 Aufbau der Getriebe

Ein Getriebe besteht definitionsgemäß aus mehreren Getriebegliedern, die so miteinander verbunden sind, dass sie dauernd in gegenseitiger Berührung gehalten werden und dabei relativ gegeneinander beweglich bleiben. Die beweglichen Verbindungen werden als Gelenke bezeichnet.

Um also ein Getriebe in eine bestimmte Systematik einzuordnen, ist es notwendig, einige Gesetzmäßigkeiten und Definitionen von Gelenken und der Gliederanordnungen zu kennen.

Daneben gibt es noch Hilfsglieder oder *Getriebeorgane*, die Sonderfunktionen in einem Getriebe erfüllen, z. B. Riemen, Ketten, Seile als Zugmittel, Federn und Dämpfer, Anschläge und Ausgleichsmassen. Entfernt man diese Hilfsglieder, so fällt lediglich die Sonderfunktion aus, entfernt man ein Getriebeglied oder ein Gelenk, so wird das Getriebe im Allgemeinen funktionsunfähig.

2.2.1 Getriebeglieder

Die Getriebeglieder müssen eine ausreichende Widerstandsfähigkeit gegenüber den auftretenden Kräften und Momenten aufweisen. Sie können dann als starr angesehen werden. Die Getriebeglieder werden entsprechend ihrer Funktion bezeichnet; folgende Benennungen sind üblich (Volmer 1987):

Das feste Glied oder Bezugsglied eines Getriebes heißt *Gestell*; mit ihm wird das ebenenfeste oder raumfeste Bezugskoordinatensystem x-y bzw. x-y-z verbunden. Die beweglichen Glieder eines Übertragungsgetriebes heißen *Antriebsglieder*, *Abtriebsglieder* und *Übertragungsglieder*; dagegen nennt man die beweglichen Glieder eines Führungsgetriebes *Führungsglieder*, wobei noch zwischen führenden und geführten Getriebegliedern unterschieden wird. *Koppelglieder* oder Koppeln verbinden sowohl bei Übertragungs- als

Abb. 2.8 Einteilung der Getriebeglieder nach Gelenkelementen

	Eingelenkglied	Anzahl n_1
	Zweigelenk- oder binäres Glied	Anzahl n_2
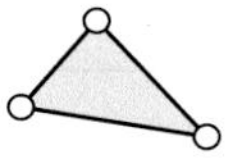	Dreigelenk- oder ternäres Glied	Anzahl n_3
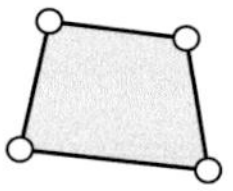	Viergelenk- oder quaternäres Glied	Anzahl n_4
⋮	⋮	⋮

auch bei Führungsgetrieben bewegliche Glieder, ohne selbst mit dem Gestell verbunden zu sein.

Die Anschlussstellen für Gelenke zu benachbarten Gliedern heißen *Gelenkelemente*. Man klassifiziert die Glieder daher sehr oft nach der Anzahl der Gelenkelemente, Abb. 2.8.

Die hier aufgeführten Getriebeglieder sind stark vereinfacht dargestellt und dienen in dieser Form als Bausteine der *kinematischen Ketten* von Getrieben, siehe Abschn. 2.4.1.

2.2.2 Gelenke

Zu einem Gelenk gehören stets zwei *Gelenkelemente* als *Elementenpaar*, die zueinander passende Formen haben müssen. Eine Ordnung der Gelenke kann nach verschiedenen Gesichtspunkten erfolgen, Tab. 2.1.

Nachstehend sind einige Erläuterungen zu den sieben Gesichtspunkten genannt.

1) Bewegungsformen der Elemente relativ zueinander sind beispielsweise:
   - Drehen (D) → Drehgelenk
   - Schieben (S) → Schubgelenk
   - Schrauben (Sch) → Schraubgelenk (Drehen und gesetzmäßig überlagertes Schieben)
2) Außerdem kann das Bewegungsverhalten an der Berührstelle der Gelenkelemente beschrieben werden durch:
   - *Gleiten*
   - *Wälzen* oder *Rollen*
   - *Gleitwälzen* (*Schroten*)
3) und 4) Die Definition des *Gelenkfreiheitsgrads* lautet (Volmer 1987):

Der Gelenkfreiheitsgrad f ist die Anzahl der in einem Gelenk unabhängig voneinander möglichen Einzelbewegungen (Elementarbewegungen) der beiden Gelenkelemente bzw. die Anzahl der vorhandenen Drehachsen des Gelenks. Die durch das Gelenk verhinderten Einzelbewegungen heißen *Unfreiheiten*; ihre Anzahl ist u.

Es gilt mit b als *Bewegungsgrad*

$$f + u = b. \quad (2.5)$$

Für ebene Gelenke ist der Bewegungsgrad $b = 3$ und $1 \leq f \leq 2$, für räumliche Gelenke $b = 6$ und $1 \leq f \leq 5$.

5) Die Art der Berührung der Gelenkelemente kann erfolgen in:
   - Flächen → *niedere Elementenpaare* (NEP)
   - Linien → *höhere Elementenpaare* (HEP)
   - Punkten → höhere Elementenpaare (HEP)
6) Die Art der Paarung der Gelenkelemente kann formschlüssig, kraftschlüssig oder stoffschlüssig sein.
7) Ein Gelenk für den gewünschten Freiheitsgrad f ist statisch überbestimmt, wenn sich n_g Gelenkelemente an mehr als einer Stelle berühren und somit k Teilgelenke bilden, deren Summe der Unfreiheiten größer ist als die theoretisch notwendige Unfreiheit u des Gelenks. Der Grad der Überbestimmtheit ist

$$\ddot{u} = \sum_{i=1}^{k} (u_i) - u = f - b(n_g - 1 - k) - \sum_{i=1}^{k} (f_i). \quad (2.6)$$

Tab. 2.1 Ordnung der Gelenke (Volmer 1995)

	Ordnende Gesichtspunkte	Beispiele für Gelenkbezeichnungen
1	Form der Relativbewegung der Gelenkelemente	Drehgelenk, Schubgelenk, Schraubgelenk
2	Bewegungsverhalten an der Berührstelle der Gelenkelemente	Gleitgelenk, Wälz- oder Rollgelenk, Gleitwälz- oder Gleitrollgelenk
3	Anzahl der möglichen relativen Einzelbewegungen (Gelenkfreiheitsgrad f)	Gelenk mit $f = 1$, mit $f = 2$, usw.
4	Gegenseitige Lage der Drehachsen am Gelenk	ebenes oder räumliches Gelenk
5	Berührungsart der Gelenkelemente	Gelenk mit Flächen-, Linien- oder Punktberührung der Gelenkelemente
6	Art und Paarung der Gelenkelemente	Gelenk mit Kraft- oder Formpaarung der Gelenkelemente
7	Statische Bestimmtheit, Grad der Überbestimmung	statisch bestimmtes oder statisch unbestimmtes (überbestimmtes) Gelenk

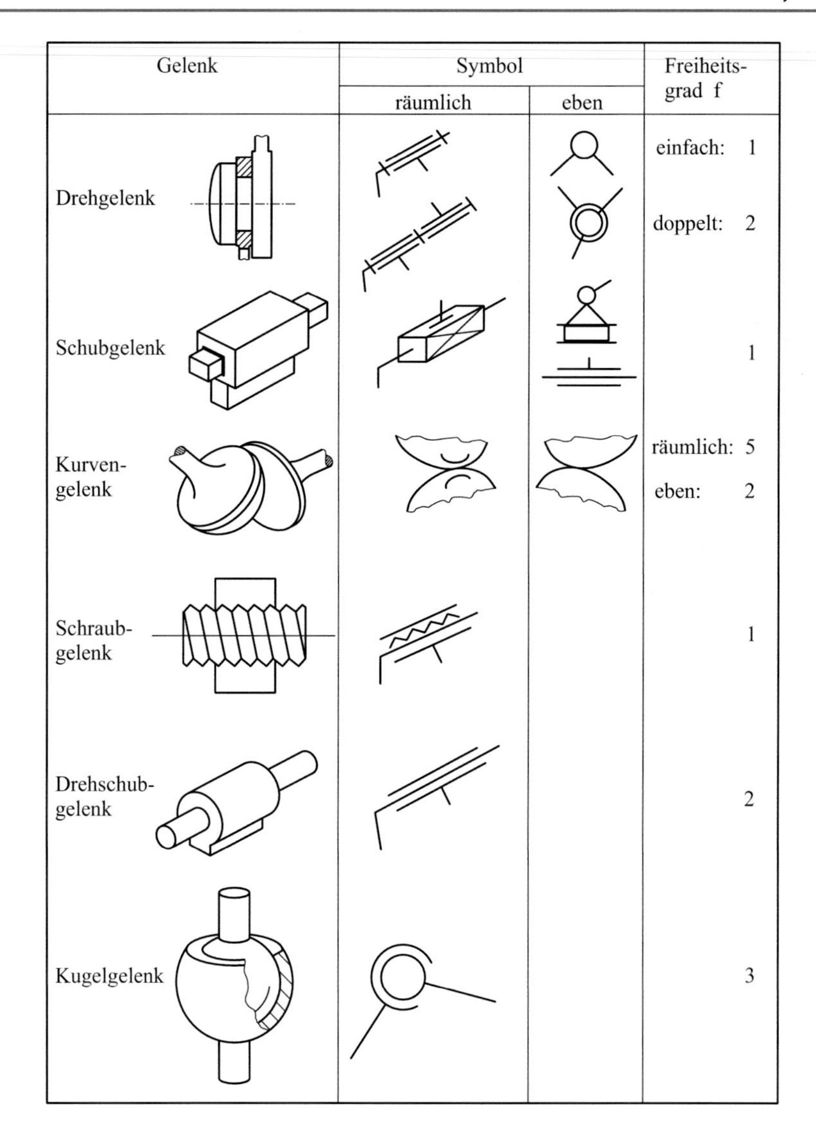

Abb. 2.9 Grundformen von Gelenken (Feldhusen und Grote 2014)

Die Herstellung statisch überbestimmter Gelenke erfolgt aus Gründen der Spielfreiheit und verlangt höchste Fertigungsgenauigkeit, um ein Klemmen zu vermeiden.

Abbildung 2.9 zeigt einige häufig auftretende Grundformen von Gelenken in räumlichen und ebenen Getrieben.

2.3 Getriebefreiheitsgrad (Laufgrad)

Die Definition des *Getriebefreiheitsgrads* lautet (Volmer 1995):

> Der Getriebefreiheitsgrad F stimmt mit der Anzahl relativer Bewegungen überein, die verhindert werden müssten, um alle Glieder des Getriebes bewegungsunfähig zu machen. Er bestimmt im Allgemeinen die Anzahl der Getriebeglieder, die in einem Getriebe unabhängig voneinander angetrieben werden können.

Der Getriebefreiheitsgrad oder auch Laufgrad F ist im Allgemeinen **nicht** abhängig von

- den Abmessungen der Getriebeglieder,
- der Funktion der Getriebeglieder,
- der Art der Gelenke,

sondern ist eine Funktion der

- Anzahl n der Glieder, dabei gilt (siehe Abb. 2.8)

$$n = \sum_i (n_i), \tag{2.7}$$

- Anzahl g der Gelenke,
- Anzahl f_i der Freiheiten des i-ten Gelenks,

und abhängig von der Getriebestruktur, siehe Abschn. 2.4.

Früher nannte man nur Getriebe vom Freiheitsgrad $F = 1$ zwangläufig; heute spricht man ebenfalls von *Zwanglauf*, wenn entsprechend dem Freiheitsgrad F des Getriebes F Antriebsfunktionen $p(t)$ definiert sind, so dass sich die Lage aller Getriebeglieder ermitteln lässt.

Das *Viergelenkgetriebe* (kurz: *Gelenkviereck*) in Abb. 2.10a hat den Getriebefreiheitsgrad $F = 1$, denn es genügt ein Antriebsglied (hier: Glied 2 mit der Antriebsfunktion $\varphi(t)$), um die Bewegungen aller Glieder zwangläufig zu gestalten. Behindert man eine relative Bewegung zwischen zwei Gliedern, z. B. durch Blockade des Drehgelenks 23 zwischen den Gliedern 2 und 3, so wird das Getriebe unbeweglich ($F = 0$). Zwanglauf heißt hier also, dass die Abtriebsbewegung des Gliedes 4 gegenüber dem Gestell 1 berechenbar ist: $\psi = \psi[\varphi(t)]$.

Das *Fünfgelenkgetriebe* (kurz: *Gelenkfünfeck*) in Abb. 2.10b hat den Freiheitsgrad $F = 2$; es ist bei einem Antrieb nicht zwangsläufig. Um z. B. die Lage des Getriebe-

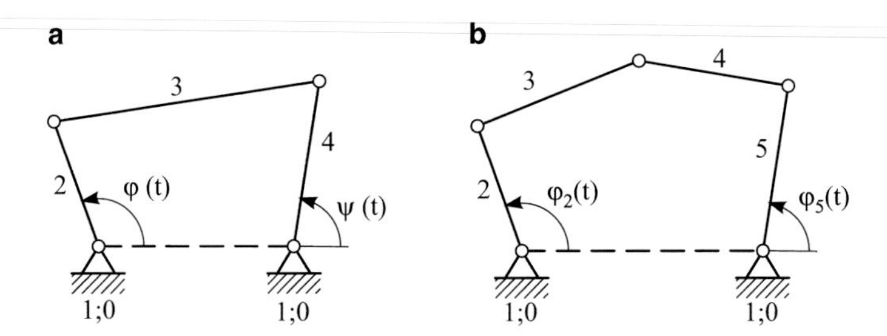

Abb. 2.10 **a** Viergelenkgetriebe mit $F = 1$ und **b** Fünfgelenkgetriebe mit $F = 2$

gliedes 4 gegenüber dem Gestell 1 festzulegen, müssen sowohl die Antriebsfunktion $\varphi_2(t)$ des Glieds 2 als auch die Antriebsfunktion $\varphi_5(t)$ des Glieds 5 vorgegeben werden.

In einem Getriebe als Gliedergruppe mit insgesamt n Gliedern kann jedes einzelne Getriebeglied b Einzelbewegungen ausführen, sofern es nicht mit anderen Gliedern gelenkig verbunden, sondern in einem Gedankenmodell frei beweglich ist. Da das Gestell sich nicht bewegt, bleiben allen $n - 1$ beweglichen Gliedern insgesamt $b\,(n - 1)$ Einzelbewegungen oder Freiheiten.

Das Verbinden der Glieder durch Gelenke schränkt die Anzahl der Einzelbewegungen ein. Die Anzahl der eingeschränkten Einzelbewegungen oder Unfreiheiten u_i errechnet sich aus Gl. 2.5 zu

$$u_i = b - f_i, \quad i = 1, 2, \ldots, g. \tag{2.8}$$

Aufsummiert über alle Gelenke ergibt sich

$$\sum_{i=1}^{g} (u_i) = \sum_{i=1}^{g} (b - f_i). \tag{2.9}$$

Im Umkehrschluss ist der Getriebefreiheitsgrad gleich der Anzahl der verbleibenden nicht eingeschränkten Freiheiten, also

$$F = b\,(n - 1) - \sum_{i=1}^{g} (u_i) = b\,(n - 1) - \sum_{i=1}^{g} (b - f_i). \tag{2.10}$$

Die vorstehende Gleichung heißt *Zwanglaufgleichung*. Für räumliche Getriebe mit $b = 6$ wird daraus

$$F = 6\,(n - 1) - 6\,g + \sum_{i=1}^{g} (f_i) \tag{2.11}$$

und für ebene und sphärische Getriebe mit $b = 3$ gilt

$$F = 3(n - 1) - 3g + \sum_{i=1}^{g} (f_i) = 3\,(n - 1) - 2g_1 - g_2. \tag{2.12}$$

Ebenes Viergelenkgetriebe

Getriebeschema	b	n	g	Gelenk EP	Unfreiheiten u_i	Laufgrad F $F = b(n-1) - \sum_{i=1}^{g}(u_i)$
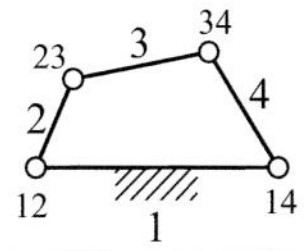	3	4	4	12 23 34 14	2 2 2 2	$F = 3 \cdot (4 - 1) - 4 \cdot 2 = 1$

Das ebene Viergelenkgetriebe ist bei einem Antrieb zwangläufig.

Ebenes Fünfgelenkgetriebe

Getriebeschema	b	n	g	Gelenk EP	Unfreiheiten u_i	Laufgrad F
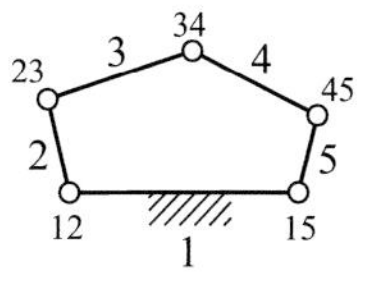	3	5	5	12 23 34 45 15	2 2 2 2 2	$F = 3 \cdot (5 - 1) - 5 \cdot 2 = 2$

Zwei Antriebe sind notwendig.

Ebenes Kurvengetriebe

Getriebeschema	b	n	g	Gelenk EP	Unfreiheiten u_i	Laufgrad F
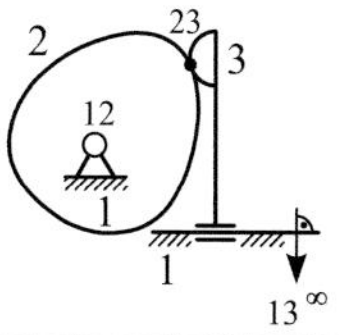	3	3	3	12 23 13	2 1 2	$F = 3 \cdot (3 - 1) - 2 - 1 - 2 = 1$

Das Elementenpaar 23 hat zwei Freiheiten (Gleiten und Rollen = Gleitwälzen).
Das ebene dreigliedrige Kurvengetriebe ist bei einem Antrieb zwangläufig.

Abb. 2.11 Ebene Getriebe

Hierbei ist g_1 die Anzahl der Gelenke mit $f = 1$ und g_2 die Anzahl der Gelenke mit $f = 2$.

Beispiele zur Bestimmung von *F*

In den Abb. 2.11, 2.12 und 2.13 sind einige Beispiele aufgeführt, welche die Bestimmung des Getriebefreiheitsgrades in übersichtlicher Form verdeutlichen.

Mit EP ist das *Elementenpaar* als Gelenk bezeichnet; es wird durchweg Gl. 2.10 verwendet.

Die Zwanglaufgleichung ist eine reine Abzählformel bezüglich n, g und f_i, sie berücksichtigt keine strukturellen Besonderheiten, die z. B. bei *übergeschlossenen Getrieben* durch sog. *passive Bindungen* vorhanden sind, so dass diese Getriebe einen höheren Freiheitsgrad aufweisen als er sich rechnerisch ergibt. Auch bei Getrieben mit mehr als einem Schubgelenk gibt es Einschränkungen für den Anwendungsbereich der Gln. 2.10 bis 2.12 (Volmer 1995). Der rechnerische Nachweis des Getriebefreiheitsgrads ist deswegen nicht als hinreichend anzusehen.

Passive Bindungen treten auf bei

- besonderen Lagen von Gelenkdrehachsen,
- überflüssigen Starrheitsbedingungen,
- besonderen Gliedabmessungen

und sind nicht immer leicht identifizierbar.

Während passive Bindungen den Getriebefreiheitsgrad erhöhen, verringern ihn sog. *identische Freiheiten* f_{id}. Identische Freiheiten sind mögliche Einzelbewegungen von Getriebegliedern oder Getriebeorganen, die eingeleitet werden können, ohne dass hierdurch sich die weiteren Getriebeglieder bewegen.

Die Gl. 2.10 lässt sich damit auf einfache Weise um zwei Summenausdrücke erweitern:

$$F = b\ (n-1) - \sum_{i=1}^{g} (u_i) - \sum_{j} \left[(f_{id})_j \right] + \sum_{j} (s_j). \qquad (2.13)$$

Beispiele für Getriebe mit passiven Bindungen

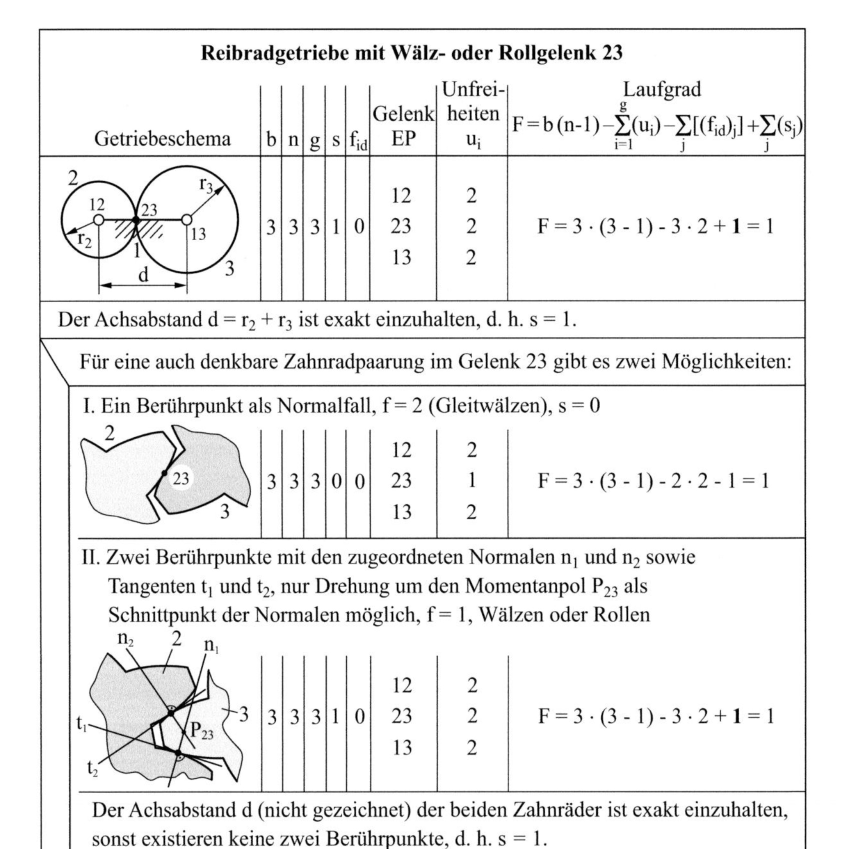

Reibradgetriebe mit Wälz- oder Rollgelenk 23

Getriebeschema	b	n	g	s	f_{id}	Gelenk EP	Unfreiheiten u_i	Laufgrad $F = b(n-1) - \sum_{i=1}^{g}(u_i) - \sum_j[(f_{id})_j] + \sum_j(s_j)$
(Schema: 2, 3, 1, 12, 23, 13, r_2, r_3, d)	3	3	3	1	0	12 23 13	2 2 2	$F = 3 \cdot (3-1) - 3 \cdot 2 + \mathbf{1} = 1$

Der Achsabstand $d = r_2 + r_3$ ist exakt einzuhalten, d. h. s = 1.

Für eine auch denkbare Zahnradpaarung im Gelenk 23 gibt es zwei Möglichkeiten:

I. Ein Berührpunkt als Normalfall, f = 2 (Gleitwälzen), s = 0

Getriebeschema	b	n	g	s	f_{id}	Gelenk EP	Unfreiheiten u_i	Laufgrad
(Schema: 2, 23, 3)	3	3	3	0	0	12 23 13	2 1 2	$F = 3 \cdot (3-1) - 2 \cdot 2 - 1 = 1$

II. Zwei Berührpunkte mit den zugeordneten Normalen n_1 und n_2 sowie Tangenten t_1 und t_2, nur Drehung um den Momentanpol P_{23} als Schnittpunkt der Normalen möglich, f = 1, Wälzen oder Rollen

Getriebeschema	b	n	g	s	f_{id}	Gelenk EP	Unfreiheiten u_i	Laufgrad
(Schema: n_2, 2, n_1, 3, t_1, t_2, P_{23})	3	3	3	1	0	12 23 13	2 2 2	$F = 3 \cdot (3-1) - 3 \cdot 2 + \mathbf{1} = 1$

Der Achsabstand d (nicht gezeichnet) der beiden Zahnräder ist exakt einzuhalten, sonst existieren keine zwei Berührpunkte, d. h. s = 1.

Abb. 2.12 Getriebe mit passiven Bindungen

Dreigliedriges Keilgetriebe

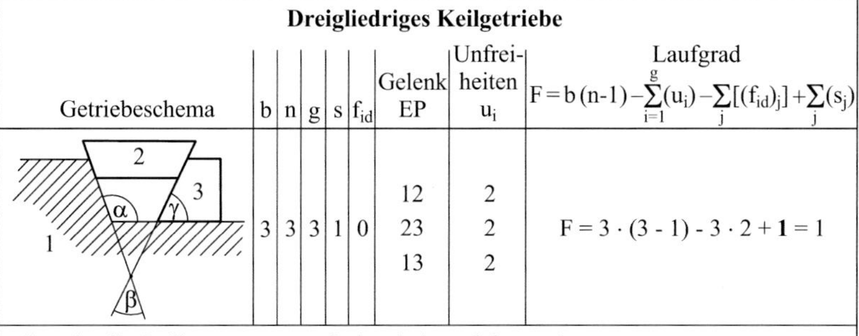

Getriebeschema	b	n	g	s	f_{id}	Gelenk EP	Unfreiheiten u_i	Laufgrad $F = b(n-1) - \sum_{i=1}^{g}(u_i) - \sum_j[(f_{id})_j] + \sum_j(s_j)$
	3	3	3	1	0	12 23 13	2 2 2	$F = 3 \cdot (3-1) - 3 \cdot 2 + \mathbf{1} = 1$

Stets ist die Bedingung $\alpha = \gamma + \beta$ einzuhalten, d. h. s = 1.

Übergeschlossenes Parallelkurbelgetriebe

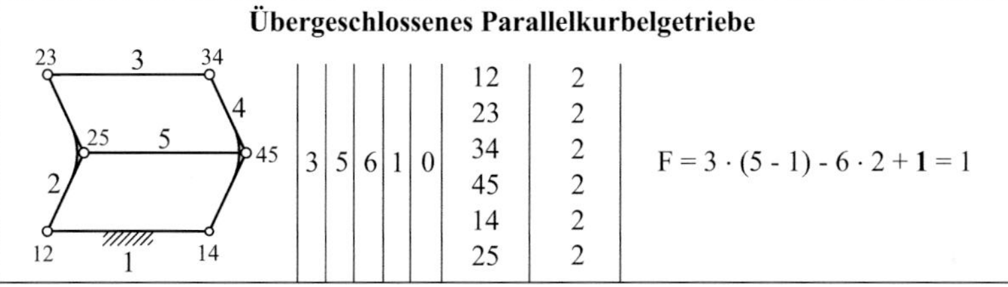

Getriebeschema	b	n	g	s	f_{id}	Gelenk EP	Unfreiheiten u_i	Laufgrad $F = b(n-1) - \sum_{i=1}^{g}(u_i) - \sum_j[(f_{id})_j] + \sum_j(s_j)$
	3	5	6	1	0	12 23 34 45 14 25	2 2 2 2 2 2	$F = 3 \cdot (5-1) - 6 \cdot 2 + \mathbf{1} = 1$

Glied 3 muss ebenso lang sein wie Glied 5 (oder Glied 1), d. h. s = 1.

Ebenes Viergelenkgetriebe, räumlich betrachtet

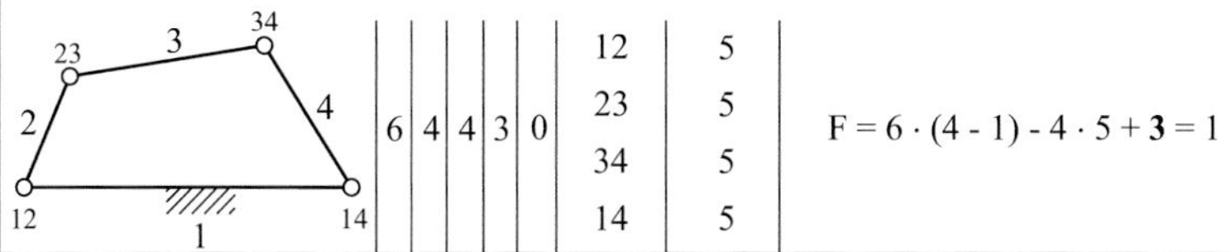

Getriebeschema	b	n	g	s	f_{id}	Gelenk EP	Unfreiheiten u_i	Laufgrad $F = b(n-1) - \sum_{i=1}^{g}(u_i) - \sum_j[(f_{id})_j] + \sum_j(s_j)$
	6	4	4	3	0	12 23 34 14	5 5 5 5	$F = 6 \cdot (4-1) - 4 \cdot 5 + \mathbf{3} = 1$

Die Achsen der Gelenke 23, 34, 14 müssen jeweils parallel zu der Achse des Gelenkes 12 sein, d. h. s = 3.

Ebenes Kurvengetriebe mit Abtastrolle

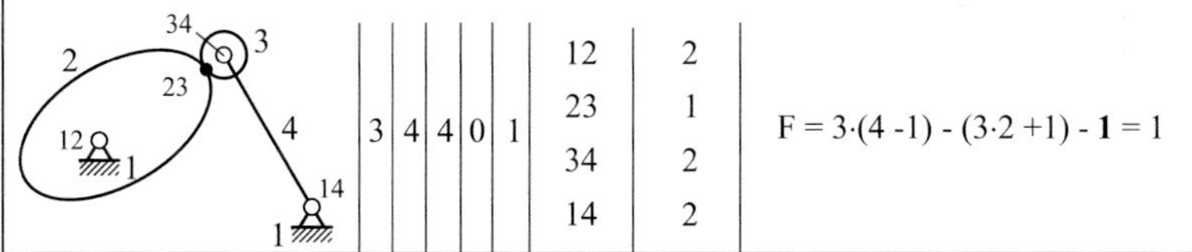

Getriebeschema	b	n	g	s	f_{id}	Gelenk EP	Unfreiheiten u_i	Laufgrad $F = b(n-1) - \sum_{i=1}^{g}(u_i) - \sum_j[(f_{id})_j] + \sum_j(s_j)$
	3	4	4	0	1	12 23 34 14	2 1 2 2	$F = 3 \cdot (4-1) - (3 \cdot 2 + 1) - \mathbf{1} = 1$

Die Abtastrolle 3 ist drehbar, ohne dass das Kurvenglied 2 bewegt werden muss, d. h. $f_{id} = 1$.

Abb. 2.13 Getriebe mit passiven Bindungen und identischem Freiheitsgrad

2.4 Struktursystematik

Die Strukturmerkmale eines Getriebes sind die Anzahl der Getriebeglieder, die Anzahl der Gelenke, die Art der Gelenke, die Gelenkfreiheiten, die Anzahl der Gelenkelemente an den einzelnen Getriebegliedern und die gegenseitige Anordnung der Getriebeglieder und Gelenke.

Aus den Strukturmerkmalen baut sich die Grundform eines Getriebes auf, die kinematische Kette, die im Wesentlichen die Funktion eines Getriebes darstellt, ohne konstruktive Einschränkungen zu berücksichtigen.

2.4.1 Kinematische Ketten

Definition (Volmer 1995)
Die *kinematische Kette* ist das vereinfachte Strukturmodell eines Getriebes. Es zeigt, wie viele Glieder und Gelenke ein Getriebe besitzt, welche Getriebeglieder miteinander verbunden sind und welche Gelenkfreiheiten auftreten. Die Angabe geometrisch-kinematischer Abmessungen und der Gelenkart ist hier unüblich.

Mit der kinematischen Kette hat man sowohl eine wichtige Grundlage für die systematische Untersuchung von Getrieben als auch einen Ausgangspunkt für die planmäßige Getriebeentwicklung geschaffen. Aus der kinematischen Kette wird ein *Mechanismus*, wenn ein Glied als Gestell festgelegt ist. Aus dem Mechanismus wird ein Getriebe, in

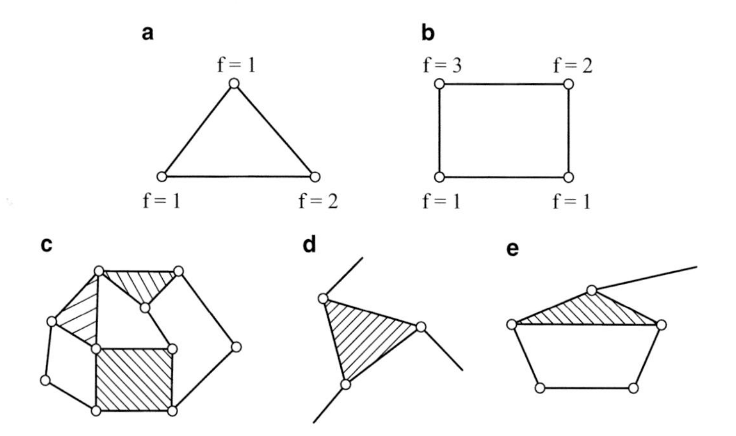

Abb. 2.14 Kinematische Ketten: **a** ebene, **b** räumliche, **c** (ebene) geschlossene, **d** (ebene) offene, **e** (ebene) geschlossen-offene kinematische Kette

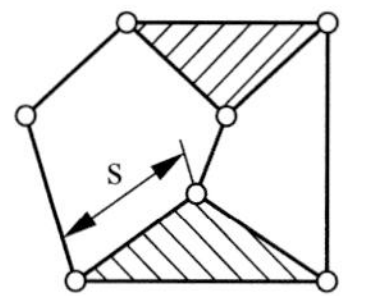

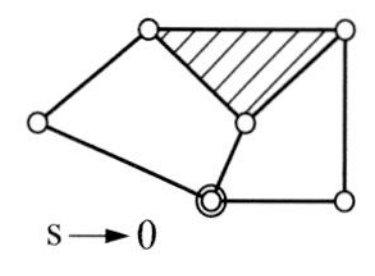

Abb. 2.15 Entstehung eines Mehrfachgelenks, hier: Doppeldrehgelenk

dem weiterhin ein oder mehrere Glieder je nach Freiheitsgrad als Antriebsglieder und Abtriebsglieder, führende oder geführte Glieder bestimmt werden. Erst durch diese Festlegung entstehen also Mechanismen bzw. Getriebe. Es ist offensichtlich, dass aus einer Kette viele verschiedene Getriebe entwickelt werden können.

Es gibt ebene und räumliche kinematische Ketten für ebene und räumliche Getriebe. In räumlichen kinematischen Ketten können ebene und räumliche Gelenke – letztere mit einem Gelenkfreiheitsgrad $f > 2$ – vorkommen bzw. gekennzeichnet sein.

Man unterscheidet zwischen geschlossenen und offenen kinematischen Ketten und deren Kombinationen (Hybridstrukturen), Abb. 2.14.

In kinematischen Ketten treten also gelenkig verbundene binäre, ternäre, quaternäre usw. Getriebeglieder auf; alle Gelenke sind symbolisch durch kleine Kreise dargestellt.

Hinweis
Die Relativbewegung der Glieder von zwangläufigen geschlossenen kinematischen Ketten ist identisch mit der Relativbewegung der aus diesen Ketten entwickelten Mechanismen oder Getrieben.

In kinematischen Ketten können auch Glieder mit *Mehrfachgelenken* auftreten. Ein Mehrfachgelenk entsteht, wenn an einem Glied der Abstand zwischen zwei oder mehreren Gelenkelementen zu null wird, Abb. 2.15.

Die einfachste ebene kinematische Kette besteht aus drei Gliedern entsprechend Abb. 2.14a. Daraus entsteht durch Auflösung des Gelenks mit $f = 2$ in zwei mit jeweils $f = 1$ das in Abb. 2.16a skizzierte Gelenkviereck mit vier NEP (Dreh- oder Schubgelenke), aus dem sich bereits eine Vielzahl von Getrieben entwickeln lässt, siehe

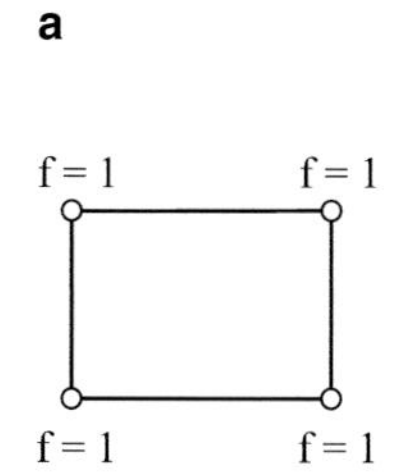

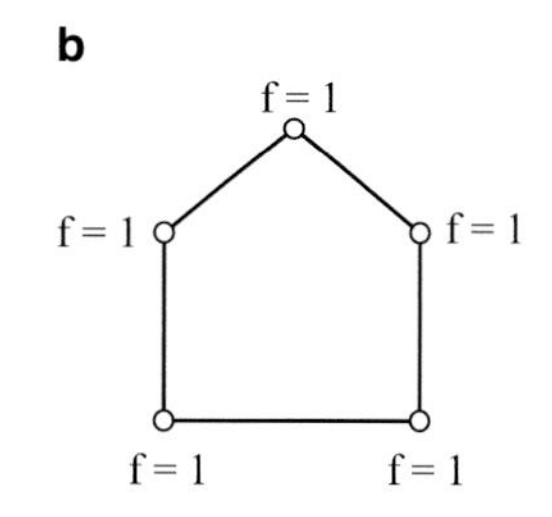

Abb. 2.16 **a** Viergliedrige und **b** fünfgliedrige kinematische Kette

Abschn. 2.4.2.1. Alle diese Getriebe haben den Laufgrad $F = 1$. Die hinsichtlich der Gliederanzahl nächsthöhere Gruppe für Getriebe mit dem Laufgrad $F = 1$ sind die sechsgliedrigen kinematischen Ketten, von denen es nur zwei Grundformen gibt: die WATT*'sche Kette* (I) und die STEPHENSON*'sche Kette* (II), Abb. 2.17. Nach Einführung von Doppelgelenken entstehen hieraus abgeleitete Ketten III und IV.

Die Gruppe der achtgliedrigen kinematischen Ketten bietet eine noch größere Vielfalt, insbesondere wenn man (nicht gezeichnet) Doppel- und Dreifachgelenke mit einbezieht, Abb. 2.18.

Geht man zu den kinematischen Ketten für Getriebe mit dem Laufgrad $F = 2$ (2 Antriebe) über, so bildet das in Abb. 2.10b abgebildete Gelenkfünfeck die Grundform der einfachsten kinematischen Kette dieser Art. Die nächsthöhere Gruppe sind die siebengliedrigen kinematischen Ketten, Abb. 2.19. Bei einigen dieser Ketten lassen sich Teilketten oder Teilpolygone mit dem *partiellen Laufgrad* $F = 1$ unterscheiden.

Durch *Gestellwechsel* entstehen daraus die ableitbaren Getriebe (letzte Spalte in Abb. 2.19), wobei symmetrisch bedingte Mehrfachlösungen nur einfach zu zählen sind. Neun Grundformen führen auf 34 verschiedene Getriebe.

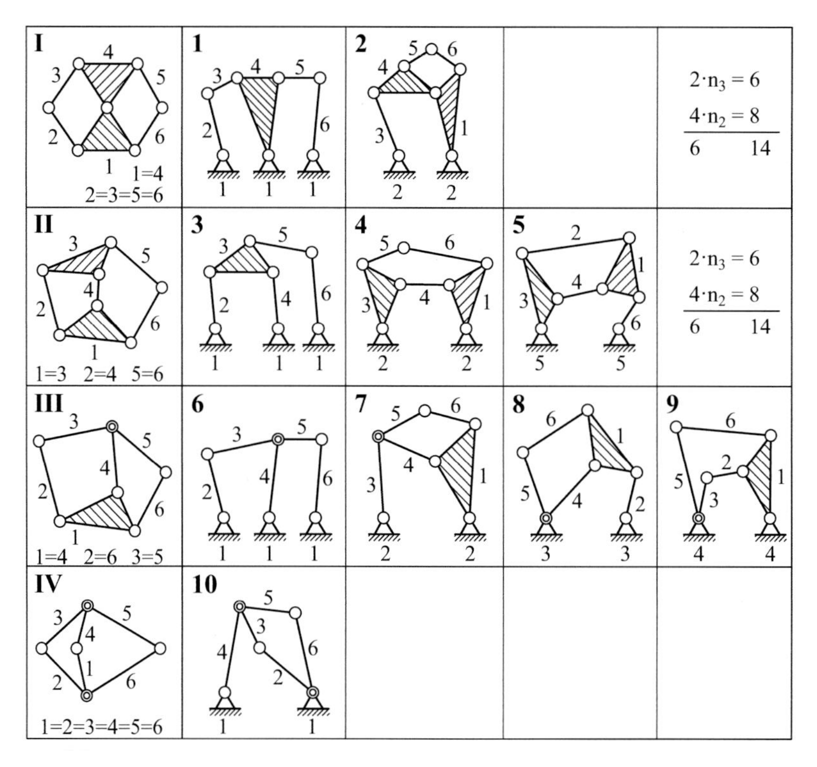

Abb. 2.17 Sechsgliedrige kinematische Ketten I bis IV und daraus abgeleitete Getriebe 1 bis 10 mit dem Laufgrad $F = 1$ (Hain 1965)

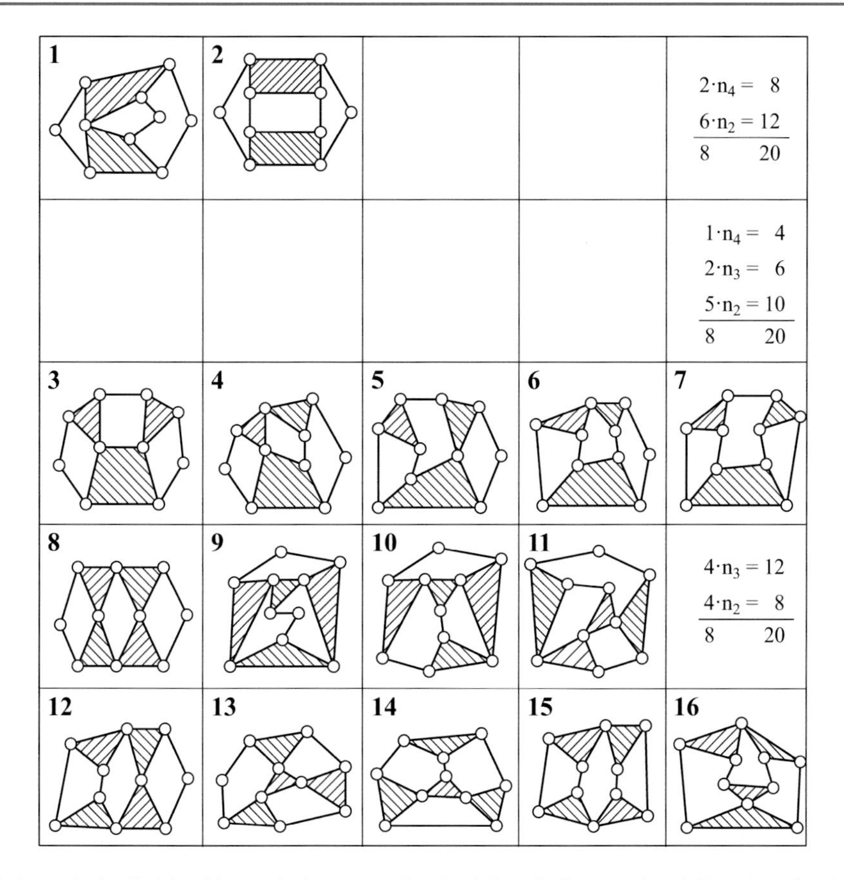

Abb. 2.18 Achtgliedrige kinematische Ketten für Getriebe mit dem Laufgrad $F = 1$ (Hain 1965)

2.4.2 Ebene Getriebe

2.4.2.1 Getriebe der Viergelenkkette

Die aus dem Gelenkviereck ableitbaren Getriebe heißen *Viergelenkgetriebe* und sind die am häufigsten angewendeten U-Getriebe im Maschinen- und Vorrichtungsbau. Aus der viergliedrigen kinematischen Kette entstehen, wenn unterschiedliche Gelenktypen eingesetzt werden, verschiedene Viergelenkketten. Es gibt generell bei ebenen Getrieben drei Gelenktypen: Drehgelenk, Schubgelenk und Kurvengelenk. Fügt man in die viergliedrige kinematische Kette systematisch alle diese Gelenktypen ein, so erhält man z. B. folgende Viergelenkketten: Drehgelenkkette (Abb. 2.20), Schubkurbelkette (Abb. 2.21), Kreuzschubkurbel- und Schubschleifenkette.

Aus der viergliedrigen Drehgelenkkette entsteht beispielsweise durch Festlegen des Glieds 1 und Zuweisen der Länge d (Gestelllänge) ein viergliedriges Drehgelenkgetriebe (Viergelenkgetriebe).

	Art der Gelenke	Kette	Teilketten mit F = 1	Zahl der ableitbaren Getriebe
I	Einfach-Gelenke	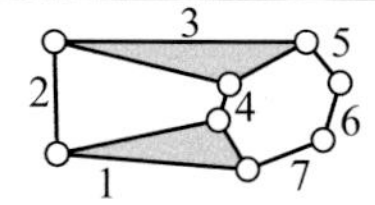	1 - 2 - 3 - 4	4
II		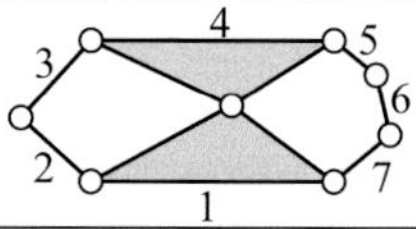	1 - 2 - 3 - 4	4
III		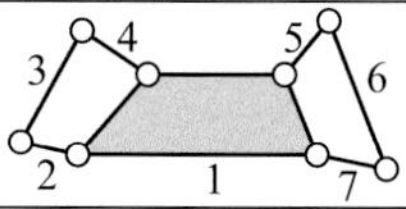	1 - 2 - 3 - 4 1 - 5 - 6 - 7	3
IV		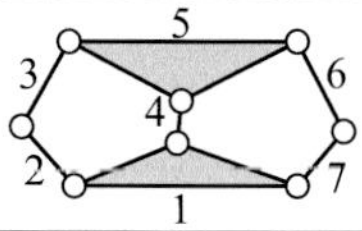		3
V	1 Doppel-Gelenk	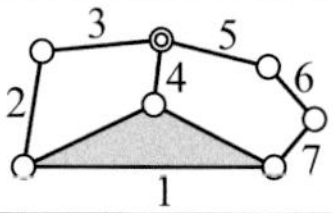	1 - 2 - 3 - 4	7
VI		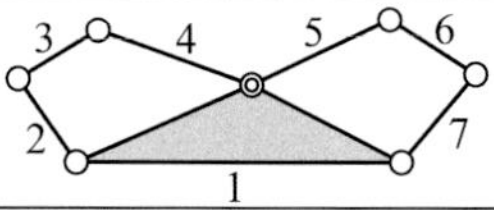	1 - 2 - 3 - 4 1 - 5 - 6 - 7	4
VII		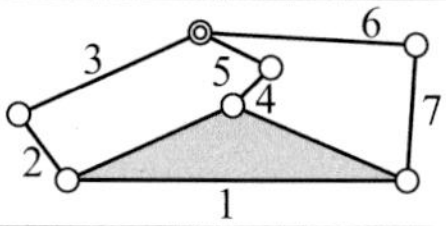		3
VIII	2 Doppel-Gelenke	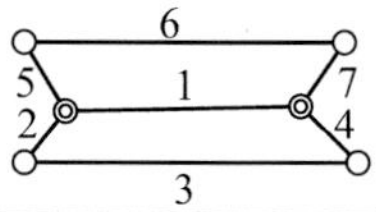	1 - 2 - 3 - 4 1 - 5 - 6 - 7	3
IX		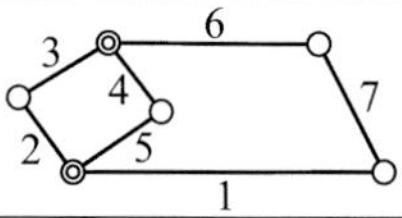	2 - 3 - 4 - 5	3
Σ				34

Abb. 2.19 Siebengliedrige kinematische Ketten I bis IX (Hain 1965)

Das Aussehen der Übertragungsfunktion dieses Viergelenkgetriebes, bzw. die Form der Führungsbewegung, ist dann durch die Längenverhältnisse a/d, b/d, c/d der Getriebeglieder zueinander bestimmt. Damit sind die Übertragungsfunktion und die Führungsbewegung von der Geometrie des Viergelenkgetriebes abhängig.

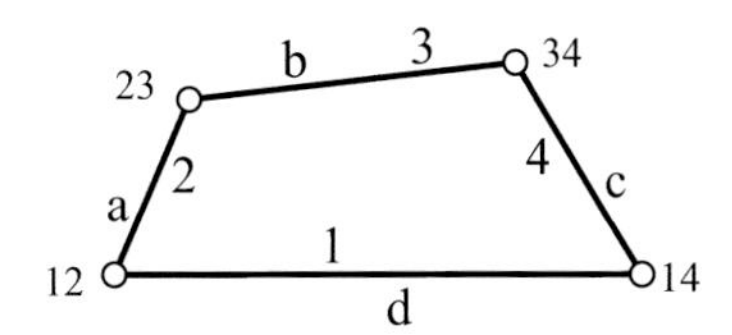

Abb. 2.20 Viergliedrige Drehgelenkkette mit Abmessungen a, b, c, d

Die verschiedenen Bewegungsmöglichkeiten des Viergelenkgetriebes werden unterschieden nach den Bewegungen, die dem Gestell benachbarte Getriebeglieder ausführen: Man unterscheidet umlaufende Glieder (Kurbeln) von zwischen zwei Grenzlagen schwingenden Gliedern, die als Schwingen bezeichnet werden. Die übrigen Glieder heißen im Allgemeinen Koppelglieder (Koppeln).

Nun sind beim viergliedrigen Drehgelenkgetriebe drei verschiedene Fälle möglich (die Gliedlängen a, b, c, d beziehen sich auf Abb. 2.20):

1. Glied a oder c läuft um $\rightarrow$ *Kurbelschwingen*, $l_{\text{min}} = a$ bzw. c
2. Glieder a und c laufen um $\rightarrow$ *Doppelkurbeln*, $l_{\text{min}} = d$
3. Glieder a und c nicht umlauffähig, b umlauffähig $\rightarrow$ *umlauffähige Doppelschwingen*, $l_{\text{min}} = b$

Welcher Typ von Viergelenkgetriebe im Einzelnen vorliegt, kann mit dem nachfolgenden Satz und der Kenntnis, welches Glied Gestell ist, unterschieden werden (VDI 2145 1980).

Satz von Grashof

Ein Viergelenkgetriebe hat mindestens ein umlauffähiges Glied, wenn

$$l_{\text{min}} + l_{\text{max}} < l' + l'' \tag{2.14}$$

gilt, dabei sind l_{min} und l_{max} die Längen des kürzesten bzw. längsten Getriebeglieds und l', l'' die Längen der zwei restlichen Glieder.

Bei einem Viergelenkgetriebe ist kein Glied umlauffähig, wenn

$$l_{\text{min}} + l_{\text{max}} > l' + l'' \tag{2.15}$$

gilt. Solche Viergelenkgetriebe werden als *Totalschwingen* bezeichnet.

Mit

$$l_{\text{min}} + l_{\text{max}} = l' + l'' \tag{2.16}$$

sind durchschlagende Getriebe mit sog. Verzweigungslagen gekennzeichnet, bei denen in mindestens einer Stellung alle Glieder und Gelenke auf einer Geraden liegen, z. B. beim

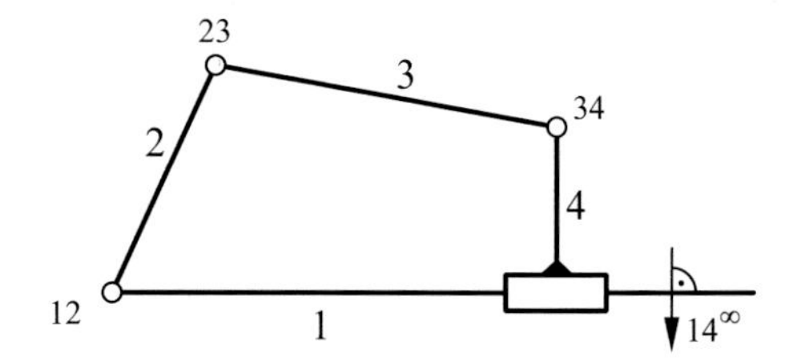

Abb. 2.21 Viergliedrige Schubkurbelkette

Parallelkurbelgetriebe nach Abb. 2.22. In einer Verzweigungslage kann das Parallelkurbelgetriebe zum *Antiparallel-* bzw. *Zwillingskurbelgetriebe* durchschlagen.

Anhand der Abb. 2.24 lässt sich entscheiden, welcher Typ eines viergliedrigen Drehgelenkgetriebes bei gegebenen Abmessungen und nach Wahl des Gestellgliedes vorliegt.

Einige dieser Viergelenkgetriebe sind in Abb. 2.25 zusammengestellt (Volmer 1995).

Aus der viergliedrigen Schubkurbelkette mit Schubglied 4 nach Abb. 2.21 ist zunächst einmal das bekannte *Schubkurbelgetriebe* (Schubkurbel) ableitbar, sofern Glied 1 zum Gestell erklärt wird, Abb. 2.23.

Das Schubkurbelgetriebe mit Schubgelenk entsteht aus dem Viergelenkgetriebe mit Drehgelenken, wenn der Punkt B_0 ins Unendliche rückt (Drehachse 14 im Unendlichen). Ferner lassen sich zwei Arten von Versetzungen (*Exzentrizitäten*) unterscheiden:

- *kinematische Exzentrizität* $e_k \equiv e$,
- *statische Exzentrizität* e_s.

Nur die kinematische Exzentrizität beeinflusst die Übertragungsfunktionen. Beide Exzentrizitäten sind vorzeichenbehaftet.

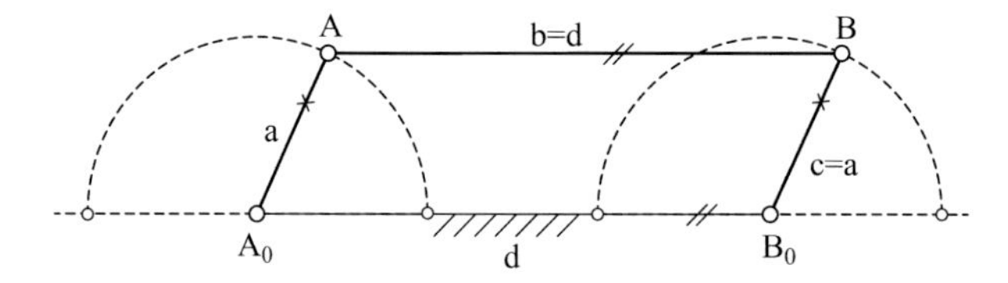

Abb. 2.22 Parallelkurbelgetriebe mit den beiden gestrichelt gezeichneten Verzweigungslagen auf der Gestellgeraden

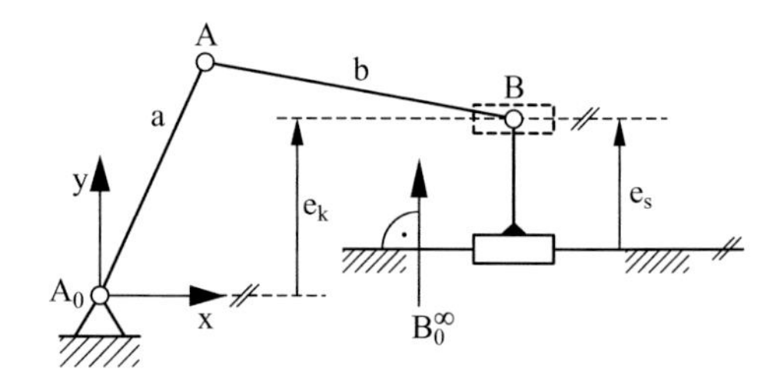

Abb. 2.23 Schubkurbelgetriebe mit Bezeichnungen

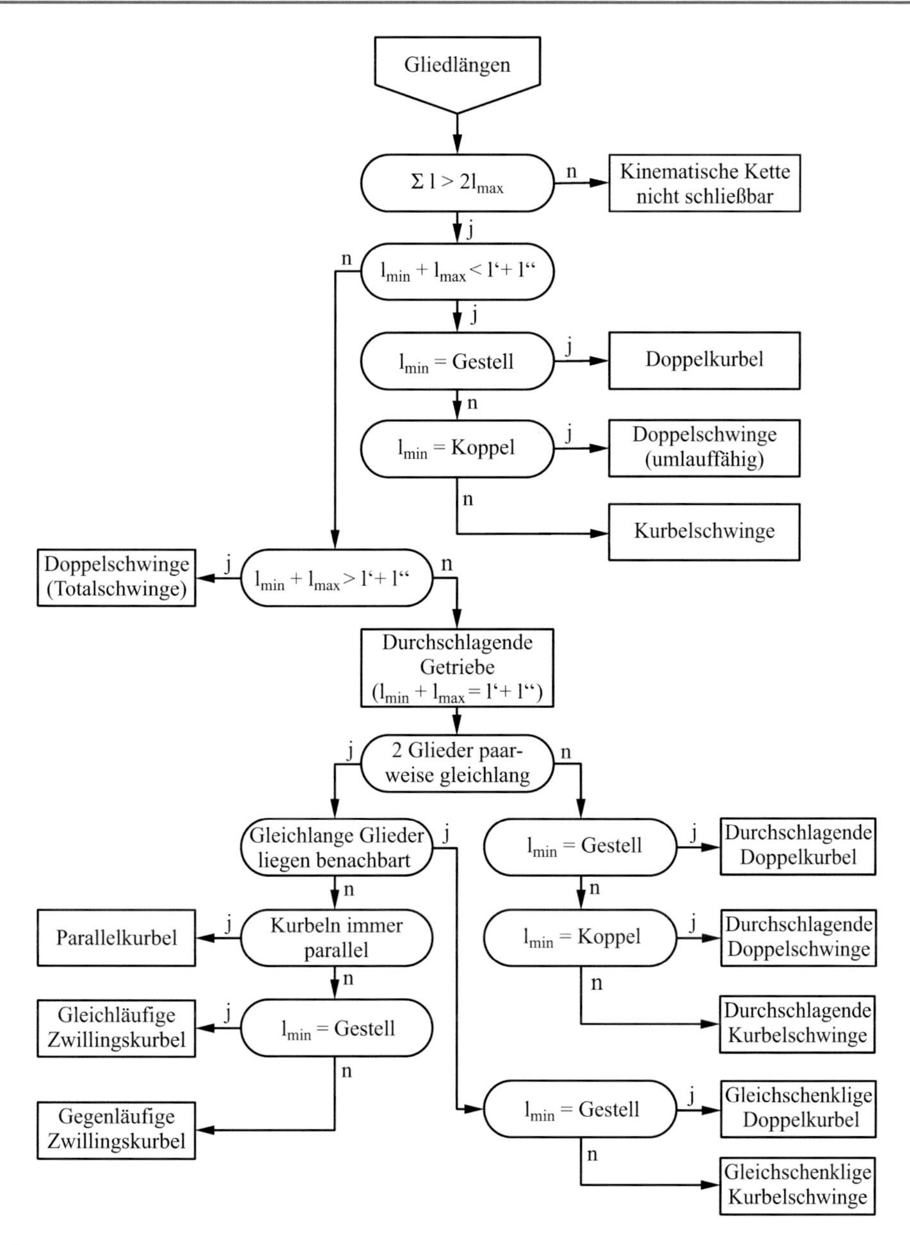

Abb. 2.24 Programmablaufplan zur Bestimmung von viergliedrigen Drehgelenkgetrieben (j = ja, n = nein)

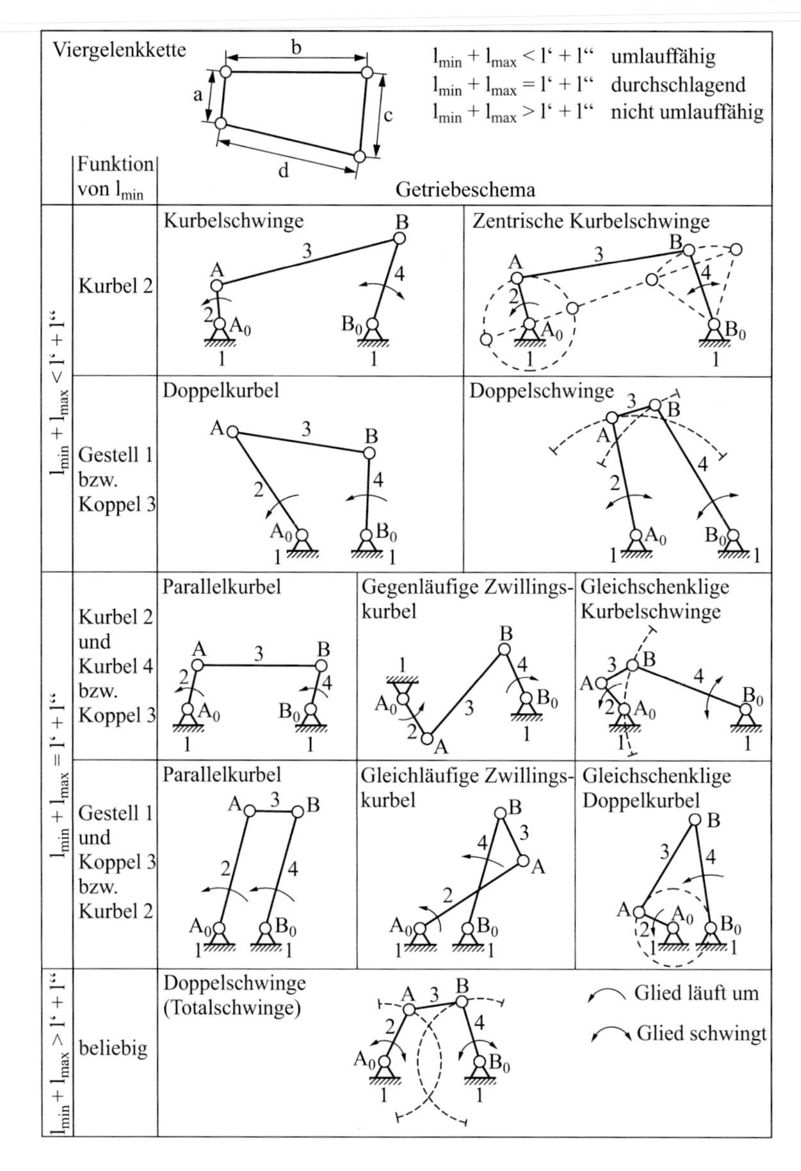

Abb. 2.25 Getriebe der viergliedrigen Drehgelenkkette

Wie stellt sich hier der *Satz von* GRASHOF dar?
Es ist

$$l_1 = d = \overline{A_0 B_0^\infty}, \quad l_4 = c = \overline{B B_0^\infty},$$
$$l_2 = a = \overline{A_0 A}, \quad l_3 = b = \overline{AB},$$

so dass die GRASHOF-Ungleichung für Umlauffähigkeit folgendermaßen definiert werden kann:

$$l_{\min} + l_{\max} < l' + l'' \quad \text{oder}$$
$$l_{\max} - l'' < l' - l_{\min} \quad \text{bzw.} \quad d - c < b - a,$$

d. h. alle Getriebe aus der Schubkurbelkette sind umlauffähig, sofern die Ungleichung

$$e < l' - l_{\min} \tag{2.17}$$

eingehalten wird. Es entstehen dann die Getriebe durch Gestellwechsel:

- **Schubkurbel:** Gestell = d
- **umlaufende Kurbelschleife:** Gestell = a
- **schwingende Kurbelschleife:** Gestell = b
- **Schubschwinge:** Gestell = c

Für $e = 0$ erhält man die zentrischen Ausführungen der oben genannten Getriebe.

Hinweis
Bei konstanter Schubrichtung liegt ein Schubgelenk, bei variabler Schubrichtung ein *Schleifengelenk* vor.

Die wichtigsten Getriebe der Schubkurbelkette sind in Abb. 2.26 aufgeführt (Volmer 1995). Es ist durchweg $e_k = e_s = e$ gesetzt worden.

Die Getriebe der Kreuzschubkurbel- und Schubschleifenkette haben zwei Schub- oder Schleifengelenke. Bei ersteren gibt es eine endliche Gliedlänge und den Kreuzungswinkel der beiden Schubrichtungen, Abb. 2.27 (Volmer 1995); bei letzteren ist charakteristisch, dass zwei Exzentrizitäten existieren und jedes Getriebeglied je ein Dreh- und ein Schubgelenkelement aufweist. Die Getriebe der Schubschleifenkette lassen keine Umlaufbewegung eines Glieds zu.

Koppelkurven
Die Koppelkurven der Viergelenkgetriebe sind vielgestaltig und werden für Führungsaufgaben herangezogen. Unter Koppelkurve versteht man definitionsgemäß entsprechend Abschn. 2.1.2 die Bahnkurve eines beliebigen Punktes (oft mit C bezeichnet) f(x,y) = 0 in der x-y-Ebene des Getriebes. Einige Beispiele zeigen die Abb. 2.28 bis 2.33, wobei die Koppelkurven nicht unbedingt maßstäblich gezeichnet sind.

In Abb. 2.33 ist ein sechsgliedriges sog. *Rastgetriebe* dargestellt (Rast = Stillstand). Die Rast der Schwinge D_0D wird durch Ausnutzen eines Teils der Koppelkurve des Punktes C

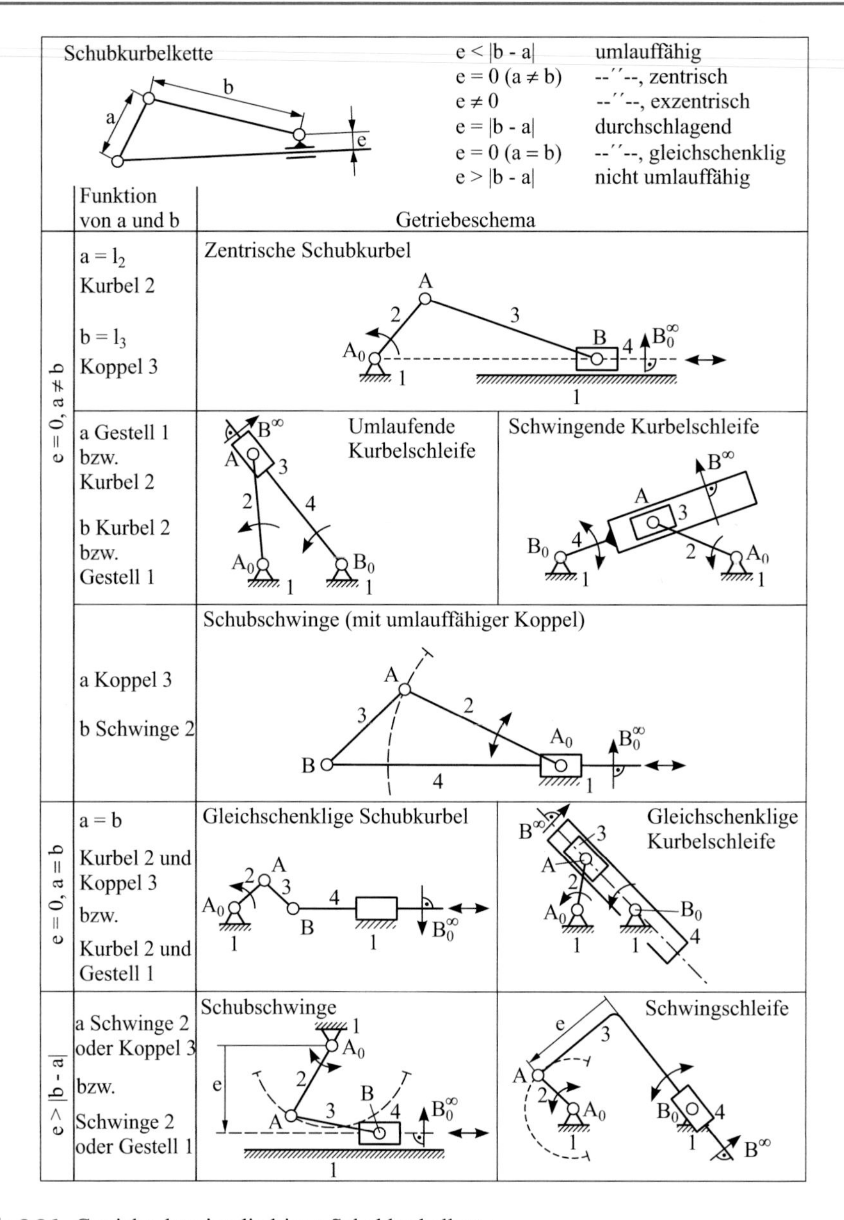

Abb. 2.26 Getriebe der viergliedrigen Schubkurbelkette

(stark ausgezogener Teil) des Viergelenkgetriebes A_0ABB_0 erzeugt. Beim Durchlaufen dieses Teils kommt der Punkt D des *Zweischlags* D_0DC zum Stillstand, weil die Länge CD mit dem *Krümmungsradius* weitgehend übereinstimmt. Da D mit dem *Krümmungsmittelpunkt* C_0 von C zusammenfällt, wird die Drehung des Glieds CD um C_0 erzwungen, während die Schwinge D_0D angenähert in Ruhe bleibt.

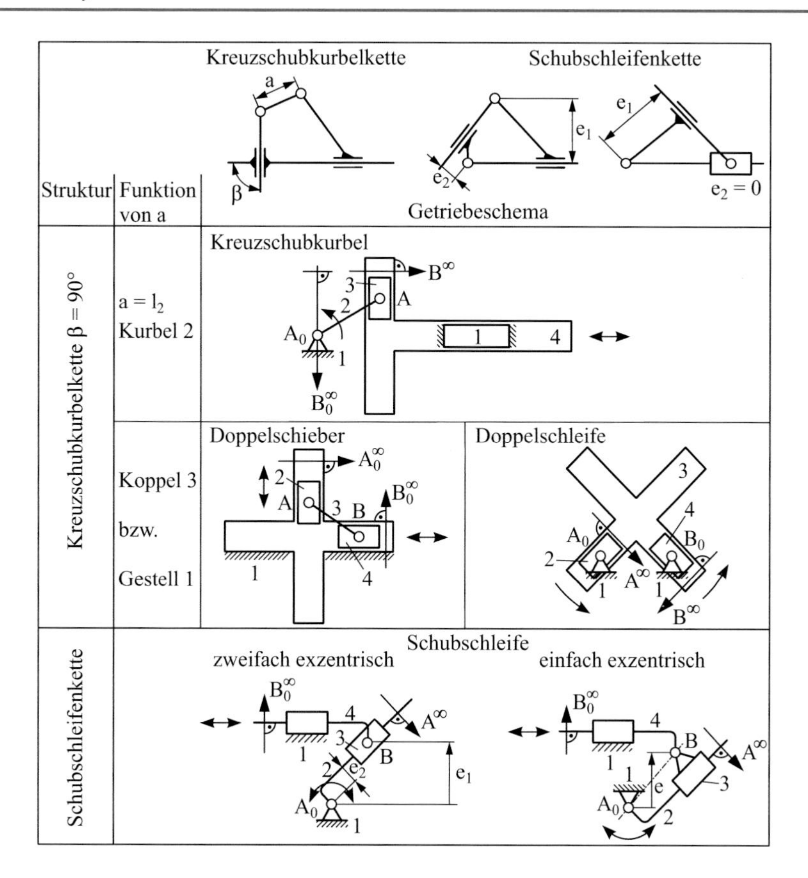

Abb. 2.27 Getriebe der viergliedrigen Kreuzschubkurbel- und Schubschleifenkette

Abb. 2.28 Koppelkurven der Kurbelschwinge

Abb. 2.29 Sechsgliedriges Getriebe: Koppelkurvengesteuertes Malteserkreuzgetriebe (Stillstandsicherung nicht eingezeichnet)

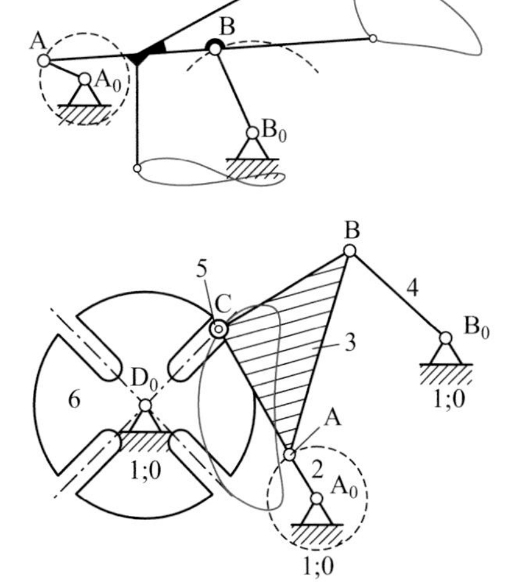

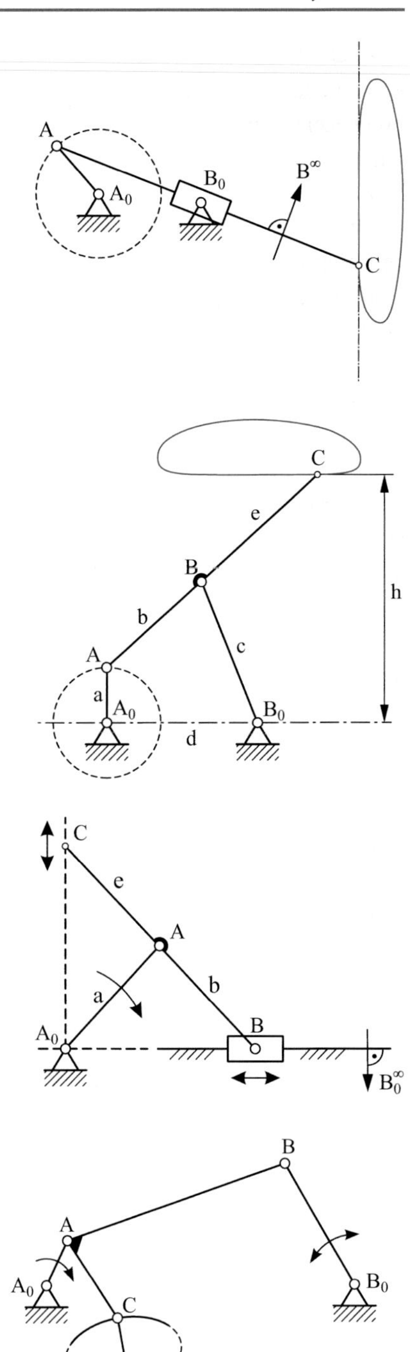

Abb. 2.30 Schwingende Kurbelschleife mit angenäherter Geradführung des Punktes C (Konchoidenlenker)

Abb. 2.31 Angenäherte Geradführung nach HOECKEN (Dizioğlu 1965 und Dizioğlu 1967): $a = 1$; $b = c = e = 2{,}5$; $d = 2$; $h = 4$ Längeneinheiten

Abb. 2.32 Exakte Geradführung mit einem Schubkurbelgetriebe für $a = b = e$

Abb. 2.33 Sechsgliedriges Rastgetriebe

2.4.2.2 Kurvengetriebe

Kurvengetriebe haben mindestens ein Kurvengelenk (HEP mit $f = 2$) und bestehen aus mindestens drei Gliedern. In Abb. 2.34 ist die aus der einfachsten kinematischen Kette mit drei Gliedern (Abb. 2.14a) ableitbare Grundform (Kurvenkette) eines dreigliedrigen Kurvengetriebes mit *Kurvenglied*, *Eingriffsglied* und *Steg* skizziert, aus dem sich durch die Wahl des Stegs zum Gestell 1 die beiden Standardfälle des Kurven-Übertragungsgetriebes ergeben: Kurvengetriebe mit Abtriebs(schwing)hebel und Kurvengetriebe mit Abtriebsschieber. Im Eingriffsglied 3 ist sehr oft eine drehbar gelagerte Rolle ($f_{id} = 1$) als unmittelbares Abtastorgan des Kurvenprofils gelagert, um die Übertragungseigenschaften im Kurvengelenk zu verbessern. Die Rolle erhält dann meistens eine eigene Gliednummer.

Durch Variation der beiden verbleibenden NEP (Dreh- und Schubgelenke) und durch *Gestellwechsel* erhält man systematisch alle Bauformen dreigliedriger Kurvengetriebe, Abb. 2.35.

Jedem Punkt K des Kurvenprofils, der momentan das Kurvengelenk mit der Abtastrolle bildet, ist ein *Krümmungsmittelpunkt* K_0 auf der Normalen n zugeordnet, Abb. 2.36. Verbindet man K_0 mit dem Rollenmittelpunkt B durch ein fiktives binäres Glied, so erhält man das für die skizzierte Lage gültige *Ersatzgelenkgetriebe*. Für das Getriebe mit *Rollenhebel* ergibt sich ein viergliedriges Drehgelenkgetriebe $A_0K_0(A)BB_0$, für das Getriebe mit *Rollenstößel* ein viergliedriges Schubkurbelgetriebe $A_0K_0(A)BB_0^\infty$. Die Abmessungen des Ersatzgelenkgetriebes ändern sich mit jeder neuen Stellung des Kurvengetriebes, die jeweiligen Kinematik-Gleichungen sind jedoch bis zur Beschleunigungsstufe äquivalent.

Durch eine geeignete Profilgebung des Kurvengliedes kann fast jede gewünschte Getriebefunktion $\psi(\varphi)$ (Rollenhebel) bzw. $s(\varphi)$ (Rollenstößel) verwirklicht werden. Eine komplette Auslegung von Kurvengetrieben ist mit Hilfe von (VDI 2142, Bl. 1 1994, VDI 2142, Bl. 2 2011, VDI 2143, Bl. 1 1980 und VDI 2143, Bl. 2 1987) möglich.

Der Kontakt im Kurvengelenk zwischen Kurven- und Eingriffsglied (Zwanglaufsicherung) wird entweder kraftschlüssig oder formschlüssig aufrechterhalten, Abb. 2.37.

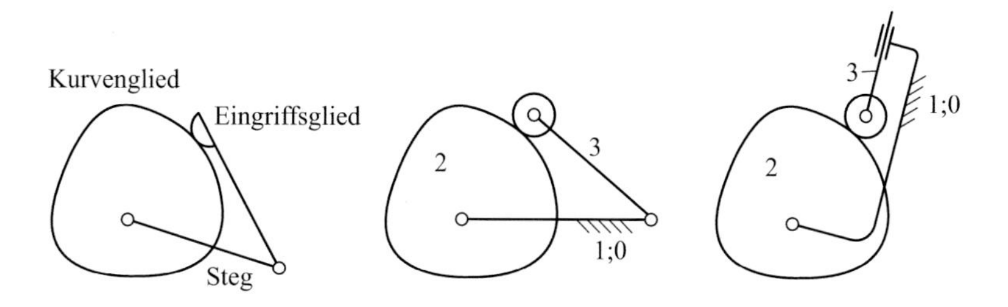

Abb. 2.34 Grundform und Standardfälle des dreigliedrigen Kurvengetriebes (Volmer 1989)

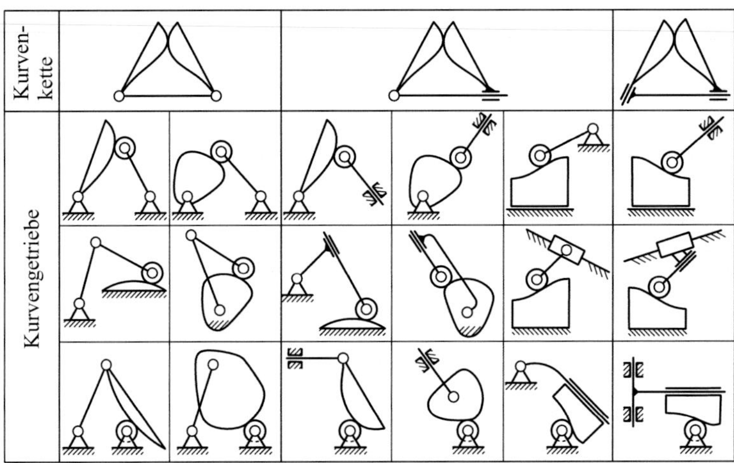

Abb. 2.35 Systematik der dreigliedrigen Kurvengetriebe (Volmer 1989)

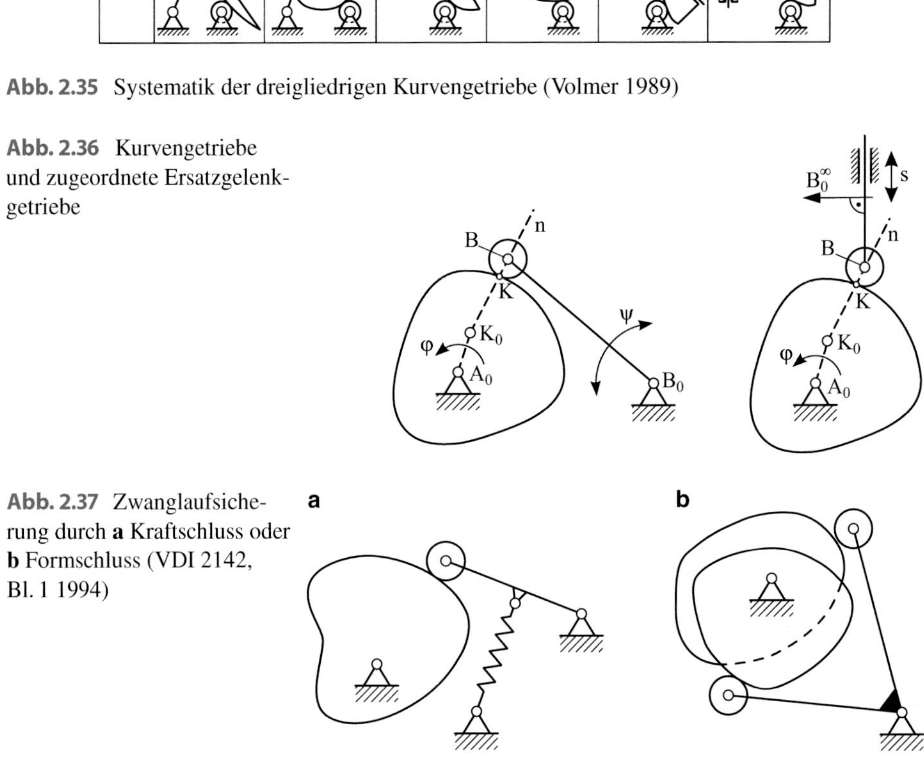

Abb. 2.36 Kurvengetriebe und zugeordnete Ersatzgelenkgetriebe

Abb. 2.37 Zwanglaufsicherung durch **a** Kraftschluss oder **b** Formschluss (VDI 2142, Bl. 1 1994)

2.4.3 Räumliche Getriebe

Räumliche Getriebe oder Raumgetriebe sind dadurch gekennzeichnet, dass sie *Drehachsen* haben, die sich kreuzen und denen auch eine Schubbewegung überlagert sein kann, siehe Kap. 9. Sonderfälle sind die sphärischen Getriebe, deren Drehachsen sich in einem Punkt schneiden.

Ein wichtiges technisches Anwendungsgebiet der Raumgetriebe und ihrer Sonderfälle tut sich für *Wellenkupplungen* auf als Übertragungsgetriebe zur Weiterleitung von Drehungen zwischen zwei im Gestell gelagerten Wellen, Abb. 2.38. An- und Abtriebswelle dürfen dabei eine beliebige Lage im Raum zueinander einnehmen, d. h. sie dürfen sich kreuzen. Normalerweise sind räumliche Wellenkupplungen ungleichmäßig übersetzend, sie können jedoch auch mit konstanter Übersetzung ausgelegt werden (*Gleichgangkupplungen*) (Duditza 1971).

Beträgt beispielsweise der Getriebefreiheitsgrad $F = 1$, so liefert die *Zwanglaufgleichung* (2.11)

$$\sum_{i=1}^{g} (f_i) = 6\,(g - n) + 7. \tag{2.18}$$

Für Getriebe mit gleicher Glieder- und Gelenkzahl, z. B. $g = n = 4$, lässt sich die Summe 7 der Gelenkfreiheiten auf verschiedene Weise aufteilen, z. B. entsprechend Abb. 2.39.

Während Fall 2 der *Wellenkupplung* der Abb. 2.38a entspricht, zeigt Abb. 2.40 das konstruktiv ausgeführte Getriebe im Fall 3 mit einer Dreh-Schub-Abtriebsbewegung.

Ein Beispiel eines sphärischen Getriebes als Sonderfall stellt das *Kreuzgelenk* oder *Kardangelenk* mit $f = 2$ dar (Abb. 2.41).

Die Übertragungsfunktion der Drehung von Welle 2 auf Welle 4 lautet

$$\tan\psi = \frac{\tan\varphi}{\cos\lambda}. \tag{2.19}$$

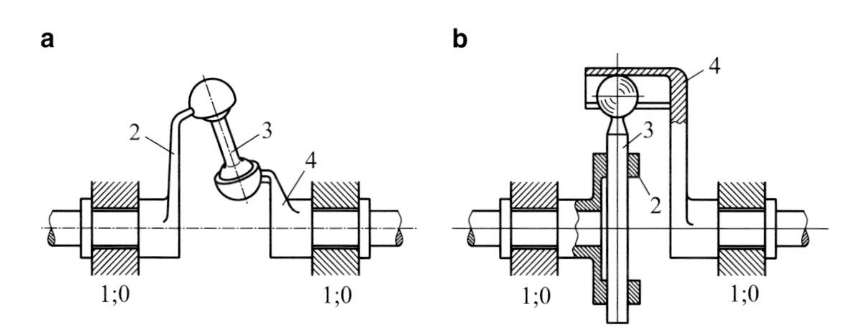

Abb. 2.38 Zwei Wellenkupplungen als viergliedrige Raumgetriebe mit $f_{id} = 1$ (Glied 3) (Beyer 1963)

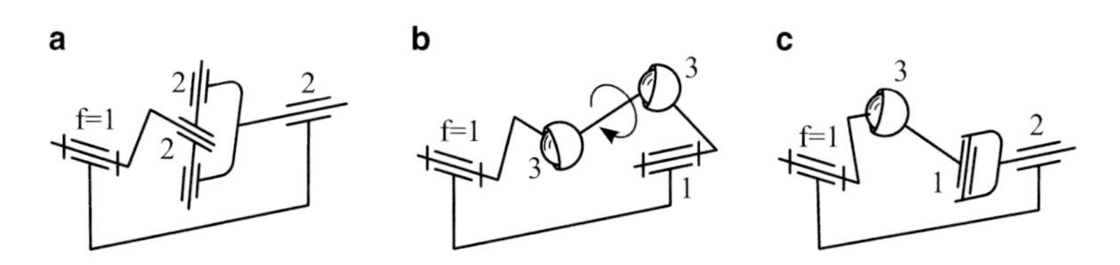

Abb. 2.39 Drei Raumgetriebe mit vier Gliedern und vier Gelenken (Volmer 1995): **a** Fall 1: $\Sigma f = 1{+}2{+}2{+}2 = 7$; **b** Fall 2: $\Sigma f = 1{+}3{+}3{-}f_{id}{+}1 = 7$ mit $f_{id} = 1$; **c** Fall 3: $\Sigma f = 1{+}3{+}1{+}2 = 7$

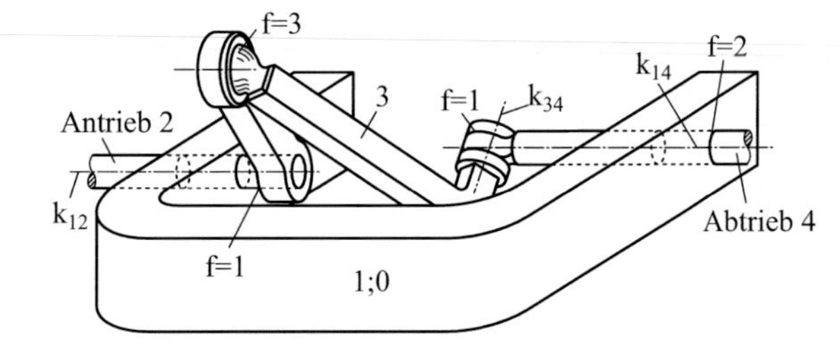

Abb. 2.40 Viergliedriges Raumkurbelgetriebe (Beyer 1963): Kurbel 2, Koppel 3, Drehschieber 4, Gestell 1, Bewegungsachsen k_{ij}

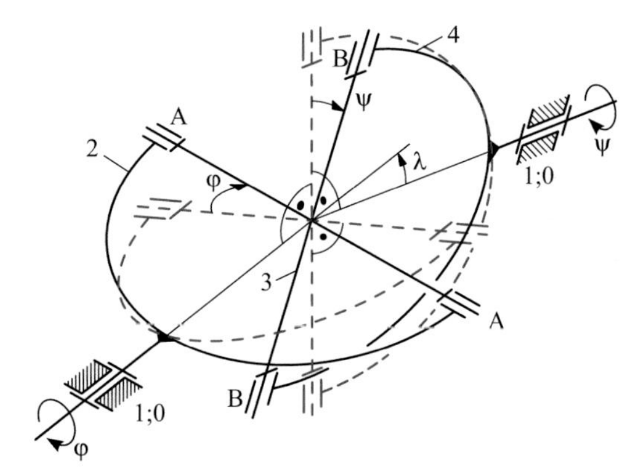

Abb. 2.41 Kreuz- oder Kardangelenk (Volmer 1995)

Dies bedeutet also eine ungleichmäßige Übersetzung. Hierbei ist λ der *Kreuzungswinkel* zwischen An- und Abtriebswelle.

Die Ungleichmäßigkeit der Drehung kann durch eine passende Hintereinanderschaltung zweier Kreuzgelenke eliminiert werden (Volmer 1995).

2.5 Übungsaufgaben

Die Aufgabenstellungen und die Lösungen zu den Übungsaufgaben dieses Kapitels finden Sie auf den Internetseiten des Instituts für Getriebetechnik und Maschinendynamik der RWTH Aachen.

http://www.igm.rwth-aachen.de/index.php?id=aufgaben

Aufgabe 2.1
Gelenke: Freiheitsgrad

Aufgabe 2.2
Räumliche Getriebe: Freiheitsgrad

Aufgabe 2.3
Wellenkupplung: Freiheitsgrad

Aufgabe 2.4
Wellenkupplung: Freiheitsgrad

Aufgabe 2.5
Wellenkupplung: Freiheitsgrad

Aufgabe 2.6
Summen- bzw. Differentialgetriebe: Getriebeaufbau, Gelenk- und Getriebefreiheitsgrad, Struktursystematik

Aufgabe 2.7
OLDHAM-Kupplung: Kinematisches Schema

Aufgabe 2.8
2-Zylinder-V-Kompressor: Kinematische Kette, kinematisches Schema, Freiheitsgrad

http://www.igm.rwth-aachen.de/index.php?id=loesungen

Literatur

Beyer, R.: Technische Raumkinematik. Springer, Berlin/Göttingen/Heidelberg (1963). DMG-Lib ID: 3979009

Dittrich, G.: Vergleich von ebenen, sphärischen und räumlichen Getrieben. In: VDI-Ber. Nr. 140. S. 25–34. (1970). DMG-Lib 2228009: 2228009

Dittrich, G.: Systematik der Bewegungsaufgaben und grundsätzliche Lösungsmöglichkeiten. In: VDI-Ber. Nr. 576. S. 1–20. (1985). DMG-Lib ID: 1610009

Dizioğlu, B.: Getriebelehre. Bd. 1: Grundlagen. Vieweg, Braunschweig (1965)

Dizioğlu, B.: Getriebelehre. Bd. 2: Maßbestimmung. Vieweg, Braunschweig (1967)

Duditza, F.: Querbewegliche Kupplungen. Antriebstechnik. **10**(11), 409–419 (1971)

Feldhusen, J., Grote, K.-H. (Hrsg.): DUBBEL – Taschenbuch für den Maschinenbau. 24. Aufl. Springer, Berlin (2014). S. G167–G177

Hain, K.: Getriebesystematik. Beitrag Nr. BW 881 des VDI-Bildungswerks Düsseldorf (1965). DMG-Lib ID: 2313009

VDI (Hrsg.): VDI Richtlinie 2142, Bl. 1: Auslegung ebener Kurvengetriebe – Grundlagen, Profilberechnung und Konstruktion. Beuth-Verlag, Berlin (1994). überprüft und bestätigt (2002)

VDI (Hrsg.): VDI-Richtlinie 2142, Bl. 2: Auslegung ebener Kurvengetriebe – Berechnungsmodule für Kurven- und Koppelgetriebe. Beuth-Verlag, Berlin (2011), Berichtigung (2014)

VDI (Hrsg.): VDI-Richtlinie 2143, Bl. 1: Bewegungsgesetze für Kurvengetriebe – Theoretische Grundlagen. Beuth-Verlag, Berlin (1980), überprüft und bestätigt (2002)

VDI (Hrsg.): VDI-Richtlinie 2143, Bl. 2: Bewegungsgesetze für Kurvengetriebe – Praktische Anwendung. Beuth-Verlag, Berlin (1987), überprüft und bestätigt (2002)

VDI (Hrsg.): VDI-Richtlinie 2145: Ebene viergliedrige Getriebe mit Dreh- und Schubgelenken; Begriffserklärungen und Systematik. Beuth-Verlag, Berlin (1980), überprüft und bestätigt (2012)

Volmer, J. (Hrsg.): Getriebetechnik – Lehrbuch. 5. Aufl. VEB Verlag Technik, Berlin (1987)

Volmer, J. (Hrsg.): Getriebetechnik – Kurvengetriebe. 2. Aufl. Hüthig, Heidelberg (1989). DMG-Lib ID: 104009

Volmer, J. (Hrsg.): Getriebetechnik – Grundlagen. 2. Aufl. Verlag Technik, Berlin/München (1995). DMG-Lib ID: 102009

Geometrisch-kinematische Analyse ebener Getriebe

3

Zusammenfassung

In diesem Kapitel sind die wichtigsten Grundlagen für die kinematische Analyse ebener Getriebe zusammengefasst, sowohl in graphisch-differentialgeometrischer als auch in vektorieller Hinsicht.

Die „einfache Kinematik" des Punktes und der Ebene als Abstraktionsform eines eben bewegten Getriebegliedes mit der EULER-Formel

$$\vec{v}_B = \vec{v}_A + \vec{v}_{BA} = \vec{v}_A + \vec{\omega} \times \vec{r}_{BA}$$

und unter Berücksichtigung der Starrheitsbedingung(en) führt zum Projektionssatz und zu den Ähnlichkeitssätzen von MEHMKE und BURMESTER für die Geschwindigkeits- und Beschleunigungsermittlung. Mit diesen Sätzen lässt sich ebenfalls die Existenz eines Geschwindigkeits- und Beschleunigungspols beweisen, so dass jede ebene Bewegung jeweils als eine momentane relative Drehung um diese beiden Punkte aufgefasst werden kann.

Den Abschluss bilden die Vektorgleichungen der Relativkinematik bei der Bewegung dreier beliebiger miteinander gekoppelter oder nicht gekoppelter Getriebeglieder i, j, k.

3.1 Grundlagen der Kinematik

Bei der geometrisch-kinematischen Analyse eines Getriebes wird der Bewegungszustand einzelner Getriebeglieder gegenüber dem Gestell, d. h. gegenüber einem absoluten (inertialen) Koordinatensystem untersucht. Der Bewegungszustand eines Getriebegliedes ist

H. Kerle, B. Corves, M. Hüsing, *Getriebetechnik*, DOI 10.1007/978-3-658-10057-5_3

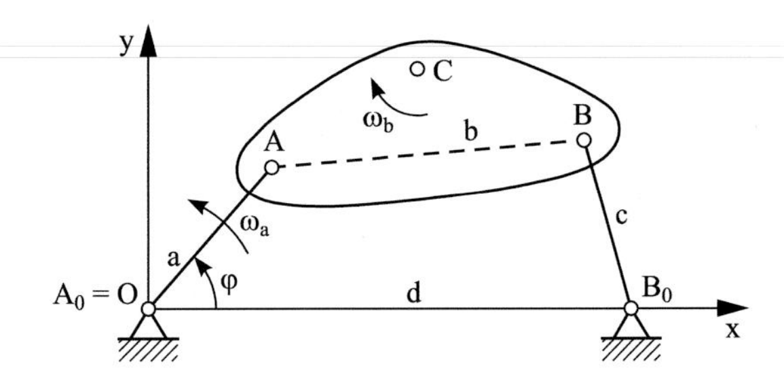

Abb. 3.1 Zur Kinematik der Koppel eines Viergelenkgetriebes

nur dann eindeutig bestimmt, wenn bei gegebenen Abmessungen des Getriebes und der Antriebsfunktion(en)

- die Lage,
- die Geschwindigkeit und
- die Beschleunigung

für jeden Punkt auf dem Getriebeglied ermittelbar sind.

Mit Bezug auf Abb. 3.1 heißt das beispielsweise: Gesucht sind die zeitabhängigen Koordinaten $x_C(t)$, $y_C(t)$ des Koppelpunktes C und die Winkelgeschwindigkeit $\omega_b(t)$ der Koppel bei gegebener Lage $\varphi = \varphi(t)$ der Antriebskurbel A_0A und zugeordneter Antriebswinkelgeschwindigkeit $\dot{\varphi} \equiv \omega_a$. Die Abmessungen a, b, c, d des Getriebes sind bekannt.

Für die Getriebeanalyse werden zeichnerische und rechnerische Verfahren angewendet. Die zeichnerischen Verfahren haben den Vorteil der Anschaulichkeit und schnellen Anwendbarkeit. Mittels der rechnerischen Analyse können wesentlich genauere Ergebnisse erreicht werden. Sie ist jedoch schon bei einfachen Getrieben meist derart umfangreich, dass der Einsatz von Rechnern unerlässlich ist.

3.1.1 Bewegung eines Punktes

Vorgegeben sei die Bahnkurve eines Punktes A auf einem eben bewegten Getriebeglied, Abb. 3.2.

Dann sind folgende Bezeichnungen üblich:

- Ortsvektor $\vec{r}_A(t)$
- Weg $s_A(t)$
- Krümmungskreis k_A
- Krümmungsradius $\rho_A = \overline{A_0A}$
- Krümmungsmittelpunkt A_0
- Wendepunkt A_W mit Krümmungsradius $\rho_{AW} = \infty$

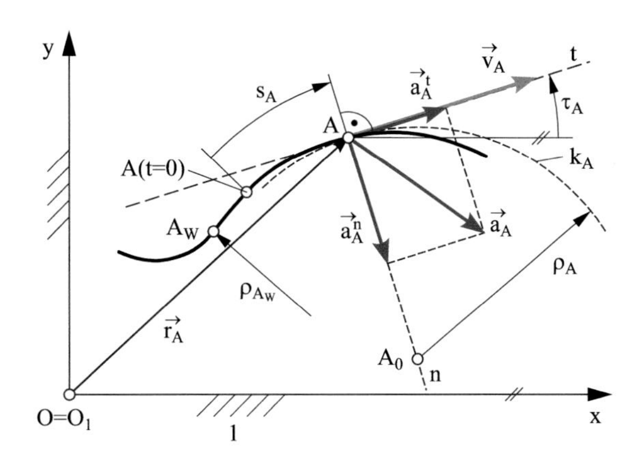

Abb. 3.2 Bahnkurve eines Punktes A in der x-y-Ebene

- Tangentenwinkel τ_{A}
- Bahntangente t
- Bahnnormale n
- Geschwindigkeitsvektor $\vec{v}_{\mathrm{A}}$
- Beschleunigungsvektor $\vec{a}_{\mathrm{A}}$
- Normalbeschleunigungsvektor $\vec{a}_{\mathrm{A}}^n$
- Tangentialbeschleunigungsvektor $\vec{a}_{\mathrm{A}}^t$

Der Geschwindigkeitsvektor $\vec{v}_{\mathrm{A}}$ ist stets tangential zur Bahnkurve ausgerichtet und hängt mit der ersten zeitlichen Ableitung des Weges s_A folgendermaßen zusammen:

$$\vec{v}_A = d\vec{r}_A/dt \equiv \dot{\vec{r}}_A = \dot{s}_A\vec{e}^t \,. \tag{3.1}$$

Hierbei ist $\vec{e}^t$ der Tangenteneinheitsvektor auf t. Der Beschleunigungsvektor $\vec{a}_A$ setzt sich aus zwei Teilen zusammen:

$$\vec{a}_A = d\vec{v}_A/dt \equiv \dot{\vec{v}}_A = \ddot{\vec{r}}_A = \vec{a}_A^t + \vec{a}_A^n \,. \tag{3.2}$$

Der Tangentialbeschleunigungsvektor $\vec{a}_A^t$ liegt auf t, der Normalbeschleunigungsvektor $\vec{a}_A^n$ auf n und zeigt stets zum Krümmungsmittelpunkt A_0 hin. Der Punkt A_0 liegt wiederum stets auf der Innenseite (konkaven Seite) der Bahnkurve von A. Ferner gilt:

$$\left|\vec{a}_A^t\right| = a_A^t = \ddot{s}_A \,, \quad \left|\vec{a}_A^n\right| = a_A^n = v_A^2/\rho_A \,. \tag{3.3}$$

Hinweis
Der Krümmungskreis $\mathrm{k_A}$ **durchsetzt** im Allgemeinen als Grenzfall dreier auf der Bahnkurve zusammenfallender Punkte die Bahnkurve im Punkt A.

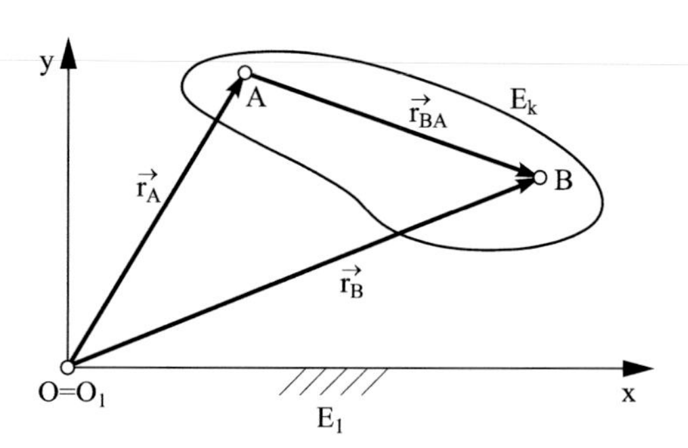

Abb. 3.3 Ortsvektoren zweier Punkte A und B einer bewegten Ebene E_k

Die bekanntesten **kinematischen Diagramme** für Punktbewegungen sind

a) Skalarkurven: $s_A(t)$, $\dot{s}_A(t)$, $\ddot{s}_A(t)$
$\dot{s}_A(s_A)$, $\ddot{s}_A(s_A)$, $\ddot{s}_A(\dot{s}_A)$

b) Vektorkurven: Betrachtet werden die Vektorspitzen der nachfolgend aufgelisteten Vektoren, die – ausgehend von jeweils einem gemeinsamen Ursprung – zu zeichnen sind:
- **Bahnkurve** $\vec{r}_A(t)$
- **Hodographenkurve** $\vec{v}_A(t)$
- **Tachographenkurve** $\vec{a}_A(t)$

3.1.2 Bewegung einer Ebene

Die Bewegung eines Getriebegliedes, d. h. einer Ebene E_k, gegenüber dem Gestell, d. h. der festen Ebene E_1, wird durch die Bewegung zweier auf E_k liegender Punkte, z. B. A und B, eindeutig beschrieben; in Kurzform E_k/E_1. Sie setzt sich im Allgemeinen aus einer Schiebung (Translation), z. B. des Bezugspunkts oder Aufpunkts A in x- und y-Richtung der Ebene E_1, und aus einer Drehung (Rotation), z. B. um den Aufpunkt A, zusammen.

3.1.2.1 Geschwindigkeitszustand

Der Abb. 3.3 entnimmt man

$$\vec{r}_B = \vec{r}_A + \vec{r}_{BA} \, . \tag{3.4}$$

Wegen des unveränderlichen Abstands der Punkte A und B ist folgende *Starrheitsbedingung* erfüllt:

$$\left|\vec{r}_{BA}\right| = \left|\vec{r}_B - \vec{r}_A\right| = r_{BA} = \text{konst.} \, , \tag{3.5}$$

d. h.

$$\vec{r}_{BA}^{\,2} = r_{BA}^2 = \left(\vec{r}_B - \vec{r}_A\right)^2 = (\text{konst.})^2 \, . \tag{3.6}$$

Abb. 3.4 Zur Veranschaulichung des Projektionssatzes

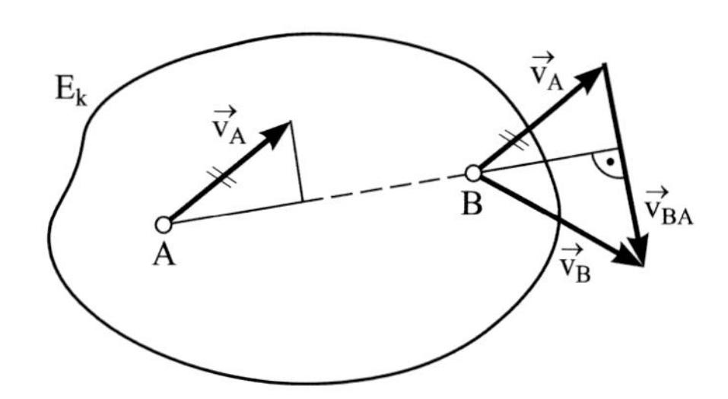

Leitet man vorstehende Gleichung einmal nach der Zeit ab, folgt daraus

$$d\vec{r}_{BA}^{2}/dt = 2(\vec{r}_B - \vec{r}_A)(\dot{\vec{r}}_B - \dot{\vec{r}}_A) = 0 \quad \text{bzw.} \tag{3.7a}$$

$$\vec{r}_{BA}\left(\vec{v}_B - \vec{v}_A\right) = 0 \quad \text{oder} \quad \vec{v}_B\vec{r}_{BA} = \vec{v}_A\vec{r}_{BA}. \tag{3.7b}$$

$\vec{v}_B \cdot \vec{r}_{BA}$ ist ein Skalarprodukt, d. h. die Projektion von $\vec{v}_B$ auf den Differenzvektor $\vec{r}_{BA}$.

Projektionssatz

Die Projektionen der Geschwindigkeitsvektoren $\vec{v}_A$ und $\vec{v}_B$ zweier Punkte A und B eines starren Getriebeglieds (Ebene E_k) auf die Verbindungsgerade AB sind gleich groß, Abb. 3.4.

Die Ableitung von Gl. 3.4 nach der Zeit ergibt

$$\vec{v}_B = \vec{v}_A + \vec{v}_{BA}, \quad \vec{v}_{BA} \equiv \dot{\vec{r}}_{BA}\,. \tag{3.8}$$

Da die Projektionen von $\vec{v}_A$ und $\vec{v}_B$ auf AB gleich lang und gleichgerichtet sind, kann $\vec{v}_{BA} = \vec{v}_B - \vec{v}_A$ nur senkrecht auf AB stehen, vgl. Gl. 3.7b. Daher lässt sich formal aus Gl. 3.8 ein Winkelgeschwindigkeitsvektor $\vec{\omega}$ für die Ebene E_k herleiten (EULER-Formel):

$$\vec{v}_B = \vec{v}_A + \vec{\omega} \times \vec{r}_{BA}, \quad \vec{\omega} \times \vec{r}_{BA} = \vec{v}_{BA}. \tag{3.9}$$

Hinweis

Der Winkelgeschwindigkeitsvektor $\vec{\omega}$ gilt **nicht** für einen einzelnen Punkt, sondern für die gesamte Ebene E_k.

Die Ebene E_k führt eine Schiebung in Richtung $\vec{v}_A$ aus, gleichzeitig rotieren alle Ebenenpunkte mit der Winkelgeschwindigkeit $\vec{\omega}$ um A.

Gleichung 3.9 lautet in Komponentenschreibweise mit $\omega = \omega_z$ (die z-Achse steht senkrecht auf der Zeichenebene und bildet mit der x-y-Ebene ein rechtshändig orientiertes Dreibein)

$$\begin{bmatrix} v_{Bx} \\ v_{By} \\ 0 \end{bmatrix} = \begin{bmatrix} v_{Ax} \\ v_{Ay} \\ 0 \end{bmatrix} + \begin{bmatrix} 0 \\ 0 \\ \omega_z \end{bmatrix} \times \begin{bmatrix} r_{BAx} \\ r_{BAy} \\ 0 \end{bmatrix} = \begin{bmatrix} v_{Ax} \\ v_{Ay} \\ 0 \end{bmatrix} + \begin{bmatrix} -\omega_z r_{BAy} \\ \omega_z r_{BAx} \\ 0 \end{bmatrix} . \tag{3.10}$$

Statt des Vektors $\vec{\omega}$ kann auch die *schiefsymmetrische Matrix* $\tilde{\mathbf{\Omega}}$ eingeführt werden:

$$\tilde{\mathbf{\Omega}} = \begin{bmatrix} 0 & -\omega_z & 0 \\ \omega_z & 0 & 0 \\ 0 & 0 & 0 \end{bmatrix} , \tag{3.11}$$

so dass gilt:

$$\vec{v}_{BA} = \vec{\omega} \times \vec{r}_{BA} = \tilde{\mathbf{\Omega}} \cdot \vec{r}_{BA} . \tag{3.12}$$

3.1.2.2 Momentan- oder Geschwindigkeitspol

Es gibt einen speziellen Punkt P der bewegten Ebene, der momentan ruht, für den also $\vec{v}_P = \vec{0}$ gilt.

Falls der Punkt P als Aufpunkt gewählt wird, geht Gl. 3.9 über in

$$\vec{v}_B = \vec{\omega} \times \vec{r}_{BP} . \tag{3.13}$$

Damit gilt die gleiche Formel wie bei der alleinigen Drehung des Punktes B um den Punkt P. Dieser Punkt P heißt *Momentanpol* oder *Geschwindigkeitspol* der Ebene E_k bei der Bewegung gegenüber dem Gestell E_1 (genauer: $P = P_{1k}$). Die Kenntnis der Lage dieses Punktes kann bei der Geschwindigkeitsermittlung von Nutzen sein. Der Momentanpol eines eben bewegten Getriebegliedes lässt sich sowohl zeichnerisch-anschaulich als auch rechnerisch bestimmen.

a) Zeichnerische Lösung

Gleichung 3.13 gilt für jeden Punkt der Ebene E_k, d. h. die hier über ein Kreuzprodukt gekoppelten Vektoren stehen (rechtshändig orientiert) senkrecht aufeinander bzw. die Geschwindigkeitsvektoren zweier zu E_k gehörigen Punkte A und B stehen stets senkrecht auf den zugehörigen *Polstrahlen* AP bzw. BP, Abb. 3.5.

Zeichnet man die um 90° im gleichen Sinn *gedrehten Geschwindigkeitsvektoren* $^\ulcorner\vec{v}$, erhält man als Schnittpunkt dieser Vektoren den Momentanpol P_{1k}. Die Beträge der Geschwindigkeiten lassen sich unmittelbar ablesen:

$$v_A = \omega \overline{PA} , \quad v_B = \omega \overline{PB} . \tag{3.14}$$

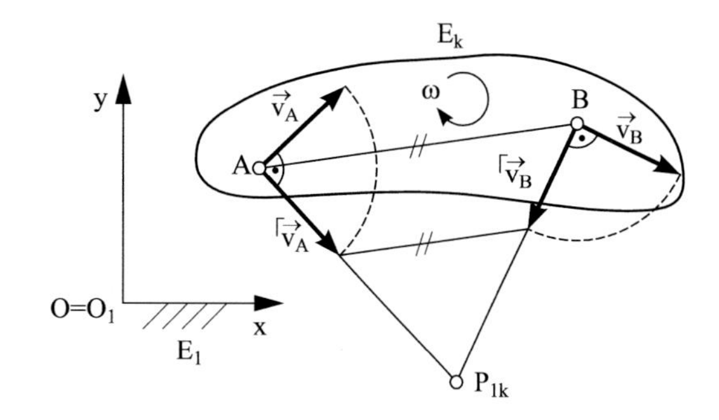

Abb. 3.5 Geschwindigkeitszustand einer Ebene E_k

Hinweis
Der Geschwindigkeitszustand einer Ebene ist eindeutig festgelegt, wenn die Geschwindigkeit eines Punktes A dieser Ebene bekannt ist sowie von einem Punkt B dieser Ebene die Richtung der Geschwindigkeit oder wenn der Momentanpol P und die dazugehörige Winkelgeschwindigkeit bekannt sind.

b) Rechnerische Lösung
Aus Gl. 3.9 folgt für B = P

$$\vec{v}_P = \vec{0} = \vec{v}_A + \vec{\omega} \times \vec{r}_{PA} ;$$

multipliziert man die vorstehende Gleichung von rechts vektoriell mit $\vec{\omega}$, so ergibt sich

$$\vec{v}_A \times \vec{\omega} + (\vec{\omega} \times \vec{r}_{PA}) \times \vec{\omega} = \vec{0} .$$

Nach dem Entwicklungssatz wird daraus

$$\vec{v}_A \times \vec{\omega} + (\vec{\omega} \cdot \vec{\omega}) \cdot \vec{r}_{PA} - (\vec{\omega} \cdot \vec{r}_{PA}) \cdot \vec{\omega} = \vec{0} .$$

Der letzte Term verschwindet, da $\vec{\omega}$ und $\vec{r}_{PA}$ senkrecht zueinander stehen ($\vec{\omega} \cdot \vec{r}_{PA} = 0$), d. h.

$$\vec{r}_{PA} = \vec{r}_P - \vec{r}_A = -\frac{\vec{v}_A \times \vec{\omega}}{\omega^2} = \frac{\vec{\omega} \times \vec{v}_A}{\omega^2} = \frac{\tilde{\mathbf{\Omega}} \cdot \vec{v}_A}{\omega^2} . \tag{3.15}$$

Satz
Jede beliebige Elementarbewegung eines eben bewegten Getriebeglieds (einer Ebene E_k) ist eine Drehung um einen eindeutig bestimmten Punkt, den momentanen Drehpol (Momentanpol oder Geschwindigkeitspol). Der Momentanpol gilt folglich für die gesamte Ebene, d. h. für jeden Punkt des Getriebeglieds.

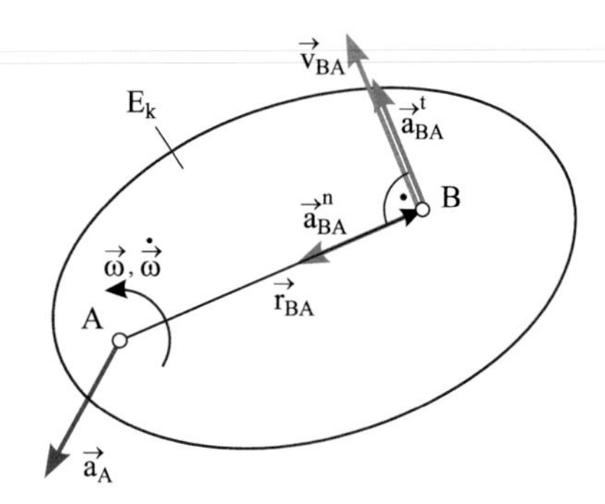

Abb. 3.6 Zur Orientierung des Beschleunigungsanteils $\vec{a}_{BA}$ einer Ebene E_k mit zwei Punkten A und B

Bei einer Translationsbewegung gilt $\vec{\omega} = \vec{0}$, d. h. $\vec{v}_A = \vec{v}_B$ und $^{\ulcorner}\vec{v}_A = {}^{\ulcorner}\vec{v}_B$. Daraus folgt: Der Momentanpol liegt bei einer Translation als Schnittpunkt der um 90° gedrehten Geschwindigkeitsvektoren $^{\ulcorner}\vec{v}_A$ und $^{\ulcorner}\vec{v}_B$ im Unendlichen.

3.1.2.3 Beschleunigungszustand

Um auf die Beschleunigungsstufe zu gelangen, leiten wir Gl. 3.9 nach der Zeit ab und erhalten

$$\dot{\vec{v}}_B \equiv \vec{a}_B = \dot{\vec{v}}_A + \dot{\vec{\omega}} \times \vec{r}_{BA} + \vec{\omega} \times \dot{\vec{r}}_{BA} \,. \tag{3.16}$$

Es gilt

$$\vec{\omega} \times \dot{\vec{r}}_{BA} = \vec{\omega} \times (\vec{\omega} \times \vec{r}_{BA}) = (\vec{\omega} \cdot \vec{r}_{BA}) \cdot \vec{\omega} - \omega^2 \cdot \vec{r}_{BA}$$

mit $\vec{\omega} \cdot \vec{r}_{BA} = 0$ – beide Vektoren stehen senkrecht zueinander. Folglich wird aus Gl. 3.16 mit $\dot{\vec{v}}_A \equiv \vec{a}_A$

$$\vec{a}_B = \vec{a}_A + \dot{\vec{\omega}} \times \vec{r}_{BA} - \omega^2 \cdot \vec{r}_{BA} \quad \text{oder} \tag{3.17a}$$

$$\vec{a}_B = \vec{a}_A + (\dot{\tilde{\mathbf{\Omega}}} + \tilde{\mathbf{\Omega}} \cdot \tilde{\mathbf{\Omega}}) \cdot \vec{r}_{BA} \quad \text{oder} \tag{3.17b}$$

$$\vec{a}_B = \vec{a}_A + \vec{a}^t_{BA} + \vec{a}^n_{BA} \quad \text{oder} \tag{3.17c}$$

$$\vec{a}_B = \vec{a}_A + \vec{a}_{BA} \,. \tag{3.17d}$$

Der Beschleunigungsanteil $\vec{a}_{BA}$ kann in eine Tangentialkomponente $\vec{a}^t_{BA}$ und in eine Normalkomponente $\vec{a}^n_{BA}$ bzgl. der Bahnkurve des Punktes B gegenüber dem Punkt A mit

$$\left|\vec{a}^n_{BA}\right| = a^n_{BA} = v^2_{BA}/\overline{AB} \tag{3.18}$$

aufgeteilt werden; dabei stellt der Punkt A den Krümmungsmittelpunkt bei der Bewegung B gegenüber A dar, auf den die Normalkomponente $\vec{a}^n_{BA}$ gerichtet ist, Abb. 3.6.

Für den Punkt A gilt selbstverständlich Gl. 3.2. Falls auch die Bahnkurve des Punktes B bekannt bzw. der zugeordnete Krümmungsmittelpunkt B_0 bekannt ist, gibt es noch eine weitere Schreibweise von Gln. 3.17a–3.17d, nämlich

$$\vec{a}_B = \vec{a}^t_B + \vec{a}^n_B = \vec{a}_A + \vec{a}^t_{BA} + \vec{a}^n_{BA} \,. \tag{3.17e}$$

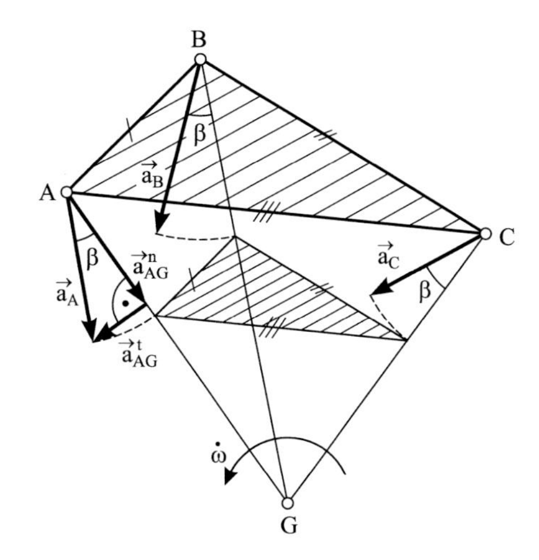

Abb. 3.7 Zur Lage des Beschleunigungspols G einer bewegten Ebene E_k = ABC

Die Normalbeschleunigung $\vec{a}_B^n$ weist auf B_0 hin, es ist analog zu Gl. 3.3

$$\left|\vec{a}_B^n\right| = a_B^n = v_B^2/\overline{B_0 B} = v_B^2/\rho_B \; . \tag{3.19}$$

Genau so erhält man für einen beliebigen dritten Punkt C der Ebene E_k

$$\vec{a}_C = \vec{a}_A + \vec{a}_{CA} = \vec{a}_B + \vec{a}_{CB} \; . \tag{3.20}$$

3.1.2.4 Beschleunigungspol

Es gibt einen speziellen Punkt G der bewegten Ebene, der momentan unbeschleunigt ist, für den mithin $\vec{a}_G = \vec{0}$ gilt.

Dieser Punkt G heißt Beschleunigungspol der Ebene E_k bei der Bewegung gegenüber dem Gestell E_1 (genauer: $G = G_{1k}$).

Hinweis
Im Allgemeinen gilt für den Beschleunigungspol G $\vec{v}_G \neq \vec{0}$ und auch die Beschleunigung des Momentanpols P (*Polbeschleunigung*) verschwindet nicht automatisch, d. h. $\vec{a}_P \neq \vec{0}$.

Wenn der Beschleunigungspol $G = G_{1k}$ bekannt ist, lässt sich die Bewegung E_k/E_1 hinsichtlich der Beschleunigung momentan als Drehung von E_k um G mit Tangential- und Normalbeschleunigung auffassen, Abb. 3.7.

Die Beziehung zwischen den Beschleunigungen der Punkte A und G lautet

$$\vec{a}_A = \vec{a}_G + \vec{a}_{AG} = \vec{a}_{AG}^t + \vec{a}_{AG}^n = \vec{\dot{\omega}} \times \vec{r}_{AG} - \omega^2 \cdot \vec{r}_{AG} \; . \tag{3.21}$$

Da $\vec{a}_G = \vec{0}$ ist, lässt sich die Beschleunigung $\vec{a}_A$ in die Komponenten von $\vec{a}_{AG}$ zerlegen, nämlich in die Normalbeschleunigung $\vec{a}^n_{AG}$ und die Tangentialbeschleunigung $\vec{a}^t_{AG}$. Die Tangentialbeschleunigung von A ergibt sich über die Winkelbeschleunigung $\dot{\vec{\omega}}$, multipliziert mit dem Abstand vom Beschleunigungspol:

$$a^t_{AG} = \left|\vec{a}^t_{AG}\right| = \overline{AG} \cdot \dot{\omega} \,. \tag{3.22}$$

Die Normalbeschleunigung folgt aus

$$a^n_{AG} = \overline{AG} \cdot \omega^2 \,. \tag{3.23}$$

Der Betrag von $\vec{a}_A$ hat die Größe

$$a_A = \sqrt{\left(a^n_{AG}\right)^2 + \left(a^t_{AG}\right)^2} = \overline{AG} \cdot \sqrt{\dot{\omega}^2 + \omega^4} \,. \tag{3.24}$$

Es gilt die Beziehung

$$\tan\beta = \frac{a^t_{AG}}{a^n_{AG}} = \frac{\dot{\omega}}{\omega^2} \,. \tag{3.25}$$

In Gl. 3.25 ist β der Winkel zwischen der resultierenden Beschleunigung und der Verbindungslinie von dem betrachteten Punkt zum Beschleunigungspol, er ist für alle Punkte der Ebene E_k gleich groß, da er nur von $\dot{\omega}$ und ω^2 abhängt und diese Größen von der Lage des Punktes auf der Ebene unabhängig sind.

Hinweis
Sind von einer Ebene die Beschleunigungen zweier Punkte bekannt, so ist der Beschleunigungspol der Schnittpunkt der Verlängerungen der um den Winkel $\beta = \arctan\left(\dot{\omega}/\omega^2\right)$ in Richtung $\dot{\omega}$ gedrehten Beschleunigungen.

3.1.3 Graphische Getriebeanalyse

3.1.3.1 Maßstäbe

Zur zeichnerischen Darstellung und Auswertung von Bewegungsabläufen sind Maßstäbe erforderlich. Der Maßstab lässt sich definieren als Quotient:

$$\text{Maßstab} = \frac{\text{wirkliche Größe}}{\text{darstellende Größe}} \,.$$

Es werden folgende Maßstäbe unterschieden:

- **Längenmaßstab:**
  wirkliche Größe s in m, darstellende Größe $\langle s\rangle$ in mm

$$\mathrm{M_z}\left[\frac{\mathrm{m}}{\mathrm{mm}}\right]=\frac{s\,[\mathrm{m}]}{\langle s\rangle\,[\mathrm{mm}]}\rightarrow s=\mathrm{M_z}\cdot\langle s\rangle \tag{3.26}$$

- **Zeitmaßstab:**
  wirkliche Größe t in s, darstellende Größe $\langle t\rangle$ in mm

$$\mathrm{M_t}\left[\frac{\mathrm{s}}{\mathrm{mm}}\right]=\frac{t\,[\mathrm{s}]}{\langle t\rangle\,[\mathrm{mm}]}\rightarrow t=\mathrm{M_t}\cdot\langle t\rangle \tag{3.27}$$

- **Geschwindigkeitsmaßstab:**
  wirkliche Größe v in m/s, darstellende Größe $\langle v\rangle$ in mm

$$\mathrm{M_v}\left[\frac{\mathrm{m/s}}{\mathrm{mm}}\right]=\frac{v\,[\mathrm{m/s}]}{\langle v\rangle\,[\mathrm{mm}]}\rightarrow v=\mathrm{M_v}\cdot\langle v\rangle \tag{3.28}$$

- **Beschleunigungsmaßstab:**
  wirkliche Größe a in m/s^2, darstellende Größe $\langle a\rangle$ in mm

$$\mathrm{M_a}\left[\frac{\mathrm{m/s^2}}{\mathrm{mm}}\right]=\frac{a\,[\mathrm{m/s^2}]}{\langle a\rangle\,[\mathrm{mm}]}\rightarrow a=\mathrm{M_a}\cdot\langle a\rangle \tag{3.29}$$

Nicht alle Maßstäbe sind unabhängig voneinander wählbar. Der Beschleunigungsmaßstab $\mathrm{M_a}$ ist abhängig von $\mathrm{M_v}$ und $\mathrm{M_z}$; es gilt

$$\mathrm{M_a}=\mathrm{M_v^2}/\mathrm{M_z}\,. \tag{3.30}$$

Für die anschauliche graphische Getriebeanalyse haben sich einige Verfahren bewährt, die die zuvor beschriebenen vektoriellen Beziehungen in entsprechende geometrische Konstruktionen umsetzen. Beispielsweise lässt sich die Beziehung $a_A^n=v_A^2/\rho_A$ nach Gl. 3.3 mit Hilfe des *Kathetensatzes* graphisch auswerten, Abb. 3.8.

Mit Hilfe der zu Beginn dieses Abschnitts eingeführten Zeichenmaßstäbe wird aus obiger Beziehung

$$\mathrm{M_a}\,\langle a_A^n\rangle=\frac{\mathrm{M_v^2}\,\langle v_A\rangle^2}{\mathrm{M_z}\,\langle\rho_A\rangle}\,. \tag{3.31}$$

Hierin sind die in eckige Klammern gesetzten Größen die zu (zeichnenden) darstellenden Größen.

Werden die darstellenden Größen entsprechend Abb. 3.8 über den Kathetensatz $b^2 = c\,q$ verknüpft, ergibt sich

$$(\overline{A\overline{A}})^2=\overline{AA_0}\cdot\overline{AA_n}\quad\rightarrow\quad\langle v_A\rangle^2=\langle\rho_A\rangle\,\langle a_A^n\rangle\,.$$

Wenn $a_A^n=\mathrm{M_a}\left\langle a_A^n\right\rangle$ gültig sein soll, ist Gl. 3.30 einzuhalten.

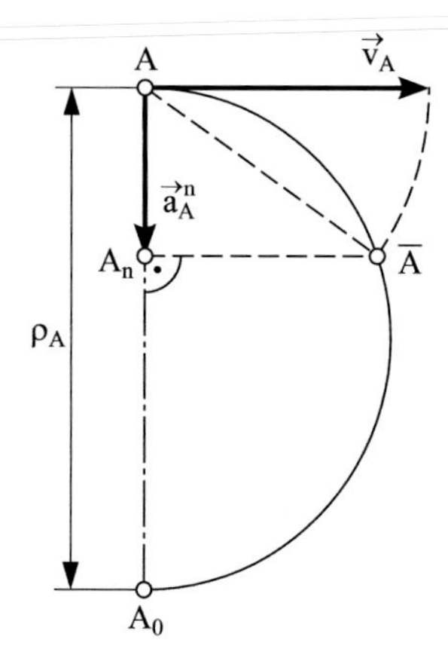

Abb. 3.8 Geometrischer Zusammenhang zwischen Normalbeschleunigung und Geschwindigkeit des Punktes A

Hinweis
Für den Fall, dass wegen $\overline{AA_n} = \langle a_A^n \rangle > \rho_A$ der Kathetensatz zunächst versagt, ist der Geschwindigkeitsmaßstab neu zu wählen – $M_v = M_z \cdot (v_A/\rho_A)$ – oder von vornherein der *Höhensatz* zu wählen.

3.1.3.2 Geschwindigkeitsermittlung

Es gibt zwei grundlegende Verfahren, um z. B. die Gleichungen

$$\vec{v}_B = \vec{v}_A + \vec{v}_{BA} = \vec{v}_A + \vec{\omega} \times \vec{r}_{BA} \quad \text{und}$$
$$\vec{v}_C = \vec{v}_A + \vec{v}_{CA} = \vec{v}_A + \vec{\omega} \times \vec{r}_{CA} \quad \text{oder}$$
$$\vec{v}_C = \vec{v}_B + \vec{v}_{CB} = \vec{v}_B + \omega \times \vec{r}_{CB}$$

graphisch auszuwerten, nämlich mit Hilfe des

a) Geschwindigkeitsplans oder des
b) Plans der (um 90°) *gedrehten Geschwindigkeiten.*

Von großer Bedeutung sind dabei die Ähnlichkeitssätze von BURMESTER und MEHMKE, Abb. 3.9.

Satz von BURMESTER
Die Endpunkte der Geschwindigkeiten bzw. Beschleunigungen eines starren Systems bilden eine dem starren System gleichsinnig ähnliche Figur.

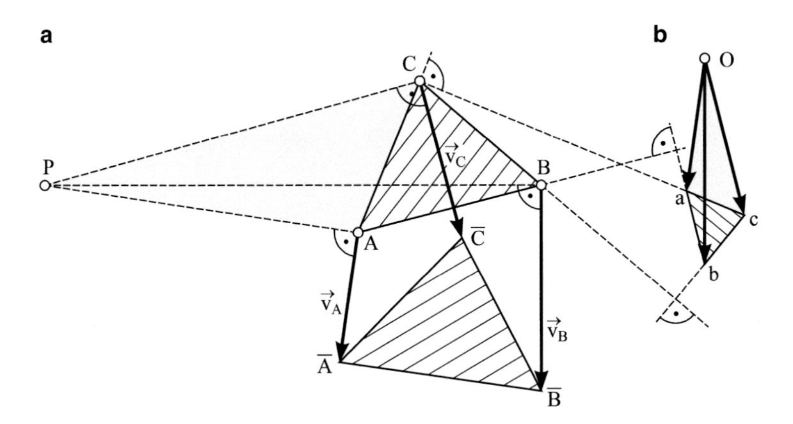

Abb. 3.9 Ähnlichkeitssätze nach **a** BURMESTER im Lageplan und **b** MEHMKE im Geschwindigkeitsplan

Satz von MEHMKE
Der Geschwindigkeits- bzw. Beschleunigungsplan ist eine dem gegebenen starren System gleichsinnig ähnliche Figur.

a) Geschwindigkeitsplan (v-Plan)

Der v-Plan beruht im Wesentlichen auf dem Satz von MEHMKE. Im frei wählbaren Ursprung (Pol) 0 wird die bekannte Geschwindigkeit eines Punktes der Ebene E_k, z. B. A, angetragen und das Dreieck abc konstruiert. Dabei gilt (Reihenfolge der Punkte beachten!):

$$\Delta \text{ abc im Geschwindigkeitsplan } \sim \Delta \text{ ABC im Lageplan .}$$

Die Strecken $\overline{\text{ab}}$, $\overline{\text{ac}}$, $\overline{\text{bc}}$ entsprechen den Differenzgeschwindigkeiten $\vec{v}_{BA}$, $\vec{v}_{CA}$ und $\vec{v}_{CB}$. Weiterhin gilt: Die Geschwindigkeiten $\vec{v}_{BA}$, $\vec{v}_{CA}$ und $\vec{v}_{CB}$ stehen senkrecht zu den jeweiligen Differenzvektoren $\vec{r}_{BA}$, $\vec{r}_{CA}$ und $\vec{r}_{CB}$, d. h. $\overline{\text{ab}} \perp \overline{\text{AB}}$, $\overline{\text{ac}} \perp \overline{\text{AC}}$ und $\overline{\text{bc}} \perp \overline{\text{BC}}$.

Im Pol O des v-Plans werden alle Momentanpole der gegenüber dem Gestell bewegten Getriebeglieder abgebildet; deswegen lässt sich der v-Plan auch dazu verwenden, den Momentanpol P eines Getriebeglieds im Lageplan zu konstruieren:

$$\Delta \text{ acO} \sim \Delta \text{ ACP .}$$

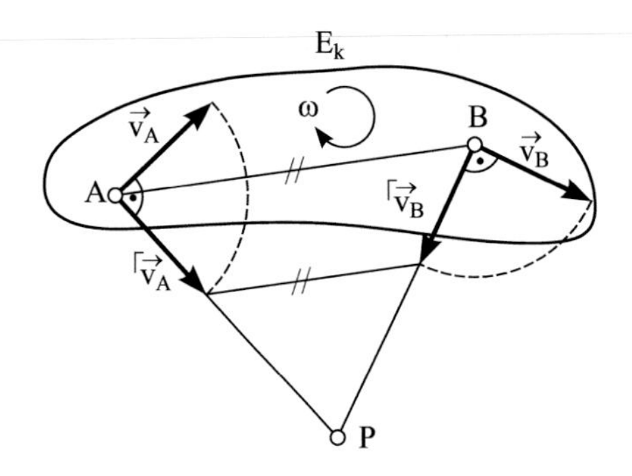

Abb. 3.10 Zu Satz 1 des $^{\ulcorner}v$-Plans

b) Plan der (um 90°) gedrehten Geschwindigkeiten ($^{\ulcorner}$v-Plan)

Wegen

$$
\begin{aligned}
{}^{\ulcorner}\vec{v}_B &= {}^{\ulcorner}\vec{v}_A + {}^{\ulcorner}\vec{v}_{BA} \quad \text{und} \\
{}^{\ulcorner}\vec{v}_C &= {}^{\ulcorner}\vec{v}_A + {}^{\ulcorner}\vec{v}_{CA} \quad \text{oder} \\
{}^{\ulcorner}\vec{v}_C &= {}^{\ulcorner}\vec{v}_B + {}^{\ulcorner}\vec{v}_{CB}
\end{aligned}
$$

folgt:

Satz 1

Die Endpunkte der um 90° gedrehten Geschwindigkeiten zweier Punkte der Ebene E_k liegen auf einer Parallelen zur Verbindungsgeraden der beiden Punkte, Abb. 3.10.

Satz 2

Die Sätze von BURMESTER und MEHMKE gelten sinngemäß, Abb. 3.11.

3.1.3.3 Beschleunigungsermittlung

Die Ermittlung der Beschleunigungen entsprechend Gl. 3.20 kann graphisch im sog. Beschleunigungsplan (a-Plan) mit frei wählbarem Ursprung (Pol) π erfolgen, Abb. 3.12.

Von dem in Abb. 3.12 dargestellten Viergelenkgetriebe mit Koppelpunkt C ist die Antriebsbeschleunigung $\vec{a}_A$ bekannt. Die Beschleunigung des Punktes C soll bestimmt werden.

Zuerst ist der Geschwindigkeitszustand der Koppelebene zu ermitteln. Punkt A beschreibt eine Kreisbahn um A_0. Aus der Normalbeschleunigung $\vec{a}^n_A$ (Projektion von $\vec{a}_A$ auf die Gerade A_0A) lässt sich der Betrag von $\vec{v}_A$ oder der gedrehten Geschwindigkeit ${}^{\ulcorner}\vec{v}_A$ bestimmen.

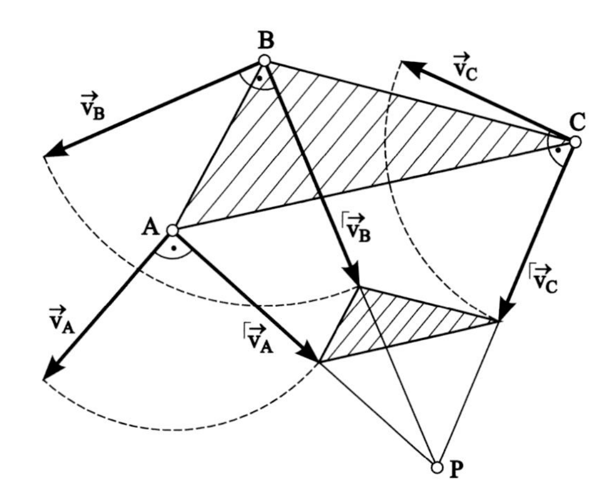

Abb. 3.11 Zu Satz 2 des $^\ulcorner v$-Plans: Satz von BURMESTER

Es gilt

$$v_A^2 = \left|\vec{a}_A^n\right| \, \overline{A_0 A}$$

und

$$^\ulcorner\vec{v}_B = {}^\ulcorner\vec{v}_A + {}^\ulcorner\vec{v}_{BA} \,,$$

wobei von $^\ulcorner\vec{v}_B$ und $^\ulcorner\vec{v}_{BA}$ jeweils nur die Richtungen bekannt sind.

Jetzt wird $^\ulcorner\vec{v}_A$ im Punkt $^\ulcorner$0 angetragen und dann durch $^\ulcorner$a (Endpunkt von $^\ulcorner\vec{v}_A$) eine Gerade mit Richtung von $^\ulcorner\vec{v}_{BA}$ und durch $^\ulcorner$0 eine Gerade mit Richtung von $^\ulcorner\vec{v}_B$ gezeichnet. Die zwei Geraden schneiden sich in $^\ulcorner$b. Über den Satz von MEHMKE kann im $^\ulcorner$v-Plan nun der Punkt $^\ulcorner$c eingezeichnet werden:

$$\Delta {}^\ulcorner a {}^\ulcorner b {}^\ulcorner c \sim \Delta ABC \,.$$

Aus v_B und v_{BA} können nun ebenso die Normalbeschleunigungen mit Hilfe von Gl. 3.19 und 3.18 bestimmt werden. Anschließend wird die Beschleunigungsgleichung

$$\vec{a}_B^n + \vec{a}_B^t = \vec{a}_A + \vec{a}_{BA}^n + \vec{a}_{BA}^t$$

im a-Plan ausgewertet.

Der Ablauf ist analog zu dem Vorgehen im Geschwindigkeitsplan. Erst werden alle Vektoren in den Plan eingetragen, die von Betrag und Richtung her bekannt sind, anschließend die Vektoren, von denen nur die Richtung bekannt ist. Der entstehende Schnittpunkt ist dann b. Über den Satz von MEHMKE (Ähnlichkeit der Dreiecke) wird $\vec{a}_C$ ermittelt.

Der Punkt π im a-Plan ist Abbild aller Beschleunigungspole der gegenüber dem Gestell bewegten Getriebeglieder; deswegen lässt sich der a-Plan auch dazu verwenden, den Beschleunigungspol G eines Getriebeglieds im Lageplan zu konstruieren:

$$\Delta ab\pi \sim \Delta ABG \,.$$

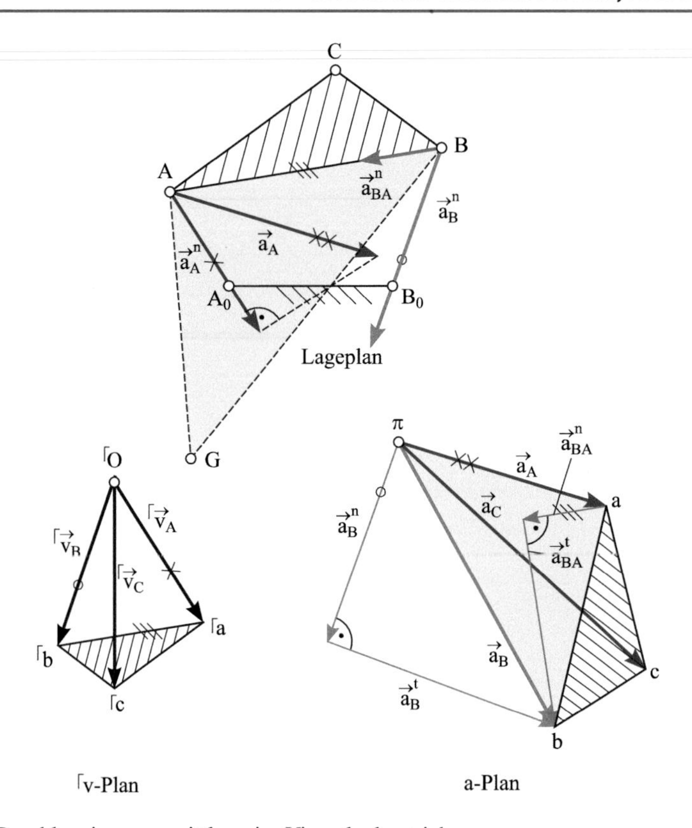

Abb. 3.12 Beschleunigungsermittlung im Viergelenkgetriebe

3.1.3.4 Rastpolbahn und Gangpolbahn

Wir betrachten zunächst zwei endlich benachbarte Lagen E_1 ($A_1B_1C_1$) und E_2 ($A_2B_2C_2$) einer Ebene E, die aus einer Drehung um den endlichen *Drehpol* P_{12} hervorgegangen sind, Abb. 3.13.

P_{12} ist der Schnittpunkt der Mittelsenkrechten zu den Strecken A_1A_2 und B_1B_2 bzw. C_1C_2. Der zugehörige Drehwinkel φ_{12} ist für jeden Punkt auf E gleich:

$$\varphi_{12} = \angle A_1P_{12}A_2 = \angle B_1P_{12}B_2 = \ldots$$

Beim Grenzübergang $\varphi_{12} \rightarrow 0$ wird aus dem Drehpol P_{12} der Momentanpol P, der zwei unendlich benachbarte Lagen der Ebene charakterisiert. Die Strecken A_1A_2 und B_1B_2 gehen in die Tangenten t_a und t_b über, der Schnittpunkt der zugeordneten Normalen n_a und n_b führt auf den Momentanpol P.

Für jede Stellung i der Ebene, repräsentiert durch die Punkte A und B, lässt sich ein Momentanpol P_i angeben. Die Punktfolge P_i liefert in der Gestellebene E_1 die *Rastpolbahn* p und in der bewegten Ebene eine Bahnkurve q – die *Gangpolbahn* – als Punktfolge Q_i (s. Abschn. 3.3.2).

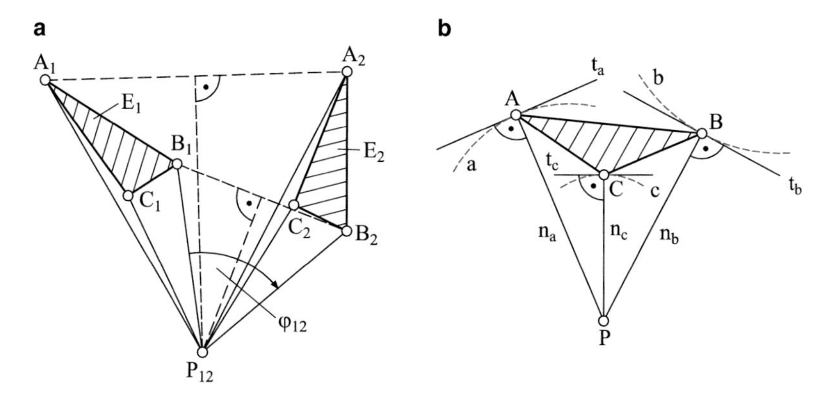

Abb. 3.13 Zwei benachbarte Lagen einer Ebene: **a** endlich, **b** unendlich benachbart

> **Satz**
> Eine allgemeine ebene Bewegung kann als das Abrollen zweier Polbahnen p und q aufgefasst werden.

Zwei Beispiele sollen dies verdeutlichen. Beim Abrollen zweier Kreise beschreibt der Punkt A eine Epizykloide mit der Spitze in P, die Kreise stellen selbst die Polbahnen p und q dar, Abb. 3.14. Die Polbahnen des rechtwinkligen Doppelschiebers sind in Abb. 3.15 eingezeichnet; sie sind aus der Geometrie des Getriebes leicht angebbar.

Polbahnen werden beispielsweise bei der Herstellung von Verzahnungen genutzt; die *Evolventenverzahnung* fußt auf dem Abrollen einer Geraden auf einem Kreis, die *Zykloidenverzahnung* auf dem Abrollen eines Kreises auf einer Geraden.

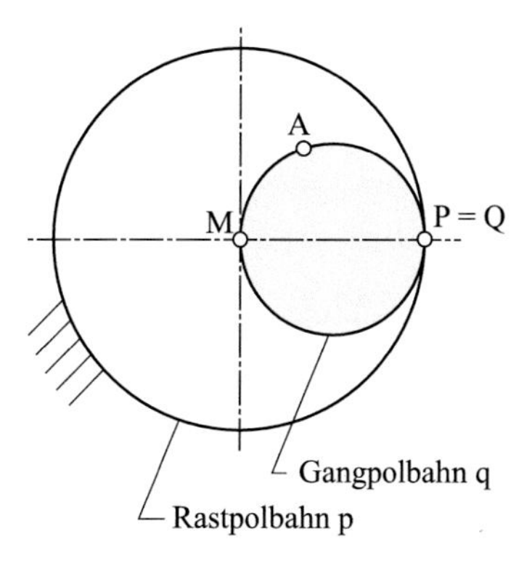

Abb. 3.14 Abrollen zweier Kreise als Gang- und Rastpolbahn

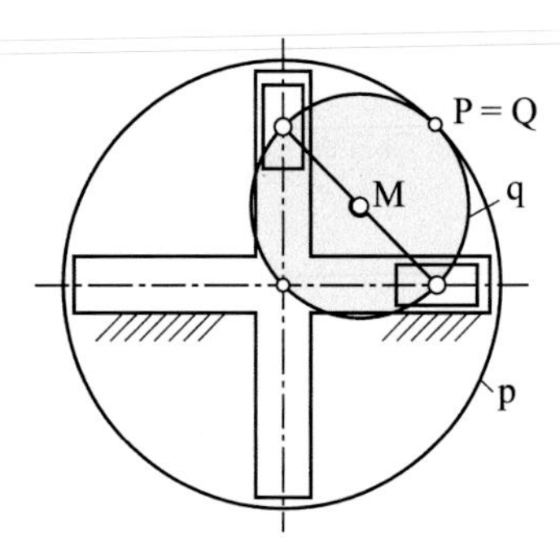

Abb. 3.15 Polbahnen des rechtwinkligen Doppelschiebers

3.2 Relativkinematik

Während die „einfache Kinematik" für eine sukzessive Betrachtung der Bewegung benachbarter Getriebeglieder, die über Drehgelenke miteinander verbunden sind, sehr oft ausreicht, ist dies bei der Kopplung über Schleifen- und Kurvengelenke schon nicht mehr der Fall. Auch der Übergang von einem Getriebeglied mit der Nummer k auf ein nicht benachbartes mit der Nummer k + n (k, n: ganze Zahlen) ist nur mit den Regeln der Relativkinematik zu bewältigen.

Dazu werden die Bewegungen dreier Ebenen E_i, E_j, E_k (dreier eben bewegter Getriebeglieder) betrachtet, die nicht miteinander gelenkig gekoppelt sein müssen. Jede Ebene hat ein eigenes (körperfestes) Koordinatensystem x_*, y_*, z_* mit Ursprung O_* ($*$ = i, j, k). Im speziellen Fall i, j, k = 1, 2, 3 ist E_1 gewöhnlich die feste Bezugsebene (Gestell) mit dem Basiskoordinatensystem $x_1 \equiv x,\; y_1 \equiv y,\; z_1 \equiv z$ und dem Ursprung $O_1 \equiv O$, Abb. 3.16.

Der Punkt A kann momentan allen drei Ebenen zugeordnet werden; eine im Punkt A angesetzte Nadel hinterlässt drei Löcher in den Ebenen E_1, E_2 und E_3: $A = A_1 = A_2 = A_3$!

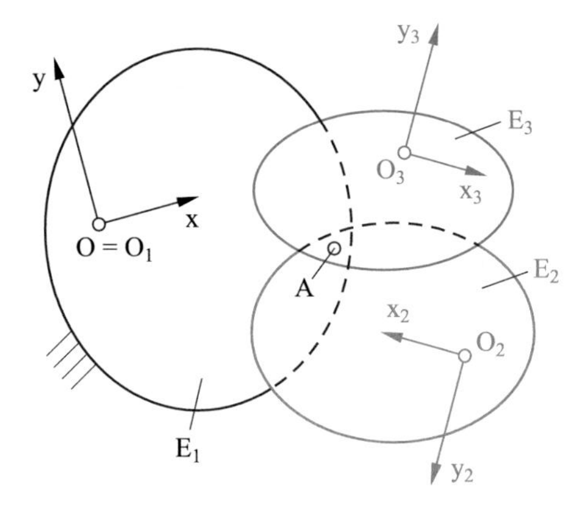

Abb. 3.16 Drei bewegte Ebenen mit momentan gemeinsamem Punkt A

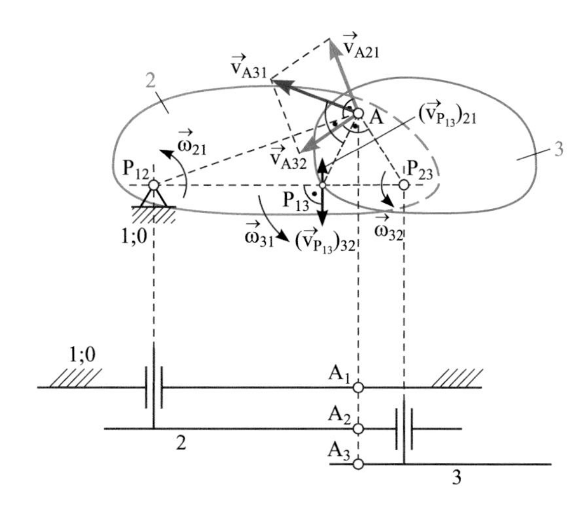

Abb. 3.17 Geschwindigkeitsverhältnisse bei der Bewegung der drei Ebenen E_1, E_2 und E_3

Der Punkt A_3 als Punkt der Ebene E_3 bewegt sich gegenüber der Ebene E_2, die sich wiederum gegenüber der Ebene E_1 bewegt. Diese Bewegungen werden

- **Relativbewegung** E_3/E_2,
- **Führungsbewegung** E_2/E_1,
- **Absolutbewegung** E_3/E_1

genannt.

3.2.1 Geschwindigkeitszustand

Für die Geschwindigkeit des Punktes A erhält man

$$\left(\vec{v}_A\right)_{\text{abs}} = \left(\vec{v}_A\right)_f + \left(\vec{v}_A\right)_{\text{rel}} \tag{3.32}$$

oder

$$\vec{v}_{A31} = \vec{v}_{A21} + \vec{v}_{A32} \,. \tag{3.33}$$

Abbildung 3.17 veranschaulicht diese Gleichung.

Man nennt

$\vec{v}_{A31}$ die **Absolutgeschwindigkeit**,
$\vec{v}_{A21}$ die **Führungsgeschwindigkeit**,
$\vec{v}_{A32}$ die **Relativgeschwindigkeit**

des Punktes A.

Allgemein gilt bei der Bewegung dreier Ebenen E_i, E_j, E_k für einen beliebigen Punkt:

$$\vec{v}_{ij} + \vec{v}_{jk} + \vec{v}_{ki} = \vec{0}\,. \tag{3.34}$$

Dabei ist die Indexreihenfolge wichtig, es gilt z. B.

$$\vec{v}_{ij} = -\vec{v}_{ji}. \tag{3.35}$$

Analog gilt für die Winkelgeschwindigkeiten dreier Ebenen E_i, E_j, E_k:

$$\vec{\omega}_{ij} + \vec{\omega}_{jk} + \vec{\omega}_{ki} = \vec{0} \tag{3.36}$$

mit z. B.

$$\vec{\omega}_{ij} = -\vec{\omega}_{ji} \tag{3.37}$$

und im speziellen Fall i, j, k = 1, 2, 3

$$\vec{\omega}_{31} = \vec{\omega}_{21} + \vec{\omega}_{32}\,. \tag{3.38}$$

Der Momentanpol $P_{ik} = P_{ki}$ der Relativbewegung E_k/E_i bzw. E_i/E_k hat keine Geschwindigkeit:

$$\left(\vec{v}_{P_{ik}}\right)_{ki} = \vec{0}\,. \tag{3.39}$$

Dazu liefert Gl. 3.34 die Identität

$$\left(\vec{v}_{P_{ik}}\right)_{ij} = \left(\vec{v}_{P_{ik}}\right)_{kj} \text{ bzw. } \left(\vec{v}_{P_{ik}}\right)_{ji} = \left(\vec{v}_{P_{ik}}\right)_{jk}\,, \tag{3.40a}$$

die mit Hilfe des Kreuzproduktes auch in der Form

$$\vec{\omega}_{ij} \times \overrightarrow{P_{ij}P_{ik}} = \vec{\omega}_{kj} \times \overrightarrow{P_{kj}P_{ik}} \tag{3.40b}$$

geschrieben werden kann[1].

Daraus folgt der

Satz von Kennedy/Aronhold

Die drei Momentanpole P_{ij}, P_{ik} und P_{jk} dreier bewegter Ebenen (Getriebeglieder) E_i, E_j und E_k liegen stets auf einer Geraden.

[1] Allgemein gilt z. B. $\vec{v}_{Ajk} = \vec{\omega}_{jk} \times \overrightarrow{P_{jk}A}$ usw.

Dieser Satz heißt einfach auch *Dreipolsatz*.
Im Rückblick auf Abb. 3.17 liefert Gl. 3.40

$$\left(\vec{v}_{P_{13}}\right)_{32} + \left(\vec{v}_{P_{13}}\right)_{21} = \vec{\omega}_{32} \times \overrightarrow{P_{23}P_{13}} + \vec{\omega}_{21} \times \overrightarrow{P_{12}P_{13}} = \vec{0}\,. \tag{3.41}$$

Die skalare Auswertung von Gl. 3.40b führt auf allgemeine *Momentan-Übersetzungsverhältnisse* zwischen den bewegten Ebenen:

$$\omega_{ij}\,\overline{P_{ij}P_{ik}} = \omega_{kj}\,\overline{P_{kj}P_{ik}}$$

oder

$$\frac{\omega_{ij}}{\omega_{kj}} = \frac{\overline{P_{kj}P_{ik}}}{\overline{P_{ij}P_{ik}}} = \frac{\omega_{ji}}{\omega_{jk}}\,. \tag{3.42}$$

Die Indizes i, j, k sind beliebig kombinierbar. Besonders wichtig sind die Übersetzungsverhältnisse gegenüber dem Gestell i = 1:

$$i_{jk} = \frac{1}{i_{kj}} = \frac{\omega_{j1}}{\omega_{k1}} = \frac{\overline{P_{1k}P_{jk}}}{\overline{P_{1j}P_{jk}}}\,. \tag{3.43}$$

3.2.2 Beschleunigungszustand

Durch Ableiten von Gl. 3.34 nach der Zeit erhält man formal

$$\vec{a}_{ij} + \vec{a}_{jk} + \vec{a}_{ki} = \vec{0} \tag{3.44a}$$

bzw.

$$\vec{a}_{ki} = \vec{a}_{ji} + \vec{a}_{kj}\,. \tag{3.44b}$$

Die Beschleunigungen $\vec{a}_{ki}$ und $\vec{a}_{ji}$ können – sofern die Bahnkurven des betrachteten Punktes A bei den relativen Ebenenbewegungen E_k/E_i und E_j/E_i bekannt sind – in ihre Normal- und Tangentialanteile zerlegt werden. Das gleiche gilt für E_k/E_j, allerdings kommt in diesem Fall die sog. **Coriolisbeschleunigung** $\vec{a}^c_{kj}$ hinzu:

$$\vec{a}_{ki} = \vec{a}^n_{ki} + \vec{a}^t_{ki} = \vec{a}^n_{ji} + \vec{a}^t_{ji} + \vec{a}^n_{kj} + \vec{a}^t_{kj} + \vec{a}^c_{kj} \tag{3.45}$$

mit

$$\vec{a}^c_{kj} = 2\,\vec{\omega}_{ji} \times \vec{v}_{kj} \tag{3.46}$$

bzw.

$$\left|\vec{a}^c_{kj}\right| = a^c_{kj} = 2\,\omega_{ji}v_{kj} = 2\,\frac{v_{ji}}{\overline{P_{ij}A}}v_{kj}\,. \tag{3.47}$$

Die drei Vektoren $\vec{a}^c_{kj}$, $\vec{\omega}_{ji}$ und $\vec{v}_{kj}$ bilden entsprechend Gl. 3.46 ein rechtshändiges Dreibein, Abb. 3.18.

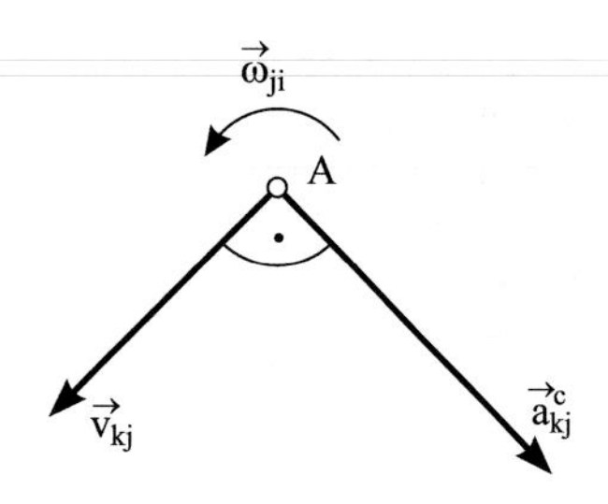

Abb. 3.18 Orientierung der Coriolisbeschleunigung

Für den speziellen Fall i, j, k = 1, 2, 3 nennt man

$\vec{a}_{A31}$ die **Absolutbeschleunigung**,
$\vec{a}_{A21}$ die **Führungsbeschleunigung**,
$\vec{a}_{A32}$ die **Relativbeschleunigung**

des Punktes A.

Die Coriolisbeschleunigung tritt stets dann auf, wenn

1. beide Bewegungen E_k/E_j und E_j/E_i existieren,
2. die Bewegung E_j/E_i keine alleinige Translation darstellt ($\vec{\omega}_{ji} \neq \vec{0}$!),
3. der Punkt A nicht mit dem Momentanpol P_{jk} zusammenfällt ($\vec{v}_{kj} \neq \vec{0}$!).

Lehrbeispiel Nr. 3.1: Kinematik der zentrischen Kurbelschleife

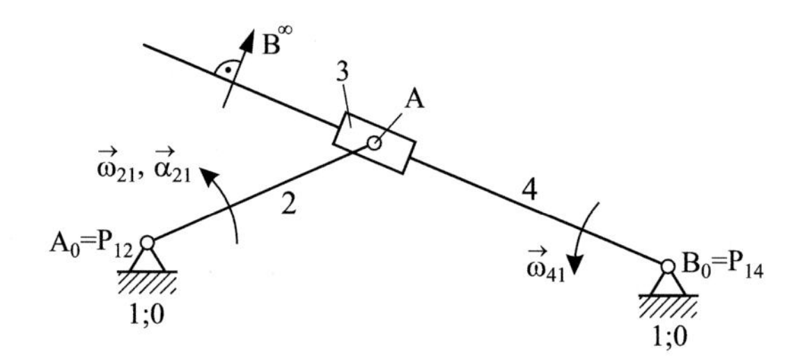

Abb. 3.19 Bezeichnungen an der zentrischen Kurbelschleife

Aufgabenstellung:

Die in Abb. 3.19 skizzierte zentrische Kurbelschleife wird mit der Winkelgeschwindigkeit $\vec{\omega}_{an} = \vec{\omega}_{21}$ und der Winkelbeschleunigung $\vec{\alpha}_{an} = \vec{\alpha}_{21} \equiv \dot{\vec{\omega}}_{21}$ angetrieben. Für gegebene Abmessungen sind in der gezeichneten Lage die Abtriebswinkelgeschwindigkeit $\vec{\omega}_{ab} = \vec{\omega}_{41}$ sowie die Beschleunigung $\vec{a}_{A41}$ des Punktes A als Punkt des Abtriebsglieds 4 zu bestimmen (Maßstäbe: $M_z = 1\,\frac{\text{cm}}{\text{cm}_z}$, $M_v = 1\,\frac{\text{cm/s}}{\text{cm}_z}$, $M_a = M_v^2/M_z$).

Lösung:

Mit Hilfe von Gl. 3.34 erhält man für i, j, k = 1, 3, 4

$$\vec{v}_{A41} = \vec{v}_{A31} + \vec{v}_{A43} \ ,$$

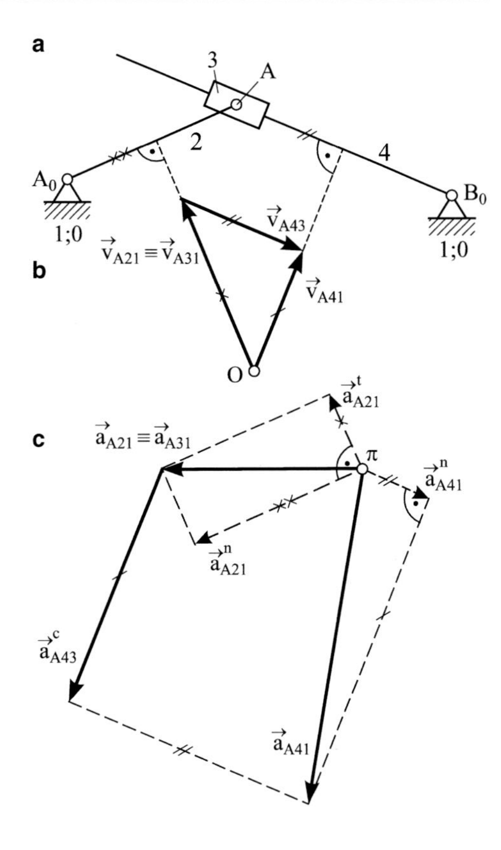

Abb. 3.20 Graphische Geschwindigkeits- und Beschleunigungsermittlung für die zentrische Kurbelschleife: **a** Lageplan (vgl. Abb. 3.19), **b** v-Plan, **c** a-Plan

wobei stets $\vec{v}_{A31} \equiv \vec{v}_{A21} = \vec{\omega}_{21} \times \overrightarrow{A_0A}$ gilt, da der Punkt A das verbindende Drehgelenk 23 zwischen den Gliedern 2 und 3 darstellt. Da die Richtung der Relativgeschwindigkeit $\vec{v}_{A43}$ mit der Richtung des Schleifenhebels B_0A übereinstimmt und $\vec{v}_{A41}$ senkrecht darauf steht, lässt sich das Geschwindigkeitsdreieck vektoriell-analytisch oder graphisch auswerten, Abb. 3.20b. Danach errechnet sich die Winkelgeschwindigkeit ω_{41} aus Gl. 3.14 zu

$$\omega_{41} = v_{A41}/\overline{B_0A} \,.$$

Der Richtungssinn (Vorzeichen) stimmt mit demjenigen von $\vec{v}_{A41}$ überein.

Satz

Die Gleichungen der „einfachen Kinematik" gelten für einen Summanden in der Vektorgleichung 3.34 für die Geschwindigkeit oder Gl. 3.44a und 3.44b für die Beschleunigung nur dann, wenn einer seiner Doppelindizes mit der Zahl 1 das Gestell kennzeichnet.

Auf der Beschleunigungsstufe ergibt sich nach Gl. 3.45

$$\vec{a}_{A41} = \vec{a}^{\,t}_{A41} + \vec{a}^{\,n}_{A41} = \vec{a}_{A31} + \vec{a}_{A43} \; ,$$

wobei $\vec{a}_{A31} \equiv \vec{a}_{A21} = \vec{a}^{\,t}_{A21} + \vec{a}^{\,n}_{A21} = \vec{\alpha}_{21} \times \overrightarrow{A_0A} - \omega^2_{21}\,\overrightarrow{A_0A}$ gültig und gegeben ist (Gl. 3.17a für $A \rightarrow A_0$ und $B \rightarrow A$).

Im Folgenden werden die Vektoren links und rechts vom letzten Gleichheitszeichen der vorstehenden Gleichung zum Schnitt gebracht, Abb. 3.20c.

Vom Vektor $\vec{a}^{\,t}_{A41}$ ist die Richtung bekannt, nämlich senkrecht zum Schleifenhebel B_0A (Drehung um B_0), vom Vektor $\vec{a}^{\,n}_{A41}$ sowohl die Richtung (von A auf B_0 weisend) als auch der Betrag $a^n_{A41} = (v_{A41})^2/\overline{B_0A}$ Gl. 3.3.

Auf der Geraden des Schleifenhebels verschwindet die relative Normalbeschleunigung $\vec{a}^{\,n}_{A43}$ und somit auch $\vec{\omega}_{34}$, so dass der relative Beschleunigungsvektor $\vec{a}_{A43}$ übergeht in (Gl. 3.46)

$$\vec{a}_{A43} = \vec{a}^{\,t}_{A43} + \vec{a}^{\,c}_{A43} = \vec{a}^{\,t}_{A43} + 2\,\vec{\omega}_{31} \times \vec{v}_{A43} \; .$$

Der Beschleunigungsanteil $\vec{a}^{\,t}_{A43}$ hat die gleiche Richtung wie die schon ermittelte Relativgeschwindigkeit $\vec{v}_{A43}$, nämlich die des Schleifenhebels B_0A. Der Term ganz rechts in der vorstehenden Gleichung repräsentiert die Coriolisbeschleunigung, die sich aus Gl. 3.36 hinsichtlich $\vec{\omega}_{31} \equiv \vec{\omega}_{41} (\vec{\omega}_{34} = \vec{0}\,!)$ und aus der bereits ermittelten Geschwindigkeit $\vec{v}_{A43}$ zusammensetzt.

3.3 Krümmung von Bahnkurven

3.3.1 Grundlagen

Bei der Bestimmung des Bewegungszustandes einer allgemein bewegten Ebene kommt der Krümmung von Bahnkurven eine besondere Bedeutung zu.

Ausgehend von Abb. 3.2 ist durch den zum Kurvenpunkt A gehörenden Krümmungsmittelpunkt A_0, dessen Abstand $\overline{A_0A}$ vom Kurvenpunkt A gleich dem Krümmungsradius ρ_A ist, auch die Lage des Krümmungskreises bestimmt. Er hat die gleiche Krümmung wie die Kurve und schmiegt sich deshalb an der betrachteten Stelle besonders gut an. Mathematisch ausgedrückt bedeutet das, dass der Krümmungskreis die Kurve im betrachteten Kurvenpunkt A mindestens dreipunktig berührt.

Die Krümmung κ_A der Kurve an einem bestimmten Kurvenpunkt A ist die Ableitung der Tangentenrichtung t, ausgedrückt durch den Tangentenwinkel τ_A nach der Bogenlänge s_A:

$$\kappa_A = \frac{d\tau_A}{ds_A} \; . \tag{3.48}$$

Der Kehrwert dieser Ableitung ist gleich dem Krümmungsradius ρ_A des Krümmungskreises. Die Kurventangente t ist gleichzeitig Tangente an den Krümmungskreis. Dementsprechend liegt dessen Mittelpunkt, der Krümmungsmittelpunkt, auf der Bahnnormalen zum betrachteten Kurvenpunkt. Bei einem Wendepunkt A_W der Kurve liegt der zugehörige Krümmungsmittelpunkt im Unendlichen und der Krümmungsradius ist unendlich. Der Kurvenverlauf wird dort durch eine Gerade, die Tangente t_{AW}, besonders gut angenähert.

Betrachtet man wie in Abb. 3.2 die Bahnkurve in einem rechtwinkligen x,y-Koordinatensystem, so lässt sich die in Gl. 3.48 auftretende infinitesimale Bahnlänge ds_A über den Satz von Pythagoras wie folgt ausdrücken:

$$ds_A = \sqrt{dx^2 + dy^2} \,. \tag{3.49}$$

Durch Ableiten dieser Beziehung nach der Koordinate x erhält man

$$\frac{ds_A}{dx} = \sqrt{1 + \left(\frac{dy}{dx}\right)^2} = \sqrt{1 + y'^2} \,. \tag{3.50}$$

Weiterhin gilt für den Tangentenwinkel τ_A

$$\tan \tau_A = y' \quad \text{bzw.} \quad \tau_A = \arctan(y') \,. \tag{3.51}$$

Auch diese Beziehung lässt sich nach der Koordinate x ableiten, so dass sich folgendes Differential ergibt:

$$\frac{d\tau_A}{dx} = \frac{y''}{1 + y'^2} \,. \tag{3.52}$$

Erweitert man nun Gl. 3.48 formal mit dx, so lassen sich Gl. 3.50 und 3.52 einsetzen und man erhält folgende Gleichungen

$$\kappa_A = \frac{d\tau_A}{dx} \cdot \frac{dx}{ds_A} = \frac{y''}{(1 + y'^2)^{\frac{3}{2}}} \quad \text{bzw.} \quad \rho_A = \frac{(1 + y'^2)^{\frac{3}{2}}}{y''} \tag{3.53a,b}$$

für den Krümmungsradius ρ_A als dem Kehrwert der Krümmung κ_A.

Bei Getrieben werden die Krümmungen der Bahnkurven untersucht, die die Punkte eines Gliedes bei ihrer Bewegung relativ zu einem anderen Glied beschreiben. Wenn, wie in Abb. 3.21a, C_0 der Krümmungsmittelpunkt zur momentanen Lage des Punktes C eines Gliedes relativ zu einem anderen, zweiten Glied ist, dann ist auch umgekehrt der Punkt C der momentane Krümmungsmittelpunkt für den Punkt C_0 als Punkt des zweiten Gliedes relativ zum ersten (Abb. 3.21b). Solche Punkte werden als ein Paar zugeordneter (konjugierter) Krümmungsmittelpunkte bezeichnet. Sie liegen immer auf einer Geraden mit dem Relativpol für die betrachtete Relativbewegung, hier ist es der Momentanpol P_{13} für die Bewegung des Gliedes 3 (Koppelebene) relativ zum Glied 1 (Gestell) und umgekehrt.

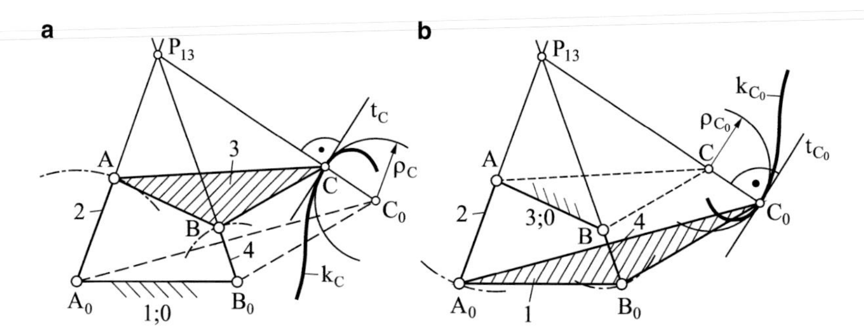

Abb. 3.21 Zugeordneter Krümmungsmittelpunkt: **a** für einen Punkt C der Koppelebene 3 im Gelenkviereck A_0ABB_0, **b** für einen Punkt C_0 der Koppelebene 1 im Gelenkviereck A_0ABB_0

3.3.2 Polbahntangente und Polbahnnormale

Für die Beschreibung der Krümmungsverhältnisse einer allgemein bewegten Ebene in ihrer momentanen Lage ist ein Koordinatensystem aus Polbahntangente und –normale, das sogenannte t,n-System, besonders günstig. Nach Abb. 3.22 ist die eine Achse des Systems die gemeinsame Tangente t von Gang- und Rastpolbahn im Geschwindigkeitspol für die betrachtete Lage der Gliedebene (Koppelebene 3). Senkrecht darauf steht die Polbahnnormale n als zweite Achse des t,n-Systems.

Die Rastpolbahn p ist die Bahn, die dadurch auf der Rastebene (in Abb. 3.22 die Gestellebene 1) entsteht, indem die Lagen des Geschwindigkeitspoles für alle Stellungen des Getriebes auf der Rastebene ermittelt werden. Analog stellt die Gangpolbahn q die Lagen des Geschwindigkeitspoles für alle Getriebestellungen relativ zur bewegten Ebene dar (in Abb. 3.22 die Koppelebene 3). Dies bedeutet, dass während der Bewegung des Getriebes die mit der bewegten Ebene fest verbundene Gangpolbahn auf der Rastpolbahn abrollt. Entsprechend ist die Tangente t die gemeinsame Tangente der Gang- und Rastpolbahn im Geschwindigkeitspol.

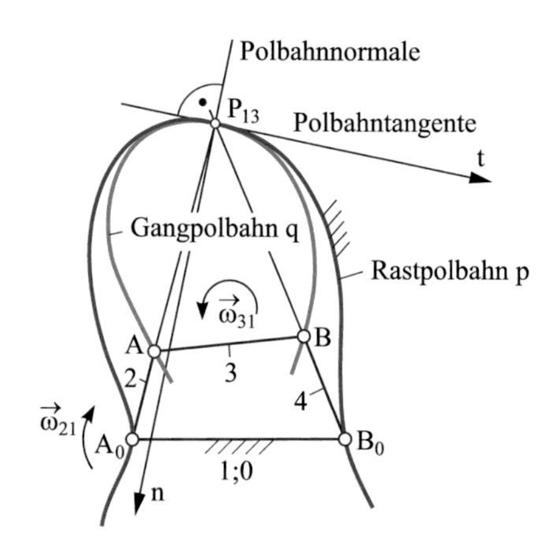

Abb. 3.22 Polbahntangente und -normale (t,n-System) für die Koppelebene 3 im Gelenkviereck A_0ABB_0

Abb. 3.23 Differentielle Beziehungen für die Krümmungsverhältnisse

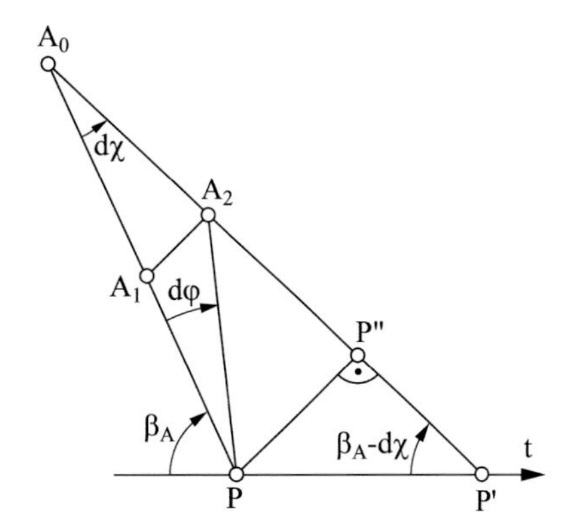

Bei der Definition des t,n-Systems entspricht die positive Orientierung der t-Achse dem Richtungssinn der Polverlagerung. Damit hängt die Orientierung der t-Achse vom Drehrichtungssinn der Antriebsbewegung des betrachteten Getriebes ab. Der positive Richtungssinn der n-Achse ergibt sich, indem man die positiv orientierte Tangente um 90° entgegengesetzt zur Winkelgeschwindigkeit der allgemein bewegten Ebene ($\vec{\omega}_{31}$ in Abb. 3.22) dreht.

3.3.3 Gleichung von EULER-SAVARY

In Abb. 3.23 sind für einen allgemeinen Punkt A einer bewegten Ebene die beiden unendlich benachbarten Lagen A_1 und A_2 mit dem zugehörigen Krümmungsmittelpunkt A_0 sowie die beiden zugehörigen Geschwindigkeitspole P und P' dargestellt.

Da es sich um unendlich benachbarte Lagen handelt, muss die Tangente t in Richtung von P nach P' verlaufen. Weiterhin ist der Punkt P" gezeigt, der sich als Lotfußpunkt des Punktes P auf die Gerade durch A_0 und P' ergibt. Nach dem Strahlensatz gilt nun

$$\frac{\overline{A_1A_2}}{\overline{PP''}} = \frac{\overline{A_1A_0}}{\overline{PA_0}} \,. \tag{3.54}$$

Die in dieser Gleichung auftretenden Strecken lassen sich auch unter Berücksichtigung infinitesimaler Größen $\overline{\mathrm{PP'}} = dp$, $d\varphi$ und $d\chi$ wie folgt ausdrücken:

$$\overline{A_1A_2} = \overline{PA} \cdot d\varphi, \tag{3.55}$$

$$\overline{PP''} = \overline{PP'} \cdot \sin(\beta_A - \mathrm{d}\chi) = \mathrm{d}p \cdot \sin\beta_A \,, \tag{3.56}$$

$$\overline{A_1A_0} = \overline{PA_0} - \overline{PA_1} \,. \tag{3.57}$$

Damit ergibt sich Gl. 3.54 zu

$$\frac{\overline{PA} \cdot d\varphi}{dp \cdot \sin\beta_A} = \frac{\overline{PA_0} - \overline{PA_1}}{\overline{PA_0}} = \frac{\overline{PA_0} - \overline{PA}}{\overline{PA_0}} \tag{3.58}$$

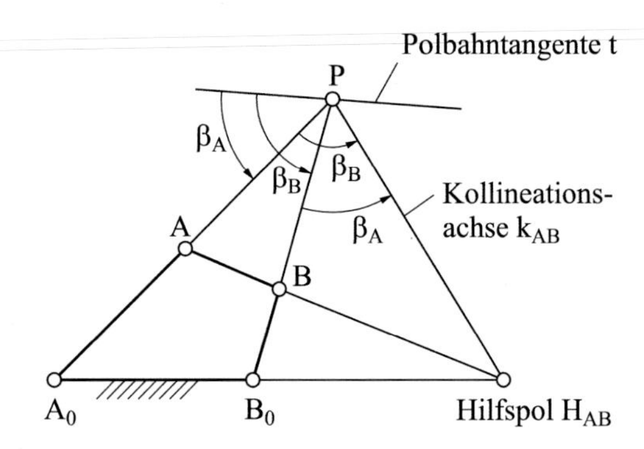

Abb. 3.24 Konstruktion des t,n-Systems nach dem Satz von BOBILLIER im Gelenkviereck A_0ABB_0

Durch formales Erweitern der rechten Seite dieser Gleichung mit *dt* erhält man

$$\frac{d\varphi}{dt} \cdot \frac{dt}{dp} \cdot \frac{\overline{PA}}{\sin\beta_A} = \frac{\overline{PA_0} - \overline{PA}}{\overline{PA_0}}. \tag{3.59}$$

Hierin können die Ausdrücke

$$\frac{dp}{dt} = v_P \quad \text{und} \quad \frac{d\varphi}{dt} = \omega \tag{3.60a,b}$$

als die *Polwechselgeschwindigkeit* (siehe auch Abschn. 3.3.5) und als die Winkelgeschwindigkeit der bewegten Ebene aufgefasst werden. Damit erhält man letztlich eine Gleichung, die unabhängig zum zuvor betrachteten Punkt der Ebene ganz allgemein für die bewegte Ebene formuliert werden kann:

$$\frac{\omega}{v_P} = \left(\frac{1}{\overline{PA}} \mp \frac{1}{\overline{PA_0}}\right) \cdot \sin\beta_A = \frac{1}{d_\text{w}} \tag{3.61}$$

Das negative Vorzeichen in dieser Gleichung berücksichtigt den Fall, dass der Pol P zwischen den Punkten A_0 und A liegt. Diese Gleichung wird auch als Gleichung von EULER-SAVARY bezeichnet, und es kann gezeigt werden, dass der Quotient aus der Winkelgeschwindigkeit der bewegten Ebene und der Polwechselgeschwindigkeit als der Kehrwert des *Wendekreisdurchmessers* d_W interpretiert werden kann (s. Abschn. 3.3.6).

3.3.4 Satz von BOBILLIER

Ausgehend von den oben hergeleiteten Beziehungen lässt sich, ohne an dieser Stelle näher darauf einzugehen, der Satz von BOBILLIER zur graphischen Konstruktion des zuvor beschriebenen t,n-Systems herleiten.

Sind von einer bewegten Ebene zwei Punkte dieser Ebene mit ihren zugehörigen Krümmungsmittelpunkten gegeben, so kann wie in Abb. 3.24 das t,n-System konstruiert werden. Hier sind A und B die Punkte der bewegten Koppelebene und A_0 und B_0 die zugehörigen Krümmungsmittelpunkte.

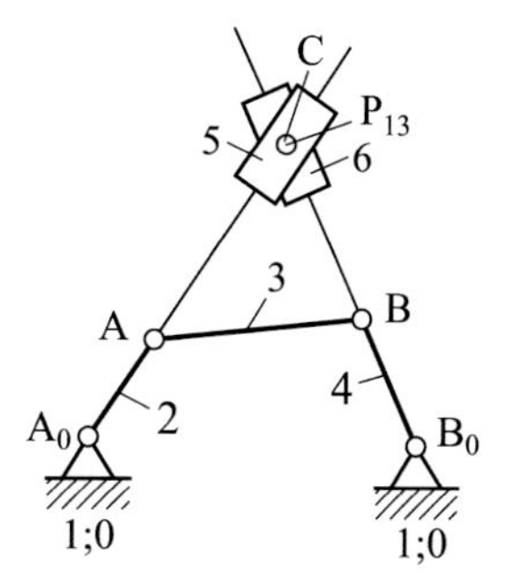

Abb. 3.25 Ersatzgetriebe zur Bestimmung der Polwechselgeschwindigkeit der Koppelebene 3 im Viergelenkgetriebe A_0ABB_0

Zur Ermittlung des t,n-Systems bestimmt man zuerst den Pol P als Schnittpunkt der Polstrahlen A_0A und B_0B sowie den Hilfspol H_{AB} als Schnittpunkt der Geraden AB und A_0B_0. Die Verbindungsgerade PH_{AB} wird als *Kollineationsachse* k_{AB} zu den Punktepaaren A_0,A und B_0,B bezeichnet. Für die Lage des t,n-Systems gilt dann, dass die Polbahntangente t mit jedem der beiden Polstrahlen den gleichen Winkel (β_A bzw. β_B) einschließt wie der jeweils andere Polstrahl mit der Kollineationsachse k_{AB} (Satz von BOBILLIER).

3.3.5 Polwechselgeschwindigkeit und HARTMANN'sche Konstruktion

Alternativ zu dem im vorhergehenden Abschnitt beschriebenen Verfahren nach BOBILLIER kann auch der Weg über die Polwechselgeschwindigkeit und die HARTMANN'sche Konstruktion gewählt werden. Unter der Polwechselgeschwindigkeit versteht man die Geschwindigkeit, mit der der Geschwindigkeitspol seine Lage auf der zugehörigen Polkurve wechselt. Dementsprechend stimmt die Richtung der Polwechselgeschwindigkeit mit der Tangente an die Polkurven p und q überein.

In Abb. 3.25 ist für ein viergliedriges Getriebe A_0ABB_0 ein Ersatzgetriebe zur Bestimmung der Polwechselgeschwindigkeit gezeigt. Die dargestellte zweifache Kurbelschleife entsteht durch Verlängerung der beiden im Gestell gelagerten Glieder 2 und 4, Hinzufügen zweier Schubglieder 5 und 6 sowie durch Einfügen zweier Schleifengelenke zwischen den Gliedern 2 und 5 bzw. den Gliedern 4 und 6 und eines Drehgelenkes C zwischen den Schubgliedern 5 und 6. Damit führt der Gelenkpunkt C dieses Ersatzgetriebes die gleiche Bewegung wie der Geschwindigkeitspol P_{13} des ursprünglichen viergliedrigen Getriebes A_0ABB_0 aus und kann zur Ermittlung der Polwechselgeschwindigkeit herangezogen werden.

Zur Bestimmung der Polwechselgeschwindigkeit kann nach Abb. 3.26 die Geschwindigkeit des Punktes $C = P_{13}$ mit Hilfe der in Abschn. 3.2 beschriebenen Relativkinematik ermittelt werden. Dazu kann die Polwechselgeschwindigkeit $\vec{v}_P$ als die Absolutgeschwindigkeit des Gelenkpunktes C als Punkt der Gliedebene 5 und als Absolutgeschwindigkeit des Gelenkpunktes C als Punkt der Gliedebene 6 aufgefasst werden, so dass ausgehend

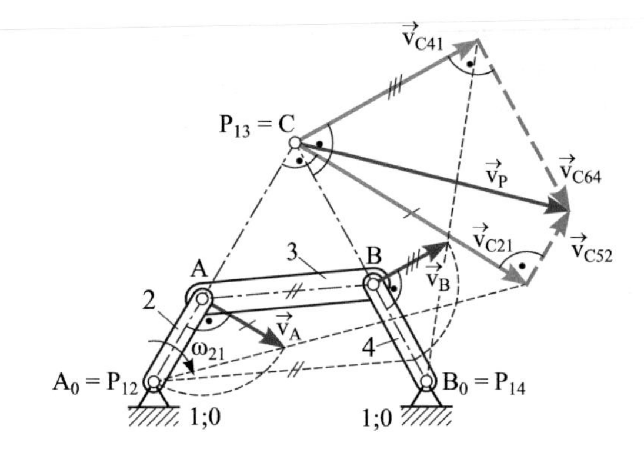

Abb. 3.26 Bestimmung der Polwechselgeschwindigkeit der Koppelebene 3 im Viergelenkgetriebe A_0ABB_0

von Gl. 3.33 gilt:

$$\vec{v}_P = \vec{v}_{C51} = \vec{v}_{C21} + \vec{v}_{C52} = \vec{v}_{C61} = \vec{v}_{C41} + \vec{v}_{C64} \tag{3.62}$$

Ausgehend von einer vorzugebenden Geschwindigkeit $\vec{v}_A$ des Gelenkpunktes A muss zunächst die Geschwindigkeit $\vec{v}_B$ des Gelenkpunktes B bestimmt werden. Dies geschieht sinnvollerweise nach dem Satz der gedrehten Geschwindigkeiten, wobei am besten der Geschwindigkeitsmaßstab so gewählt werden sollte, dass die Länge des Geschwindigkeitsvektors $\vec{v}_A$ in der graphischen Konstruktion dem Abstand $\overline{A_0A}$ im Zeichenmaßstab entspricht, d. h. $M_v = M_z \cdot \omega_{21}$. Anschließend können die Führungsgeschwindigkeiten $\vec{v}_{C21}$ und $\vec{v}_{C41}$ wie in Abb. 3.26 gezeigt bestimmt werden. Da die Relativgeschwindigkeiten $\vec{v}_{C52}$ und $\vec{v}_{C64}$ nur entlang der jeweiligen Polstrahlen gerichtet sein können, ergibt sich nun die Spitze des Vektors der Polwechselgeschwindigkeit als Schnittpunkt der Senkrechten in den Vektorspitzen von $\vec{v}_{C21}$ und $\vec{v}_{C41}$. Damit liegt die Polwechselgeschwindigkeit nach Betrag und Richtung vor, so dass auch die Polbahntangente bekannt ist.

Natürlich kann bei bekannter Polwechselgeschwindigkeit $\vec{v}_P$ die oben beschriebene Vorgehensweise auch umgedreht und der zugeordnete Krümmungsmittelpunkt A_0 zu einem beliebigen Punkt A einer allgemein bewegten Ebene bestimmt werden. Allerdings ist es hierzu im Gegensatz zur Konstruktion nach BOBILLIER erforderlich, dass auch die Geschwindigkeit des betrachteten Punktes bekannt ist.

Wie in Abb. 3.27 gezeigt, wird zunächst der HARTMANNkreis (THALESkreis) mit dem Durchmesser $D = |\vec{v}_P|$ konstruiert. Anschließend ergibt sich auf einfache Weise die Komponente der Polwechselgeschwindigkeit parallel zu $\vec{v}_A$, so dass der Krümmungsmittelpunkt A_0 nach dem Strahlensatz ermittelt werden kann.

3.3.6 Wendepunkt und Wendekreis

Von praktischer Bedeutung sind insbesondere solche Gliedpunkte, die annähernd geradlinig bewegt werden, also momentan einen *Wendepunkt* ihrer Bahn durchlaufen. Als Bei-

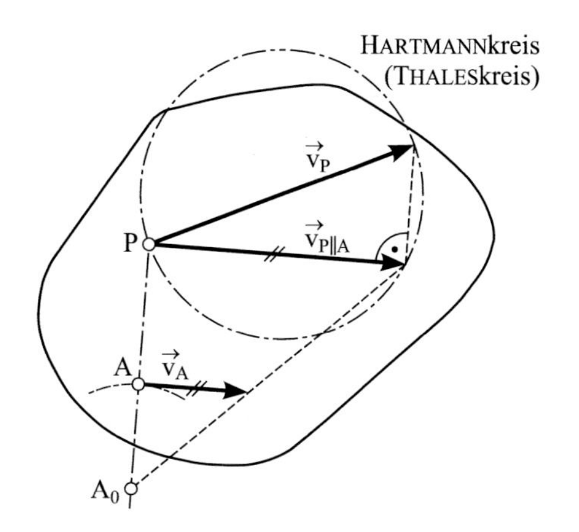

Abb. 3.27 HARTMANN'sche Konstruktion des Krümmungsmittelpunkts

spiel seien in Abb. 3.28 für den momentanen Bewegungszustand der Gliedebene E wieder das t,n-System und C,C_0 als ein bekanntes Paar zugeordneter Krümmungsmittelpunkte gegeben. Gesucht ist ein Gliedpunkt G_W auf der gegebenen Polgeraden g, der gerade einen Wendepunkt seiner Bahn durchläuft. Der zugeordnete Krümmungsmittelpunkt G_0 muss dementsprechend im Unendlichen liegen.

Damit ergibt sich nach dem Satz von BOBILLIER der Hilfspol H_{CG} als Schnittpunkt der Kollineationsachse k_{CG}, die mit Hilfe des Winkels β_G ausgehend von der Polbahntangente t bestimmt werden kann, und der Parallelen zu g durch C_0. Anschließend ergibt sich die Lage des gesuchten Wendepunktes G_W als Schnittpunkt der Geraden $H_{CG}C$ mit der gegebenen Polgeraden g.

Betrachtet man nun die beiden Dreiecke PCG_W und C_0CH_{CG}, so sind diese beiden Dreiecke einander ähnlich. Dementsprechend gilt für die Verhältnisse der Dreiecksseiten

$$\frac{\overline{PC}}{\overline{C_0C}} = \frac{\overline{PG_W}}{\overline{H_{CG}C_0}} \,. \tag{3.63}$$

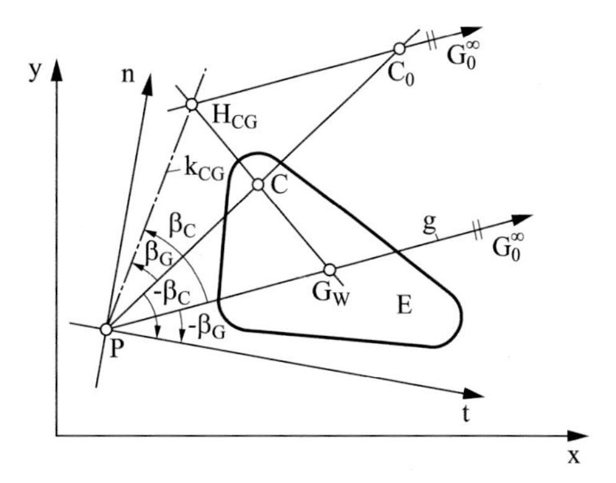

Abb. 3.28 Bestimmung eines Gliedpunktes G_W auf der Polgeraden g, der einen Wendepunkt durchläuft

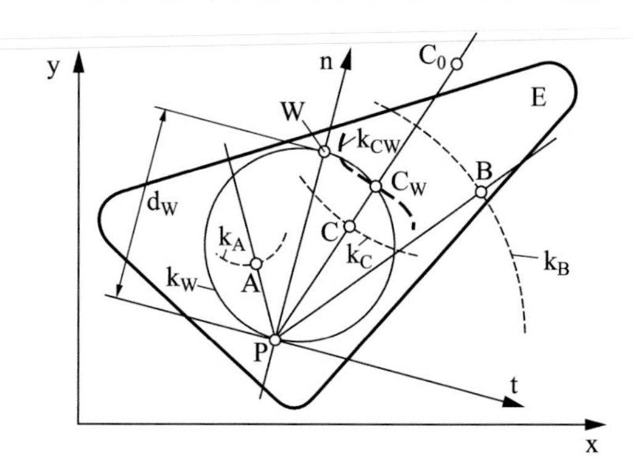

Abb. 3.29 Wendekreis k_W und Wendepol W

Betrachtet man nun noch das Dreieck $PH_{CG}C_0$, so gilt nach dem Sinussatz

$$\frac{\overline{H_{CG}C_0}}{\sin\beta_G} = \frac{\overline{PC_0}}{\sin(\pi - \beta_C)} . \tag{3.64}$$

Unter Berücksichtigung, dass sich die Strecke $\overline{C_0C}$ auch durch die Differenz der jeweiligen Polabstände ausdrücken lässt, erhält man aus Gl. 3.63 und 3.64

$$\frac{\sin\beta_G}{\overline{PG_W}} = \left(\frac{1}{\overline{PC}} - \frac{1}{\overline{PC_0}}\right) \cdot \sin\beta_C = \text{konst.} = \frac{1}{d_W} . \tag{3.65}$$

Ein Vergleich mit Gl. 3.61 zeigt, dass sich diese Gleichung auch schreiben lässt als

$$\overline{PG_W} = d_W \cdot \sin\beta_G . \tag{3.66}$$

Diese Gleichung für den Abstand des Wendepunktes G_W vom Pol P stellt eine allgemeine Kreisgleichung dar, wobei d_W den Durchmesser dieses Kreises beschreibt. Der Kreis stellt somit den geometrischen Ort aller derjenigen Punkte einer allgemein bewegten Ebene dar, die momentan einen Wende- oder Flachpunkt ihrer Bahn durchlaufen. Damit ist die schon in Abschn. 3.3.3 aufgestellte Behauptung, die für Gl. 3.61 aufgestellt wurde, bewiesen. Der sogenannte *Wendekreis* k_W hat seinen Mittelpunkt auf dem positiven Ast der Polbahnnormalen und geht sowohl durch den Geschwindigkeitspol P als auch durch den sogenannten *Wendepol* W, er tangiert also die Polbahntangente (Abb. 3.29). Die Punkte P und W haben auf der Polbahnnormalen den Abstand d_W.

Dieser Abstand bzw. der Durchmesser d_W des Wendekreises und mit dem t,n-System auch seine Lage relativ zum bewegten Glied ist im Allgemeinen für jede Lage des Gliedes anders.

Vom Pol aus gesehen sind die Bahnkurven von Gliedpunkten innerhalb des Wendekreises konvex (k_A und k_C) und außerhalb des Wendekreises konkav (k_B) gekrümmt. Die

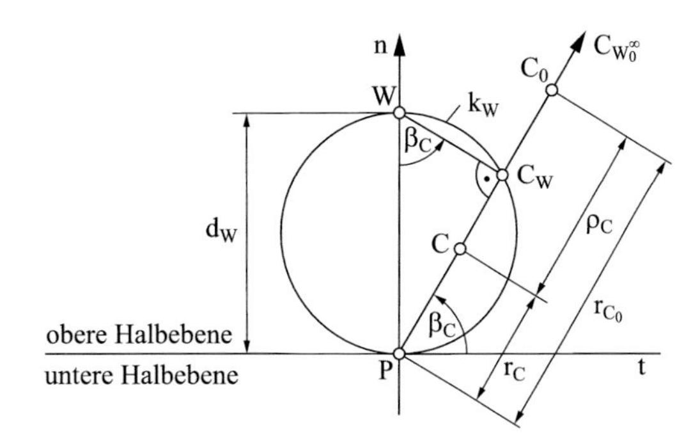

Abb. 3.30 Bezeichnungen im t,n-System

Krümmung ist also immer zum Wendekreis hin gerichtet. Die Gliedpunkte, die momentan auf dem Wendekreis liegen (z. B. C_W), durchlaufen einen Wendepunkt ihrer Bahn mit $\rho = \infty$ und haben demzufolge auch momentan keine Normalbeschleunigung.

Sind für eine Gliedlage das t,n-System und ein Gliedpunkt bekannt, dessen zugeordneter Krümmungsmittelpunkt im Unendlichen liegt (Gliedpunkt liegt auf dem Wendekreis), so ist der Wendekreis eindeutig bestimmt. Man ermittelt ihn, indem im betreffenden Gliedpunkt die Senkrechte zum zugehörigen Polstrahl gezeichnet wird, die auf der Polbahnnormalen den Wendekreisdurchmesser d_W abschneidet (THALESkreis).

Ein solcher Punkt auf dem Wendekreis lässt sich auf verschiedene Weise finden, wenn das t,n-System und ein Paar zugeordneter Krümmungsmittelpunkte bekannt sind. Ein graphisches Verfahren mit Hilfe des Satzes von BOBILLIER wurde bereits an Hand von Abb. 3.28 erläutert. Rechnerisch kann dagegen unmittelbar der Schnittpunkt eines Polstrahles zu einem bekannten Punktepaar mit dem Wendekreis bestimmt werden. Bezeichnet man nach Abb. 3.29 den Schnittpunkt des Polstrahles PCC_0 mit dem Wendekreis mit C_W, so lässt sich ablesen:

$$\overline{PC_W} = d_W \cdot \sin \beta_C \; . \tag{3.67}$$

Einsetzen in Gl. 3.65 liefert schließlich

$$\overline{PC_W} = \frac{\overline{PC} \cdot \overline{PC_0}}{\overline{PC_0} - \overline{PC}} = \frac{\overline{PC} \cdot \overline{PC_0}}{\overline{C_0C}} \; . \tag{3.68}$$

Mit der genauen Kenntnis der Eigenschaften des Wendekreises lassen sich nun die Beziehungen zwischen zugeordneten Krümmungsmittelpunkten, dem t,n-System und dem Wendekreis durch die EULER-SAVARY'sche Gleichung beschreiben.

Sinnvollerweise werden dazu die Lage eines Paares zugeordneter Krümmungsmittelpunkte im t,n-System und der Wendekreis durch folgende Größen gekennzeichnet (Abb. 3.30):

r_C Abstand des betrachteten Gliedpunktes vom Pol, d. h. $r_C = \overline{PC}$,

r_{C_0} Abstand des zugeordneten Krümmungsmittelpunktes vom Pol, d. h. $r_{C_0} = \overline{PC_0}$,

ρ_C Krümmungsradius der Bahn des betrachteten Gliedpunktes an der Stelle seiner momentanen Lage, d. h. $\rho_C = \overline{C_0C}$,

β_C Winkel zwischen der Polbahntangente und dem Polstrahl des betrachteten Paares zugeordneter Krümmungsmittelpunkte,
d_W Durchmesser des Wendekreises in der momentanen Gliedlage.

Mit diesen Bezeichnungen lässt sich die EULER-SAVARY'sche Gleichung 3.61 in folgender Form darstellen:

$$\frac{1}{r_C} - \frac{1}{r_{C_0}} = \frac{1}{d_W \cdot \sin\beta_C} \tag{3.69}$$

Dabei werden die Polabstände für Punkte, die in der oberen Halbebene liegen (auf der Seite der positiven Polbahnnormalen) als positiv und für Punkte in der unteren Halbebene als negativ vereinbart. Unter dieser Voraussetzung haben der Wendekreisdurchmesser d_W und der Sinus des Winkels β_C zwischen Polstrahl und Polbahntangente unabhängig von der Lage der Punkte immer positives Vorzeichen.

Für Punkte auf dem Wendekreis geht r_{C_0} gegen unendlich. Damit folgt für den Polabstand r_W der Punkte auf dem Wendekreis die allgemeine Formulierung von Gl. 3.66, nämlich

$$r_W = \overline{PC_W} = d_W \cdot \sin\beta_C \ . \tag{3.70}$$

Der Krümmungsradius ρ_C der Bahn eines Gliedpunktes ist die Differenz der Polabstände r_C und r_{C_0}:

$$\rho_C = |r_{C_0} - r_C| \ . \tag{3.71}$$

Durch Umformung der EULER-SAVARY'schen Gleichung 3.69 erhält man

$$\left(r_{C_0} - r_C\right) \cdot d_W \cdot \sin\beta_C = r_C \cdot r_{C_0} \ . \tag{3.72}$$

Subtrahiert man nun von beiden Seiten dieser Gleichung r_C^2, so ergibt sich

$$\left(r_{C_0} - r_C\right) \cdot d_W \cdot \sin\beta_C - r_C^2 = r_C \cdot \left(r_{C_0} - r_C\right) \ . \tag{3.73}$$

Damit erhält man letztlich folgende Gleichung für den gesuchten Krümmungsradius ρ_C, nämlich

$$\rho_C = |r_{C_0} - r_C| = \left| \frac{r_C^2}{d_W \cdot \sin\beta_C - r_C} \right| \ . \tag{3.74}$$

3.4 Übungsaufgaben

Die Aufgabenstellungen und die Lösungen zu den Übungsaufgaben dieses Kapitels finden Sie auf den Internetseiten des Instituts für Getriebetechnik und Maschinendynamik der RWTH Aachen.

http://www.igm.rwth-aachen.de/index.php?id=aufgaben

Aufgabe 3.1
Konstruktionsübungen mit dem Programm CINDERELLA

Aufgabe 3.2
Kurbelschwinge mit verstellbaren Gliedlängen: Konstruktion mit dem Programm CINDERELLA

Aufgabe 3.3
Viergelenkgetriebe: Übersetzungsverhältnis und Momentanpol

Aufgabe 3.4
Planetengetriebe: Momentanpol, Geschwindigkeiten und Übersetzungsverhältnis

Aufgabe 3.5
Exzentrisches Schubkurbelgetriebe: Geschwindigkeiten und Beschleunigungen

Aufgabe 3.6
Horizontal-Stoßmaschine: Geschwindigkeiten und Beschleunigungen

Aufgabe 3.7
Schlagmechanismus einer Webmaschine: Grafische Konstruktion nach BOBILLIER und HARTMANN

http://www.igm.rwth-aachen.de/index.php?id=loesungen

Numerische Getriebeanalyse

4

Zusammenfassung

Mit den bisher angesprochenen Berechnungsmethoden lassen sich die jeweils interessierenden kinematischen Größen wie Lage, Geschwindigkeit und Beschleunigung der Getriebeglieder nur für eine einzelne Stellung des Getriebes berechnen. Die Analyse eines Getriebes für eine Bewegungsperiode ist somit sehr zeitaufwendig, zumal die zeichnerisch-anschaulichen Verfahren komplizierter zu programmieren sind. Für die Berechnung mit dem Computer sind daher andere Ansätze notwendig.

In diesem Kapitel werden zwei Methoden vorgestellt, die sich besonders für die numerische Getriebeanalyse eignen, da sie einfach zu programmierende Algorithmen benutzen:

- Vektorielle Methode
- Modulmethode

4.1 Vektorielle Methode

Die erste Methode setzt die Formulierung der vektoriellen Geschlossenheitsbedingung(en) für ein Getriebe voraus, aus denen sich die für ein Getriebe typische *Funktionalmatrix* aufbauen lässt, nämlich die JACOBI-*Matrix* oder *Matrix der partiellen Übertragungsfunktionen 1. Ordnung*. Da die meisten ebenen (und auch räumlichen) Getriebe eine oder mehrere geschlossene kinematischen Ketten zur Grundlage haben, ergeben sich die Geschlossenheitsbedingungen fast automatisch. Die Gleichungen für die Lage eines Getriebes sind wegen der auftretenden trigonometrischen Funktionen in den x- und y-Komponenten der vektoriellen Geschlossenheitsbedingungen allerdings fast immer nur iterativ zu lösen. Die Erweiterung der vektoriellen Methode auf die Berechnung von Koppelkurven (Bahnen einzelner Getriebepunkte) ist wiederum sehr einfach, ebenso wie die Ermittlung von Geschwindigkeiten und Beschleunigungen.

H. Kerle, B. Corves, M. Hüsing, *Getriebetechnik*, DOI 10.1007/978-3-658-10057-5_4

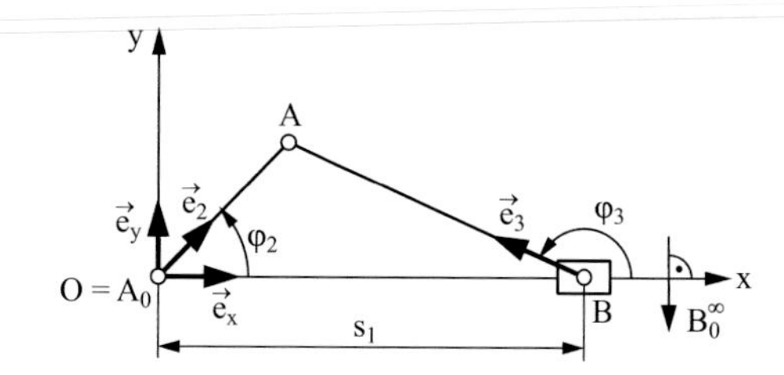

Abb. 4.1 Bezeichnungen an einer zentrischen Schubkurbel für die vektorielle Methode. Mit $\vec{e}$ sind die Einheitsvektoren auf den Verbindungsgeraden der Gelenke bezeichnet

4.1.1 Aufstellung der Zwangsbedingungen

Von einem Getriebe seien alle geometrischen Abmessungen sowie die Antriebsgrößen, d. h. deren Lage, Geschwindigkeit und Beschleunigung, bekannt. Gesucht sind die kinematischen Größen (Winkel und Wege sowie deren zeitliche Ableitungen) aller bewegten Getriebeglieder.

Bei der vektoriellen Methode werden Gleichungen erstellt, die das Getriebe vollständig geometrisch beschreiben und alle bekannten und unbekannten Größen ($\varphi_i, \dot{\varphi}_i, \ddot{\varphi}_i, s_i, \dot{s}_i, \ddot{s}_i$) enthalten. Die Nullstellen dieser Gleichungen und damit die unbekannten kinematischen Größen werden dann numerisch ermittelt.

Die entsprechenden Gleichungen erhält man durch die Formulierung von *Geschlossenheitsbedingungen* bzw. *Zwangsbedingungen*. Als Beispiel sei eine einfache Schubkurbel betrachtet (Abb. 4.1).

Von dieser Schubkurbel seien die folgenden Abmessungen gegeben:

$$\overline{A_0A} = a = r_2$$
$$\overline{AB} = b = r_3$$

Gesucht sind zunächst die unbekannten Größen φ_3 und s_1.

Die Geschlossenheitsbedingung fordert anschaulich, dass das Getriebe nicht auseinander fällt, da die Getriebeglieder gelenkig miteinander verbunden sind. Ordnet man den Getriebegliedern Vektoren in der x-y-Ebene zu, so bedeutet die Geschlossenheitsbedingung, dass diese Vektoren sich zum Nullvektor ergänzen müssen:

$$\begin{aligned} \overline{A_0A} \cdot \vec{e}_2 - \overline{AB} \cdot \vec{e}_3 - s_1 \cdot \vec{e}_x &= \vec{0} \quad \text{oder} \\ r_2 \cdot \vec{e}_2 - r_3 \cdot \vec{e}_3 - s_1 \cdot \vec{e}_x &= \vec{0} \end{aligned} \tag{4.1}$$

Die letzten Terme der Gl. 4.1 sind negativ, weil Glied 3 und die Gestellgerade A_0B entgegen der positiven Richtung der Einheitsvektoren $\vec{e}_3$ und $\vec{e}_x$ durchlaufen werden.

Drückt man die Einheitsvektoren mit Hilfe der Winkel aus, erhält man die Vektorform

$$\vec{\Phi} \equiv r_2 \cdot \begin{bmatrix} \cos\varphi_2 \\ \sin\varphi_2 \end{bmatrix} - r_3 \cdot \begin{bmatrix} \cos\varphi_3 \\ \sin\varphi_3 \end{bmatrix} - \begin{bmatrix} s_1 \\ 0 \end{bmatrix} = \begin{bmatrix} 0 \\ 0 \end{bmatrix}. \tag{4.2}$$

Gleichung 4.2 kann aufgespalten werden in zwei Gleichungen; dies entspricht der Projektion der Vektoren auf die x- bzw. y-Achse:

$$\Phi_1 \equiv r_2 \cdot \cos\varphi_2 - r_3 \cdot \cos\varphi_3 - s_1 = 0 \tag{4.3}$$
$$\Phi_2 \equiv r_2 \cdot \sin\varphi_2 - r_3 \cdot \sin\varphi_3 = 0$$

In diesen beiden Gleichungen sind alle bekannten und unbekannten Winkel und Wege enthalten. Alle Kombinationen von s_1, φ_2 und φ_3, die Gl. 4.3 zu null werden lassen, sind mögliche Lagen des Getriebes. Da φ_2 als Antriebswinkel bekannt ist, reichen zwei Gleichungen zur Berechnung der Unbekannten s_1 und φ_3 aus. Jede Zwangsbedingung in der Form der Gl. 4.1 liefert zwei Gleichungen zur Bestimmung der Unbekannten. Für die Berechnung von jeweils zwei Unbekannten des Getriebes benötigt man also eine Zwangsbedingung bzw. *Schleifengleichung*. Bei ebenen Getrieben mit n Gliedern und g Gelenken vom Freiheitsgrad $f = 1$ beträgt die Anzahl p der notwendigen Schleifen

$$p = g - (n - 1). \tag{4.4}$$

Die Zwangsbedingungen liefern also ein System von 2p nichtlinearen Gleichungen mit 2p Unbekannten, das in allgemeiner Form lautet:

$$\vec{\Phi}(\vec{q}) = \vec{0}. \tag{4.5}$$

$\vec{\Phi}$ ist der Vektor der 2p Zwangsbedingungen, $\vec{q}$ der Vektor der 2p Unbekannten. Dieses Gleichungssystem kann fast immer nur iterativ gelöst werden. Im Fall der Schubkurbel ist eine geschlossen-analytische Lösung der Gl. 4.3 angebbar, die somit zum Vergleich mit der iterativen Lösung herangezogen werden kann.

4.1.2 Iterative Lösung der Lagegleichungen

Die Nullstellen nichtlinearer Gleichungssysteme lassen sich in der Regel nicht direkt ermitteln. Eine Möglichkeit zur numerischen Lösung solcher Gleichungssysteme ist die Iterationsmethode nach Newton-Raphson, die anhand eines einfachen, zweidimensionalen Beispiels erläutert werden soll (Engeln-Müllges und Reutter 1996).

In Abb. 4.2 ist eine Funktion $\Phi(q)$ dargestellt, deren Nullstelle gesucht ist. Ausgehend vom Startwert q_i, für den also der Funktionswert $\Phi(q_i)$ und die Ableitung $\Phi'(q_i)$ bekannt sind, ist eine Näherung für die Nullstelle gegeben durch

$$\Phi(q_i) + \Phi'(q_i) \cdot \Delta q = 0. \tag{4.6}$$

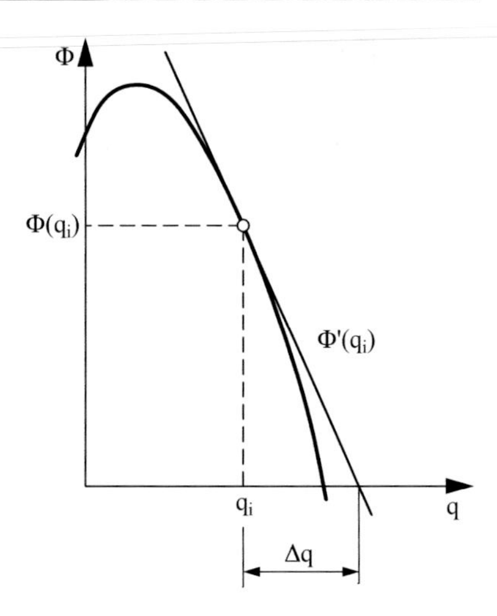

Abb. 4.2 Nullstellensuche bei einer Variablen

Daraus erhält man

$$\Delta q = -\frac{\Phi(q_i)}{\Phi'(q_i)}. \tag{4.7}$$

Formal kommt man auf dasselbe Ergebnis, wenn man die Funktion Φ um den Startwert q_i in eine Taylor-Reihe entwickelt, d. h.

$$\Phi(q_i + \Delta q) = \Phi(q_i) + \Phi'(q_i) \cdot \Delta q - \frac{\Phi''(q_i)}{2!} \cdot \Delta q^2 + \ldots = 0, \tag{4.8}$$

und nach dem linearen Glied abbricht. Aufgelöst nach q erhält man

$$\Delta q = -\frac{\Phi(q_i)}{\Phi'(q_i)}. \tag{4.9}$$

Einen verbesserten Wert für die Nullstelle q erhält man durch die Iterationsvorschrift

$$q_{i+1} = q_i + \Delta q. \tag{4.10}$$

Mit diesem q_{i+1} berechnet man erneut q und verbessert so die Näherung der Nullstelle schrittweise. Die Iteration wird abgebrochen, wenn q betragsmäßig eine bestimmte vorgegebene Grenze unterschreitet –

$$|\Delta q| < \varepsilon \tag{4.11}$$

– oder wenn $\Phi(q)$ betragsmäßig gegen null konvergiert –

$$|\Phi(q_{i+1})| < \varepsilon \tag{4.12}$$

– oder eine bestimmte Anzahl von Iterationen erreicht ist.

4.1.3 Erweiterung auf den mehrdimensionalen Fall

Ebenso wie die Funktion mit einer Variablen kann die n-dimensionale Vektorfunktion $\vec{\Phi} = (\Phi_1, \Phi_2, \ldots, \Phi_n)^T$ in eine Taylor-Reihe entwickelt werden, die nach den linearen Gliedern abgebrochen wird:

$$\vec{\Phi}(\vec{q}_i + \Delta\vec{q}) = \vec{\Phi}(\vec{q}_i) + \frac{\partial\vec{\Phi}(\vec{q}_i)}{\partial\vec{q}_i}\Delta\vec{q} - \ldots = \vec{\Phi}(\vec{q}_i) + \mathbf{J}(\vec{q}_i)\Delta\vec{q} + \ldots = \vec{0}. \tag{4.13}$$

Der Term $\frac{\partial\vec{\Phi}(\vec{q}_i)}{\partial\vec{q}_i}$ wird JACOBI-**Matrix J** genannt.

Für das Beispielgetriebe aus Abb. 4.1 lautet die JACOBI-Matrix

$$\mathbf{J} = \frac{\partial\vec{\Phi}(\vec{q})}{\partial\vec{q}} = \begin{bmatrix} \frac{\partial\Phi_1}{\partial\varphi_3} & \frac{\partial\Phi_1}{\partial s_1} \\ \frac{\partial\Phi_2}{\partial\varphi_3} & \frac{\partial\Phi_2}{\partial s_1} \end{bmatrix} = \begin{bmatrix} r_3 \cdot \sin\varphi_3 & -1 \\ -r_3 \cdot \cos\varphi_3 & 0 \end{bmatrix}. \tag{4.14}$$

Den Vektor $\Delta\vec{q} = (\Delta q_1, \Delta q_2, \ldots, \Delta q_n)^T$ errechnet man aus

$$\Delta\vec{q} = -\mathbf{J}^{-1}(\vec{q}_i) \cdot \vec{\Phi}(\vec{q}_i) \tag{4.15}$$

und den neuen Vektor $\vec{q}_{i+1}$ aus

$$\vec{q}_{i+1} = \vec{q}_i + \Delta\vec{q}. \tag{4.16}$$

Die Iteration wird abgebrochen, wenn eine der Bedingungen (4.11) oder (4.12) für alle n Komponenten erfüllt ist, d. h.:

$$|\Delta q| < \varepsilon \quad \text{oder} \tag{4.17}$$

$$\left|\Phi(\vec{q}_{i+1})\right| < \varepsilon. \tag{4.18}$$

In Abb. 4.3 ist der gesamte Ablauf zusammengefasst.

Kennzeichnend für das NEWTON-RAPHSON-Verfahren ist eine schnelle Konvergenz in der Nähe der Nullstellen. Da aber gleichsam mit Hilfe des Gradienten auf die Nullstelle „gezielt" wird, ist ein guter Startwert, d. h. ein $\vec{q}_0$ in der Nähe der Lösung, notwendig. Diesen kann man z. B. einer maßstäblichen Zeichnung des Getriebes entnehmen. Ist der Startwert dagegen zu weit von der Lösung entfernt, besteht die Gefahr, dass das Iterationsverfahren versagt.

4.1.4 Berechnung der Geschwindigkeiten

Durch Differentiation der Gl. 4.5 nach der Zeit erhält man allgemein die Bestimmungsgleichung für die Geschwindigkeiten. Für das Beispielgetriebe aus Abb. 4.1 gilt für die

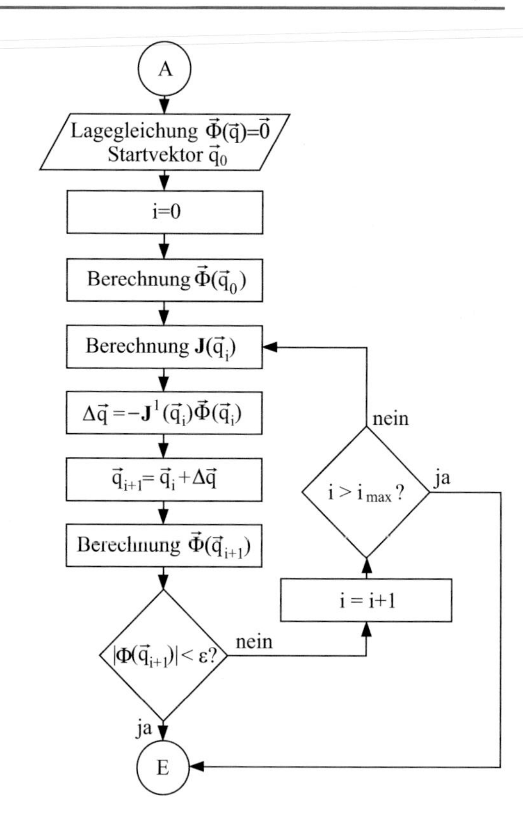

Abb. 4.3 Ablaufplan der NEWTON-RAPHSON-Iteration

Ableitung der Gl. 4.3:

$$\begin{aligned} \dot{\Phi}_1 &\equiv -r_2 \cdot \dot{\varphi}_2 \cdot \sin\varphi_2 + r_3 \cdot \dot{\varphi}_3 \cdot \sin\varphi_3 - \dot{s}_1 = 0 \\ \dot{\Phi}_2 &\equiv r_2 \cdot \dot{\varphi}_2 \cdot \cos\varphi_2 - r_3 \cdot \dot{\varphi}_3 \cdot \cos\varphi_3 = 0 \end{aligned} \tag{4.19}$$

Ordnet man die Gleichung nach Bekannten/Unbekannten, ergibt sich ($\dot{\varphi}_2$ ist ebenso wie φ_2 gegeben)

$$\begin{bmatrix} r_3 \cdot \sin\varphi_3 & -1 \\ -r_3 \cdot \cos\varphi_3 & 0 \end{bmatrix} \cdot \begin{bmatrix} \dot{\varphi}_3 \\ \dot{s}_1 \end{bmatrix} = \begin{bmatrix} r_2 \cdot \dot{\varphi}_2 \cdot \sin\varphi_2 \\ -r_2 \cdot \dot{\varphi}_2 \cdot \cos\varphi_2 \end{bmatrix}. \tag{4.20}$$

Offensichtlich liegt hier ein lineares Gleichungssystem für die Geschwindigkeiten $\dot{\varphi}_3$ und $\dot{s}_1$ vor, das sich z. B. mit Hilfe des GAUSS-Verfahrens lösen lässt (Engeln-Müllges und Reutter 1996). Die Koeffizientenmatrix in Gl. 4.20 stimmt mit der JACOBI-Matrix aus Gl. 4.14 überein, so dass diese nur einmal berechnet werden muss. Einzig die rechte Seite des Gleichungssystems ist neu zu berechnen. Sind die unbekannten Lagevariablen bekannt (durch die Iteration der Lagegleichungen), ist auf der Geschwindigkeitsstufe keine Iteration mehr notwendig.

4.1.5 Berechnung der Beschleunigungen

Nochmaliges Differenzieren von Gl. 4.19 nach der Zeit führt zu den Gleichungen der Beschleunigungsstufe:

$$
\begin{aligned}
\ddot{\Phi}_1 &\equiv -r_2\ddot{\varphi}_2 \sin\varphi_2 - r_2\dot{\varphi}_2^2 \cos\varphi_2 + r_3\ddot{\varphi}_3 \sin\varphi_3 + \mathrm{r}_3\dot{\varphi}_3^2 \cos\varphi_3 - \ddot{s}_1 = 0 \\
\ddot{\Phi}_2 &\equiv \mathrm{r}_2\ddot{\varphi}_2 \cos\varphi_2 - \mathrm{r}_2\dot{\varphi}_2^2 \sin\varphi_2 - \mathrm{r}_3\ddot{\varphi}_3 \cos\varphi_3 + \mathrm{r}_3\dot{\varphi}_3^2 \sin\varphi_3 = 0
\end{aligned}
\tag{4.21}
$$

Bei bekannten Größen φ_2, $\dot{\varphi}_2$, $\ddot{\varphi}_2$ und φ_3, $\dot{\varphi}_3$ kommt durch Ordnen das Gleichungssystem

$$
\begin{bmatrix} \mathrm{r}_3 \cdot \sin\varphi_3 & -1 \\ -\mathrm{r}_3 \cdot \cos\varphi_3 & 0 \end{bmatrix} \cdot \begin{bmatrix} \ddot{\varphi}_3 \\ \ddot{s}_1 \end{bmatrix} = \begin{bmatrix} \mathrm{r}_2\ddot{\varphi}_2 \sin\varphi_2 + \mathrm{r}_2\dot{\varphi}_2^2 \cos\varphi_2 - \mathrm{r}_3\dot{\varphi}_3^2 \cos\varphi_3 \\ -\mathrm{r}_2\ddot{\varphi}_2 \cos\varphi_2 + \mathrm{r}_2\dot{\varphi}_2^2 \sin\varphi_2 - \mathrm{r}_3\dot{\varphi}_3^2 \sin\varphi_3 \end{bmatrix}
\tag{4.22}
$$

zustande. Gl. 4.22 unterscheidet sich nur in der rechten Seite von Gl. 4.20. Analog zu Gl. 4.20 können durch Inversion der JACOBI-Matrix die unbekannten Beschleunigungen errechnet werden.

Lehrbeispiel Nr. 4.1: Sechsgliedriges Getriebe mit Abtriebsschieber

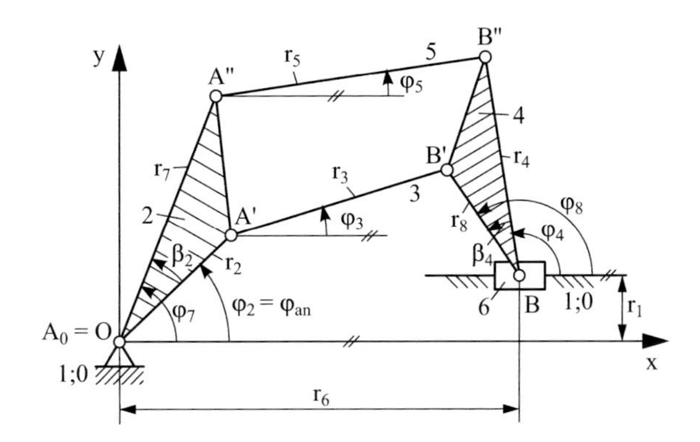

Abb. 4.4 Bezeichnungen am sechsgliedrigen Getriebe

Das Getriebe besteht aus 6 Gliedern und 7 Gelenken mit $f = 1$. Folglich sind

$$p = g - (n-1) = 7 - (6-1) = 2$$

Zwangsbedingungen (= Schleifengleichungen) notwendig. Der Freiheitsgrad des Getriebes ist aber

$$F = b \cdot (n-1) - \sum u_i = 3 \cdot (6-1) - (7 \cdot 2) = 15 - 14 = 1$$

Hinweis

Man kann nicht vom Freiheitsgrad auf die Anzahl der für die Iteration notwendigen Gleichungen schließen.

Die beiden Schleifen ergeben sich durch zwei unterschiedliche Durchläufe durch das Getriebe:

$$\begin{aligned}\text{Schleife 1:} \quad & r_2\vec{e}_2 + r_3\vec{e}_3 - r_8\vec{e}_8 - r_1\vec{e}_y - r_6\vec{e}_x = \vec{0}\\ \text{Schleife 2:} \quad & r_7\vec{e}_7 + r_5\vec{e}_5 - r_4\vec{e}_4 - r_1\vec{e}_y - r_6\vec{e}_x = \vec{0}\end{aligned} \tag{4.23}$$

Projiziert man diese Schleifengleichungen auf die x- und y-Achse, erhält man die vier Lagegleichungen:

$$\begin{aligned}\Phi_1 &\equiv r_2\cos\varphi_2 + r_3\cos\varphi_3 - r_8\cos\varphi_8 - r_6 = 0,\\ \Phi_2 &\equiv r_2\sin\varphi_2 + r_3\sin\varphi_3 - r_8\sin\varphi_8 - r_1 = 0,\\ \Phi_3 &\equiv r_7\cos\varphi_7 + r_5\cos\varphi_5 - r_4\cos\varphi_4 - r_6 = 0,\\ \Phi_4 &\equiv r_7\sin\varphi_7 + r_5\sin\varphi_5 - r_4\sin\varphi_4 - r_1 = 0.\end{aligned} \tag{4.24}$$

Mit φ_2 als (bekanntem) Antriebswinkel enthält Gl. 4.24 insgesamt sechs Unbekannte (φ_3, φ_4, φ_5, φ_7, φ_8, r_6). Weil dic Getriebeglieder 2 und 4 starr sind, gelten zwischen den Winkeln φ_2 und φ_7 sowie φ_4 und φ_8 folgende Beziehungen:

$$\begin{aligned}\varphi_7 &= \varphi_2 + \beta_2\\ \varphi_8 &= \varphi_4 + \beta_4\end{aligned} \tag{4.25}$$

mit β_2 und β_4 als konstanten Winkeln.

Durch Einsetzen von Gl. 4.25 in Gl. 4.24 lauten die Geschlossenheitsbedingungen des Getriebes:

$$\vec{\Phi}(\varphi_3, \varphi_4, \varphi_5, r_6) = \begin{bmatrix} r_2\cos\varphi_2 + r_3\cos\varphi_3 - r_8\cos(\varphi_4 + \beta_4) - r_6\\ r_2\sin\varphi_2 + r_3\sin\varphi_3 - r_8\sin(\varphi_4 + \beta_4) - r_1\\ r_7\cos(\varphi_2 + \beta_2) + r_5\cos\varphi_5 - r_4\cos\varphi_4 - r_6\\ r_7\sin(\varphi_2 + \beta_2) + r_5\sin\varphi_5 - r_4\sin\varphi_4 - r_1 \end{bmatrix} = \vec{0} \tag{4.26}$$

Die Anzahl der Unbekannten beträgt nun vier (φ_3, φ_4, φ_5, r_6), so dass Gl. 4.26 mit Hilfe des NEWTON-RAPHSON-Verfahrens iterativ lösbar ist.

Die für die Iteration notwendige JACOBI-Matrix lautet

$$\mathbf{J} = \frac{\partial\vec{\Phi}(\vec{q})}{\partial\vec{q}} = \begin{bmatrix} -r_3\sin\varphi_3 & r_8\sin(\varphi_4 + \beta_4) & 0 & -1\\ r_3\cos\varphi_3 & -r_8\cos(\varphi_4 + \beta_4) & 0 & 0\\ 0 & r_4\sin\varphi_4 & -r_5\sin\varphi_5 & -1\\ 0 & -r_4\cos\varphi_4 & r_5\cos\varphi_5 & 0 \end{bmatrix}. \tag{4.27}$$

Die Gleichungen der Geschwindigkeitsstufe sind jetzt:

$$\begin{aligned} -r_2\dot{\varphi}_2 \sin\varphi_2 - r_3\dot{\varphi}_3 \sin\varphi_3 + r_8\dot{\varphi}_4 \sin(\varphi_4+\beta_4) - \dot{r}_6 &= 0 \\ r_2\dot{\varphi}_2 \cos\varphi_2 + r_3\dot{\varphi}_3 \cos\varphi_3 - r_8\dot{\varphi}_4 \cos(\varphi_4+\beta_4) &= 0 \\ -r_7\dot{\varphi}_2 \sin(\varphi_2+\beta_2) - r_5\dot{\varphi}_5 \sin\varphi_5 + r_4\dot{\varphi}_4 \sin\varphi_4 - \dot{r}_6 &= 0 \\ r_7\dot{\varphi}_2 \cos(\varphi_2+\beta_2) + r_5\dot{\varphi}_5 \cos\varphi_5 - r_4\dot{\varphi}_4 \cos\varphi_4 &= 0 \end{aligned} \tag{4.28}$$

Alle Terme in Gl. 4.28, die nur bekannte Größen enthalten, werden auf die rechte Seite der Gleichung gebracht:

$$\mathbf{J}\cdot\begin{bmatrix}\dot{\varphi}_3\\ \dot{\varphi}_4\\ \dot{\varphi}_5\\ \dot{r}_6\end{bmatrix} = \begin{bmatrix} r_2\dot{\varphi}_2\sin\varphi_2 \\ -r_2\dot{\varphi}_2\cos\varphi_2 \\ r_7\dot{\varphi}_2\sin(\varphi_2+\beta_2) \\ -r_7\dot{\varphi}_2\cos(\varphi_2+\beta_2)\end{bmatrix} \tag{4.29}$$

Differenziert man Gl. 4.28 ein weiteres Mal nach der Zeit, erhält man die Gleichungen der Beschleunigungsstufe:

$$\begin{aligned} &- r_2\ddot{\varphi}_2 \sin\varphi_2 - r_2\dot{\varphi}_2^2 \cos\varphi_2 - r_3\ddot{\varphi}_3 \sin\varphi_3 - r_3\dot{\varphi}_3^2 \cos\varphi_3 + \\ &\qquad + r_8\ddot{\varphi}_4 \sin(\varphi_4+\beta_4) + r_8\dot{\varphi}_4^2 \cos(\varphi_4+\beta_4) - \ddot{r}_6 = 0 \\ &r_2\ddot{\varphi}_2 \cos\varphi_2 - r_2\dot{\varphi}_2^2 \sin\varphi_2 + r_3\ddot{\varphi}_3 \cos\varphi_3 - r_3\dot{\varphi}_3^2 \sin\varphi_3 - \\ &\qquad - r_8\ddot{\varphi}_4 \cos(\varphi_4+\beta_4) + r_8\dot{\varphi}_4^2 \sin(\varphi_4+\beta_4) = 0 \\ &- r_7\ddot{\varphi}_2 \sin(\varphi_2+\beta_2) - r_7\dot{\varphi}_2^2 \cos(\varphi_2+\beta_2) - r_5\ddot{\varphi}_5 \sin\varphi_5 - \\ &\qquad - r_5\dot{\varphi}_5^2 \cos\varphi_5 + r_4\ddot{\varphi}_4 \sin\varphi_4 + r_4\dot{\varphi}_4^2 \cos\varphi_4 - \ddot{r}_6 = 0 \\ &r_7\ddot{\varphi}_2 \cos(\varphi_2+\beta_2) - r_7\dot{\varphi}_2^2 \sin(\varphi_2+\beta_2) + r_5\ddot{\varphi}_5 \cos\varphi_5 - \\ &\qquad - r_5\dot{\varphi}_5^2 \sin\varphi_5 - r_4\ddot{\varphi}_4 \cos\varphi_4 + r_4\dot{\varphi}_4^2 \sin\varphi_4 = 0 \end{aligned} \tag{4.30}$$

Durch Ordnen nach bekannten und unbekannten Größen ergibt sich

$$\mathbf{J}\cdot\begin{bmatrix}\ddot{\varphi}_3\\ \ddot{\varphi}_4\\ \ddot{\varphi}_5\\ \ddot{r}_6\end{bmatrix} = \begin{bmatrix} r_2\ddot{\varphi}_2\sin\varphi_2 + r_2\dot{\varphi}_2^2\cos\varphi_2 + r_3\dot{\varphi}_3^2\cos\varphi_3 - r_8\dot{\varphi}_4^2\cos(\varphi_4+\beta_4) \\ -r_2\ddot{\varphi}_2\cos\varphi_2 + r_2\dot{\varphi}_2^2\sin\varphi_2 + r_3\dot{\varphi}_3^2\sin\varphi_3 - r_8\dot{\varphi}_4^2\sin(\varphi_4+\beta_4) \\ r_7\ddot{\varphi}_2\sin(\varphi_2+\beta_2) + r_7\dot{\varphi}_2^2\cos(\varphi_2+\beta_2) + r_5\dot{\varphi}_5^2\cos\varphi_5 - r_4\dot{\varphi}_4^2\cos\varphi_4 \\ -r_7\ddot{\varphi}_2\cos(\varphi_2+\beta_2) + r_7\dot{\varphi}_2^2\sin(\varphi_2+\beta_2) + r_5\dot{\varphi}_5^2\sin\varphi_5 - r_4\dot{\varphi}_4^2\sin\varphi_4 \end{bmatrix}. \tag{4.31}$$

Durch iteratives Lösen der Gl. 4.24 errechnet man im ersten Schritt alle unbekannten Winkel, um danach durch Inversion von Gl. 4.29 die unbekannten Geschwindigkeiten, durch Inversion von Gl. 4.31 die unbekannten Beschleunigungen zu errechnen.

4.1.6 Berechnung von Koppel- und Vektorkurven

Die Iterationsmethode liefert nicht direkt die kinematischen Größen einzelner Getriebepunkte. Diese können aber leicht in einer *Nachlaufrechnung* ermittelt werden. Für das Lehrbeispiel Nr. 4.1 soll die Bahn, Geschwindigkeit und Beschleunigung des Gelenkpunktes B″ berechnet werden.

Für die Koordinaten $x_{B''}$, $y_{B''}$ in Abb. 4.4 gilt

$$\begin{aligned} x_{B''} &= r_7 \cos(\varphi_2 + \beta_2) + r_5 \cos\varphi_5, \\ y_{B''} &= r_7 \sin(\varphi_2 + \beta_2) + r_5 \sin\varphi_5 \end{aligned} \tag{4.32}$$

oder

$$\begin{aligned} x_{B''} &= r_6 + r_4 \cos\varphi_4, \\ y_{B''} &= r_1 + r_4 \sin\varphi_4. \end{aligned} \tag{4.33}$$

Die Geschwindigkeit und Beschleunigung des Punktes B″ erhält man durch Differenzieren von z. B. Gl. 4.33:

$$\begin{aligned} \dot{x}_{B''} &= \dot{r}_6 - r_4\dot{\varphi}_4 \sin\varphi_4 \\ \dot{y}_{B''} &= r_4\dot{\varphi}_4 \cos\varphi_4 \\ \ddot{x}_{B''} &= \ddot{r}_6 - r_4\ddot{\varphi}_4 \sin\varphi_4 - r_4\dot{\varphi}_4^2 \cos\varphi_4 \\ \ddot{y}_{B''} &= r_4\ddot{\varphi}_4 \cos\varphi_4 - r_4\dot{\varphi}_4^2 \sin\varphi_4 \end{aligned} \tag{4.34}$$

4.1.7 Die Bedeutung der JACOBI-Matrix

Für die kinematische Beschreibung von Getrieben hat die JACOBI-Matrix eine zentrale Bedeutung.

Mathematisch gesehen beschreibt die JACOBI-Matrix die partiellen Steigungen der Getriebegliedlagen, d. h. partielle Übertragungsfunktionen 1. Ordnung. Die Schleifengleichungen sind für jede Kombination von Unbekannten (Winkel und Wege) erfüllt, die zu einer zulässigen Lage des den Gleichungen zugrunde liegenden Getriebes gehören. Bei einem Getriebe mit einem Freiheitsgrad $F = 1$ entspricht dies einer Kurve, bei $F = 2$ einer Fläche im Raum. Jede Lage des Getriebes liegt auf dieser Kurve. Die JACOBI-Matrix gibt nun in jedem Punkt der Kurve die Steigung an. Parameter dieser Kurve ist die Antriebskoordinate, d. h. sinngemäß, die Antriebskoordinate bestimmt, auf welchem Punkt der Kurve man sich befindet. Bei umlauffähigen Getrieben sind die Kurven geschlossen. Bei dem in Abb. 4.5 skizzierten sog. *Phasendiagramm* handelt es sich um die Darstellung „Schubweg s_1 über Koppelwinkel φ_3" der zentrischen Schubkurbel, vgl. Abb. 4.1.

Die JACOBI-Matrix enthält somit alle notwendigen Informationen über das Bewegungsverhalten des Getriebes. Sie stellt einen eindeutigen Zusammenhang zwischen den Antriebs- und Abtriebskoordinaten her.

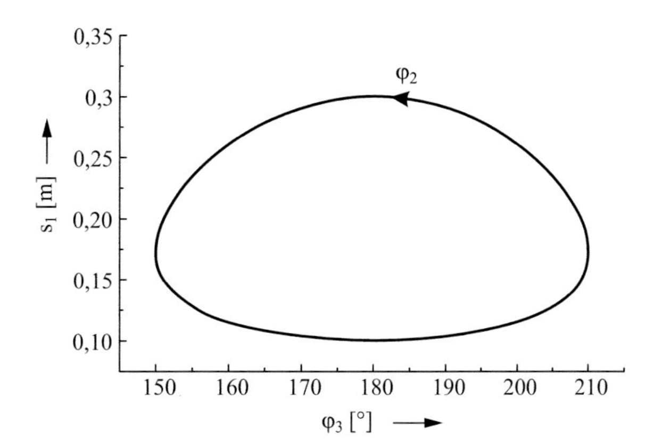

Abb. 4.5 „Phasendiagramm" einer Schubkurbel (Antrieb durch Kurbel)

Immer dann, wenn dieser eindeutige Zusammenhang verloren geht, z. B. wenn das Getriebe sperrt oder zusätzliche Bewegungsfreiheiten gewinnt, ist die Determinante der JACOBI-Matrix null. Man nennt dies eine *singuläre Stellung* des Getriebes (Gosselin und Angeles 1990). Das soll am Beispiel der Schubkurbel gezeigt werden.

Die Schleifengleichungen der Schubkurbel werden hier nochmals angegeben:

$$\begin{aligned} \Phi_1 &\equiv r_2 \cdot \cos\varphi_2 - r_3 \cdot \cos\varphi_3 - s_1 = 0, \\ \Phi_2 &\equiv r_2 \cdot \sin\varphi_2 - r_3 \cdot \sin\varphi_3 = 0. \end{aligned} \tag{4.35}$$

Wenn der Antrieb am Schieber erfolgt, lautet die JACOBI-Matrix:

$$\mathbf{J}_S = \begin{bmatrix} -r_2 \cdot \sin\varphi_2 & r_3 \cdot \sin\varphi_3 \\ r_2 \cdot \cos\varphi_2 & -r_3 \cdot \cos\varphi_3 \end{bmatrix}. \tag{4.36}$$

Für die Determinante gilt

$$\det(\mathbf{J}_S) = r_2 r_3 \sin\varphi_2 \cos\varphi_3 - r_2 r_3 \cos\varphi_2 \sin\varphi_3. \tag{4.37}$$

In den Totlagen ($v_B = 0$) der zentrischen Schubkurbel ist $\varphi_2 = \varphi_3 = 0$ bzw. π, und damit wird die Determinante in diesen Stellungen

$$\det(\mathbf{J}_S)\big|_{\varphi_2=\varphi_3=0,\pi} = 0. \tag{4.38}$$

Anschaulich bedeutet dies, dass vom Schieber aus die Kurbel nicht bewegt werden kann; das Getriebe sperrt! Andererseits kann man die Antriebskurbel (differentiell) verdrehen, ohne dass sich der Schieber bewegt. Dieser Effekt wird in *Kniehebelgetrieben* ausgenutzt.

Bildet man die JACOBI-Matrix für den Fall, dass der Antrieb an der Kurbel erfolgt, so erhält man für die Determinante (vgl. Gl. 4.14)

$$\det(\mathbf{J}_K) = -r_3 \cdot \cos\varphi_3. \tag{4.39}$$

Die Determinante wird für $\varphi_3 = \pi/2$ null. Dieser Fall kann nur dann eintreten, wenn $r_2 = r_3$ ist. Für den Normalfall $r_2 < r_3$ erreicht die Schubkurbel niemals eine singuläre Stellung, wenn an der Kurbel angetrieben wird.

4.2 Modulmethode

Die Modulmethode zerlegt ein Getriebe in einfachere Baugruppen, die kinematische *Elementargruppen* (VDI 2729 1995) genannt werden. Die Elementargruppen sind kinematisch bestimmt, d. h. es existiert ein eindeutiger Zusammenhang zwischen den kinematischen Eingangs- und Ausgangsgrößen. Die Modulmethode oder auch *Modulare Getriebeanalyse* bleibt allerdings für exakte, geschlossen-analytische Lösungen auf *Zweischläge* als Elementargruppen beschränkt.

In Abb. 4.6 sind die Elementargruppen eines achtgliedrigen Getriebes dargestellt. Die Eingangs- und Ausgangsgrößen jeder Elementargruppe, z. B. die x-y-Koordinaten eines Punktes P sowie deren Ableitungen nach der Zeit oder ein Winkel w oder ein Weg s mit zeitlichen Ableitungen werden im Vektor $\vec{P}$ bzw. $\vec{W}$ oder $\vec{S}$ zusammengefasst. Die Ausgangsgrößen einer EG sind die Eingangsgrößen einer anderen EG. Dadurch kann das Getriebe durch sukzessives Abarbeiten der EG vollständig berechnet werden, ohne dass weitere Zwischenrechnungen notwendig sind. Die Rechenreihenfolge für das Getriebe in Abb. 4.6 ist beispielsweise in Tab. 4.1 aufgelistet.

Die Modulmethode ist immer dann anwendbar, wenn

- sich das gesamte Getriebe auf *Zweischläge* zurückführen lässt,
- die Anzahl der Freiheiten gleich der Anzahl der Antriebe ist,
- bei der betrachteten Getriebestellung alle Antriebsgrößen (Lage, Geschwindigkeit, Beschleunigung) bekannt sind,
- alle Getriebeglieder als starr und alle Gelenke als spielfrei betrachtet werden können.

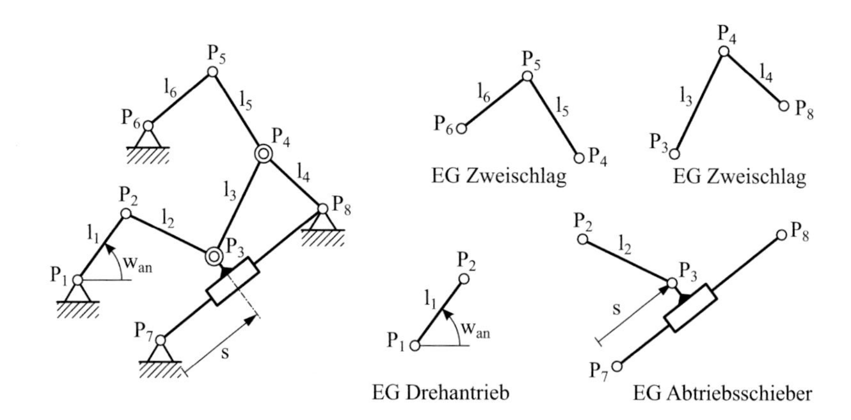

Abb. 4.6 Zerlegung eines ebenen Getriebes in Elementargruppen (EG)

Tab. 4.1 Rechenreihenfolge für das Getriebe in Abb. 4.6

Elementargruppe	Eingangsgrößen	Ausgangsgrößen
Drehantrieb DAN	l_1, $\vec{P}_1$, $\vec{W}_{an}$	$\vec{P}_2$
Abtriebsschieber DDS	l_2, $\vec{P}_2$, $\vec{P}_7$, $\vec{P}_8$	$\vec{P}_3$
Zweischlag DDD	l_3, l_4, $\vec{P}_3$, $\vec{P}_8$	$\vec{P}_4$
Zweischlag DDD	l_5, l_6, $\vec{P}_4$, $\vec{P}_6$	$\vec{P}_5$

Diese Voraussetzungen sind bei dem Beispielgetriebe in Abb. 4.6 gegeben. Für die computergestützte Getriebeanalyse können die Gleichungen für jede Elementargruppe zu einem *Unterprogramm* zusammengefasst werden. Das Hauptprogramm enthält dann nur noch die Deklaration der Variablen und die Aufrufe der Unterprogramme (Module). Die Unterprogramme können leicht innerhalb einer Schleife für die Antriebsgröße(n) aufgerufen werden, so dass jede Stellung des Getriebes berechnet wird.

Im Gegensatz zur Iterationsmethode, bei der zunächst nur Winkel und Wege berechnet werden, erhält man bei der Modulmethode alle kinematischen Größen der Gelenkpunkte, d. h. ihre Koordinaten, Geschwindigkeiten und Beschleunigungen. Winkel und Wege sowie deren zeitliche Ableitungen können mit *Hilfsmodulen* berechnet werden. Ein wichtiger Unterschied zur Iterationsmethode ist weiterhin, dass die Modulmethode die exakte und nicht nur eine Näherungslösung liefert. Ein Nachteil der Modulmethode ist wie bereits erwähnt die Beschränkung auf Zweischläge. Getriebe wie in Abb. 4.7 lassen sich nicht mit der Modulmethode berechnen, weil

- entweder die Lage eines Bezugsgliedes nicht unabhängig ist von dem Antrieb, der relativ zu diesem Bezugsglied eingeleitet wird, oder
- das vom Antrieb befreite „Restgetriebe“ sich nicht in Zweischläge zerlegen lässt, sondern selbst eine Elementargruppe höherer Bauform darstellt (Kontrollgleichung: $3n - 2g = 0$, siehe Abschn. 5.2.1).

Eine Übersicht über alle in der Richtlinie VDI 2729 vorhandenen Module gibt Abb. 4.9. In der Richtlinie sind sämtliche Berechnungsgleichungen in besonders effizienter Form aufgeführt.

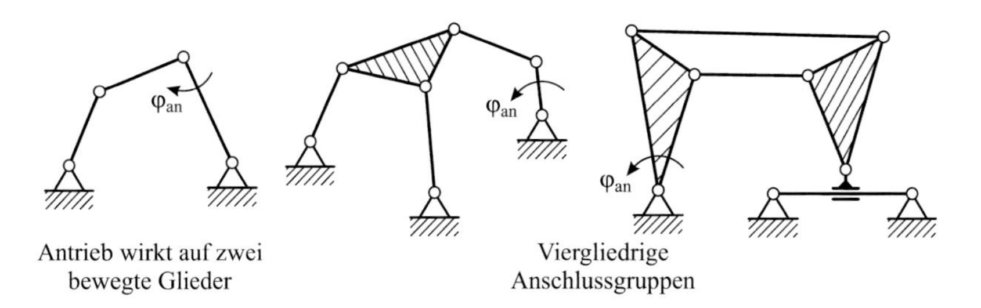

Abb. 4.7 Mit der Modulmethode nicht berechenbare Getriebe (nach VDI 2729)

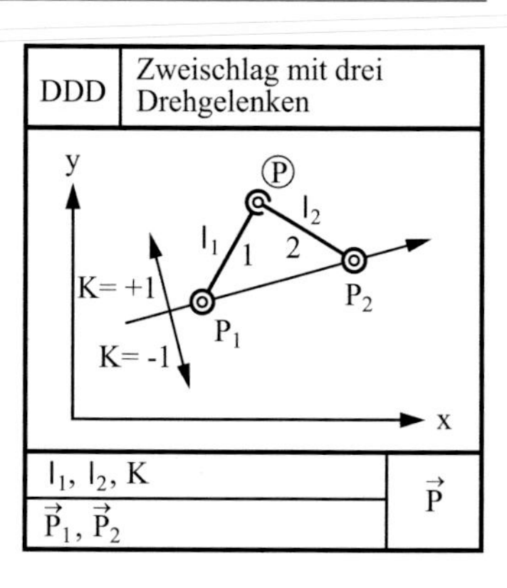

Abb. 4.8 Elementargruppe „Zweischlag" (DDD)

Für einige Elementargruppen ist neben der Eingabe von Punktkoordinaten und Längen auch die Eingabe von *Lageparametern* notwendig, mit denen die Lage der Getriebeglieder zu einer Bezugsachse angegeben wird. Ein Beispiel dafür ist das Modul „DDD", bei dem der Parameter K angibt, ob der Punkt P ober- oder unterhalb der Bezugsgeraden P_1P_2 liegt. Das ist notwendig, weil die entsprechenden Abstände des Punktes P von dieser Bezugsgeraden sich mathematisch nur durch das Vorzeichen einer Quadratwurzel unterscheiden, Abb. 4.8.

Für die Elementargruppe „Drehantrieb" (DAN) seien nun beispielhaft die Gleichungen hergeleitet, Abb. 4.10.

Eingangsgrößen sind alle kinematischen Größen der Punkte P_1 und P_2, d. h. x_{P1}, y_{P1}, $\dot{x}_{P1}$, $\dot{y}_{P1}$, $\ddot{x}_{P1}$, $\ddot{y}_{P1}$, x_{P2}, y_{P2}, $\dot{x}_{P2}$, $\dot{y}_{P2}$, $\ddot{x}_{P2}$, $\ddot{y}_{P2}$, des Winkels W (w, $\dot{w}$, $\ddot{w}$) und die Länge l der Kurbel. Ausgangsgrößen sind alle kinematischen Größen des Punktes P (x_P, y_P, $\dot{x}_P$, $\dot{y}_P$, $\ddot{x}_P$, $\ddot{y}_P$).

Der Abstand zwischen P_1 und P_2 ist

$$l' = \sqrt{(x_{P2} - x_{P1})^2 + (y_{P2} - y_{P1})^2}. \tag{4.40}$$

Für den Winkel α, den die Gerade P_1P_2 mit der x-Achse einschließt, gilt

$$\sin\alpha = \frac{y_{P2} - y_{P1}}{l'} \quad \text{oder} \quad \cos\alpha = \frac{x_{P2} - x_{P1}}{l'}. \tag{4.41}$$

Die Koordinaten des Punktes P lauten:

$$\begin{aligned} x_P &= x_{P1} + l \cdot \cos(\alpha + w) \\ &= x_{P1} + l \cdot (\cos\alpha \cos w - \sin\alpha \sin w) \\ &= x_{P1} + l \cdot \left(\frac{x_{P2} - x_{P1}}{l'} \cos w - \frac{y_{P2} - y_{P1}}{l'} \sin w\right), \end{aligned} \tag{4.42}$$

$$\begin{aligned} y_P &= y_{P1} + l \cdot \sin(\alpha + w) \\ &= y_{P1} + l \cdot \left(\frac{y_{P2} - y_{P1}}{l'} \cos w + \frac{x_{P2} - x_{P1}}{l'} \sin w\right). \end{aligned} \tag{4.43}$$

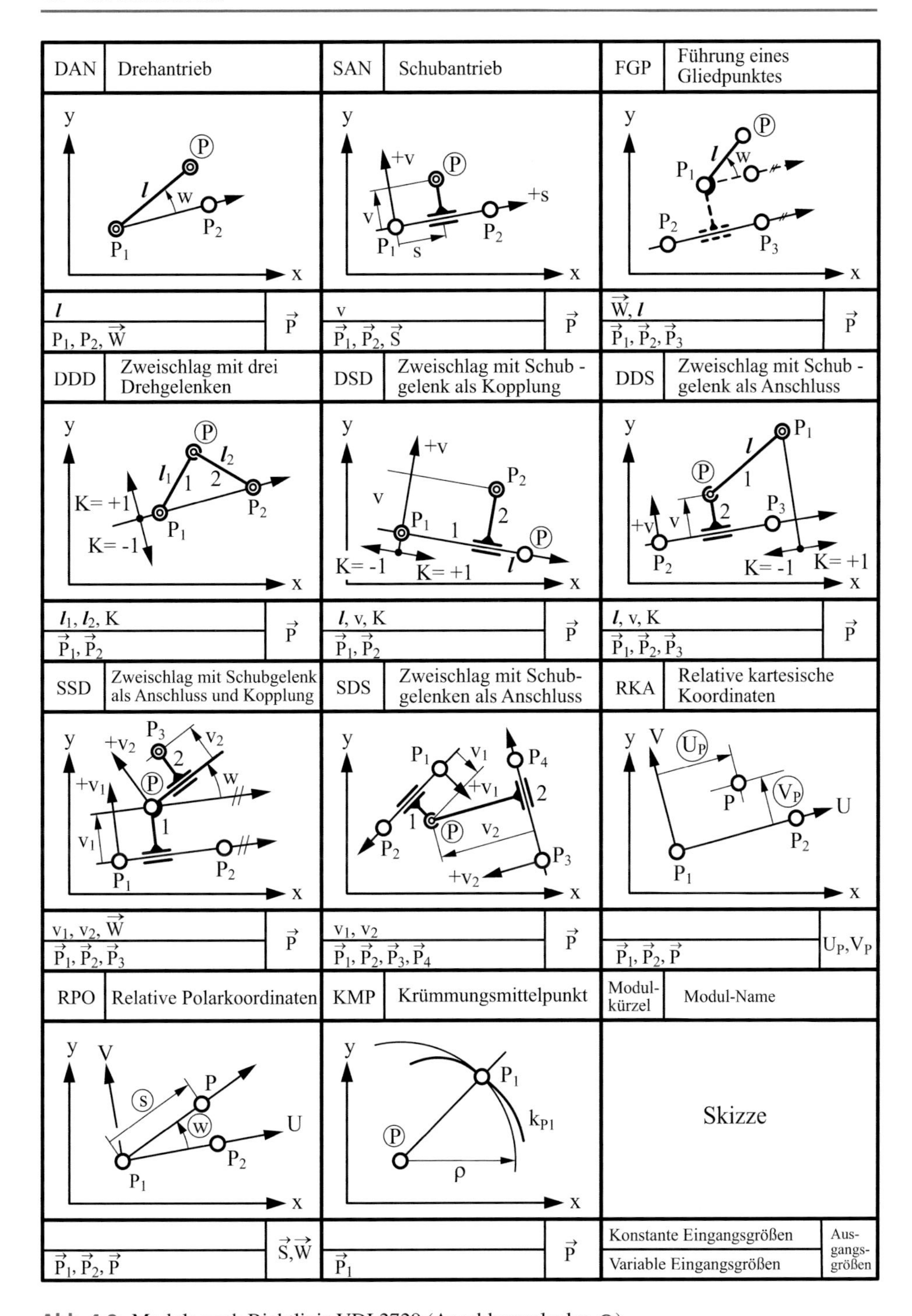

Abb. 4.9 Module nach Richtlinie VDI 2729 (Anschlussgelenke: ◎)

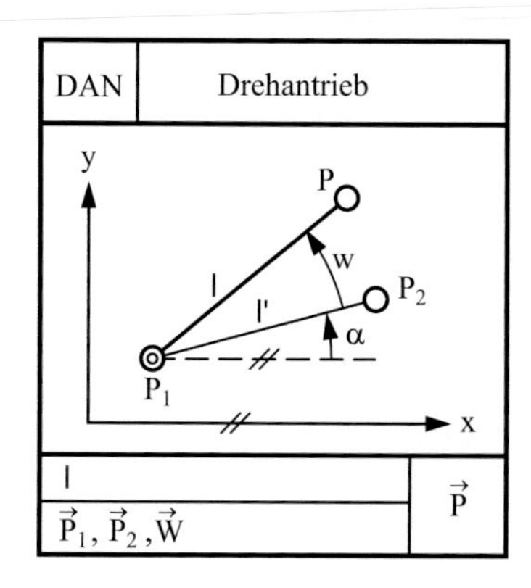

Abb. 4.10 Elementargruppe „Drehantrieb" (DAN) mit Zusatzgrößen α und l'

Ausgehend von Gl. 4.42 und 4.43 gilt für die Geschwindigkeiten:

$$\begin{aligned} \dot{x}_P &= \dot{x}_{P1} - l \cdot (\dot{\alpha} + \dot{w}) \cdot \sin(\alpha + w), \\ \dot{y}_P &= \dot{y}_{P1} + l \cdot (\dot{\alpha} + \dot{w}) \cdot \cos(\alpha + w). \end{aligned} \tag{4.44}$$

Die Größen $\dot{x}_{P1}$, $\dot{y}_{P1}$, $\dot{w}$ sind bekannt, $\dot{\alpha}$ erhält man aus Gl. 4.41:

$$\frac{d}{dt}(\sin\alpha) = \dot{\alpha} \cdot \cos\alpha = \frac{(\dot{y}_{P2} - \dot{y}_{P1}) \cdot l' - (y_{P2} - y_{P1}) \cdot \dot{l}'}{l'^2}, \tag{4.45}$$

$$\dot{l}' = \frac{(x_{P2} - x_{P1})(\dot{x}_{P2} - \dot{x}_{P1}) + (y_{P2} - y_{P1})(\dot{y}_{P2} - \dot{y}_{P1})}{\sqrt{(x_{P2} - x_{P1})^2 + (y_{P2} - y_{P1})^2}}. \tag{4.46}$$

Löst man Gl. 4.45 nach $\dot{\alpha}$ auf, ergibt sich:

$$\dot{\alpha} = \frac{(\dot{y}_{P2} - \dot{y}_{P1})}{(x_{P2} - x_{P1})} - \frac{(y_{P2} - y_{P1})}{(x_{P2} - x_{P1})} \cdot \frac{\dot{l}'}{l'}. \tag{4.47}$$

Einsetzen von Gl. 4.47 in Gl. 4.44 und Anwenden der Additionstheoreme liefert die gewünschten Gleichungen für die Geschwindigkeiten. Zur Ermittlung der Beschleunigungen leitet man Gl. 4.44 ein zweites Mal nach der Zeit ab. Als neue Unbekannte erscheint $\ddot{\alpha}$, die durch Ableiten von Gl. 4.47 bestimmt wird.

4.3 Übungsaufgaben

Die Aufgabenstellungen und die Lösungen zu den Übungsaufgaben dieses Kapitels finden Sie auf den Internetseiten des Instituts für Getriebetechnik und Maschinendynamik der RWTH Aachen.

http://www.igm.rwth-aachen.de/index.php?id=aufgaben

Aufgabe 4.1

Gleichschenkliges Viergelenkgetriebe (Iterationsmethode): Variablendefinition, Schleifengleichungen, JACOBI-Matrix

Aufgabe 4.2

Schubkurbelgetriebe (Modulmethode): Variablendefinition, Modulaufrufreihenfolge

Aufgabe 4.3

Sechsgliedriges Getriebe: Variablendefinition, Schleifengleichungen, JACOBI-Matrix, Modulaufrufreihenfolge

http://www.igm.rwth-aachen.de/index.php?id=loesungen

Literatur

Engeln-Müllges, G., Reutter, F.: Numerik-Algorithmen. 8. Aufl. VDI, Düsseldorf (1996)

Gosselin, C., Angeles, J.: Singularity Analysis of Closed-Loop Kinematic Chains. Trans. on Robotics and Automation **6**(3), 281–290 (1990)

VDI (Hrsg.): VDI-Richtlinie 2729: Modulare kinematische Analyse ebener Gelenkgetriebe mit Dreh- und Schubgelenken. Beuth-Verlag, Berlin (1995), überprüft und bestätigt (2003)

Kinetostatische Analyse ebener Getriebe 5

Zusammenfassung

Dieses Kapitel gibt einen Überblick über die gebräuchlichsten Verfahren für die Ermittlung von Kräften in Getrieben und stellt die dafür notwendigen grundlegenden Gleichungen zur Verfügung, die allesamt auf Prinzipien der (technischen) Mechanik aufbauen.

Man unterscheidet zwischen der **statischen Analyse** und der **kinetostatischen Analyse** von Getrieben, je nachdem, ob die Trägheitswirkungen nach dem D'ALEMBERT'schen Prinzip ausgeklammert oder als eine besondere Gruppe von Kräften berücksichtigt werden. Um den Rahmen des Buches nicht zu sprengen, werden keine Bewegungsdifferentialgleichungen gelöst, sondern der Beschleunigungszustand eines Getriebes als determiniert, d. h. bekannt vorausgesetzt (2. WITTENBAUER'sche Grundaufgabe).

Nach einer Definition der in einem Getriebe wirkenden Kräfte werden das Gelenkkraftverfahren, die synthetische Methode und das Prinzip der virtuellen Leistungen vorgestellt und eingehend anhand von Lehrbeispielen erläutert. Das Gelenkkraftverfahren ist dabei besonders anschaulich und leicht nachvollziehbar.

5.1 Einteilung der Kräfte

Die Kräftebestimmung in Getrieben setzt die Kenntnis aller am Getriebe als mechanischem System wirksamen Kräfte und Momente (= Kräftepaare) voraus. Dabei ist zwischen **inneren, äußeren** und **Trägheitskräften** zu unterscheiden.

Abbildung 5.1a zeigt ein viergliedriges Getriebe, bestehend aus einem Verband starrer Scheiben, die mittels Federn und von außen angreifenden Kräften und Momenten gegeneinander verspannt sind. Wird der Scheibenverband an den Verbindungsstellen (z. B. Drehgelenke) aufgetrennt und werden die Federn durch ihre wirksamen Federkräfte er-

H. Kerle, B. Corves, M. Hüsing, *Getriebetechnik*, DOI 10.1007/978-3-658-10057-5_5

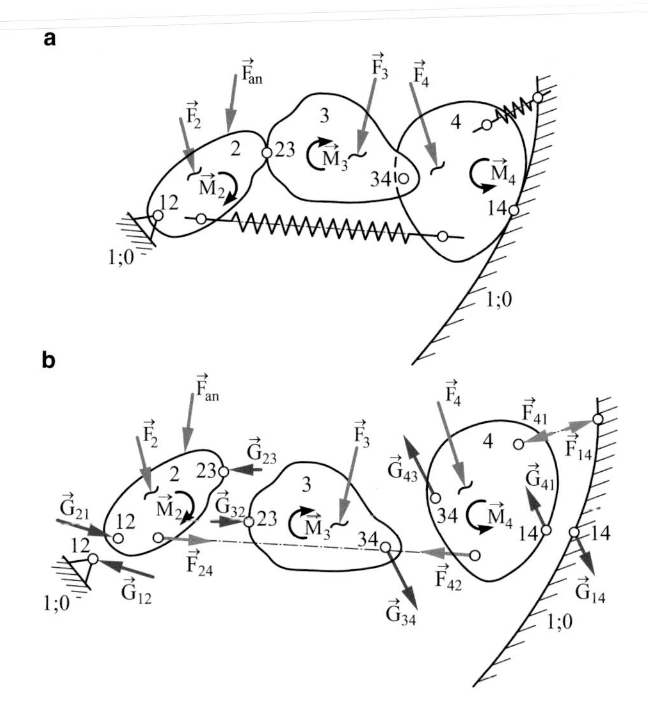

Abb. 5.1 Viergliedriges Getriebe: **a** als Verband starrer Scheiben, **b** mit freigeschnittenen Gliedern

setzt, ist das Getriebe in einzelne Glieder zerlegt (Abb. 5.1b), die für sich jeweils im Kräfte- und Momentengleichgewicht sein müssen.

Wie schon erwähnt, lassen sich die nicht zu den Trägheitskräften zählenden Kräfte in innere und äußere Kräfte unterteilen:

- **Innere Kräfte** treten stets paarweise auf, ergänzen sich zum Nullvektor und erhalten einen Doppelindex, z. B.
  - Gelenkkräfte $\vec{G}_{ij} = -\vec{G}_{ji}$
  - Federkräfte $\vec{F}_{kl} = -\vec{F}_{lk}$

Dabei gibt der erste Index an, auf welches Getriebeglied die Kraft wirkt, und der zweite Index, von welchem Getriebeglied die Kraft kommt.

- **Äußere Kräfte** sind meist physikalischen Ursprungs, d. h. vorgegebene, sog. *eingeprägte Kräfte*. Sie erhalten einen Einfachindex, der angibt, an welchem Getriebeglied die Kraft wirkt, z. B.
  - Antriebskräfte $\vec{F}_i$,
  - Abtriebsmomente (= Abtriebskräftepaare) $\vec{M}_j$,
  - Gewichtskräfte $\vec{G}_k$.

Die Unterteilung in „innere" Kräfte und „äußere" Kräfte hängt ab vom Systembegriff, d. h. von den betrachteten Systemgrenzen. Wir unterscheiden zwischen

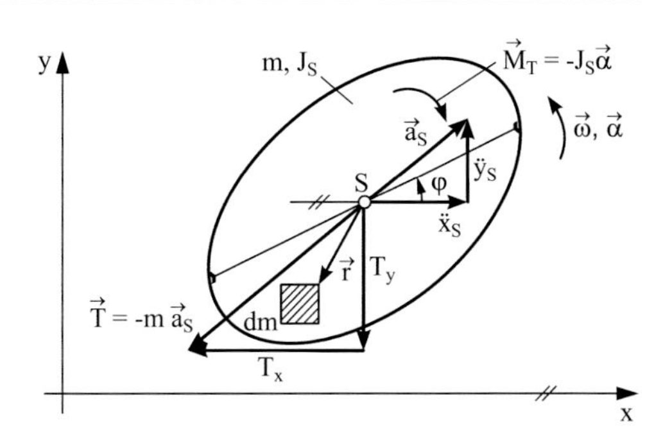

Abb. 5.2 In der x-y-Ebene bewegte starre Scheibe

- einem einzelnen Getriebeglied mit $F = 3$ in der Ebene,
- einer Gruppe von Getriebegliedern, die für sich (kineto-)statisch bestimmt ist, d. h. für die $F = 0$ gilt und
- dem Gesamtgetriebe mit $F \geq 1$.

5.1.1 Trägheitskräfte

Trägheitskräfte sind als kinetische Reaktion oder Rückwirkung auf eine erzwungene Bewegung eines Getriebegliedes zu verstehen. Sie lassen sich aus den kinetischen Grundgleichungen (Impuls- und Drallsatz) ermitteln. Trägheitskräfte sind abhängig von

- der Masse,
- der Massenverteilung und
- dem Beschleunigungszustand

eines Getriebegliedes. Sie belasten zusätzlich jedes massebehaftete Glied und somit auch die Verbindungsgelenke zwischen den Gliedern. In Abb. 5.2 sind die Trägheitswirkungen einer in der x-y-Ebene beschleunigten Scheibe mit dem *polaren Massenträgheitsmoment* (Drehmasse) $J_s = \int r^2 dm$ um die z-Achse senkrecht zur x-y-Ebene durch den Schwerpunkt S mit der Masse m dargestellt.

Bei einer Winkelbeschleunigung der Scheibe

$$\alpha \equiv \dot{\omega} \equiv \frac{d\omega}{dt} = \ddot{\varphi} \equiv \frac{d^2\varphi}{dt^2}$$

und einer Linearbeschleunigung $\vec{a}_s = [\ddot{x}_s, \ddot{y}_s]^T$ des Schwerpunkts lassen sich die Trägheitswirkungen nach dem D'ALEMBERT'*schen Prinzip* als äußere Kräfte/Momente darstellen, nämlich als

- Trägheitskraft: $\vec{T} = -m \cdot \vec{a}_s$ und als
- Drehmoment infolge der Trägheitswirkung (Massendrehmoment): $\vec{M}_T = -J_s \cdot \vec{\alpha}$.

5.1.2 Gelenk- und Reibungskräfte

Die Gelenkkräfte zwischen den Getriebegliedern werden an den Berührstellen der Gelenkelemente übertragen. In Abb. 5.3 sind drei verschiedene Bauformen von Gelenken dargestellt: Kurvengelenk, Drehgelenk, und Schubgelenk. Die am i-ten Element auftretende Gelenkkraft $\vec{G}_{ij}$, aufgebracht vom j-ten Element, lässt sich zerlegen in eine *Normalkraft* $\vec{N}_{ij}$ und in eine *Reibungskraft* $\vec{R}_{ij}$. Die Normalkraft weist in Richtung der Berührungsnormalen n der beiden zugeordneten Glieder. Die Richtung der Reibungskraft ist durch die zugehörige Tangente t an der Berührstelle vorgegeben. Eine Verformung der Berührstelle soll vernachlässigt werden. Damit kann eine relative Bewegung des Gliedes i gegenüber dem Glied j mit der Geschwindigkeit $\vec{v}_{ij}$ nur in Richtung dieser Tangente t stattfinden. Es gilt

$$\vec{G}_{ij} = \vec{N}_{ij} + \vec{R}_{ij} \quad \text{und} \quad \left|\vec{G}_{ij}\right| = \sqrt{\left|\vec{N}_{ij}\right|^2 + \left|\vec{R}_{ij}\right|^2}. \tag{5.1}$$

Mit Einführung einer *Reibungszahl* μ_R kann die Reibungskraft wie folgt formuliert werden:

$$\left|\vec{R}_{ij}\right| = \mu_R \cdot \left|\vec{N}_{ij}\right| \tag{5.2}$$

Die Reibungskraft $\vec{R}_{ij}$ ist *stets* der Relativgeschwindigkeit $\vec{v}_{ij} = \vec{v}_{i1} - \vec{v}_{j1}$ entgegengerichtet. Aus Abb. 5.3 lässt sich ablesen:

$$\tan \rho_R = \frac{R_{ij}}{N_{ij}} = \mu_R \tag{5.3}$$

mit ρ_R als *Reibungswinkel.*

Für $\mu_R = 0$ (Vernachlässigung der Reibung) ist $\vec{G}_{ij} = \vec{N}_{ij}$. Bei Berührungen von zwei Körpern gibt es nicht nur die Reibungskraft, sondern auch eine *Haftkraft*. Dieser Haftkraft ist – wie μ_R bei der Reibungskraft – eine *Haftzahl* μ_H zugeordnet. Es gilt

$$\mu_R < \mu_H. \tag{5.4}$$

Erst nach Überwinden der Haftkraft kann eine Relativbewegung (Gleiten) eintreten. Dies bedeutet einen Sprung in den Kräfteverhältnissen (slip-stick-Effekte).

Es werden verschiedene Arten von Reibungskräften unterschieden, die alle immer der Bewegung entgegenwirken.

Allgemein lässt sich schreiben

$$\vec{R}_{ij} \sim -\vec{v}_{ij} \cdot \left|\vec{v}_{ij}\right|^{p-1}; \tag{5.5}$$

dabei liegt mit

- $p = 0$ COULOMB'sche Reibung,
- $p = 1$ NEWTON'sche Reibung und
- $p = 2$ Strömungsreibung

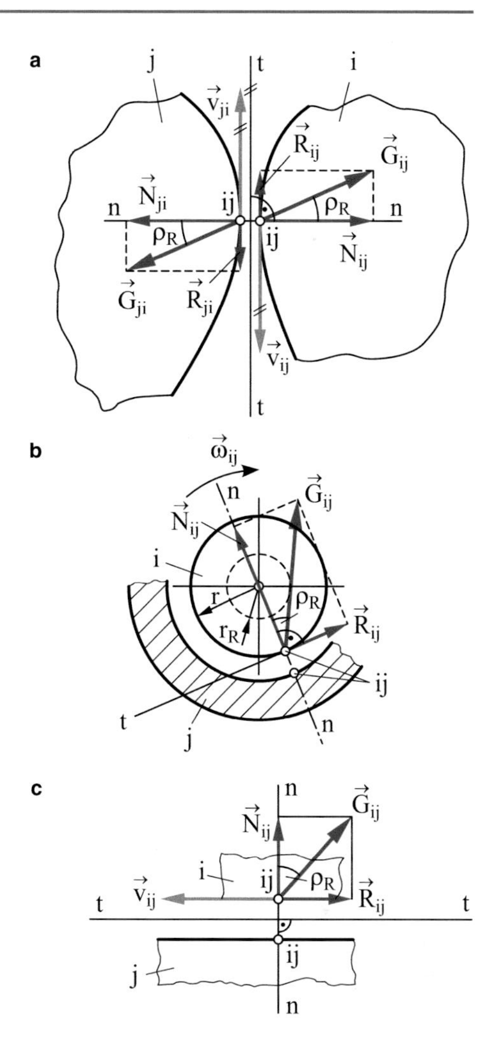

Abb. 5.3 Gelenkkräfte mit Reibungsanteil: **a** Kurvengelenk, **b** Drehgelenk, **c** Schubgelenk

vor. Der Proportionalitätsfaktor für Gl. 5.5 hängt von den physikalischen Bedingungen an der Berührstelle der Gelenkelemente ab. Bei einem Drehgelenk (Abb. 5.3b) mit dem *Zapfenradius* r kommt im Fall der COULOMB'schen Reibung ein weiterer Begriff hinzu, der *Reibungskreis* mit dem Radius r_R. Dieser Kreis wird von der Gelenkkraft $\vec{G}_{ij}$ tangiert.

Es gilt:

$$r_R = r \cdot \sin \rho_R = \frac{r \cdot \mu_R}{\sqrt{1 + \mu_R^2}}. \tag{5.6}$$

Das am Drehgelenk auftretende *Reibmoment* hat die Größe

$$M_{Rij} = r \cdot R_{ij} = r_R \cdot G_{ij}. \tag{5.7}$$

Das Reibmoment M_{Rij} ist stets der Relativwinkelgeschwindigkeit $\vec{\omega}_{ij} = \vec{\omega}_{i1} - \vec{\omega}_{j1}$ entgegengerichtet.

5.2 Grundlagen der Kinetostatik

Es gibt zwei Hauptaufgaben der Kinetostatik:

1. Ermittlung der *Beanspruchung* von Gliedern und Gelenken infolge der äußeren Kräfte, einschließlich der Trägheitskräfte,
2. Ermittlung der *Leistungsbilanz* eines Getriebes als Gesamtsystem durch Gleichgewicht der äußeren Kräfte, einschließlich der Trägheitskräfte.

Nach dem D'ALEMBERT'schen Prinzip sind die Trägheitswirkungen erst zu ermitteln, wenn die kinematischen Größen bekannt sind; die kinematische Analyse stellt also die Vorstufe der kinetostatischen Analyse dar.

Zur Lösung der beiden Hauptaufgaben gibt es verschiedene Methoden:

1. **Gelenkkraftverfahren**: ein überwiegend graphisches Verfahren mit großer Anschaulichkeit; hierzu gehören auch das Kraft- und Seileckverfahren.
2. **Synthetische Methode**: ein rechnerisches Verfahren nach dem Schnittprinzip (Freischneiden der Getriebeglieder); hierzu gehört der Aufbau eines linearen Gleichungssystems mit unbekannten Kraftkomponenten und Momenten.
3. **Prinzip der virtuellen Leistungen**: ein sowohl rechnerisches als auch graphisches Verfahren für das Getriebe als Gesamtsystem, bei dem Reibungseinflüsse global betrachtet werden können, um zu Abschätzungen hinsichtlich der Auswirkungen zu gelangen (Kerle et al. 1981). Das entsprechende graphische Verfahren ist auch unter dem Begriff „JOUKOWSKY-Hebel" bekannt.

5.2.1 Gelenkkraftverfahren

Das Gelenkkraftverfahren lässt sich auf die Lösung der *Elementar-Gleichgewichtsaufgabe* für drei Kräfte im Dreieck zurückführen, Abb. 5.4.

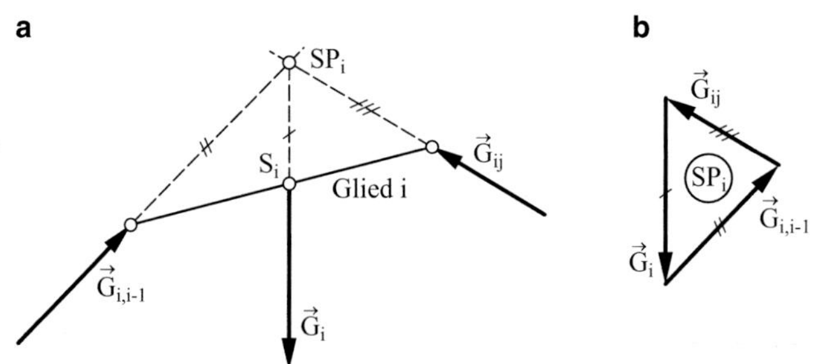

Abb. 5.4 Drei Kräfte an einem Getriebeglied i: **a** Lageplan, **b** Kräfteplan (Gewichtskraft $\vec{G}_i$ im Schwerpunkt S_i)

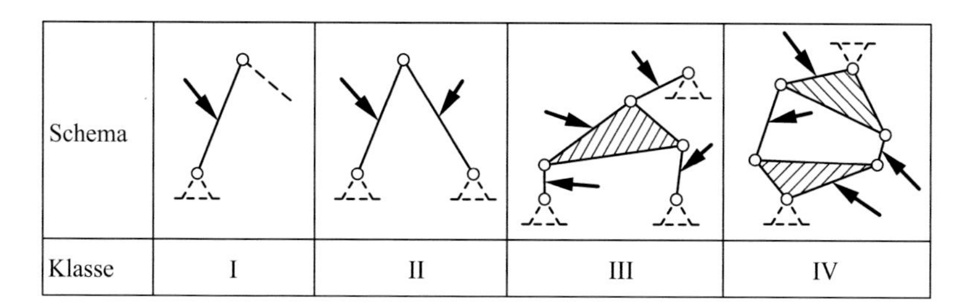

Abb. 5.5 Elementargruppen der Klassen I–IV mit angreifenden äußeren Kräften

Satz
Drei an einem starren Getriebeglied i angreifende Kräfte sind dann und nur dann im Gleichgewicht, wenn

a) sich ihre *Wirkungslinien* im *Lageplan* (Abb. 5.4a) in einem Punkt schneiden (Schnittpunkt SP_i) und
b) ihre Vektorsumme im *Kräfteplan* (Abb. 5.4b) einem Nullvektor entspricht, d. h. $\vec{G}_i + \vec{G}_{ij} + \vec{G}_{i,i-1} = \vec{0}$.

Eine Ausnahme bildet der masselose Stab mit $\vec{G}_i = \vec{0}$; in diesem Fall ist $\vec{G}_{ij} = -\vec{G}_{i,i-1}$, d. h. der Stab überträgt nur *Zug*- oder *Druckkräfte*.

Um ein Kräftedreieck im Kräfteplan zeichnen zu können, müssen Richtung (Wirkungslinie), Richtungssinn und Betrag einer Kraft bekannt sein, von einer zweiten Kraft nur die Richtung.

Glieder und Gliedergruppen, die sich durch ein- oder mehrmalige Lösung der Elementar-Gleichgewichtsaufgabe hinsichtlich der Kräfte analysieren lassen, sind (kineto-)statisch bestimmt. Sie lassen sich nach Assur in Klassen einteilen (Volmer 1987). Abbildung 5.5 zeigt einige Beispiele. Wenn die Anschlussgelenke dieser Gruppen als gestellfest aufgefasst werden, haben sie den Getriebefreiheitsgrad $F = 0$, d. h. sie sind *Fachwerke* oder (kineto-)statische Elementargruppen (EG). Für eine EG der Klasse II und höher mit nur Dreh- und Schubgelenken gilt $3n - 2g = 0$ (n: Anzahl der Glieder, g: Anzahl der Gelenke). Die Klasse I umfasst vornehmlich einfache Antriebsglieder und verlangt außer der durch einen Pfeil gekennzeichneten gegebenen Einzelkraft noch die weitere Vorgabe der Richtung einer Gelenkkraft, symbolisch dargestellt durch eine gestrichelte Linie. Damit sind Glieder dieser Gruppe mit belasteten Balken vergleichbar.

Die in Abb. 5.5 gezeichneten Drehgelenke sind mit Schubgelenken austauschbar, wobei bei fehlender Reibung die entsprechende Gelenkkraft senkrecht auf der Schub- oder Schleifenrichtung steht, Abb. 5.6.

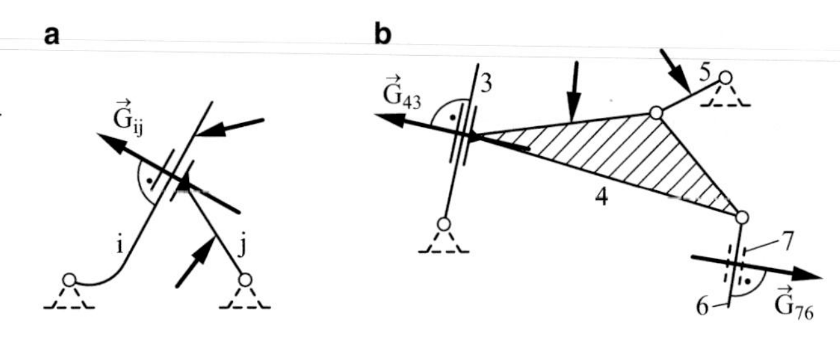

Abb. 5.6 Zwei Elementargruppen II. und III. Klasse – **a** bzw. **b** – mit Dreh- und Schubgelenken

Die EG sind mit den bereits in Abschn. 4.2 eingeführten Modulen (kinematische EG) direkt vergleichbar.

Satz
Vor der Kraftanalyse eines Getriebes auf der Grundlage des Gelenkkraftverfahrens ist das Getriebe in die entsprechenden Elementargruppen zu zerlegen.

Es ist zweckmäßig, an jedem einzelnen Glied des Getriebes alle (eingeprägten) äußeren Kräfte – wie Gewichtskräfte, Feder-, Abtriebs- und Antriebskräfte – und die Trägheitskräfte zu einer resultierenden Kraft zusammenzufassen. Momente sind durch Kräftepaare zu ersetzen.

5.2.1.1 Kraft- und Seileckverfahren

Das Kraft- und Seileckverfahren mit Lage- und Kräfteplan leistet bei der Zusammenfassung von Kräften gute Dienste, insbesondere wenn es um die Ermittlung der Wirkungslinie der resultierenden Kraft geht, Abb. 5.7.

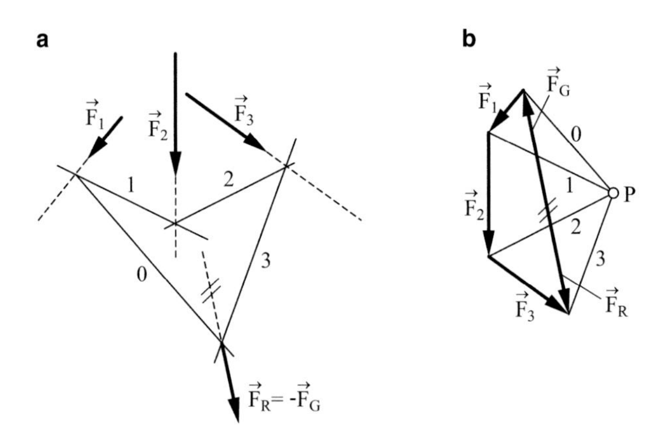

Abb. 5.7 Kraft- und Seileckverfahren mit drei gegebenen Kräften

Die im Lageplan (Abb. 5.7a) skizzierten Kräfte $\vec{F}_1$, $\vec{F}_2$ und $\vec{F}_3$ greifen z. B. alle an einem Glied an. Die resultierende Kräftesumme $\vec{F}_R$ ist im Kräfteplan (Abb. 5.7b) sofort zu ermitteln. Nach Wahl eines beliebigen Punktes P als „Kraftpol" werden vier „Seilkräfte" 0 bis 3 so gezeichnet, dass jede Kraft $\vec{F}_i$ mit zwei Seilkräften ein Dreieck bildet. Jedem Dreieck im Kräfteplan entspricht ein Schnittpunkt von sich entsprechenden parallelen „Seilstrahlen" im Lageplan; der erste und letzte Seilstrahl schneiden sich auf der Wirkungslinie von $\vec{F}_R$.

Satz 1
Eine Kräftegruppe ist im Gleichgewicht, wenn Krafteck $\left(\sum \vec{F}_i = \vec{0}\right)$ und Seileck $\left(\sum \vec{M}_i = \vec{0}\right)$ geschlossen sind, d. h. die Gleichgewichtskraft $\vec{F}_G = -\vec{F}_R$ liegt auf derselben Wirkungslinie wie $\vec{F}_R$ im Lageplan.

Satz 2
Das Kraft- und Seileckverfahren ist sinngemäß auch auf Elementargruppen mit $F = 0$ anwendbar.

5.2.1.2 CULMANN-Verfahren

Greifen an einem Getriebeglied oder an einer Elementargruppe mit $F = 0$ vier betragsmäßig bekannte oder unbekannte Kräfte an, so können die Kräfte paarweise zu zwei resultierenden CULMANN-*Kräften* zusammengefasst werden, die entgegengesetzt gerichtet und gleich groß auf einer gemeinsamen Wirkungslinie liegen, der CULMANN-*Geraden*, Abb. 5.8.

Das paarweise Zusammenfassen der Kräfte ist willkürlich:

$$\underbrace{\vec{F}_1 + \vec{F}_2}_{-\vec{F}_C} + \underbrace{\vec{F}_3 + \vec{F}_4}_{+\vec{F}_C} = \vec{0}$$

Die Richtung der CULMANN-Geraden kann aus dem Lageplan ermittelt werden; sie ist durch die Schnittpunkte SP und TP der paarweise zusammengefassten Kräfte bestimmt.

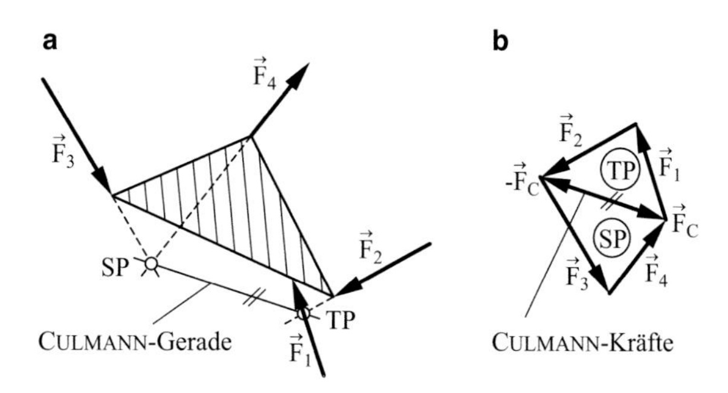

Abb. 5.8 CULMANN-Verfahren für vier Kräfte an einem Glied: **a** Lageplan, **b** Kräfteplan

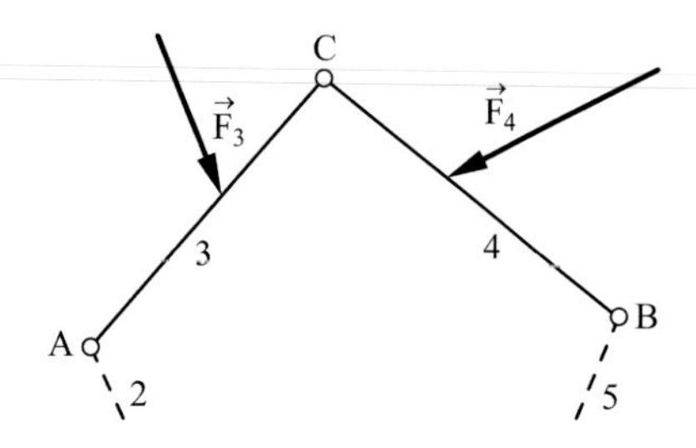

Abb. 5.9 Dreigelenkbogen mit zwei äußeren Einzelkräften

Das CULMANN-Verfahren führt das Gleichgewichtsproblem mit vier Kräften auf die zweimalige Lösung der Elementar-Gleichgewichtsaufgabe mit drei Kräften (zwei Kraftdreiecke) zurück:

$$\vec{F}_1 + \vec{F}_2 + \vec{F}_C = \vec{0} \quad \text{und} \quad -\vec{F}_C + \vec{F}_3 + \vec{F}_4 = \vec{0}.$$

5.2.1.3 Kräftegleichgewicht an der Elementargruppe II. Klasse

Die Ermittlung der Gelenkreaktionen am belasteten Dreigelenkbogen (Zweischlag) (Abb. 5.9) kann entweder mit Hilfe des Kraft- und Seileckverfahrens oder nach dem *Superpositionsprinzip* vorgenommen werden.

Zunächst denkt man sich $\vec{F}_4 = \vec{0}$, d. h. der Stab 4 überträgt nur Zug- oder Druckkräfte in Richtung seiner Achse BC (Abb. 5.10). Entsprechend Abb. 5.4 erhält man $\vec{G}'_{32}$ als Gelenkkraft im Punkt A und $\vec{G}'_{34} = \vec{G}'_{45}$ als Gelenkkraft im Punkt C infolge der Kraft $\vec{F}_3$. In einem zweiten Schritt denkt man sich $\vec{F}_3 = \vec{0}$ und erhält analog $\vec{G}''_{45}$ als Gelenkkraft im Punkt B und $\vec{G}''_{43} = \vec{G}''_{32}$ als Gelenkkraft im Punkt C infolge der Kraft $\vec{F}_4$. Die Gesamt-Gelenkreaktionen ergeben sich aus der Vektoraddition der Teilkräfte, d. h.

$$\begin{aligned} &\text{in A:} \quad \vec{G}_{32} = \vec{G}'_{32} + \vec{G}''_{32}, \\ &\text{in B:} \quad \vec{G}_{45} = \vec{G}'_{45} + \vec{G}''_{45}, \\ &\text{in C:} \quad \vec{G}_{43} = \vec{G}'_{43} + \vec{G}''_{43} = -\vec{G}'_{34} + \vec{G}''_{32}. \end{aligned}$$

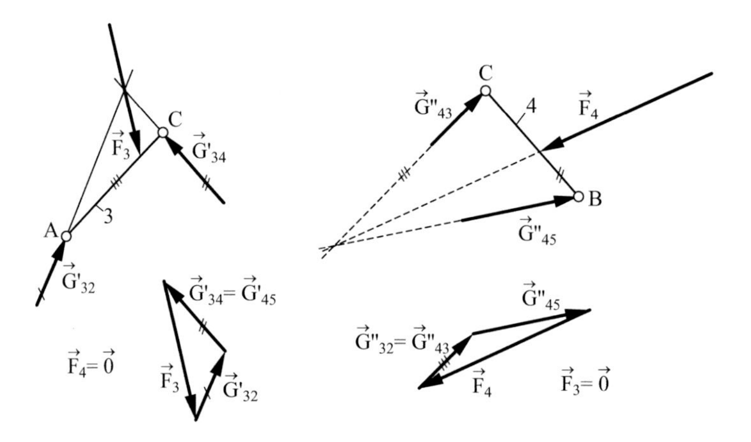

Abb. 5.10 Kräfteermittlung am Dreigelenkbogen nach dem Superpositionsprinzip

5.2.1.4 Kräftegleichgewicht an der Elementargruppe III. Klasse

Hier sind zwei verschiedene Fälle zu diskutieren.

1. Fall: Eine Kraft greift am Dreigelenkglied an (Abb. 5.11), d. h. am Glied 5 greifen vier Kräfte an, von denen eine vollständig bekannt ist ($\vec{F}_5$), von den anderen sind nur die Richtungen bekannt. Die unbekannten Gelenkreaktionen können mit Hilfe des CULMANN-Verfahrens bestimmt werden; die Glieder 2, 3 und 4 gelten als Zug- oder Druckstäbe.

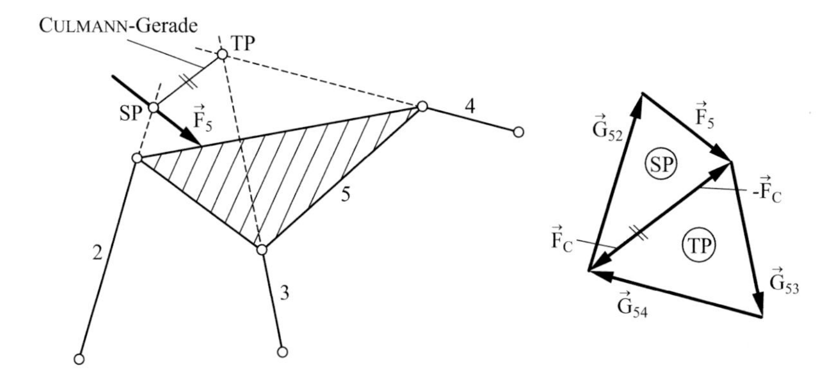

Abb. 5.11 Kraftangriff am Dreigelenkglied

2. Fall: Eine Kraft greift an einem Zweigelenkglied an (Abb. 5.12). Jetzt greift z. B. am Glied 2 die äußere Kraft $\vec{F}_2$ an, die vollständig bekannt ist. Damit gelten nur noch die Glieder 3 und 4 als Zug- oder Druckstäbe. Die Gelenkkraft $\vec{G}_{25} = -\vec{G}_{52}$ bestimmt die CULMANN-Gerade durch das Gelenk 25, beide Kräfte sorgen einzeln für das Gleichgewicht an den Gliedern 2 und 5 und zusammen für das Gleichgewicht an der EG 2-3-4-5.

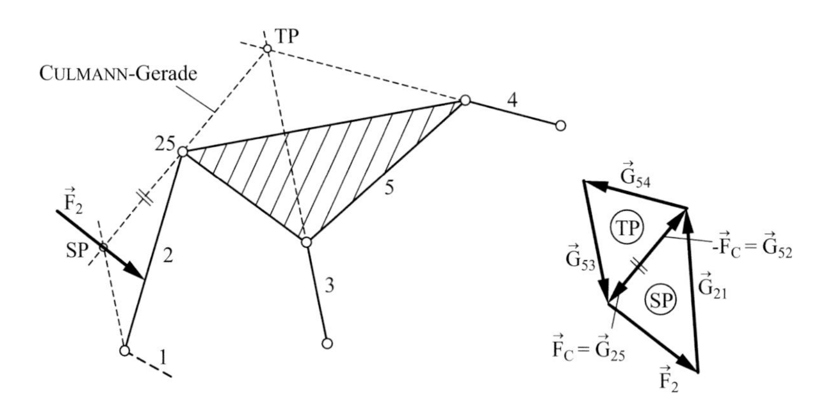

Abb. 5.12 Kraftangriff am Zweigelenkglied

Lehrbeispiel Nr. 5.1: Kreuzschubkurbel als Verstellgetriebe

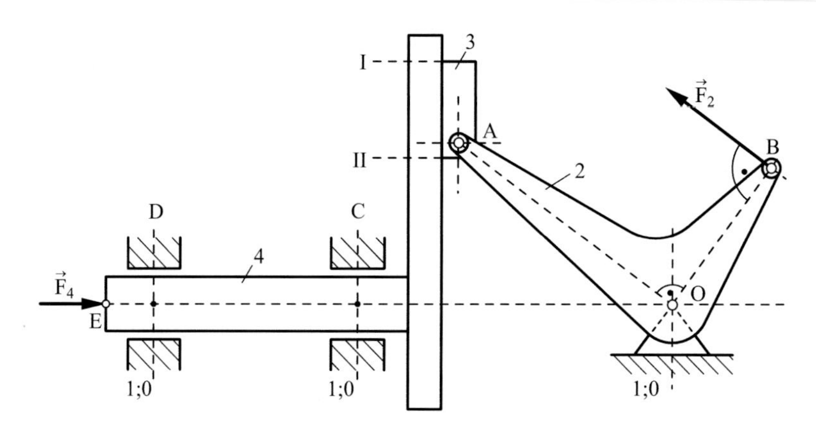

Abb. 5.13 Bezeichnungen an der Kreuzschubkurbel

Aufgabenstellung:

An einem viergliedrigen Verstellgetriebe (Kreuzschubkurbel) greifen die beiden äußeren Kräfte $\vec{F}_2$ (Handkraft) und $\vec{F}_4$ (Presskraft) an (Abb. 5.13). Zwischen den Gliedern 3 und 4 tritt COULOMB'sche Gleitreibung mit der Reibungszahl μ_R auf. Die Abmessungen des Gleitsteins 3 sind bei der Kräfteermittlung zu berücksichtigen.

Für die gegebenen Werte $F_4 = 60\,\text{N}$, $\mu_R = 0{,}306$ und die Maßstäbe $\text{M}_z = 1\,\text{cm/cm}_z$, $\text{M}_F = 10\,\text{N/cm}_z$ sollen in der gezeichneten Lage bestimmt werden:

1. die am Glied 4 (Schieber) angreifenden Lagerkräfte in C und D;
2. die zwischen den Gliedern 3 und 4 auftretenden Kantenkräfte G'_{43} (obere Kante) und G''_{43} (untere Kante);
3. die am Glied 2 (Winkelhebel) erforderliche Handkraft F_2 bei vorgeschriebener Wirkungslinie und die Auflagerkraft in O (Gelenk 12);
4. die Normalkraft N_{43} und Reibungskraft R_{43} zwischen den Gliedern 3 und 4;
5. das Antriebsmoment M_2 am Winkelhebel;
6. der momentan gültige Wirkungsgrad η als Quotient „Abtriebsleistung P_{ab}/Antriebsleistung P_{an}“ des Verstellgetriebes.

Lösung:

Die Glieder 3 und 4 stellen eine EG dar, zwei der drei Drehgelenke des Dreigelenkbogens (Elementargruppe II. Klasse) sind durch Schub- bzw. Schleifengelenke ersetzt; die Lagerstellen C und D zählen für die Systematik als ein Gelenk 14.

1. Gleichgewicht am Glied 4:

$$\underline{\underline{\vec{F}_4}} + \underline{\vec{G}_{D41}} + \underline{\vec{G}_{C41}} + \underbrace{\vec{G}'_{43} + \vec{G}''_{43}}_{\underline{\vec{G}_{43}}} = \vec{0}$$

Zwei Unterstriche bedeuten „Betrag und Richtung bekannt", ein Unterstrich bedeutet „nur Richtung bekannt".

Es ist $\rho_R = \arctan(R_{43}/N_{43}) = \arctan(\mu_R) = 17°$. Die Reibungskraft $\vec{R}_{43}$ wirkt der Relativgeschwindigkeit $\vec{v}_{A43} = \vec{v}_{A41} - \vec{v}_{A31} = \vec{v}_{A41} - \vec{v}_{A21} = \vec{v}_E - \vec{v}_A$ entgegen bzw. in gleicher Richtung wie $\vec{v}_{A34} = -\vec{v}_{A43} = \vec{v}_A - \vec{v}_E$. Wegen gleicher Reibverhältnisse an der oberen und unteren Kante des Gleitsteins sind die beiden Kantenkräfte $\vec{G}'_{43}$ und $\vec{G}''_{43}$ parallel und können zur Resultierenden $\vec{G}_{43}$ zusammengefasst werden, die durch den Punkt A gehen muss, da das Drehgelenk hier kein Drehmoment aufnehmen kann. Jetzt greifen 4 Kräfte am Glied 4 an; d. h. das CULMANN-Verfahren liefert (Abb. 5.14a)

$$\underbrace{\vec{F}_4 + \vec{G}_{D41}}_{\vec{F}_C} + \underbrace{\vec{G}_{C41} + \vec{G}_{43}}_{-\vec{F}_C} = \vec{0} \quad \text{mit}$$

$$\vec{F}_C + \underline{\vec{G}_{C41}} + \underline{\vec{G}_{43}} = \vec{0} \Rightarrow TP_4 \quad \text{und}$$

$$\underline{\underline{\vec{F}_4}} + \underline{\vec{G}_{D41}} - \vec{F}_C = \vec{0} \Rightarrow SP_4; \vec{G}_{D41}, \vec{F}_C$$

Satz 1
Eine unbekannte Wirkungslinie (Richtung) lässt sich ermitteln, wenn im Gleichgewichtssystem dreier Kräfte (Vektorsumme) zwei Wirkungslinien (zwei Unterstriche) bekannt sind (Schnittpunkt im Lageplan).

Satz 2
Zwei unbekannte Kräfte lassen sich vollständig ermitteln, wenn im Gleichgewichtssystem dreier Kräfte Betrag und Richtungssinn einer Kraft bekannt sind (doppelter Unterstrich) und bei den restlichen zwei Kräften in der Summe drei Unterstriche fehlen (Dreieck im Kräfteplan).

2. Die Aufteilung der Gelenkkraftresultierenden $\vec{G}_{43} = \vec{G}'_{43} + \vec{G}''_{43}$ in die beiden parallelen Kantenkräfte $\vec{G}'_{43}$ und $\vec{G}''_{43}$ erfolgt mit Hilfe des Kraft- und Seileckverfahrens (Abb. 5.14a/b). Der erste und letzte Seilstrahl 1 bzw. 3, ausgehend von einem beliebig zu wählenden Kraftpol P, schneiden sich auf der Wirkungslinie der Gelenkkraft $\vec{G}_{43}$ durch A (vgl. Abschn. 5.2.1.1).
3. Gleichgewicht am Glied 2 (Abb. 5.14b):

$$\underline{\vec{F}_2} + \vec{G}_{21} + \underline{\underline{\vec{G}_{23}}} = \vec{0} \Rightarrow SP_2;\ \vec{G}_{21},\ \vec{F}_2$$

Die Gelenkkraft $\vec{G}_{32} = -\vec{G}_{23}$ ist vollständig bekannt (zwei Unterstriche), weil folgende Gleichungen gültig sind:

$$\vec{G}'_{34} + \vec{G}''_{34} + \vec{G}_{32} = \vec{0} \quad \text{bzw.} \quad \vec{G}_{32} = \vec{G}'_{43} + \vec{G}''_{43} = \vec{G}_{43} \qquad \text{(aus Teilaufgabe 2)}$$

4. $\vec{G}_{43} = \vec{N}_{43} + \vec{R}_{43} = \vec{G}_{32}$
5. $M_2 = F_2 \cdot \overline{OB} = 230\,\text{Ncm}$
6. $\eta = P_{ab}/P_{an} = (F_4/F_2) \cdot (v_E/v_B) = 0{,}65$

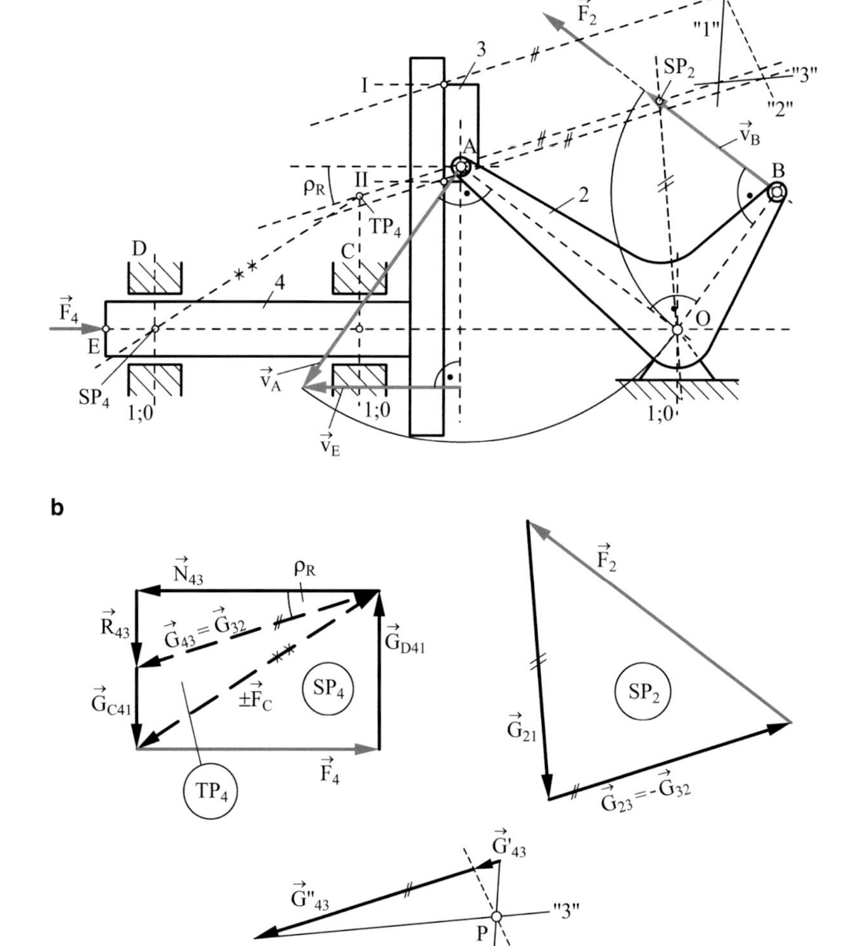

Abb. 5.14 Graphische Lösungen zum Lehrbeispiel „Verstellgetriebe": **a** Lageplan, **b** Kräftepläne

5.2.2 Synthetische Methode (Schnittprinzip)

Die synthetische Methode gliedert sich in folgende Lösungsschritte:

- Jedes bewegte Getriebeglied wird durch Gelenkschnitte von seinen Bindungen zu Nachbargliedern befreit.
- Gelenk- und Auflagerreaktionen werden unter Berücksichtigung des Prinzips „Aktion = Reaktion" ($\vec{G}_{ij} = -\vec{G}_{ji}$ und $\vec{M}_{ij} = -\vec{M}_{ji}$) zwischen benachbarten Gliedern eingeführt.
- Eingeprägte Kräfte und Momente sowie Trägheitskräfte und -drehmomente nach dem D'ALEMBERT'schen Prinzip vervollständigen die Kräftebilanz für jedes bewegte Getriebeglied.
- Für jedes bewegte Getriebeglied sind drei Gleichgewichtsbedingungen aufzustellen:

die Kräftesumme in x- und y-Richtung

$$\sum_i \left(\vec{F}_i\right) = \vec{0}, \quad \text{d.h.} \quad \sum_i (F_{xi}) = 0 \quad \text{und} \quad \sum_i (F_{yi}) = 0, \tag{5.8}$$

und die Momentensumme

$$\sum_i [M_i(B_i)] = 0. \tag{5.9}$$

Die Bezugspunkte B_i für die Momente sind für jedes Glied frei wählbar.

Die Anzahl k_1 der Gleichungen für ein Getriebe mit $n-1$ bewegten Getriebegliedern ist somit

$$k_1 = 3(n-1); \tag{5.10}$$

die Anzahl k_2 der Gelenkkräfte ergibt sich aus

$$k_2 = 2g_1 + g_2. \tag{5.11}$$

Hierbei ist

g_1 die Anzahl der Gelenke mit $f = 1$ und
g_2 die Anzahl der Gelenke mit $f = 2$.

Wird nun für jedes Teilsystem Gleichgewicht gefordert, und somit auch für das Gesamtsystem, so können alle unbekannten Kräfte aus dem sich ergebenden linearen Gleichungssystem ermittelt werden. Deshalb muss gelten $k_1 = k_2$; dies bedeutet, die F freien Bewegungen werden durch Zwangsbewegungen (Antriebszeitfunktionen) vorgegeben, vgl. Gl. 2.12.

Lehrbeispiel Nr. 5.2: Massebehaftete Kurbelschwinge im Schwerkraftfeld

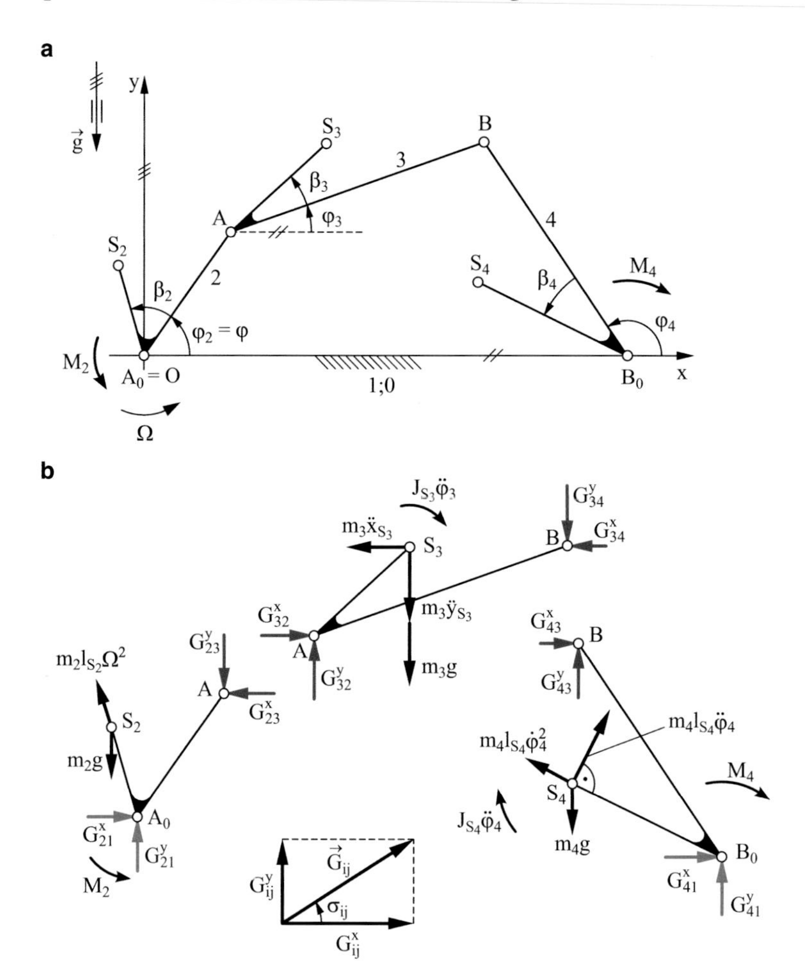

Abb. 5.15 Massebehaftete Kurbelschwinge mit freigeschnittenen bewegten Getriebegliedern (**a**) sowie Gelenkreaktionen (**b**) unter Berücksichtigung des Prinzips „Aktion = Reaktion"

Aufgabenstellung:

An einer Kurbelschwinge mit den Gliedern 1 bis 4 im Schwerkraftfeld (Fallbeschleunigung $g = 9{,}81\,\mathrm{m/s^2}$) greifen das Antriebsmoment $\vec{M}_2$ und das Abtriebsmoment $\vec{M}_4$ an, Abb. 5.15. Die Kurbel A_0A rotiert mit konstanter Winkelgeschwindigkeit $\omega_{21} = \dot{\varphi} = \Omega$. Für jede Stellung $\varphi_2 = \varphi$ der Antriebskurbel sind die Gelenkkräfte in A = 23 und B = 34, die Auflagerkräfte in $A_0 = 12$ und $B_0 = 14$ sowie das Moment M_2 bei gegebenem Moment M_4 zu berechnen.

Mit S_i sind die Schwerpunkte, mit l_{Si} die Schwerpunktabstände und mit β_i $(i = 2, 3, 4)$ die Schwerpunktwinkel der bewegten Getriebeglieder bezeichnet; m_2 bis m_4 sind die Massen der Glieder 2 bis 4, J_{S3} und J_{S4} die polaren Massenträgheitsmomente der Glieder 3 und 4 bezüglich ihrer Schwerpunkte, l_i die Gliedlängen. Da Glied 2 mit konstanter Winkelgeschwindigkeit rotiert, ist die Größe von J_{S2} ohne Belang.

Lösung:

Gleichgewicht am Glied 2:

$$\begin{aligned} G_{21}^x - G_{23}^x + m_2 l_{S2} \Omega^2 \cos(\varphi + \beta_2) &= 0 \\ G_{21}^y - G_{23}^y - m_2 g + m_2 l_{S2} \Omega^2 \sin(\varphi + \beta_2) &= 0 \\ l_2 \left(G_{23}^x \sin\varphi - G_{23}^y \cos\varphi \right) - m_2 g l_{S2} \cos(\varphi + \beta_2) + M_2 &= \sum [M_i(A_0)] = 0 \end{aligned}$$

Gleichgewicht am Glied 3:

$$\begin{aligned} G_{32}^x - G_{34}^x - m_3 \ddot{x}_{S3} &= 0 \\ G_{32}^y - G_{34}^y - m_3 (g + \ddot{y}_{S3}) &= 0 \\ m_3 l_{S3} [\ddot{x}_{S3} \sin(\varphi_3 + \beta_3) - (\ddot{y}_{S3} + g) \cos(\varphi_3 + \beta_3)] & \\ - J_{S3} \ddot{\varphi}_3 + l_3 \left(G_{34}^x \sin\varphi_3 - G_{34}^y \cos\varphi_3 \right) &= \sum [M_i(A)] = 0 \end{aligned}$$

Gleichgewicht am Glied 4:

$$\begin{aligned} G_{41}^x + G_{43}^x + m_4 l_{S4} \left[\dot{\varphi}_4^2 \cos(\varphi_4 + \beta_4) + \ddot{\varphi}_4 \sin(\varphi_4 + \beta_4) \right] &= 0 \\ G_{41}^y + G_{43}^y - m_4 g + m_4 l_{S4} \left[\dot{\varphi}_4^2 \sin(\varphi_4 + \beta_4) - \ddot{\varphi}_4 \cos(\varphi_4 + \beta_4) \right] &= 0 \\ l_4 \left(-G_{43}^x \sin\varphi_4 + G_{43}^y \cos\varphi_4 \right) - m_4 g l_{S4} \cos(\varphi_4 + \beta_4) & \\ - \left(J_{S4} + m_4 l_{S4}^2 \right) \ddot{\varphi}_4 - M_4 &= \sum [M_i(B_0)] = 0 \end{aligned}$$

Das entgegengesetzte Vorzeichen der Gelenkkräfte an benachbarten Gliedern ist sowohl in Abb. 5.15b als auch in den vorstehenden Gleichungen bereits berücksichtigt worden, so dass z. B. G_{ij}^x und G_{ji}^x nur eine Unbekannte darstellen. Die Auflösung der linearen Gleichungen nach den neun Unbekannten liefert:

$$\begin{aligned} G_{43}^x = G_B^x = & \frac{m_4 g l_{S4} \cos(\varphi_4 + \beta_4) + \left(J_{S4} + m_4 l_{S4}^2 \right) \ddot{\varphi}_4 + M_4}{l_4 (\tan\varphi_3 - \tan\varphi_4) \cos\varphi_4} \\ & + \frac{J_{S3} \ddot{\varphi}_3 - m_3 l_{S3} [\ddot{x}_{S3} \sin(\varphi_3 + \beta_3) - (g + \ddot{y}_{S3}) \cos(\varphi_3 + \beta_3)]}{l_3 (\tan\varphi_3 - \tan\varphi_4) \cos\varphi_3} \end{aligned} \tag{1}$$

$$G_{43}^y = G_B^y = G_B^x \tan\varphi_4 + \frac{m_4 g l_{S4} \cos(\varphi_4 + \beta_4) + \left(J_{S4} + m_4 l_{S4}^2 \right) \ddot{\varphi}_4 + M_4}{l_4 \cos\varphi_4} \tag{2}$$

$$G_{41}^x = G_{B0}^x = -G_B^x - m_4 l_{S4} \left[\dot{\varphi}_4^2 \cos(\varphi_4 + \beta_4) + \ddot{\varphi}_4 \sin(\varphi_4 + \beta_4) \right] \tag{3}$$

$$G_{41}^y = G_{B0}^y = -G_B^y + m_4 g - m_4 l_{S4} \left[\dot{\varphi}_4^2 \sin(\varphi_4 + \beta_4) - \ddot{\varphi}_4 \cos(\varphi_4 + \beta_4) \right] \tag{4}$$

$$G_{32}^x = G_A^x = G_B^x + m_3 \ddot{x}_{S3} \tag{5}$$

$$G_{32}^y = G_A^y = G_B^y + m_3 (g + \ddot{y}_{S3}) \tag{6}$$

$$G_{21}^x = G_{A0}^x = G_A^x - m_2 l_{S2} \Omega^2 \cos(\varphi + \beta_2) \tag{7}$$

$$G_{21}^y = G_{A0}^y = G_A^y + m_2 g - m_2 l_{S2} \Omega^2 \sin(\varphi + \beta_2) \tag{8}$$

$$M_2 = l_2 \left(G_A^y \cos\varphi - G_A^x \sin\varphi \right) + m_2 g l_{S2} \cos(\varphi + \beta_2) \tag{9}$$

Die Umrechnung von kartesischen in Polarkoordinaten mit Hilfe der Gleichungen

$$G_{ij} = \sqrt{\left(G_{ij}^x\right)^2 + \left(G_{ij}^y\right)^2} \quad \text{und} \quad \sigma_{ij} = ATAN2\left(G_{ij}^x, G_{ij}^y\right)$$

liefert Betrag, Richtung und Richtungssinn der Gelenkkräfte.

5.2.3 Prinzip der virtuellen Leistungen (Leistungssatz)

Die Ermittlung einzelner Kräfte nach dem Leistungsprinzip ist mit relativ geringem Aufwand verbunden.

Satz
Ein System (ein freigeschnittenes Teilsystem) befindet sich im Gleichgewicht, wenn die Summe aller Leistungen der angreifenden Kräfte/Momente gleich null ist.

$$\sum_i (P_i) = \sum_i \left(\vec{F}_i \vec{v}_i\right) + \sum_i (M_i \omega_i) - \sum_i (|P_{Ri}|) = 0 \tag{5.12}$$

Die ersten beiden Summanden in Gl. 5.12 stellen Skalarprodukte dar, es ist also z. B.

$$\vec{F}_i \vec{v}_i = \left|\vec{F}_i\right| |\vec{v}_i| \cos\left[\angle\left(\vec{F}_i, \vec{v}_i\right)\right] = \left|\vec{F}_i\right| |\vec{v}_i| \cos\alpha_i . \tag{5.13}$$

Da M_i und ω_i bei ebenen Getrieben stets senkrecht auf der x-y-Ebene (Zeichenebene) stehen, kann auf eine Vektorschreibweise verzichtet werden.

Es bedeuten

$\vec{F}_i$: am Glied i angreifende äußere Kraft, einschließlich Trägheitskraft (Massenkraft)
$\vec{v}_i$: Geschwindigkeit des Angriffspunktes von $\vec{F}_i$
α_i: von $\vec{F}_i$ und $\vec{v}_i$ eingeschlossener Winkel

ω_i: Winkelgeschwindigkeit des Gliedes i, an dem M_i angreift
M_i: am Glied i angreifendes äußeres Moment, einschließlich Massendrehmoment
P_{Ri}: Verlustleistungen durch Reibung

Die Gl. 5.12 kann sowohl rechnerisch als auch zeichnerisch ausgewertet werden. Die auftretenden Geschwindigkeiten können real oder auch nur mit dem System verträglich, also virtuell sein.

5.2.3.1 JOUKOWSKY-Hebel

Die zeichnerische Auswertung ist unter dem Namen „JOUKOWSKY-Hebel" bekannt und eignet sich besonders dann, wenn an einem Getriebe nur Kräfte angreifen.

Die Skalarprodukte $\sum\left(\vec{F}_i\vec{v}_i\right)$ können mit Hilfe eines auf der x-y-Ebene (Zeichenebene) senkrecht stehenden Einheitsvektors $\vec{e}$ (in Richtung der z-Achse) auf Spatprodukte umgeformt werden. Es ist dann mit den zu $\vec{v}_i$ um 90° gedrehten Geschwindigkeitsvektoren $^{\ulcorner}\vec{v}_i$

$$\vec{v}_i = \vec{e} \times {}^{\ulcorner}\vec{v}_i \tag{5.14}$$

und

$$\sum_i\left(\vec{F}_i\vec{v}_i\right) = \sum_i\left[\vec{F}_i\left(\vec{e}\times{}^{\ulcorner}\vec{v}_i\right)\right] = \sum_i\left[\vec{e}\left({}^{\ulcorner}\vec{v}_i\times\vec{F}_i\right)\right] = 0, \tag{5.15}$$

d. h.

$$\sum_i\left({}^{\ulcorner}\vec{v}_i\times\vec{F}_i\right) = \sum_i\left(h_i F_i\right) = 0. \tag{5.16}$$

Satz
In einem Plan der um 90° gedrehten Geschwindigkeiten ($^{\ulcorner}v$-Plan) mit einem willkürlich gewählten Ursprung $^{\ulcorner}$O bedeutet der Leistungssatz das „Drehgleichgewicht" der Kräfte $\vec{F}_i$ um $^{\ulcorner}$O.

Lehrbeispiel Nr. 5.3: Sechsgliedriges Dreistandgetriebe
Aufgabenstellung:
An dem in Abb. 5.16 skizzierten sechsgliedrigen Dreistandgetriebe greifen an den Punkten A_2 bis A_6 auf den entsprechenden Gliedern mit gleicher Nummer die äußeren Kräfte $\vec{F}_2$ bis $\vec{F}_6$ an. Gesucht ist der Betrag und der Richtungssinn der Antriebskraft $\vec{F}_{an}$ auf vorgegebener Wirkungslinie (WL) im Punkt A des Glieds 2.
Lösung:
Nach der Wahl von $^{\ulcorner}$O und einer beliebigen Geschwindigkeit $\vec{v}_A$ des Punktes A, die der Strecke $\overline{^{\ulcorner}\mathrm{Oa}}$ entspricht, kann der $^{\ulcorner}v$-Plan gezeichnet werden (meistens denkt man sich die Spitzen der Geschwindigkeitsvektoren $^{\ulcorner}v_i$ im Punkt $^{\ulcorner}$O). Danach werden die Kräfte $\vec{F}_i$ angetragen, ihre im $^{\ulcorner}v$-Plan abgebildeten Angriffspunkte teilen die entsprechenden

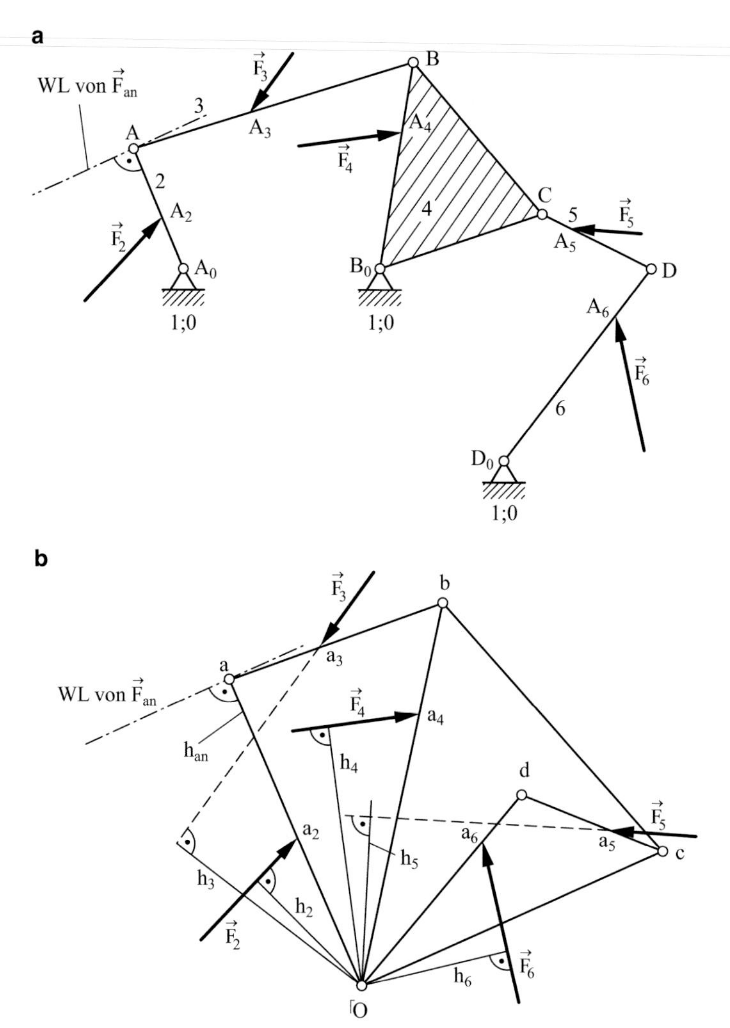

Abb. 5.16 Beispiel zum JOUKOWSKY-Hebel: **a** Lageplan, **b** $\ulcorner v$-Plan

Geschwindigkeitsstrecken im gleichen Maß wie im Lageplan. Gl. 5.16 liefert unter Berücksichtigung der Vorzeichen für Links- und Rechtsdrehung um $\ulcorner O$

$$\sum_i h_i F_i = F_{an} h_{an} - F_2 h_2 + F_3 h_3 - F_4 h_4 + F_5 h_5 + F_6 h_6 = 0$$

mit $h_{an} = \overline{\ulcorner Oa}$. Ist das Ergebnis $F_{an} > 0$, so dreht F_{an} um $\ulcorner O$ in mathematisch positiver Richtung (Gegenuhrzeigersinn).

5.3 Übungsaufgaben

Die Aufgabenstellungen und die Lösungen zu den Übungsaufgaben dieses Kapitels finden Sie auf den Internetseiten des Instituts für Getriebetechnik und Maschinendynamik der RWTH Aachen.

http://www.igm.rwth-aachen.de/index.php?id=aufgaben

Aufgabe 5.1
Kompressor: Gelenkkraftverfahren

Aufgabe 5.2
Wagenheber: Gelenkkraftverfahren, JOUKOWSKY-Hebel

Aufgabe 5.3
Symmetrischer, zwangläufiger Zangengreifer: JOUKOWSKY-Hebel, Gelenkkraftverfahren

Aufgabe 5.4
Kniehebelpresse: JOUKOWSKY-Hebel, Gelenkkraftverfahren, Kraft- und Seileckverfahren

http://www.igm.rwth-aachen.de/index.php?id=loesungen

Literatur

Volmer, J. (Hrsg.): Getriebetechnik – Lehrbuch. 5. Aufl. VEB Verlag Technik, Berlin (1987)

Kerle, H., et al.: Berechnung und Optimierung schnellaufender Gelenk- und Kurvengetriebe. Expert-Verlag, Grafenau/Württ. (1981). DMG-Lib ID: 3032009

6 Grundlagen der Synthese ebener viergliedriger Gelenkgetriebe

Zusammenfassung

Zur Getriebesynthese gehört im Wesentlichen

1. die Festlegung der Getriebestruktur (**Typensynthese** bzw. **Struktursynthese**)
2. die Bestimmung kinematischer Abmessungen (**Maßsynthese**) und die
3. konstruktive Gestaltung der Getriebeglieder und Gelenke unter Berücksichtigung der Belastung und des Materials.

Dieses Kapitel stellt einige Verfahren der Maßsynthese vor, um die Abmessungen von Getrieben zu ermitteln, so dass sie anfangs gestellte Forderungen beim Übertragen von Bewegungen oder Führen von Gliedern erfüllen können. Mit Hilfe der *Wertigkeitsbilanz* lassen sich die Ansprüche an ein Getriebe mit den erreichbaren Möglichkeiten abgleichen.

Entsprechend den Zielvorgaben des vorliegenden Buches werden die Problematik für die viergliedrigen Getriebe aufbereitet und Lösungen aufgezeigt: Die Totlagenkonstruktion für viergliedrige umlauffähige Übertragungsgetriebe steht am Anfang und die nachfolgende Darstellung der exakten Zwei- und Drei-Lagen-Synthese für Führungs- **und** Übertragungsgetriebe dient als Einstieg in die klassische Mehrlagensynthese nach Burmester (Kristen 1990). Letztere wird in den Grundzügen für bis zu fünf Lagen beschrieben.

Schließlich ist jede gefundene Lösung hinsichtlich ihrer Bewegungs- und Kraftübertragungsgüte zu beurteilen; dazu dienen die Kriterien *Übertragungswinkel* und *Beschleunigungsgrad*.

H. Kerle, B. Corves, M. Hüsing, *Getriebetechnik*, DOI 10.1007/978-3-658-10057-5_6

6.1 Totlagenkonstruktion

Die *Totlagen* eines viergliedrigen umlauffähigen Getriebes zählen zu den *Sonderlagen* des Getriebes. Die Tot- oder Umkehrlage ist gekennzeichnet durch den Nullwert der Geschwindigkeit des Abtriebglieds bei kontinuierlich rotierendem Antriebsglied, Abb. 6.1.

Sie tritt innerhalb einer Bewegungsperiode des Getriebes zweimal auf und wird mit *innere* (Index i) und *äußere* (Index a) *Totlage* bezeichnet.

Die wichtigsten viergliedrigen Getriebe, die eine umlaufende Antriebsdrehung in eine schwingende Abtriebsdrehung oder -schiebung umwandeln, sind

a) Kurbelschwinge,
b) Kurbelschleife,
c) Schubkurbel und
d) Kreuzschubkurbel

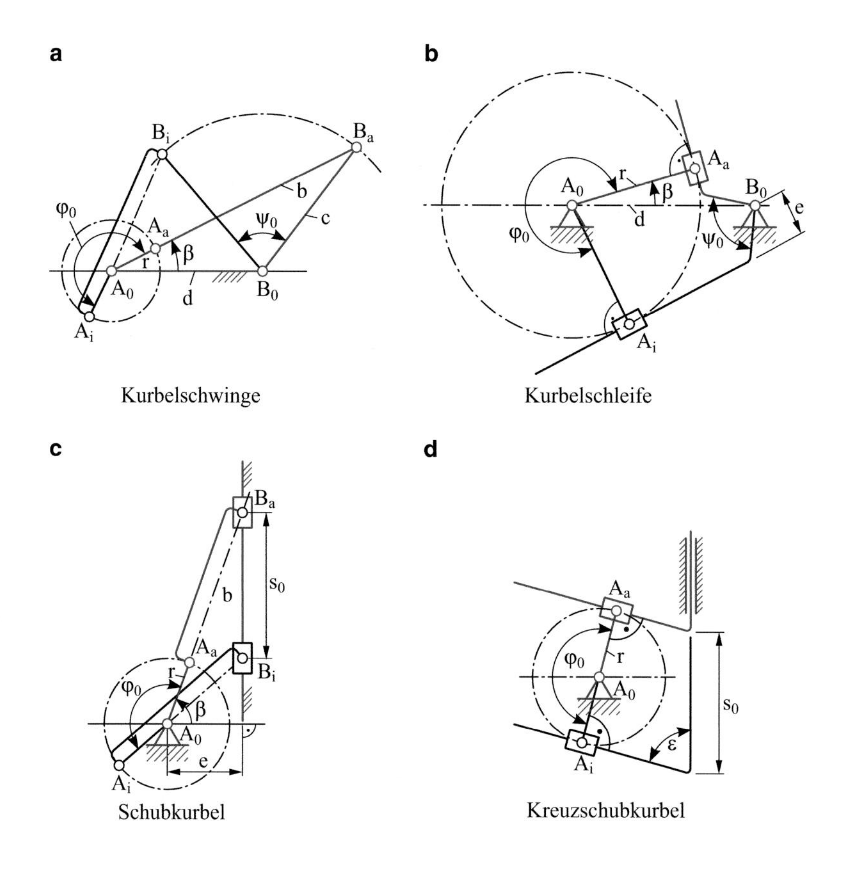

Abb. 6.1 Innere und äußere Totlagen einiger viergliedriger Getriebe (nach Richtlinie VDI 2130)

(VDI 2130 1984). Im Hinblick auf die beiden Totlagenstellungen lässt sich sowohl am Antriebsglied (Kurbel) als auch am Abtriebsglied ein Totlagenwinkel definieren:

- *Abtriebstotlagenwinkel* (Winkelhub) ψ_0,
- *Antriebstotlagenwinkel* φ_0.

Die Zuordnung von φ_0 zu ψ_0 erfolgt im Bereich der *Gleichlaufphase*, d. h. positiver Übertragungsfunktion 1. Ordnung ($\psi' > 0$). Zur *Gegenlaufphase* gehört dann der Winkel $360° - \varphi_0$. In den Fällen der Schubkurbel und Kreuzschubkurbel tritt an die Stelle des Abtriebstotlagenwinkels der *Hub* s_0. Die Zeiten für Hin- und Rückgang (Index H bzw. R) stehen im Verhältnis

$$\frac{t_H}{t_R} = \frac{\varphi_0}{360° - \varphi_0} \tag{6.1}$$

für $\dot{\varphi} \equiv \omega = \Omega =$ konst.

Eingehende Untersuchungen haben zu Grenzen geführt, in denen alle Kombinationen von Totlagenwinkeln liegen müssen, wenn diese durch viergliedrige umlauffähige Getriebe realisierbar sein sollen:

$$\left(90° + \frac{\psi_0}{2}\right) < \varphi_0 < \left(270° + \frac{\psi_0}{2}\right), \tag{6.2a}$$

$$0° \leq \psi_0 < 180°. \tag{6.2b}$$

Abbildung 6.2 gibt einen Überblick mit den zulässigen (schraffierten) Bereichen. Auf den Linien B, D, F, G und im Punkt H liegen die Sonderfälle der allgemeinen Kurbelschwinge. Für Schubkurbeln und Kreuzschubkurbeln gilt hier und für alle folgenden Diagramme generell $\psi_0 = 0°$. Außerhalb der schraffierten Bereiche ist der Übertragungswinkel $\mu = 0°$, siehe Abschn. 6.1.3.1.

6.1.1 Totlagenkonstruktion nach Alt

Gegeben sind die kinematischen Größen

$$d = \overline{A_0B_0}, \varphi_0, \psi_0,$$

gesucht sind

$$a \equiv r = \overline{A_0A}, b = \overline{AB}, c = \overline{B_0B}.$$

Die vorbezeichneten Gliedlängen müssen die Grashof'sche Umlaufbedingung (Abschn. 2.4.2.1) erfüllen, d. h.

$$a + l_{\max} < l' + l'',$$

außerdem sind die Ungleichungen (6.2a, 6.2b) einzuhalten.

In der äußeren Totlage $A_0A_aB_aB_0$ befinden sich Kurbel und Koppel in *Strecklage*, in der inneren Totlage $A_0A_iB_iB_0$ in *Decklage*, vgl. Abb. 6.1. Die nachfolgend beschriebene Totlagenkonstruktion nach Alt (Alt 1932) liefert die gesuchten Gliedabmessungen einer Kurbelschwinge in der Strecklage, Abb. 6.3.

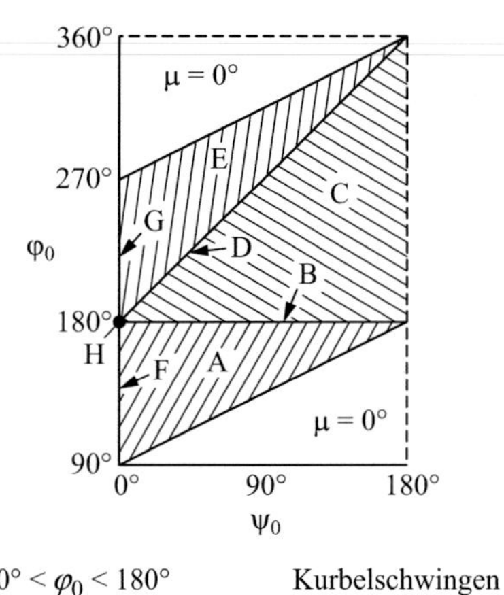

Bereich A:	$\psi_0/2 + 90° < \varphi_0 < 180°$	Kurbelschwingen
Linie B:	$\varphi_0 = 180°$	zentrische Kurbelschwingen
Bereich C:	$180° < \varphi_0 < \psi_0 + 180°$	Kurbelschwingen
Linie D:	$\varphi_0 - \psi_0 = 180°$	Kurbelschwingen und Kurbelschleifen
Bereich E:	$\psi_0 + 180° < \varphi_0 < \psi_0/2 + 270°$	Kurbelschwingen
Linie F:	$90° < \varphi_0 < 180°,\ \psi_0 = 0°$	Schubkurbeln
Linie G:	$180° < \varphi_0 < 270°,\ \psi_0 = 0°$	Schubkurbeln
Punkt H:	$\varphi_0 = 180°,\ \psi_0 = 0°$	zentrische Schubkurbeln und Kreuzschubkurbeln

Abb. 6.2 Zulässige Bereiche für Totlagenwinkel viergliedriger Getriebe (nach Richtlinie VDI 2130)

Abb. 6.3 Totlagenkonstruktion der Kurbelschwinge (nach Richtlinie VDI 2130)

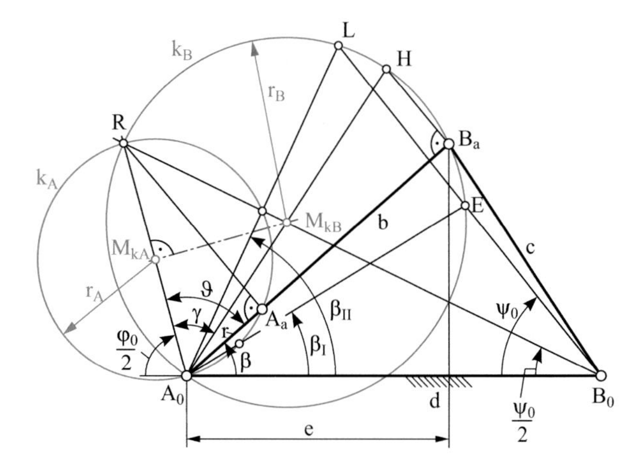

Die freien Schenkel der in A_0 und B_0 im Uhrzeigersinn von A_0B_0 aus angetragenen Winkel $\varphi_0/2$ bzw. $\psi_0/2$ schneiden sich in R. Die Mittelsenkrechte auf $\overline{A_0R}$ (Fußpunkt M_{kA}) schneidet B_0R in M_{kB}. Die Kreise k_A und k_B durch R und A_0 mit den Mittelpunkten M_{kA} und M_{kB} sind die geometrischen Orte für die Gelenkpunktlagen A_a und B_a. Der Winkel β ist nach anderen Kriterien, siehe Abschn. 6.1.3.1, innerhalb der Grenzwinkel β_I (Punkt E auf k_B) und β_{II} (Punkt L auf k_B) frei wählbar. Die Punkte E und L findet man mit Hilfe des in B_0 angetragenen Winkels ψ_0.

Die aus der Totlagenkonstruktion ableitbaren geometrischen Beziehungen lassen sich in einem Ablaufplan zusammenfassen und für ein Programm aufbereiten, Abb. 6.4.

6.1.2 Schubkurbel

Gegeben sind die kinematischen Größen

$$s_0 = \overline{B_i B_a}, \quad \varphi_0,$$

gesucht sind

$$a \equiv r = \overline{A_0 A}, \quad b = \overline{AB}, \quad e.$$

Die Schubkurbel geht aus der Kurbelschwinge durch den Grenzübergang $B_0 \to \infty$ hervor, d. h. $c \to \infty$, $d \to \infty$. Die verbleibenden endlichen Abmessungen müssen die GRASHOF'sche Umlaufbedingung erfüllen, d. h.

$$a + e < b,$$

außerdem gilt $\psi_0 = 0°$ und die Ungleichung (6.2a).

Da $\psi_0/2$ und ψ_0 nicht existieren, werden stattdessen Parallelen zur Gestellgeraden $A_0B_0^\infty$ mit den Abständen $s_0/2$ und s_0 gezogen, Abb. 6.5.

B_a kann auf dem Kreis k_B zwischen den Punkten E und L gewählt werden (Auswahlwinkel β). Die Schubrichtung mit der vorzeichenbehafteten *Versetzung e* steht senkrecht auf der Gestellgeraden. Für R = H ($\varphi_0 = 180°$) entartet der Kreis k_B zu einer Geraden, und es entstehen *zentrische Schubkurbeln* ($e = 0$). Der zugeordnete Ablaufplan für die geometrischen Beziehungen ist Abb. 6.6 zu entnehmen.

6.1.3 Auswahlkriterien

Zur Auswahl eines Getriebes aus der unendlichen Vielfalt möglicher Getriebe nach Abschn. 6.1.1 und 6.1.2 wird man den Winkel β variieren. Außerdem haben sich die folgenden Kriterien bewährt:

1. Größtwert des *minimalen Übertragungswinkels* μ_{min} (*übertragungsgünstigstes Getriebe*) für langsam laufende Getriebe oder Getriebe mit geringen bewegten Massen und
2. *minimaler Beschleunigungsgrad* δ_{min} (*beschleunigungsgünstigstes Getriebe*) für schnell laufende Getriebe oder Getriebe mit großen bewegten Massen, um eine gute Kraft- und Bewegungsübertragung zu gewährleisten, s. auch (Marx 1986).

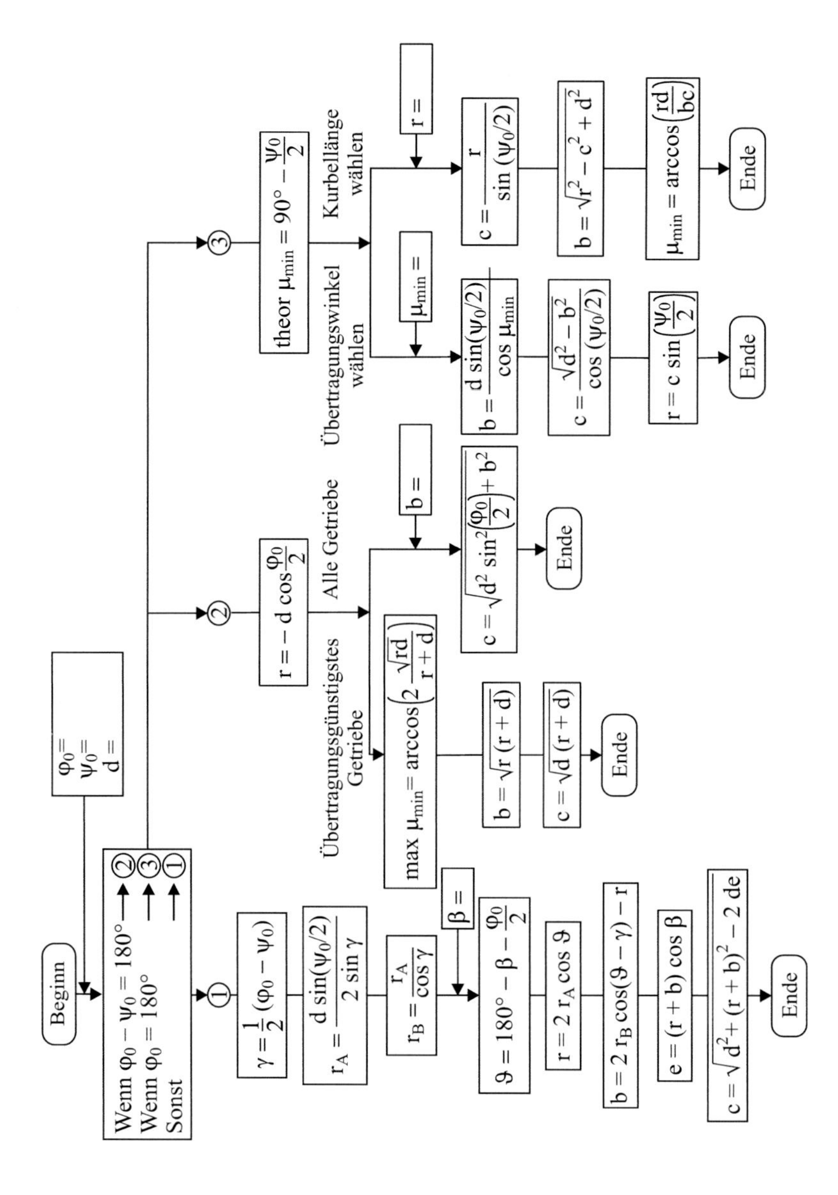

Abb. 6.4 Ablaufplan zur Berechnung von Kurbelschwingen (nach Richtlinie VDI 2130)

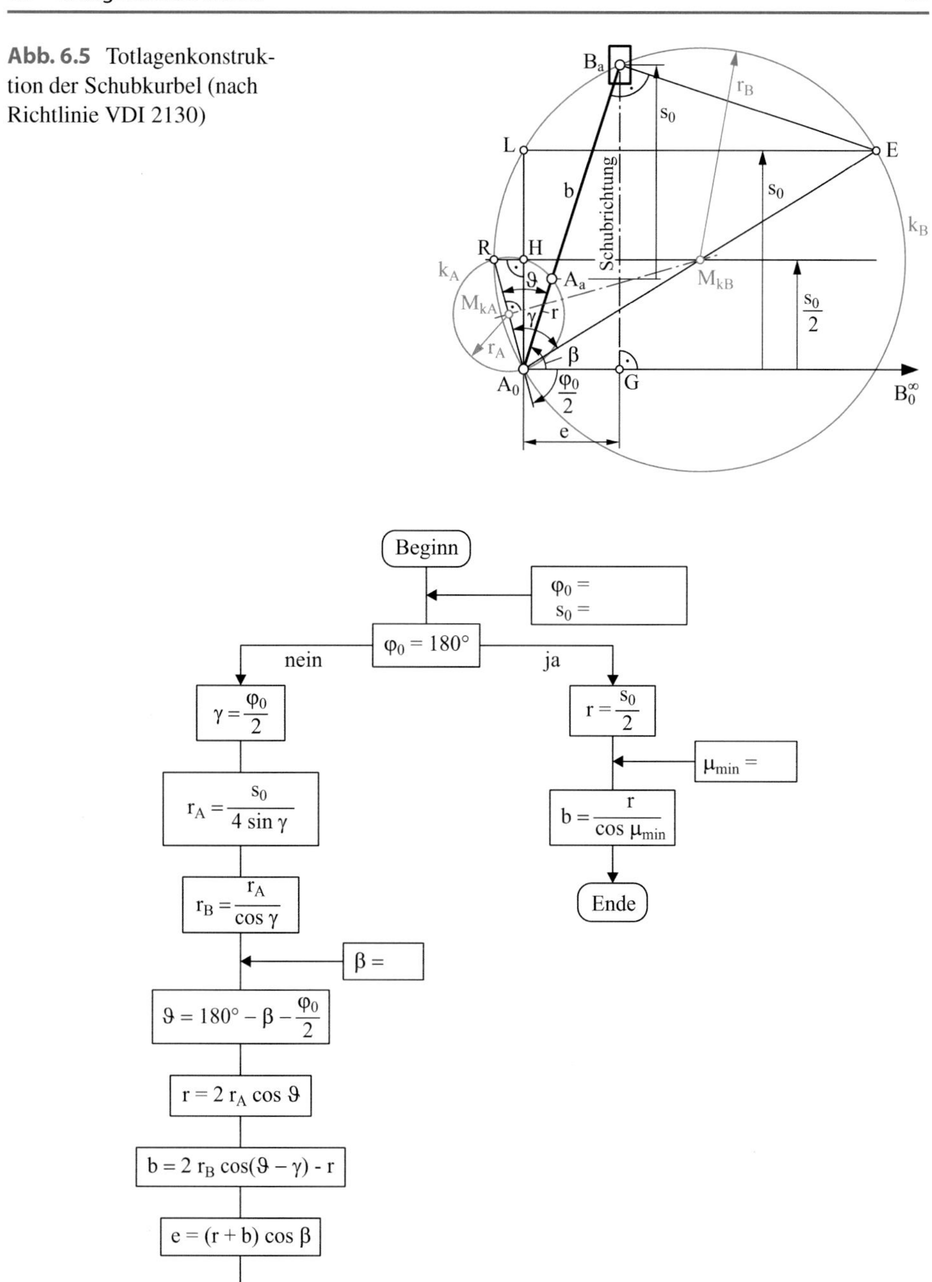

Abb. 6.5 Totlagenkonstruktion der Schubkurbel (nach Richtlinie VDI 2130)

Abb. 6.6 Ablaufplan zur Berechnung von Schubkurbeln (nach Richtlinie VDI 2130)

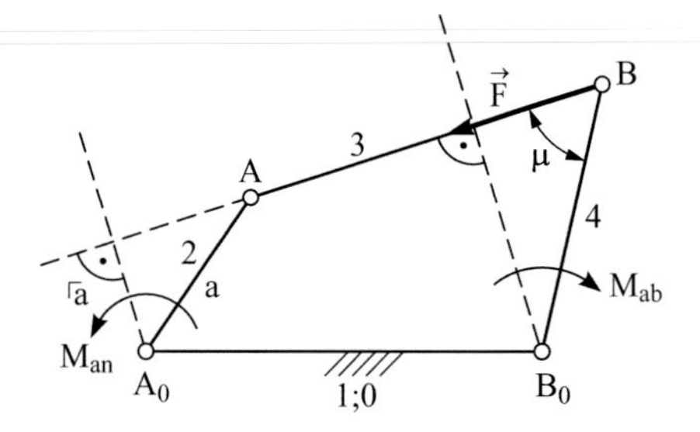

Abb. 6.7 Übertragungswinkel beim viergliedrigen Drehgelenkgetriebe

6.1.3.1 Übertragungswinkel

Der Übertragungswinkel μ ist beim viergliedrigen Drehgelenkgetriebe der Winkel zwischen der Koppel AB und dem Abtriebsglied B_0B, Abb. 6.7.

Wenn außer dem Abtriebsmoment keine weiteren Belastungen hinzukommen, gilt mit der Stabkraft F

$$M_{ab} - F \cdot \overline{B_0B} \cdot \sin\mu \tag{6.3a}$$

und

$$M_{an} = F \cdot r_a = \frac{M_{ab} \cdot r_a}{\overline{B_0B} \cdot \sin\mu}. \tag{6.3b}$$

Im Fall $\mu = 0°$ ist keine Kraftübertragung vom Abtriebs- auf das Antriebsglied möglich. Der Bestwert ist $\mu = 90°$.

Allgemein ist derjenige Winkel zwischen Koppel und Abtriebsglied als Übertragungswinkel zu wählen, der $\leq 90°$ ist. Wird der Winkel $> 90°$, gilt der Supplementwinkel (Ergänzung zu 180°). Bei der Auslegung von Getrieben ist der minimale Übertragungswinkel μ_{min} zu beachten und die Ungleichung

$$\mu_{min} \geq \mu_{erf} \quad \text{mit} \quad 40° \leq \mu_{erf} \leq 50° \tag{6.4}$$

einzuhalten (Erfahrungswert μ_{erf}).

ALT hat den Übertragungswinkel aus geometrisch-kinematischen Betrachtungen heraus festgelegt:

> **Satz**
> Der Übertragungswinkel μ kennzeichnet den Richtungsunterschied der Absolutgeschwindigkeit in B (Tangente t_a senkrecht auf c) und der relativen Geschwindigkeit gegenüber dem Antriebsglied a (Tangente t_r senkrecht auf b), Abb. 6.8.

Die Extremwerte von μ treten in den *Gestelllagen* oder *Steglagen* der viergliedrigen Getriebe auf, Abb. 6.9. Der kleinere der beiden Extremwerte ist μ_{min}. Als Steglage eines Getriebes wird die Lage bezeichnet, bei der der Gelenkpunkt A auf die Gestellgerade

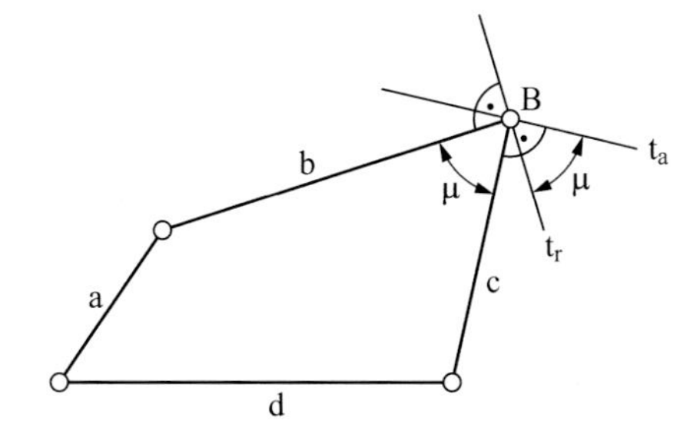

Abb. 6.8 Zur Definition des Übertragungswinkels nach ALT

A_0B_0 fällt. Man unterscheidet zwischen *innerer* und *äußerer Steglage*, je nachdem, ob A innerhalb A_0B_0 oder außerhalb A_0B_0 zu liegen kommt. Die Steglagen gehören neben den Totlagen zur zweiten Gruppe von Sonderlagen der viergliedrigen Getriebe. Für die Kurbelschwinge gilt

$$\mu_I = \arccos\left|\frac{b^2+c^2-(d-a)^2}{2bc}\right|, \tag{6.5a}$$

$$\mu_{II} = \arccos\left|\frac{b^2+c^2-(d+a)^2}{2bc}\right|, \tag{6.5b}$$

$$\mu_{min} = \min(\mu_I, \mu_{II}) \tag{6.5c}$$

und für die Schubkurbel

$$\mu_I = \arccos\left(\frac{a+e}{b}\right) = \mu_{min}, \tag{6.6a}$$

$$\mu_{II} = \arccos\left(\frac{a-e}{b}\right). \tag{6.6b}$$

Der optimale Auswahlwinkel β ist ebenso wie der erreichbare Größtwert des Übertragungswinkels $\max(\mu_{min})$ im Auswahldiagramm 1 (Abb. 6.10) für alle Typen viergliedriger

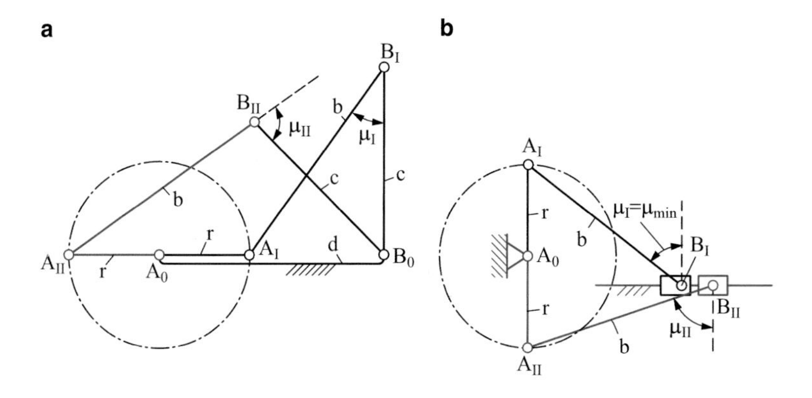

Abb. 6.9 Steglagen der **a** Kurbelschwinge und **b** Schubkurbel

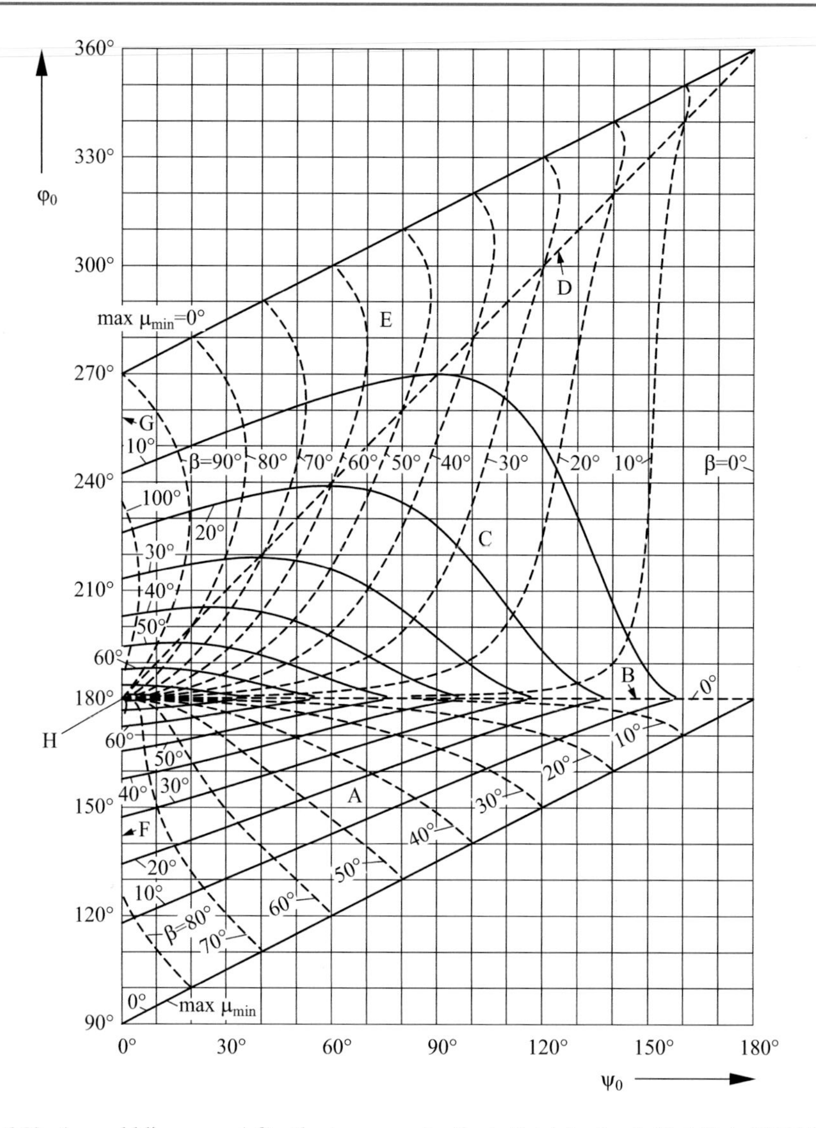

Abb. 6.10 Auswahldiagramm 1 für übertragungsgünstigste Getriebe (nach Richtlinie VDI 2130)

Getriebe und für alle möglichen Kombinationen von φ_0 und ψ_0 (s_0) zu entnehmen. Der Aufbau des Diagramms entspricht der Abb. 6.2. Mit Hilfe von β ist das Getriebe gemäß des Ablaufplans (Abb. 6.4 bzw. Abb. 6.6) zu zeichnen oder zu berechnen.

6.1.3.2 Beschleunigungsgrad

Die sich maximal einstellende Winkelbeschleunigung $\ddot{\psi}_{\max} = \psi''_{\max} \cdot \Omega^2$ bzw. Linearbeschleunigung $\ddot{s}_{\max} = s''_{\max} \cdot \Omega^2$ während des durchlaufenen Totlagenwinkels ψ_0 bzw. Hubs

s_0 wird mit der kleinstmöglichen (konstanten) Beschleunigung (Verzögerung) $\ddot{\psi}_v$ bzw. $\ddot{s}_v$ verglichen, die während der Gleichlaufphase ($\psi' > 0$ bzw. $s' > 0$, Index H) und der Gegenlaufphase ($\psi' < 0$ bzw. $s' < 0$, Index R) durch das Bewegungsgesetz „Quadratische Parabel" (vgl. Richtlinie VDI 2143, Bl. 1) erreichbar ist.

Der Quotient

$$\delta_\alpha = \frac{\ddot{\psi}_{\max}}{\ddot{\psi}_v} \quad \text{bzw.} \quad \delta_a = \frac{\ddot{s}_{\max}}{\ddot{s}_v} \tag{6.7}$$

heißt Beschleunigungsgrad; der Bestwert ist $\delta_\alpha, \delta_a = 1$.

Mit

$$\ddot{\psi}_{vH} = 4 \cdot \frac{\psi_0[\text{rad}]}{\varphi_0^2[\text{rad}^2]} \cdot \Omega^2 = \frac{720°}{\pi} \cdot \frac{\psi_0}{\varphi_0^2} \cdot \Omega^2 \equiv \psi''_{vH} \cdot \Omega^2 \tag{6.8a}$$

und

$$\ddot{\psi}_{vR} = \frac{720°}{\pi} \cdot \frac{\psi_0}{(360° - \varphi_0)^2} \cdot \Omega^2 \equiv \psi''_{vR} \cdot \Omega^2 \tag{6.8b}$$

erhält man den Beschleunigungsgrad für den Gleich- und Gegenlauf:

$$\delta_{\alpha H} = \frac{\psi''_{\max H}}{\psi''_{vH}} = \frac{\pi}{720°} \cdot \frac{\varphi_0^2}{\psi_0} \cdot \psi''_{\max H}, \tag{6.9a}$$

$$\delta_{\alpha R} = \frac{\psi''_{\max R}}{\psi''_{vR}} = \frac{\pi}{720°} \cdot \frac{(360° - \varphi_0)^2}{\psi_0} \cdot \psi''_{\max R}. \tag{6.9b}$$

Bei schiebendem Abtrieb erhält man stattdessen (keine Umrechnung von ψ_0 von Bogenmaß auf Grad notwendig):

$$\delta_{aH} = \frac{s''_{\max H}}{s''_{vH}} = \left(\frac{\pi}{360°}\right)^2 \cdot \frac{\varphi_0^2}{s_0} \cdot s''_{\max H}, \tag{6.10a}$$

$$\delta_{aR} = \frac{s''_{\max R}}{s''_{vR}} = \left(\frac{\pi}{360°}\right)^2 \cdot \frac{(360° - \varphi_0)^2}{s_0} \cdot s''_{\max R}. \tag{6.10b}$$

In den Auswahldiagrammen 2 und 3 (Abb. 6.11 und 6.12) sind die Beschleunigungsgrade δ_α, δ_a für die Gleich- und Gegenlaufphase neben dem Winkel β als Auswahlkriterien angegeben. Die Arbeitsweise mit diesen Diagrammen entspricht derjenigen mit dem Auswahldiagramm 1.

Hinweis

Stehen quasistatische Belastungen im Vordergrund, wird man Diagramm 1 wählen, bei überwiegend dynamischen Gesichtspunkten (Trägheitswirkungen) die Diagramme 2 und/oder 3.

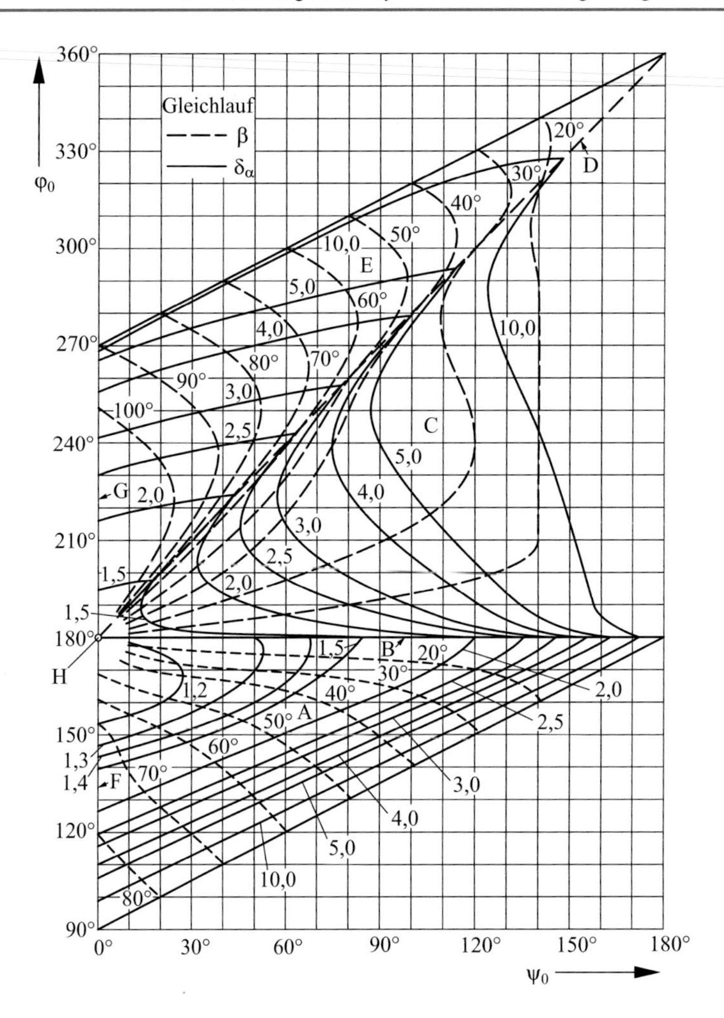

Abb. 6.11 Auswahldiagramm 2 für beschleunigungsgünstigste Getriebe in der Gleichlaufphase (nach Richtlinie VDI 2130)

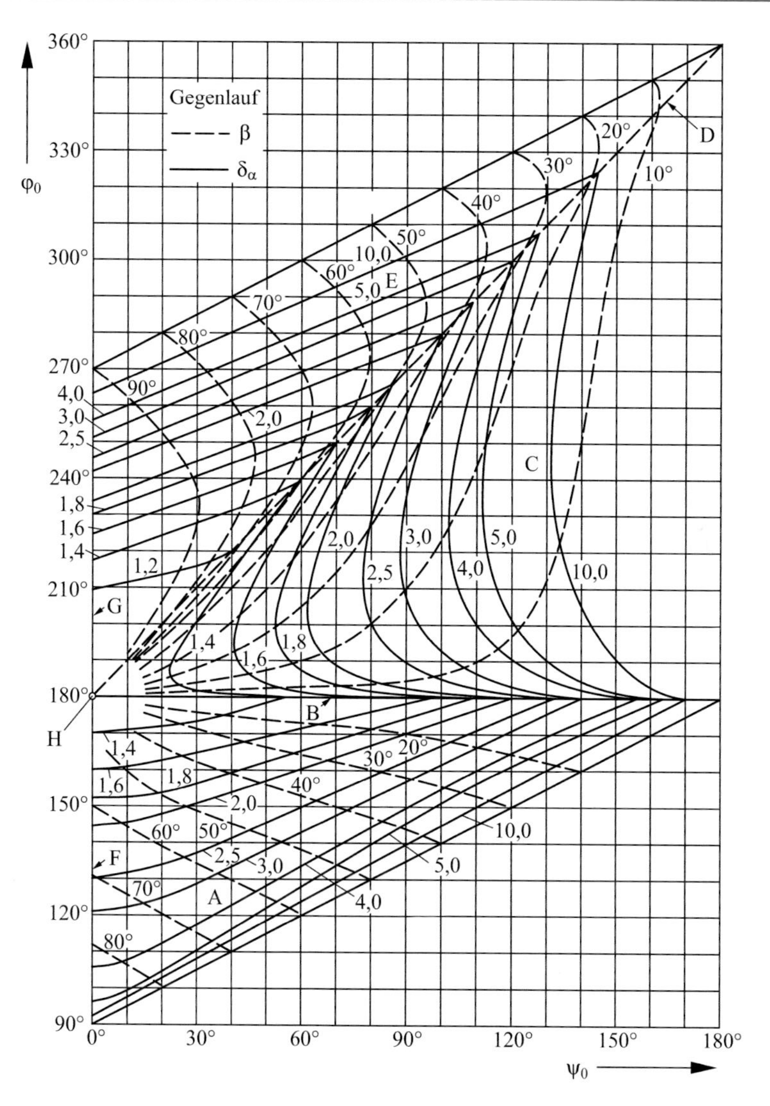

Abb. 6.12 Auswahldiagramm 3 für beschleunigungsgünstigste Getriebe in der Gegenlaufphase (nach Richtlinie VDI 2130)

6.2 Lagensynthese

Unter dem Begriff der Lagensynthese versteht man die Bestimmung von Gliedabmessungen eines Getriebes bekannter Struktur, das während des Bewegungsablaufs vorgegebene Lagen einnimmt.

Bei den vorgegebenen Lagen kann es sich um

a) **Punktlagen** (Lagen von Koppelpunkten mit jeweils zwei Koordinaten x, y),
b) **Gliedlagen** (Lagen von Koppelgliedern, beschrieben durch jeweils zwei Punkte),
c) **Relativlagen** (Zuordnungen von Winkeln und Wegen) zwischen An- und Abtriebsglied

handeln. Die Fälle a) und b) charakterisieren Führungsgetriebe, der Fall c) ist typisch für die Synthese eines Übertragungsgetriebes. Alle drei Fälle lassen sich auf Punktlagen und somit auf die durch drei Sätze charakterisierte Grundaufgabe der Getriebesynthese ebener viergliedriger Getriebe zurückführen (Dizioğlu 1967).

Grundaufgabe

- Gegeben sind verschiedene Lagen einer bewegten Ebene E, etwa $E_1, E_2, E_3, \ldots, E_j$ gegenüber der (ruhenden) Bezugsebene E_0; die Lagen können endlich oder unendlich benachbart sein.
- Gesucht sind diejenigen Punkte $X_1, X_2, X_3, \ldots, X_j$ von E, die bei der Bewegung von E gegenüber E_0 auf einem Kreis liegen.
- Diese Punkte beschreiben eine **homologe Punktreihenfolge** bzw. man nennt $E_1, E_2, E_3, \ldots, E_j$ **homologe Lagen** der Ebene E gegenüber E_0 (Abb. 6.13).

Die mit Hilfe der Lagensynthese in den nachfolgenden Abschnitten gefundenen Lösungsgetriebe sind allesamt noch den Auswahlkriterien des Abschn. 6.1.3 zu unterwerfen und – falls erforderlich – auf Umlauffähigkeit mit Hilfe des Satzes von GRASHOF (Abschn. 2.4.2.1) und auf Beibehaltung der Einbaulage zu prüfen.

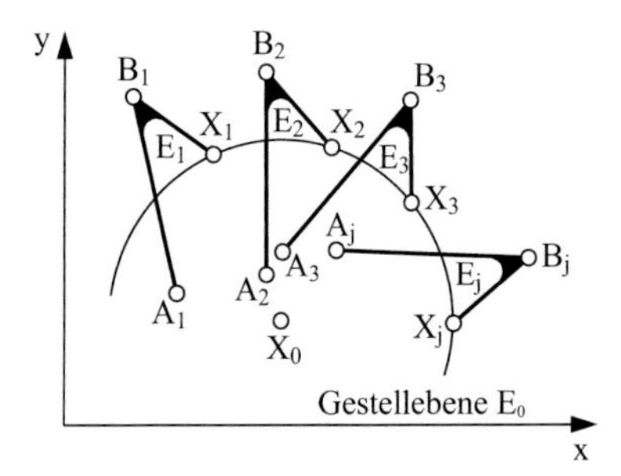

Abb. 6.13 Vorgabe von Ebenenlagen durch homologe Punkte auf einem Kreis

6.2.1 Wertigkeitsbilanz

Die Beschreibung von Lagen erfolgt mit Hilfe geometrischer Größen wie Koordinaten, Längen (Strecken), Winkel, usw., die eine unterschiedliche *Wertigkeit* aufweisen; beispielsweise ist die Angabe der ersten Lage eines Koppelpunktes C mit den Koordinaten x_C, y_C zweiwertig, die Angabe jeder weiteren Lage von C nur noch jeweils einwertig, da die Gleichung $\mathrm{f(x, y)} = 0$ der Koppelkurve erfüllt werden muss. Wenn im Fall a) neun Punktlagen vorgeschrieben werden, muss die erforderliche Wertigkeit $\mathrm{W_{erf}} = 10$ mit der durch das Getriebe zur Verfügung gestellten vorhandenen Wertigkeit $\mathrm{W_{vorh}}$ zumindest übereinstimmen. Bei der Auswertung der Gleichung

$$W_{\mathrm{frei}} = W_{\mathrm{vorh}} - W_{\mathrm{erf}} \tag{6.11}$$

gibt es für $\mathrm{W_{frei}} < 0$ keine, für $\mathrm{W_{frei}} = 0$ eine eindeutige und für $\mathrm{W_{frei}} > 0$ mehrere Lösungen, wobei $\mathrm{W_{frei}}$ geometrische Größen noch frei gewählt werden können.

Wenn das Getriebe $g = 4$ einfache Gelenke (Dreh- und Schubgelenke) besitzt und stets p Punkte zu führen sind, errechnet sich $\mathrm{W_{vorh}}$ im Allgemeinen aus der Gleichung

$$W_{\mathrm{vorh}} = 2(g + p) = 8 + 2p. \tag{6.12}$$

Demnach ist bei

a) Punktlagen: $\mathrm{W_{vorh}} = 10$
b) Gliedlagen: $\mathrm{W_{vorh}} = 12$
c) Relativ-Winkellagen: $\mathrm{W_{vorh}} = 8$

Theoretisch lassen sich also mit einem viergliedrigen Gelenkgetriebe neun Punktlagen erfüllen. Andererseits kann sich die vorhandene Wertigkeit $\mathrm{W_{vorh}}$ eines Getriebes durch typ- oder maßbedingte Sonderformen verringern. Jedes Schub- oder Schleifengelenk beispielsweise lässt einen der Gelenkpunkte ins Unendliche wandern, und es resultiert eine (kinematische) Versetzung oder Exzentrizität e mit der Folge, dass sich $\mathrm{W_{vorh}}$ jeweils um die abhängige Wertigkeit $\mathrm{W_{abh}} = 1$ verringert; $\mathrm{W_{vorh}}$ verringert sich nochmals um die unwirksame Wertigkeit $\mathrm{W_{unw}} = 1$, falls $e = 0$ gewählt wird, folglich ergibt sich die effektiv vorhandene Wertigkeit zu

$$W_{\mathrm{eff}} = W_{\mathrm{vorh}} - W_{\mathrm{abh}} - W_{\mathrm{unw}}. \tag{6.13}$$

$\mathrm{W_{abh}} = 1$ entsteht ebenfalls bei Längengleichheit zweier Glieder. In Tab. 6.1 sind einige oft wiederkehrende Wertigkeiten zusammengestellt, die sowohl $\mathrm{W_{vorh}}$ als auch $\mathrm{W_{abh}}$ als auch $\mathrm{W_{unw}}$ betreffen.

Der Abgleich zwischen der erforderlichen und der vorhandenen Wertigkeit des Getriebes entsprechend Gl. 6.11 wird *Wertigkeitsbilanz* genannt.

Tab. 6.1 Annahmen und zugeordnete Wertigkeiten

Annahme	Wertigkeit
Wahl eines Koppelpunktes	2
Bahnpunkt zum Koppelpunkt	1
Länge (Strecke, Abstand, Radius)	1
Winkel (einer Geraden)	1
Winkelschenkel (geometrischer Ort für ein Gelenk)	1
Winkelzuordnung	1
Tangente oder Normale im Bahnpunkt	1
Wahl eines Drehgelenks	2
Wahl eines Schub- oder Schleifengelenks mit $e \neq 0$	1
Wahl eines Schub- oder Schleifengelenks mit $e = 0$	2

Satz

Die Wertigkeitsbilanz entscheidet darüber, wie viele Lagen von einem Getriebe erfüllt werden können.

Hinweis

Die Überlegungen dieses Abschnitts gelten im Wesentlichen auch für Getriebe mit mehr als vier Gliedern.

6.2.2 Zwei-Lagen-Synthese

6.2.2.1 Beispiel eines Führungsgetriebes

In Abb. 6.14a sind zwei Lagen E_1 und E_2 einer Ebene E durch die Punktpaare C_1, D_1 und C_2, D_2 in der Gestellebene E_0 mit dem x-y-Koordinatensystem gegeben. Gesucht sind die Gestelldrehpunkte A_0 und B_0 eines Drehgelenkgetriebes, das die Koppelpunkte C und D und damit die Ebene E durch beide Lagen führt.

Lösung

Annahme	C_1	D_1	C_2	D_2
W_{erf}	2	2	1	1

Die Wertigkeitsbilanz ergibt entsprechend den Gln. 6.11, 6.12 und Tab. 6.1

$$W_{frei} = W_{vorh} - W_{erf} = 12 - (2 + 2 + 1 + 1) = 6,$$

d.h es gibt letztendlich ∞^6 Möglichkeiten, ein passendes Getriebe zu finden.

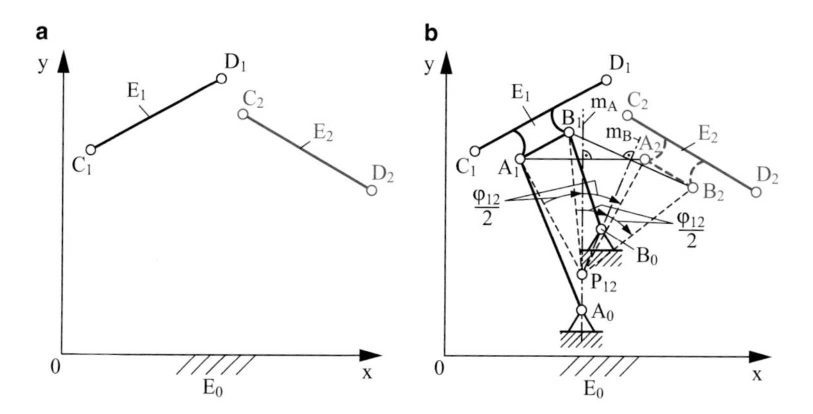

Abb. 6.14 Viergliedriges Drehgelenkgetriebe A_0ABB_0 als Führungsgetriebe: **a** Aufgabenstellung, **b** Lösung in Lage 1

Wir wählen für die Lage 1 (E_1) zwei beliebige weitere Punkte A_1 und B_1 (und vergeben damit vier Wertigkeiten). Die Punkte A_1 und B_1 dürfen auch mit den gegebenen Punkten C_1 und D_1 zusammenfallen. Danach wird die Lage 2 (E_2) um die Punkte A_2 und B_2 ergänzt (kongruentes Vierseit zu E_1). Die Mittelsenkrechten m_A und m_B der Strecken $\overline{A_1A_2}$ bzw. $\overline{B_1B_2}$ schneiden sich im Drehpol P_{12} (s. auch Abschn. 3.1.3.4). Um den Drehpol P_{12} rotiert jeder Punkt der Koppel mit dem Winkel φ_{12} bei der Bewegung von Lage 1 in Lage 2. Der Winkel φ_{12} ist entweder mathematisch positiv (Gegenuhrzeigersinn) oder mathematisch negativ (Uhrzeigersinn) orientiert und stets gilt $\varphi_{21} = 360° - \varphi_{12}$. Der Drehpol fällt nur für den Fall mit dem Momentanpol der Koppel CD bzw. AB zusammen, dass die Lagen E_1 und E_2 unendlich benachbart sind, d. h. ebenfalls zusammenfallen. Mit der Wahl von A_0 auf m_A und von B_0 auf m_B werden die restlichen beiden Wertigkeiten vergeben und das Drehgelenkgetriebe A_0ABB_0 lässt sich in der Lage 1 oder 2 zeichnen, Abb. 6.14b.

6.2.2.2 Beispiel eines Übertragungsgetriebes

In Abb. 6.15a sind zwei Winkellagen 1 und 2 des Antriebsglieds einerseits und relativ dazu zwei Winkellagen 1′ und 2′ des Abtriebsglieds andererseits eines Drehgelenkgetriebes um die noch endgültig festzulegenden Gestelldrehpunkte A_0 und B_0 gegeben. Gesucht sind die Punkte A und B als Gelenke der Koppel des Getriebes in einer der beiden Lagen und damit die restlichen Getriebeabmessungen.

Lösung

Für die Wertigkeitsbilanz ist mit der Zuordnung φ_{12}, ψ_{12} sofort $W_{erf} = 1$ anzugeben. Den Gln. 6.11 und 6.12 zufolge ist

$$W_{\text{frei}} = W_{\text{vorh}} - W_{\text{erf}} = 8 - 1 = 7,$$

d. h. es gibt ∞^7 Möglichkeiten, ein passendes Getriebe zu finden.

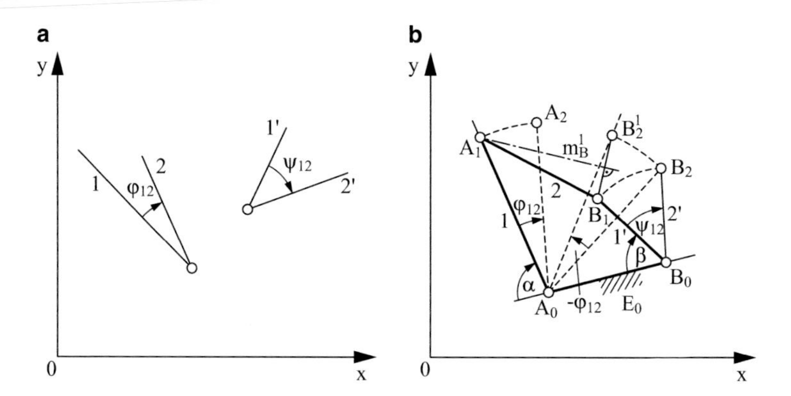

Abb. 6.15 Viergliedriges Drehgelenkgetriebe A_0ABB_0 als Übertragungsgetriebe: **a** Aufgabenstellung, **b** Lösung in Lage 1

Wir legen A_0 und B_0 in der Ebene E_0 fest und vergeben damit lt. Tab. 6.1 vier Wertigkeiten; die verbleibenden drei Wertigkeiten nutzen wir, um die Anfangswinkel α und β sowie die Länge $\overline{B_0B} = \overline{B_0B_1} = \overline{B_0B_2}$ zu wählen. B bewegt sich für einen Beobachter im Punkt A auf dem Antriebsglied A_0A auf einem Kreis um A; bei der Rückdrehung mit $-\varphi_{12}$ um A_0 in die Bezugslage 1 wandert der Punkt B_2 in die Lage B_2^1. Da alle in der Lage 1 bekannten Punkte B auf einem Kreis um A_1 liegen, liefert folglich der Schnittpunkt der Mittelsenkrechten m_B^1 mit dem Antriebsglied in der Lage 1 den Punkt A_1. Mit $\overline{A_1B_1} = \overline{AB}$ liegt auch die Länge der Koppel fest, Abb. 6.15b.

6.2.3 Drei-Lagen-Synthese

6.2.3.1 Getriebeentwurf für drei allgemeine Gliedlagen

In Abb. 6.16a sind drei Lagen durch die Punktpaare A_1, B_1, A_2, B_2 und A_3, B_3 gegeben. Analog zu Abschn. 6.2.2.1 ergibt die Wertigkeitsbilanz nach den Gln. 6.11 und 6.12

$$W_{\text{frei}} = W_{\text{vorh}} - W_{\text{erf}} = 12 - (2 + 2 + 1 + 1 + 1 + 1) = 4$$

und somit können ∞^4 Möglichkeiten für ein passendes Getriebe gefunden werden.

Wenn drei Lagen eines Gliedes durch die Koppelbewegung eines viergliedrigen Gelenkgetriebes erfüllt werden sollen, so kann also entweder die Lage der Koppelgelenke A, B im koppelfesten, mitbewegten ξ, η-System (Abb. 6.16a) oder die Lage der Gestellgelenke A_0, B_0 im gestellfesten x, y-System (Abb. 6.17a) beliebig angenommen werden. In beiden Fällen wird durch die Wahl zweier Punkte $W_{\text{frei}} = 4$ voll ausgeschöpft.

Im ersten Fall ergeben sich A_0 und B_0 als Mittelpunkte von zwei Kreisen durch die Lagen A_1, A_2, A_3 und B_1, B_2, B_3 der gewählten Koppelgelenke für die drei gegebenen

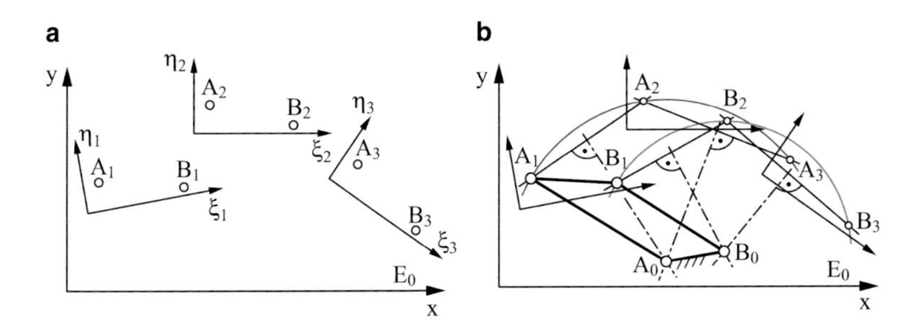

Abb. 6.16 Dreilagenkonstruktion bei gegebenen Koppelgelenken A, B: **a** Aufgabenstellung, **b** Lösung (E_0: Gestellebene)

Gliedlagen. Man findet A_0 und B_0 als Schnittpunkte der Mittelsenkrechten auf den Verbindungsgeraden der Punkte A_1, A_2, A_3 bzw. B_1, B_2, B_3 (Abb. 6.16b).

Die rechnerische Lösung dieser Aufgabenstellung lässt sich z. B. für die Bestimmung der Koordinaten des Gestellgelenks A_0 aus der Aufstellung der Kreisgleichung für die Lagen A_1, A_2, A_3 herleiten:

$$\left(x_{A_i} - x_{A_0}\right)^2 + \left(y_{A_i} - y_{A_0}\right)^2 = r^2 \quad i = 1, 2, 3 \tag{6.14a-c}$$

mit

$$r = \overline{A_0 A_1} = \overline{A_0 A_2} = \overline{A_0 A_3}. \tag{6.15}$$

Durch Gleichsetzen der Gl. 6.14a mit den Gln. 6.14b,c erhält man nach Ausmultiplizieren

$$x_{A_1}^2 - 2x_{A_1}x_{A_0} + y_{A_1}^2 - 2y_{A_1}y_{A_0} = x_{A_i}^2 - 2x_{A_i}x_{A_0} + y_{A_i}^2 - 2y_{A_i}y_{A_0} \quad i = 2, 3. \tag{6.16a,b}$$

Damit ergibt sich das folgende lineare Gleichungssystem für die Koordinaten des gesuchten Gestellgelenks A_0, nämlich

$$\begin{pmatrix} x_{A_2} - x_{A_1} & y_{A_2} - y_{A_1} \\ x_{A_3} - x_{A_1} & y_{A_3} - y_{A_1} \end{pmatrix} \begin{pmatrix} x_{A_0} \\ y_{A_0} \end{pmatrix} = \frac{1}{2} \begin{pmatrix} x_{A_2}^2 + y_{A_2}^2 - x_{A_1}^2 - y_{A_1}^2 \\ x_{A_3}^2 + y_{A_3}^2 - x_{A_1}^2 - y_{A_1}^2 \end{pmatrix}, \tag{6.17}$$

das entsprechend für x_{A_0} und y_{A_0} gelöst werden kann. Zur Bestimmung der Koordinaten des zweiten gesuchten Gestellgelenks B_0 können die Gln. 6.14a-c bis 6.17 analog angewendet werden.

Im zweiten Fall, wenn also die Lage der Gestellgelenke A_0, B_0 im gestellfesten x, y-System (Abb. 6.17a) beliebig angenommen wurde, muss die Aufgabenstellung zunächst so umgeformt werden, dass drei Lagen des gestellfesten Bezugssystems mit den gewählten Gestellgelenken A_0 und B_0 relativ zu einer Lage des beweglichen Systems gegeben sind. Man wählt z. B. die Lage 1 (ξ_1, η_1) als Bezugslage der bewegten Ebene und überträgt die Lage der Punkte A_0 und B_0 relativ zu den Lagen 2 (ξ_2, η_2) und 3 (ξ_3, η_3) in die

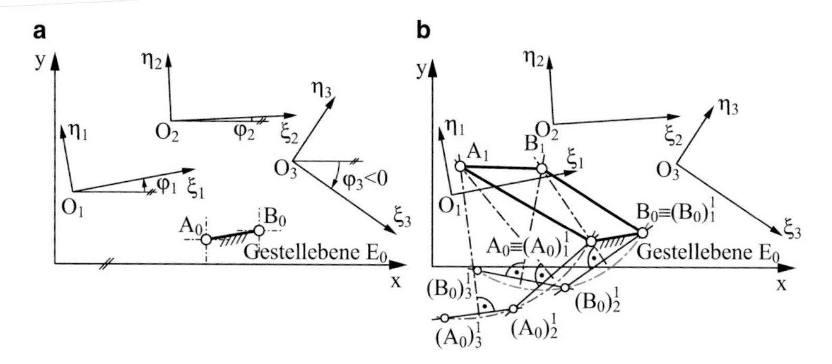

Abb. 6.17 Dreilagenkonstruktion bei gegebenen Gestellgelenken A_0, B_0: **a** Aufgabenstellung, **b** Lösung

Bezugslage 1. Es ergeben sich die neuen relativen Lagen der Gestelldrehpunkte $(A_0)_2^1$, $(B_0)_2^1$ sowie $(A_0)_3^1$, $(B_0)_3^1$. Dabei stellt z. B. $(A_0)_2^1$ die Relativlage des Gestelldrehpunktes A_0 aus der Lage 2 in der Lage 1 dar. Die Koppelgelenke A_1 und B_1 in der Lage 1 der bewegten Ebene lassen sich nun als Mittelpunkte der Kreise durch $A_0 = (A_0)_1^1$, $(A_0)_2^1$, $(A_0)_3^1$ und $B_0 = (B_0)_1^1$, $(B_0)_2^1$, $(B_0)_3^1$ bestimmen (Abb. 6.17b).

Die rechnerische Lösung bei vorgegebenen Gestellgelenken A_0 und B_0 baut auf dem Algorithmus auf, der für die Mittelpunktsuche mit den Gln. 6.14a-c bis 6.17 zur Anwendung kam. Wie aus Abb. 6.16b deutlich wird, stellt nämlich z. B. der gesuchte Gelenkpunkt A_1 den Mittelpunkt eines Kreises dar, der durch die relativen Lagen der Gestelldrehpunkte $A_0 = (A_0)_1^1$, $(A_0)_2^1$, $(A_0)_3^1$ geht. Um nun den durch die Gln. 6.14a-c bis 6.17 beschriebenen Algorithmus anwenden zu können, müssen allerdings zunächst die neuen Koordinaten der Gestelldrehpunkte $(A_0)_2^1$, $(B_0)_2^1$ sowie $(A_0)_3^1$, $(B_0)_3^1$ bestimmt werden. Dabei muss sowohl die Verschiebung in das Bezugskoordinatensystem ξ_1, η_1 sowie die zugehörige Verdrehung berücksichtigt werden. Man erhält dadurch

$$\begin{aligned} x_{(A_0)_i^1} &= x_{0_1} + \left(x_{A_0} - x_{0_i}\right) \cdot \cos(\varphi_1 - \varphi_i) - \left(y_{A_0} - y_{0_i}\right) \cdot \sin(\varphi_1 - \varphi_i) \\ y_{(A_0)_i^1} &= y_{0_1} + \left(x_{A_0} - x_{0_i}\right) \cdot \sin(\varphi_1 - \varphi_i) + \left(y_{A_0} - y_{0_i}\right) \cdot \cos(\varphi_1 - \varphi_i) \end{aligned} \qquad i = 2, 3. \tag{6.18a,b}$$

Analog gilt diese Gleichung auch für B_0.

6.2.3.2 Getriebeentwurf für drei Punkte einer Koppelkurve

Nach der in Abb. 6.18a gezeigten Aufgabenstellung soll ein Punkt C durch drei gegebene Punkte C_1, C_2, C_3 geführt werden, die z. B. auf einer anzunähernden Kurve k gewählt wurden. Die Wertigkeitsbilanz ergibt hier

$$W_{\text{frei}} = W_{\text{vorh}} - W_{\text{erf}} = 10 - (2 + 1 + 1) = 6.$$

Von dem Getriebe, das den Punkt C führen soll, ist die Lage der Gestellgelenke A_0, B_0, die Gliedlänge $\overline{A_0A}$ und der Koppelpunktabstand $\overline{AC}$ gegeben, wodurch entsprechend

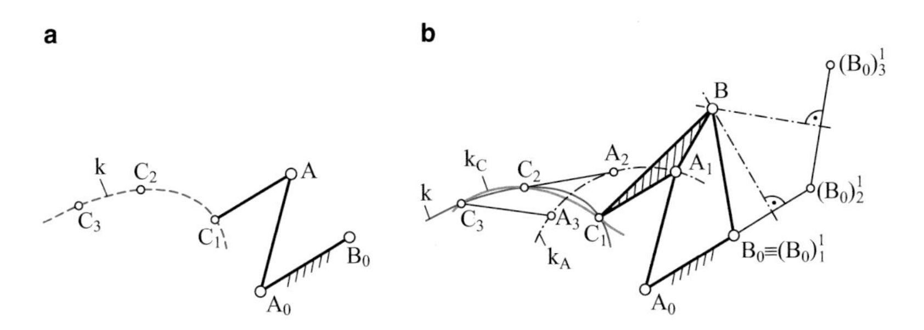

Abb. 6.18 Konstruktion eines Getriebes für drei Punkte einer Koppelkurve k_C: **a** Aufgabenstellung, **b** Lösung

Tab. 6.1 mit der Wahl zweier Punkte und zweier Längen

$$W_{\text{frei}} = 6 = 2 \cdot 2 + 1 + 1$$

voll erfüllt wird. Die Lage des zweiten Koppelgelenkes B auf dem Koppelglied ist gesucht.

Wenn der Punkt C in die Lagen C_1, C_2, C_3 gebracht wird und außerdem der Gelenkpunkt A auf dem Kreisbogen k_A liegen soll, so sind dadurch die Lagen C_1A_1, C_2A_2 und C_3A_3 des Koppelgliedes bestimmt (Abb. 6.18b). Damit liegt die bereits beschriebene Aufgabenstellung „Getriebeentwurf für drei allgemeine Gliedlagen" mit gegebenen Gestellgelenken nach Abb. 6.17a vor. Das Koppelgelenk A ist hier allerdings durch die Aufgabenstellung bereits gegeben. Die Lage des Gestellgelenks B_0 relativ zum Koppelglied in dessen drei Lagen wird z. B. in die Stellung 1 übertragen und es ergeben sich die Punkte $B_0 = (B_0)_1^1$, $(B_0)_2^1$, $(B_0)_3^1$. Das gesuchte Koppelgelenk B in der Lage B_1 ist dann der Mittelpunkt des Kreises durch diese drei Punkte.

Die rechnerische Lösung ist aufwändiger und baut auf verschiedenen Berechnungsschritten auf. So müssen zunächst, ausgehend von der Gliedlänge $\overline{A_0A}$ und dem Koppelpunktabstand $\overline{AC}$, die drei Lagen 1, 2 und 3 des Zweischlages A_0AC bestimmt werden. Hierzu kann auf die in Kap. 4 beschriebenen Verfahren, insbesondere die in Abschn. 4.2 beschriebene Modulmethode, zurückgegriffen werden. Anschließend können die neuen relativen Lagen des Gestelldrehpunktes$(B_0)_2^1$ sowie $(B_0)_3^1$ analog zu den Transformationsgleichungen (6.18a,b) berechnet werden. Das gesuchte Koppelgelenk B ergibt sich dann in der Lage B_1 durch den mit Hilfe der Gln. 6.14a-c bis 6.17 beschriebenen Algorithmus.

6.2.3.3 Getriebeentwurf für drei Punkte einer Übertragungsfunktion

Von einer gewünschten Übertragungsfunktion $\psi = \psi(\varphi)$ zwischen zwei im Gestell drehbar gelagerten Gliedern sollen drei Punkte $1, 2, 3$ exakt eingehalten werden. Die entsprechenden Winkel φ_{12} und φ_{23} sowie ψ_{12} und ψ_{23} sind gegeben. Die Lösung erfolgt analog zu dem in Abschn. 6.2.2.2 gezeigten Verfahren. Für die Wertigkeitsbilanz ergibt sich mit

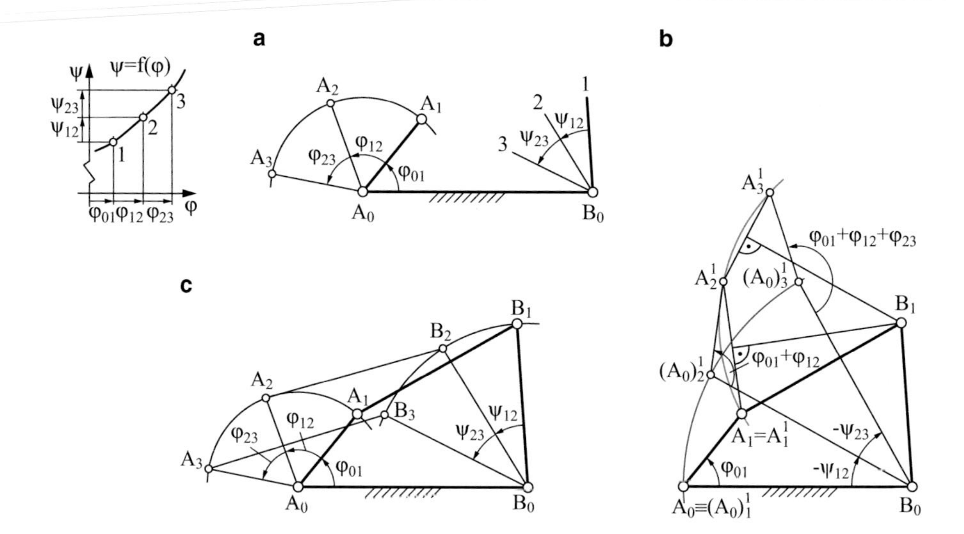

Abb. 6.19 Konstruktion eines Getriebes für drei Punkte einer Übertragungsfunktion: **a** Aufgabenstellung, **b** Lösung, **c** Lösungsgetriebe

der Zuordnung φ_{12}, ψ_{12} und φ_{23}, ψ_{23}

$$W_{\text{erf}} = 2$$

und aus den Gln. 6.11 und 6.12

$$W_{\text{frei}} = W_{\text{vorh}} - W_{\text{erf}} = 8 - 2 = 6.$$

Mit der Wahl der Gestelldrehpunkte A_0 und B_0, der Länge $\overline{A_0A}$ des Antriebsgliedes sowie dessen Ausgangslage relativ zur Gestellgeraden A_0B_0 durch den Winkel φ_{01} (Abb. 6.19a) wird

$$W_{\text{frei}} = 6 = 2 \cdot 2 + 1 + 1$$

voll erfüllt.

Auch diese Aufgabe kann auf drei Gliedlagen zurückgeführt werden. Im Gegensatz zur Lösung in Abschn. 6.2.2.2 wird hier $\overline{B_0B}$ als feste Bezugsebene verwendet. Man betrachtet also die Lage des Antriebsgliedes relativ zum Abtriebsglied. Wählt man z. B. die Stellung 1 des Abtriebsgliedes als Bezugslage und denkt man sich das noch nicht weiter bestimmte Abtriebsglied in der entsprechenden Stellung relativ zum Zeichenpapier festgehalten, so ergeben sich die den Getriebestellungen 2 und 3 entsprechenden Lagen von Gestell und Antriebsglied relativ zum Abtriebsglied folgendermaßen:

A_0 bewegt sich auf einem Kreis um B_0 entgegengesetzt zu der Drehrichtung, die das Abtriebsglied relativ zum Gestell haben soll, also um $-\psi_{12}$ und $-\psi_{23}$, in die Lagen $(A_0)_2^1$, und $(A_0)_3^1$. In $(A_0)_2^1$ und $(A_0)_3^1$ werden die entsprechenden Antriebswinkel $\varphi_{01} + \varphi_{12}$ bzw.

$\varphi_{01} + \varphi_{12} + \varphi_{23}$ angetragen, und es ergeben sich die Lagen A_2^1 und A_3^1 des Koppelgelenkes A relativ zur Stellung 1 des Abtriebsgliedes. Das Koppelgelenk B muss für alle Getriebelagen den gleichen Abstand (Koppellänge) vom Gelenk A haben. Die Lage von B in der Stellung 1 des Abtriebsgliedes und damit auch die Länge der Koppel und der Abtriebsschwinge ergibt sich als Mittelpunkt des Kreises durch $A_1 = A_1^1$, A_2^1 und A_3^1 (Abb. 6.19b).

Die rechnerische Lösung dieser Aufgabenstellung besteht im Wesentlichen wieder in der Mittelpunktsuche, ausgehend von den Kreispunkten $A_1 = A_1^1$, A_2^1 und A_3^1 analog zu dem mit Hilfe der Gln. 6.14a-c bis 6.17 beschriebenen Algorithmus. Entsprechend der in Abb. 6.19b gezeigten graphischen Konstruktion der Lösung können die dafür benötigten Punkte A_2^1 und A_3^1 mit Hilfe der Beziehungen

$$\begin{aligned}
x_{A_2^1} &= x_{B_0} - \overline{A_0B_0} \cdot \cos\psi_{12} + \overline{A_0A} \cdot \cos(\varphi_{01} + \varphi_{12} - \psi_{12}) \\
y_{A_2^1} &= y_{B_0} + \overline{A_0B_0} \cdot \sin\psi_{12} + \overline{A_0A} \cdot \sin(\varphi_{01} + \varphi_{12} - \psi_{12}) \\
x_{A_3^1} &= x_{B_0} - \overline{A_0B_0} \cdot \cos(\psi_{12} + \psi_{23}) + \overline{A_0A} \cdot \cos(\varphi_{01} + \varphi_{12} + \varphi_{23} - \psi_{12} - \psi_{23}) \\
y_{A_3^1} &= y_{B_0} + \overline{A_0B_0} \cdot \sin(\psi_{12} + \psi_{23}) + \overline{A_0A} \cdot \sin(\varphi_{01} + \varphi_{12} + \varphi_{23} - \psi_{12} - \psi_{23})
\end{aligned} \quad (6.19\text{a-d})$$

berechnet werden.

6.2.3.4 Beispiel eines Drehgelenkgetriebes als Übertragungsgetriebe

Zu zwei gegebenen Relativ-Winkelzuordnungen φ_{12}, ψ_{12} und φ_{23}, ψ_{23} für drei Lagen des Antriebsglieds A_0A und drei Lagen 1′, 2′, 3′ des Abtriebsglieds B_0B eines Drehgelenkgetriebes sind die Abmessungen zu finden.

Lösung

Die mit Hilfe von Gl. 6.12 ermittelte vorhandene Wertigkeit $W_{vorh} = 8$ teilt sich für die erforderliche Wertigkeit W_{erf} hinsichtlich der getroffenen Annahmen folgendermaßen auf:

Annahme	A_0	B_0	$\overline{B_0B}$	φ_{12}, ψ_{12}	φ_{23}, ψ_{23}	β
W_{erf}	2	2	1	1	1	1

Mit der Wahl von β und mit den Winkeln ψ_{12} und ψ_{23} liegen die Punkte B_1, B_2, B_3 in den drei Lagen des Abtriebsgliedes als Punkte eines Kreises um B_0 mit dem Radius $\overline{B_0B}$ fest. Bei der Rückdrehung dieser Punkte mit den Winkeln $-\varphi_{12}$, $-\varphi_{13} = -(\varphi_{12} + \varphi_{23})$ um A_0 wandern die Punkte B_2 und B_3 für einen Beobachter in A in der Bezugslage 1 an die Stellen B_2^1 bzw. B_3^1. Da alle Punkte B in der Lage 1 auf Kreisen um A liegen müssen, liefert der Schnittpunkt der beiden Mittelsenkrechten m_{B1}^1 und m_{B2}^1 den Punkt A in der Lage 1 und damit die Koppellänge $\overline{A_1B_1} = \overline{AB}$, Abb. 6.20.

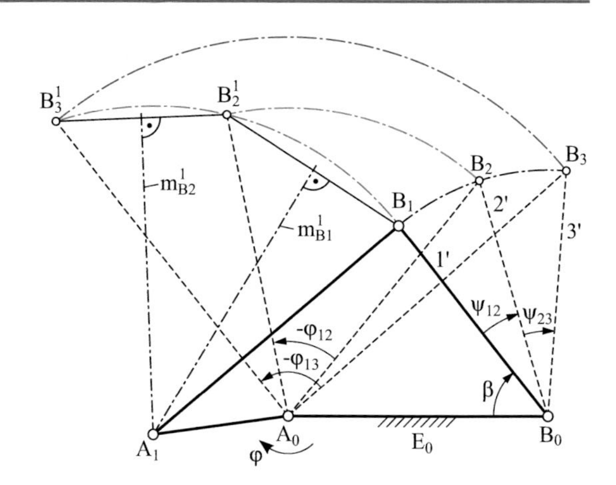

Abb. 6.20 Drei-Lagen-Synthese für ein Drehgelenkgetriebe A_0ABB_0 als Übertragungsgetriebe

6.2.3.5 Beispiel eines Schubkurbelgetriebes als Übertragungsgetriebe

Zu zwei gegebenen Relativlagenzuordnungen φ_{12}, s_{12} und φ_{13}, s_{13} für drei Lagen des Antriebsgliedes (Kurbel) A_0A und drei Lagen des Abtriebsgliedes (Schiebers) eines zentrischen Schubkurbelgetriebes sind die Abmessungen zu finden.

Lösung

Wegen der Versetzung $e = 0$ verringert sich $W_{vorh} = 8$ um zwei Wertigkeiten auf $W_{eff} = 6$, vgl. Gl. 6.13.

Die Wertigkeitsbilanz sieht dann folgendermaßen aus:

Annahme	A_0	B_1	φ_{12}, s_{12}	φ_{13}, s_{13}
W_{erf}	2	2	1	1

Die Konstruktion des Punkts A in der Lage 1 erfolgt analog zu derjenigen im Abschnitt zuvor, Abb. 6.21.

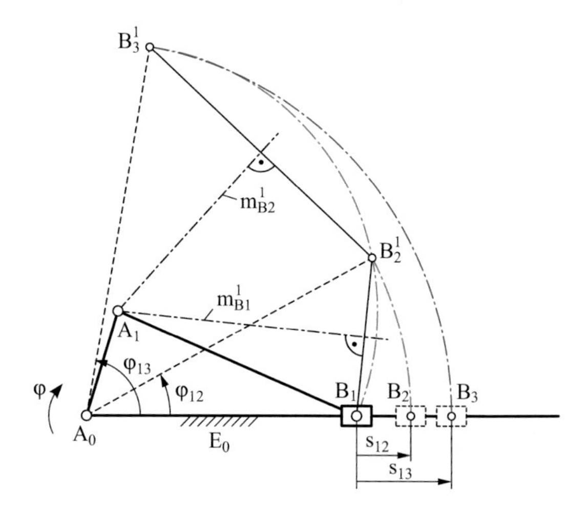

Abb. 6.21 Drei-Lagen-Synthese für ein Schubkurbelgetriebe $A_0ABB_0^\infty$ als Übertragungsgetriebe

6.2.4 Mehrlagen-Synthese

6.2.4.1 Getriebeentwurf für vier allgemeine Gliedlagen (Kreis- und Mittelpunktkurve)

Wenn vier allgemeine Lagen eines Getriebegliedes durch die Koppelbewegung eines viergliedrigen Gelenkgetriebes erfüllt werden sollen, so können weder die Koppelgelenke A, B im bewegten ξ, η-System noch die Gestellgelenke A_0, B_0 im gestellfesten x, y-System beliebig gewählt werden. Wie schon zu Beginn dieses Abschnittes erwähnt, müssen für verschiedene, vorgegebene Lagen einer bewegten Ebene E, z. B. $E_1, E_2, E_3, \ldots$, relativ zur Bezugsebene diejenigen Punkte X der Ebene E gesucht werden, deren homologe Punkte X_1, X_2, X_3, ... während der Bewegung der Ebene auf einem Kreis liegen (Abb. 6.13). Zur exakten Erfüllung der Aufgabenstellung müssen also die Koppelgelenke Kreispunkte K sein, d. h. sie müssen in ihren den vier Gliedlagen entsprechenden homologen Lagen jeweils auf einem Kreis liegen, dessen Mittelpunkt M dann als entsprechendes Gestellgelenk zu wählen ist. Aus dieser Bedingung ergibt sich, dass zulässige Koppelgelenke in der bewegten Ebene nur auf einer bestimmten Kurve, nämlich der sogenannten *Kreispunktkurve* k_K liegen und die zugeordneten Gestellgelenke entsprechend auf der sogenannten *Mittelpunktkurve* k_M in der gestellfesten Ebene.

Kreis- und Mittelpunktkurve werden nach BURMESTER unter dem Begriff BURMESTER*'sche Kurven* zusammengefasst. Sie können graphisch nur mit großem Aufwand ermittelt werden, weshalb sich die numerische Bestimmung empfiehlt.

Weitere getriebetechnische Aufgabenstellungen, wie z. B. die Erfüllung von vier Punkten einer Koppelkurve oder vier Punkten einer Übertragungsfunktion, können ebenfalls mit Hilfe der BURMESTER'schen Kurven gelöst werden, wenn sie zuerst analog zu dem Verfahren für drei Gliedlagen gemäß Abschn. 6.2.3.2 und 6.2.3.3 in die Aufgabenstellung „vier allgemeine Gliedlagen" überführt werden.

Als Beispiel zeigt Abb. 6.22 für die vier eingezeichneten Lagen der ξ,η-Ebene strichpunktiert die Mittelpunktkurve k_M in der gestellfesten x,y-Ebene und gestrichelt die Kreispunktkurve k als Kurve k_{K1} für die Lage 1 der bewegten ξ,η-Ebene. Die Kurven sind bestimmt durch die Koordinaten x_M, y_M der Mittelpunkte M in der gestellfesten Ebene und die Koordinaten ξ_K, η_K der zugeordneten Kreispunkte K in der bewegten Ebene. In einem Teilbereich sind zur Verdeutlichung zugeordnete Kreis- und Mittelpunkte durch Verbindungslinien gekennzeichnet.

Die Gestellgelenke des gesuchten viergliedrigen Gelenkgetriebes können nun auf k_M beliebig gewählt werden (z. B. die eingezeichneten Punkte A_0 und B_0). Zu den gewählten Mittelpunkten sind dann die zugeordneten Kreispunkte auf k als Koppelgelenke zu verwenden (also zu A_0 und B_0 die eingezeichneten Punkte A_1 und B_1 auf k_{K1} für die Lage 1 des Getriebes). Abschließend muss geprüft werden, ob von dem so gefundenen Getriebe eventuelle weitere Anforderungen erfüllt werden, wie z. B. gleicher Bewegungsbereich für alle Lagen, Durchlaufen der Lagen in einer bestimmten Reihenfolge, stetige Antriebsbewegung, günstige Kraftübertragung usw.

Abb. 6.22 Kreis- und Mittelpunktkurve für vier allgemeine Gliedlagen

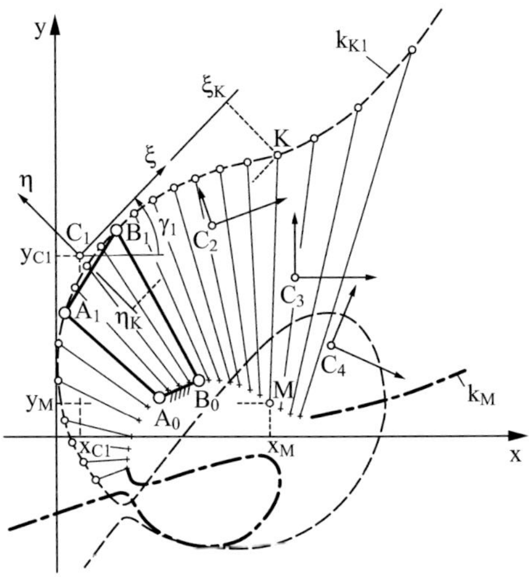

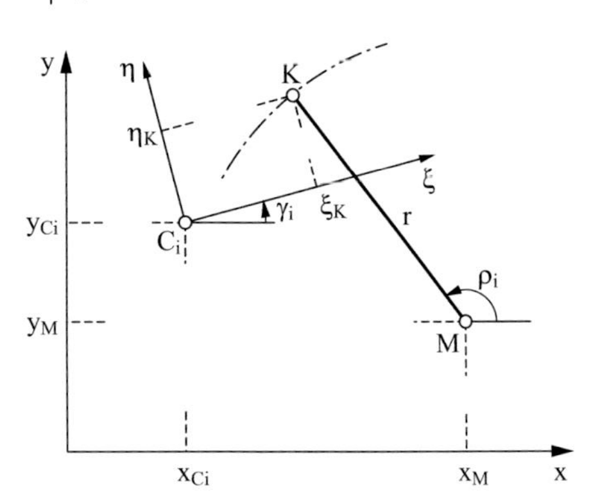

Abb. 6.23 Lagen mit Kreispunkt K und Mittelpunkt M

Zur rechnerischen Ermittlung der Kreis- und Mittelpunktkurve für vier allgemeine Gliedlagen können die vier Lagen des ξ,η-Systems gemäß Abb. 6.23 zunächst durch x_{C_i}, y_{C_i}, γ_i beschrieben werden.

Wenn ein Punkt K der bewegten Ebene mit den Koordinaten ξ_K, η_K sich auf einem Kreis mit dem Radius r um den Mittelpunkt M in der gestellfesten Ebene mit den Koordinaten x_M, y_M bewegen soll, so muss für alle Lagen i gelten:

$$\begin{aligned} x_M + r \cdot \cos\rho_i &= x_{C_i} + \xi_K \cos\gamma_i - \eta_K \sin\gamma_i, \\ y_M + r \cdot \sin\rho_i &= y_{C_i} + \xi_K \sin\gamma_i + \eta_K \cos\gamma_i, \end{aligned} \quad i = 1, 2, 3, 4 \tag{6.20a,b}$$

Durch Quadrieren kann der Winkel ρ_i eliminiert werden und man erhält für jede Lage i die Beziehung

$$\begin{aligned} & x_{C_i}^2 + y_{C_i}^2 + x_M^2 + y_M^2 + \xi_K^2 + \eta_K^2 - r^2 - 2x_{C_i}x_M - 2y_{C_i}y_M \\ & +2(x_{C_i}\cos\gamma_i + y_{C_i}\sin\gamma_i)\xi_K - 2(x_{C_i}\sin\gamma_i - y_{C_i}\cos\gamma_i)\eta_K \quad i = 1, 2, 3, 4. \\ & -2\cos\gamma_i(x_M\xi_K + y_M\eta_K) - 2\sin\gamma_i(y_M\xi_K - x_M\eta_K) = 0, \end{aligned} \tag{6.21}$$

Um im nächsten Schritt den Kreisradius r zu eliminieren, fasst man z. B. gemäß (Braune 1980 bzw. Dittrich et al. 1983) von diesen vier Gleichungen durch Subtrahieren je zwei zusammen, z. B. die Gleichungen für i = 1, 2, i = 1, 3 und i = 1, 4. Dadurch erhält man das folgende nichtlineare Gleichungssystem mit drei Gleichungen für die vier Unbekannten x_M, y_M, ξ_K, η_K:

$$\begin{aligned} &A_j + B_j x_M + C_j y_M + D_j \xi_K + E_j \eta_K \\ &\quad + F_j (x_M \xi_K + y_M \eta_K) + G_j (y_M \xi_K - x_M \eta_K) = 0, \end{aligned} \qquad j = 1, 2, 3. \tag{6.22}$$

Die in den verbleibenden drei Gleichungen auftretenden Koeffizienten A_j bis G_j hängen dabei nur von den Lagedaten $x_{C_i}, y_{C_i}, \gamma_i$ ab und sind somit bekannt. Wird nun eine Koordinate beliebig vorgegeben, also z. B. die x-Koordinate x_M eines Mittelpunktes, so kann das Gleichungssystem (6.22) aufgelöst werden und man erhält eine Polynomgleichung 3. Grades für eine Unbekannte. Bei Vorgabe von x_M ergibt sich z. B.

$$a_0 + a_1 y_M + a_2 y_M^2 + a_3 y_M^3 = 0, \tag{6.23}$$

wobei die Koeffizienten a_0 bis a_3 nur von den Lagedaten $x_{C_i}, y_{C_i}, \gamma_i$ und der Vorgabekoordinate x_M abhängen.

Die reellen Lösungen der Gl. 6.23 (im Allgemeinen entweder eine oder drei) sind die Koordinaten y_M zulässiger Mittelpunkte M zu einem vorgegebenen x_M. Wird ein so bestimmtes Paar x_M, y_M in zwei der insgesamt drei Gleichungen des Gleichungssystems (6.22) eingesetzt, so ergibt sich ein lineares Gleichungssystem für die noch unbekannten Koordinaten ξ_K, η_K des zugeordneten Kreispunktes. Durch schrittweise Variation der Vorgabekoordinate erhält man somit jeweils Paare zugeordneter Kreis- und Mittelpunkte.

Nähere Ausführungen und Anwendungsbeispiele zu einer effektiven und praxisgerechten Vorgehensweise beim Einsatz der Mehrlagen-Synthese finden sich in (Braune 1980, Dittrich et al. 1983 und Braune 2007).

6.2.4.2 Getriebeentwurf für fünf allgemeine Gliedlagen (Burmester'sche Kreis- und Mittelpunkte)

Wenn fünf allgemeine Lagen eines Getriebegliedes exakt durch die Koppelbewegung eines viergliedrigen Gelenkgetriebes erfüllt werden sollen, können, wenn eine Lösung überhaupt möglich ist, nur ganz bestimmte Punkte der bewegten Ebene als Koppelgelenke und ganz bestimmte entsprechende Punkte der gestellfesten Ebene als Gestellgelenke verwendet werden. Diese werden als Burmester*'sche Kreis- und Mittelpunkte* bezeichnet. Abhängig von den Lagedaten der bewegten Ebene existiert entweder gar keine reelle, als Getriebe ausführbare, Lösung oder es ergeben sich zwei oder vier Paare zugeordneter Kreis- und Mittelpunkte als Lösung. Bei zwei Punktepaaren kann ein viergliedriges Getriebe zur Erfüllung der Aufgabenstellung gebildet werden, bei vier Punktepaaren erhält man durch Kombination von je zwei Punktepaaren insgesamt sechs Lösungsgetriebe.

Burmester*'sche Punkte* können prinzipiell auch mit rein graphischen Methoden ermittelt werden. Dies ist jedoch außerordentlich aufwändig, weshalb sich auch hier als zweite Möglichkeit die direkte rechnerische Bestimmung der BURMESTER'schen Punkte empfiehlt. Analog zur Vierlagensynthese sind mit Hilfe der BURMESTER'schen Punkte auch getriebetechnische Aufgabenstellungen wie z. B. „fünf Punkte einer Koppelkurve" oder „fünf Punkte einer Übertragungsfunktion" lösbar, wenn diese wie bei drei oder vier Gliedlagen zuerst in die Aufgabenstellung „fünf allgemeine Gliedlagen" überführt werden.

Die rein algebraische Bestimmung der BURMESTER'schen Kreis- und Mittelpunkte kann analog zum rechnerischen Verfahren für die Vierlagensynthese erfolgen, siehe (Braune 1980 und Dittrich et al. 1983).

Das in Abschn. 6.2.4.1 angegebene Gleichungssystem (6.22) erweitert sich für fünf Vorgabelagen auf vier Gleichungen und wird so zu einem bestimmten Gleichungssystem mit einer prinzipiellen endlichen Anzahl von Lösungen für die vier Unbekannten x_M, y_M, ξ_K und η_K. In diesem Gleichungssystem kann man mithilfe etlicher Umformungen drei Unbekannte eliminieren und es verbleibt dabei für die letzte Unbekannte ein Polynom 4. Grades. Bei Auflösung nach x_M ergibt sich z. B.

$$a_0 + a_1 x_M + a_2 x_M^2 + a_3 x_M^3 + a_4 x_M^4 = 0, \qquad (6.24)$$

wobei die Koeffizienten a_0 bis a_4 nur von den Lagedaten x_{C_i}, y_{C_i}, γ_i abhängen.

Die reellen Lösungen der Gl. 6.24 (im Allgemeinen keine, zwei oder vier) sind die Koordinaten x_M zulässiger Mittelpunkte M, zu denen auch ein jeweils eindeutig zugeordneter Wert für die zweite Koordinate y_M bestimmt werden kann. Wie bei der Vierlagen-Synthese wird dann ein so bestimmtes Paar x_M, y_M in zwei der nun insgesamt vier Gleichungen des Gleichungssystems (6.22) eingesetzt und es ergibt sich so ein lineares Gleichungssystem für die noch unbekannten Koordinaten ξ_K, η_K des zugeordneten Kreispunktes. Für ggf. zwei oder vier reelle Lösungen des Polynoms (6.24) erhält man so zwei oder vier Paare einander zugeordneter Kreis- und Mittelpunkte.

6.3 Mehrfache Erzeugung von Koppelkurven

Wie schon in Kap. 2 erwähnt, lassen sich bei einer Aufteilung der Getriebe nach ihrer Funktion die beiden Getriebetypen Führungsgetriebe und Übertragungsgetriebe unterscheiden. Generell dienen Führungsgetriebe entweder zum Führen von Punkten einzelner Getriebeglieder auf vorgeschriebenen Bahnen (Punktführung) oder zur Führung von Getriebegliedern durch vorgeschriebene Lagen (Ebenenführung). Im Falle der Verwendung eines Getriebes als Punktführungsgetriebe spielt die von einem beliebigen Punkt auf dem geführten Glied des Getriebes erzeugte Koppelkurve eine wichtige Rolle. Schon bei den relativ einfachen viergliedrigen Kurbelgetrieben ergibt sich eine große Vielfalt möglicher Koppelkurven, wie durch Abb. 6.24 veranschaulicht (siehe auch (Hain 1972 und Hain 1973)).

In diesem Zusammenhang sind verschiedene Möglichkeiten, die Koppelkurve eines viergliedrigen Gelenkgetriebes zu erzeugen, von besonderem Interesse. Dies gilt beson-

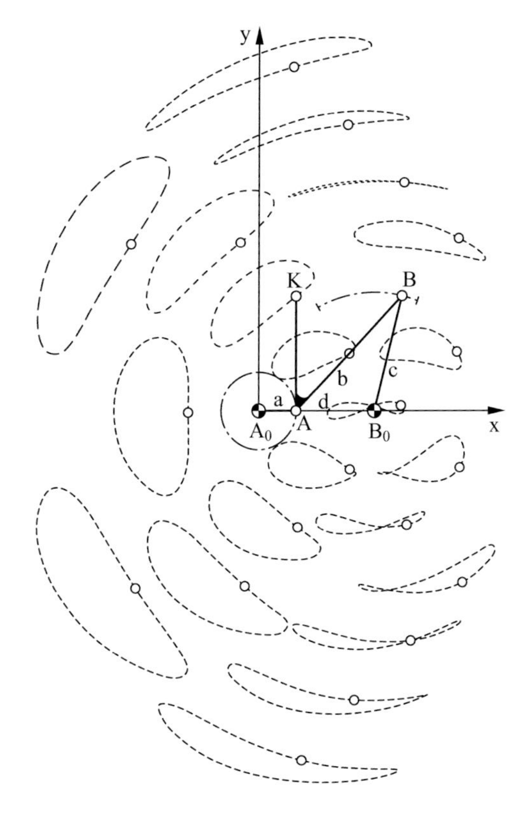

Abb. 6.24 Koppelkurven einer Kurbelschwinge für verschiedene Lagen des Koppelpunktes K

ders dann, wenn das im ersten Syntheseschritt ermittelte viergliedrige Gelenkgetriebe gewisse Restriktionen z. B. hinsichtlich des Einbauraumes nicht erfüllt.

6.3.1 Ermittlung der ROBERTS'schen Ersatzgetriebe

Nach dem Satz von ROBERTS kann jede Koppelkurve eines viergliedrigen Gelenkgetriebes im Allgemeinen durch drei verschiedene Getriebe erzeugt werden. Ist das Ausgangsgetriebe A_0AKBB_0 gegeben, so existieren zwei weitere sogenannte ROBERTS'sche Ersatzgetriebe mit anderen Abmessungen, deren Koppelpunkt K die gleiche Koppelkurve erzeugt. Zur Bestimmung dieser Ersatzgetriebe kann zunächst ein dritter Gestellpunkt C_0 gefunden werden, indem man ein zum Koppeldreieck ABK gleichsinnig ähnliches Dreieck $A_0B_0C_0$ konstruiert (Abb. 6.25).

Die neue Kurbellänge a^* des ersten Ersatzgetriebes erhält man aus der Konstruktion des Parallelogramms A_0AKA^*. Damit ist gleichzeitig auch die Seitenlänge A^*K des neuen Koppeldreieckes A^*KB^* bestimmt. Da nach dem Satz von ROBERTS das Koppeldreieck A^*KB^* dem ursprünglichen Koppeldreieck AKB gleichsinnig ähnlich sein muss, ergeben sich auch die übrigen kinematischen Abmessungen des ersten Ersatzgetriebes.

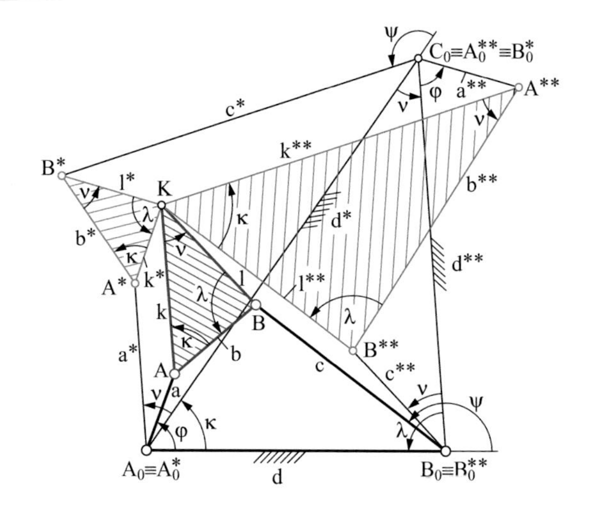

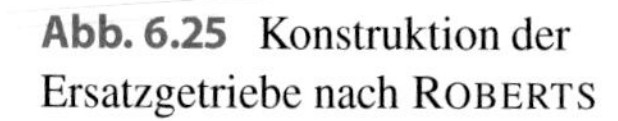
Abb. 6.25 Konstruktion der Ersatzgetriebe nach ROBERTS

Durch analoge Konstruktion ergibt sich das zweite Ersatzgetriebe ausgehend von dem Parallelogramm B_0BKB^{**}. Die Punkte $B^*KA^{**}C_0$ bilden dann ebenfalls ein Parallelogramm.

Die sich für die rechnerische Behandlung aus Abb. 6.25 ergebenden Beziehungen für die kinematischen Abmessungen der beiden Ersatzgetriebe können der Tab. 6.2 entnommen werden.

Für praktische Anwendungen ist besonders wichtig, dass bei den drei Getrieben nach ROBERTS die An- bzw. Abtriebswinkel φ, ψ und ν jeweils paarweise gleich sind, wenn sich die Koppelpunkte der Getriebe an der gleichen Stelle der Koppelkurve befinden. Daraus folgt auch, dass der Geschwindigkeitsverlauf entlang der Koppelkurve bei den verschiedenen Getrieben gleich ist, wenn die entsprechenden Glieder mit der gleichen Winkelgeschwindigkeit angetrieben werden. Dies bedeutet z. B. für das zweite Ersatzgetriebe $A_0^{**}A^{**}B^{**}B_0^{**}$ in Abb. 6.25, dass bei einem Antrieb an der Kurbel $A_0^{**}A^{**}$ mit

Tab. 6.2 Rechnerische Ermittlung der kinemat. Abmessungen der Ersatzgetriebe nach ROBERTS

	Ausgangsgetriebe	1. Ersatzgetriebe	2. Ersatzgetriebe
Länge der Kurbel (Schwinge)	$a \equiv \overline{A_0A}$	$a^* \equiv \overline{A_0A^*} = b \cdot \frac{k}{b} = k$	$a^{**} \equiv \overline{C_0A^{**}} = a \cdot \frac{l}{b}$
Länge der Koppel	$b \equiv \overline{AB}$	$b^* \equiv \overline{A^*B^*} = a \cdot \frac{k}{b}$	$b^{**} \equiv \overline{A^{**}B^{**}} = c \cdot \frac{l}{b}$
Länge der Schwinge (Koppel)	$c \equiv \overline{BB_0}$	$c^* \equiv \overline{B^*C_0} = c \cdot \frac{k}{b}$	$c^{**} \equiv \overline{B^{**}B_0} = b \cdot \frac{l}{b} = l$
Länge des Gestells	$d \equiv \overline{A_0B_0}$	$d^* \equiv \overline{A_0C_0} = d \cdot \frac{k}{b}$	$d^{**} \equiv \overline{C_0B_0} = d \cdot \frac{l}{b}$
Bestimmungsstücke des Koppelpunktes	$k \equiv \overline{AK}$	$k^* \equiv \overline{A^*K} = a$	$k^{**} \equiv \overline{A^{**}K} = c \cdot \frac{k}{b} = c^*$
	$l \equiv \overline{BK}$	$l^* \equiv \overline{B^*K} = a \cdot \frac{l}{b} = a^{**}$	$l^{**} \equiv \overline{B^{**}K} = c$

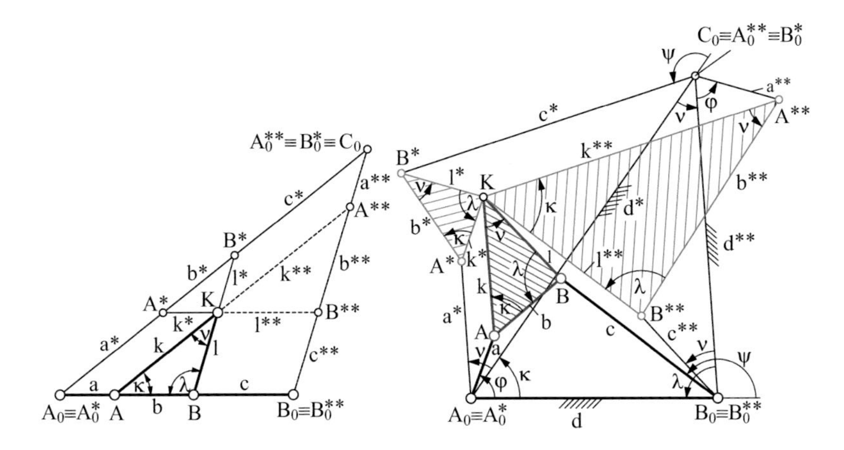

Abb. 6.26 Ersatzgetriebe nach ROBERTS: Schema für das Ausgangsgetriebe und das 1. und 2. Ersatzgetriebe

der Winkelgeschwindigkeit $\omega = \dot{\varphi}$ die Koppelkurve durch den Koppelpunkt K mit demselben zeitlichen Verlauf abgefahren wird wie bei einem Antrieb an der Kurbel A_0A des Ausgangsgetriebes A_0ABB_0 mit derselben Winkelgeschwindigkeit. Dabei ist zu berücksichtigen, dass der Winkel beim zweiten Ersatzgetriebe von der neuen Gestellgeraden $B_0A_0{}^{**}$ mit dem gleichen Drehsinn wie für das Ausgangsgetriebe zu messen ist.

Die Abmessungen der Ersatzgetriebe können auch sehr einfach mit Hilfe eines Schemas bestimmt werden. Dazu werden zunächst wie in Abb. 6.26 gezeigt die Gliedlängen a, b, c des Ausgangsgetriebes gestreckt gezeichnet und über b mit den kinematischen Abmessungen k und l bzw. κ und γ das Koppeldreieck errichtet. Anschließend wird eine Parallele zur Koppelstrecke $\overline{AK}$ durch den Gestellpunkt A_0 sowie eine Parallele zur Koppelstrecke $\overline{BK}$ durch den Gestellpunkt B_0 gelegt. Als Schnittpunkt ergibt sich der Punkt B_0^*. Verlängert man nun die Strecke $\overline{BK}$ bis zum Punkt B^* und zieht außerdem eine Parallele zu A_0B_0 durch den Koppelpunkt K, so erhält man nicht nur die Abmessungen des Koppeldreiecks A^*KB^*, sondern auch die neuen Gliedlängen des 1. Ersatzgetriebes $a^* = \overline{A_0A^*}$ und $c^* = \overline{B_0B^*}$. Die Abmessungen des zweiten Ersatzgetriebes ergeben sich schließlich durch Verlängerung der Strecke $\overline{A^*K}$ bis zum Punkt B^{**} sowie der Strecke $\overline{AK}$ bis zum Punkt A^{**}. Man erhält auf diese Weise sowohl die Abmessungen des Koppeldreiecks $A^{**}KB^{**}$ als auch die neuen Gliedlängen des 2. Ersatzgetriebes $a^{**} = \overline{C_0A^{**}}$ und $c^{**} = \overline{B_0B^{**}}$. Mit Hilfe des Strahlensatzes können nun die Beziehungen aus Tab. 6.2 nachvollzogen werden.

Aus einer Kurbelschwinge entstehen durch Anwendung des Satzes von ROBERTS eine Doppelschwinge und eine Kurbelschwinge, aus einer Doppelschwinge zwei Kurbelschwingen und aus einer Doppelkurbel wieder zwei Doppelkurbeln. Wenn das Ausgangsgetriebe nach GRASHOF **umlauffähig** ist, dann sind auch die Ersatzgetriebe umlauffähig, denn die Gliedlängen unterscheiden sich nur durch den Faktor k/b bzw. l/b.

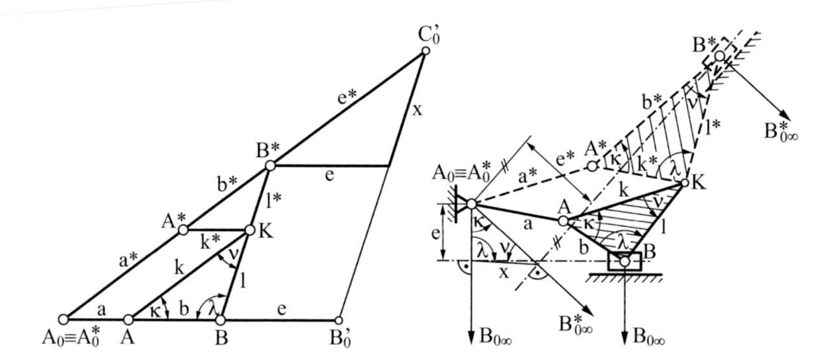

Abb. 6.27 Schema für das Ersatzgetriebe nach ROBERTS für Schubkurbeln

Der Satz von ROBERTS lässt sich nicht nur für Koppelkurven viergliedriger Drehgelenkgetriebe, sondern auch für die Koppelkurven einer Schubkurbel anwenden. Dazu kann analog zu Abb. 6.26 das in Abb. 6.27 gezeigte Schema verwendet werden, wobei hier die Längen a, b und die Exzentrizität e der Schubkurbel in gestreckter Lage gezeichnet werden.

Ausgehend von dieser Konstruktion können nun eine Parallele zur Koppelstrecke $\overline{\mathrm{AK}}$ durch den Punkt $\mathrm{A_0}$ sowie eine Parallele zur Koppelstrecke $\overline{\mathrm{BK}}$ durch den Punkt $\mathrm{B_0'}$ gezogen werden (Abb. 6.27). Als Schnittpunkt dieser beiden Parallelen ergibt sich der Punkt $\mathrm{C_0'}$. Zeichnet man nun noch eine Parallele zur Gestellgeraden $\mathrm{A_0B_0'}$ und verlängert die Koppelstrecke $\overline{\mathrm{BK}}$, so erhält man die Schnittpunkte $\mathrm{A^*}$ und $\mathrm{B^*}$ auf der Geraden $\mathrm{A_0C_0'}$, so dass alle kinematischen Abmessungen der Koppel $\mathrm{A^*B^*K}$ des Ersatzgetriebes ermittelt werden können. Allerdings muss jetzt noch die Lage der Schubachse des Ersatzgetriebes ausgedrückt durch die Exzentrizität e^* bestimmt werden. Sie ergibt sich durch die Strecke $e^* = \overline{\mathrm{B^*C_0'}}$. Rechnerisch ergibt sich durch Betrachtung der entsprechenden Dreiecke im Schema aus Abb. 6.27

$$e^* = \frac{k}{b} \cdot e. \tag{6.25}$$

Die Lage der Schubachse des Ersatzgetriebes kann nun unter Berücksichtigung der in Abb. 6.27 gezeigten Winkelverhältnisse konstruiert werden, indem man eine weitere Parallele zur Gestellgeraden $\mathrm{A_0B_0'}$ diesmal durch den Punkt $\mathrm{B^*}$ zieht. Damit ergibt sich im Schema die Strecke x, die sich auch in der Konstruktion des Ersatzgetriebes wiederfindet. Es ergibt sich auf diese Weise ein dem ursprünglichen Koppeldreieck ähnliches Dreieck mit den Seitenlängen e, e^* und x. Es gilt

$$\frac{e}{\sin \nu} = \frac{e^*}{\sin \lambda} = \frac{x}{\sin \kappa}. \tag{6.26}$$

Die sich aus der oben beschriebenen Vorgehensweise mit dem Schema aus Abb. 6.27 ergebenden Bestimmungsgleichungen für die kinematischen Abmessungen des Ersatzgetriebes sind in Tab. 6.3 wiedergegeben.

Tab. 6.3 Rechnerische Ermittlung der kinematischen Abmessungen des Ersatzgetriebes einer Schubkurbel

	Ausgangsgetriebe	Ersatzgetriebe
Länge der Kurbel (Schwinge)	a	$a^* = b \cdot \frac{k}{b} = k$
Länge der Koppel	b	$b^* = a \cdot \frac{k}{b}$
Exzentrizität	e	$e^* = e \cdot \frac{k}{b}$
Bestimmungsstücke des Koppelpunktes	k	$k^* = a$
	l	$l^* = a \cdot \frac{l}{b}$

6.3.2 Ermittlung fünfgliedriger Ersatzgetriebe mit zwei synchron laufenden Kurbeln

Die Koppelkurve einer Kurbelschwinge kann auch durch ∞^2 fünfgliedrige Getriebe mit zwei synchron laufenden Kurbeln erzeugt werden, wobei man sich den zuvor dargestellten Zusammenhang zwischen den Antriebswinkeln von Ausgangs- und den beiden Ersatzgetrieben zunutze macht (Abb. 6.28) (Gasse 1967).

Wenn der Koppelpunkt K einer Kurbelschwinge A_0ABB_0 die Koppelkurve k_K eines fünfgliedrigen Getriebes durchlaufen soll, kann anstatt des Gestelldrehpunktes B_0 mit der Schwinge B_0B ein beliebiger neuer zweiter Gestelldrehpunkt C_0 frei gewählt werden, während der Gestelldrehpunkt A_0 mit der Kurbel A_0A erhalten bleibt, so dass zunächst das Gestelldreieck $A_0B_0C_0$ entsteht. Ausgehend von den dann bekannten Seitenlängen d, d^* und d^{**} des Gestells kann nun nach dem Satz von ROBERTS über die ähnlichen Dreiecke $A_0B_0C_0$ und ABK' der Koppelpunkt K' gefunden werden, für den das zweite

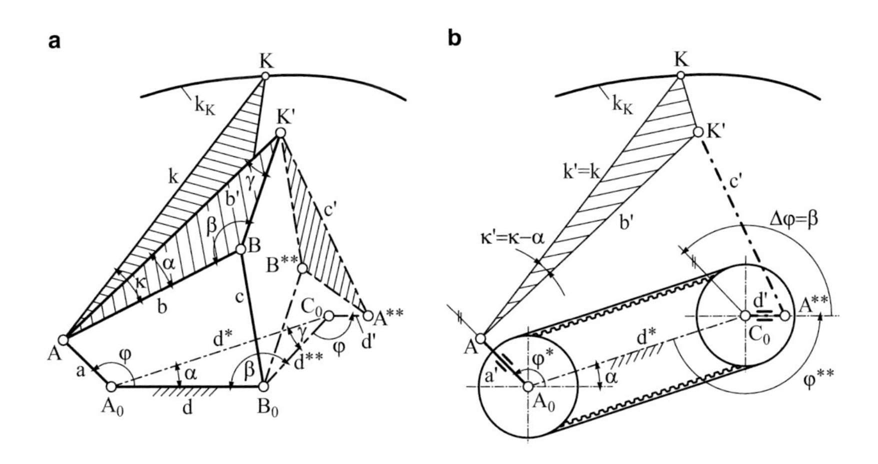

Abb. 6.28 Erzeugung einer Koppelkurve eines viergliedrigen Getriebes durch ein fünfgliedriges Getriebe mit zwei synchron laufenden Kurbeln: **a** 2. Ersatzgetriebe nach ROBERTS, **b** fünfgliedriges Ersatzgetriebe

Tab. 6.4 Rechnerische Ermittlung der kinematischen Abmessungen des fünfgliedrigen Ersatzgetriebes gemäß Abb. 6.28

	Viergliedriges Ausgangsgetriebe	Fünfgliedriges Ersatzgetriebe
Länge der Kurbel	$a \equiv \overline{A_0A}$	$a' \equiv \overline{A_0A} = a$
Länge der Koppel	$b \equiv \overline{AB}$	$b' \equiv \overline{AK'} = b \cdot \frac{d^*}{d}$
Länge der Schwinge (Koppel)	$c \equiv \overline{BB_0}$	$c' \equiv \overline{A^{**}K'} = c \cdot \frac{d^*}{d}$
Länge der Kurbel	–	$d' \equiv \overline{C_0A^{**}} = a \cdot \frac{d^{**}}{d}$
Länge des Gestells	$d \equiv \overline{A_0B_0}$	$d^* \equiv \overline{A_0C_0}$
Bestimmungsgrößen des Koppelpunktes	$k \equiv \overline{AK}$	$k' \equiv \overline{AK} = k$
	κ	$\kappa' = \kappa - \alpha$

Ersatzgetriebe nach ROBERTS entsprechend der im vorhergehenden Abschnitt beschriebenen Vorgehensweise bestimmt wird.

Damit ergibt sich die in Abb. 6.28a gezeigte Konstruktion des viergliedrigen Ersatzgetriebes $C_0A^{**}B^{**}B_0$, dessen Kurbel den gleichen Antriebswinkel hat wie das Ausgangsgetriebe. Wenn beide Kurbeln A_0A und C_0A^{**}, beginnend in der Entwurfslage, synchron angetrieben werden, ist die zwangläufige Führung der Koppelebene des Ausgangsgetriebes auch dann gesichert, wenn die beiden Schwingen B_0B und B_0B^{**} wegfallen (Abb. 6.28b). Die Lage der Kurbel A_0A kann jetzt durch den Winkel $\varphi^* = \varphi - \alpha$ und die Lage der neuen Kurbel C_0C durch den Winkel $\varphi^{**} = \varphi + \gamma$ beschrieben werden. Der für die Montage wichtige konstante Differenzwinkel ergibt sich somit zu $\Delta\varphi = 180° - (\alpha + \gamma) = \beta$.

Ausgehend von den dann bekannten Seitenlängen d, d^* und d^{**} können anschließend die unbekannten Getriebeabmessungen für das fünfgliedrige Getriebe $A_0AK'A^{**}C_0$ wie in Tab. 6.4 gezeigt ermittelt werden. Die Lage des Koppelpunktes K auf dem Glied AK′ bleibt erhalten mit dem Winkel $\kappa' = \kappa - \alpha$.

6.3.3 Parallelführung eines Gliedes entlang einer Koppelkurve

Zur Parallelführung einer Gliedebene müssen zwei Gliedpunkte auf kongruenten und parallel verschobenen Bahnkurven geführt werden. Wenn die für die Parallelführung gewünschte Führungskurve der Koppelkurve k_K (Koppelpunkt K) eines bekannten Gelenkgetriebes A_0ABB_0 entspricht, so kann ein aus dem Satz von ROBERTS hergeleitetes einfaches Verfahren zur Synthese eines sechsgliedrigen Ebenenparallelführungsgetriebes aus einem viergliedrigen Punktführungsgetriebe zur Anwendung kommen (Abb. 6.29). Das Auffinden eines viergliedrigen Getriebes mit einer solchen geeigneten Koppelkurve kann z. B. mit Hilfe eines Koppelkurvenatlanten, bekannter Syntheseverfahren oder einer Lösungssammlung erfolgen.

Zu dem so erhaltenen Ausgangsgetriebe A_0ABB_0 mit dem Koppelpunkt K wird nun zunächst eines der beiden Ersatzgetriebe nach ROBERTS (im Beispiel $C_0A^{**}B^{**}B_0$) konstruiert und so parallel verschoben, dass die Gestellgelenke (hier A_0 und C_0) der Glie-

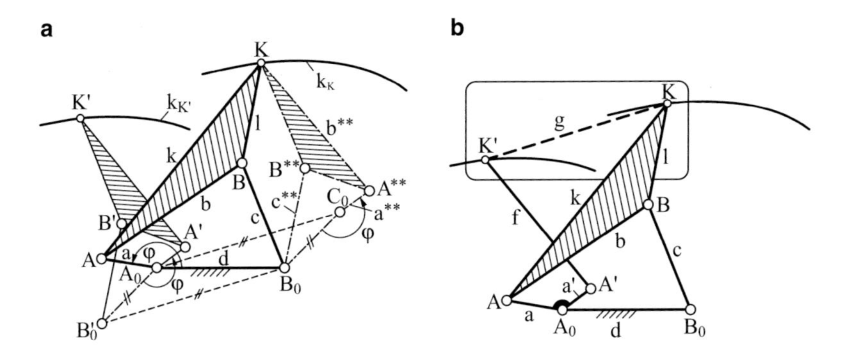

Abb. 6.29 Parallelführung einer Gliedebene: **a** Konstruktion und Verschiebung des Ersatzgetriebes nach ROBERTS, **b** sechsgliedriges Parallelführungsgetriebe

der mit gleichem Antriebswinkel (hier A_0A und C_0A^{**}) zusammenfallen (Abb. 6.29a). Der Koppelpunkt K′ des verschobenen Getriebes ($A_0A'B'B_0'$) ist dann der zweite Punkt zur Führung der Gliedebene, der exakt die gleiche Koppelkurve wie der ursprüngliche Koppelpunkt K, verschoben um den Vektor $\overrightarrow{C_0A_0}$, erzeugt. Da beide Kurbeln A_0A und A_0A' mit gleicher Winkelgeschwindigkeit umlaufen, können sie zu einem Glied mit dem Differenzwinkel $\Delta\varphi = 180° - (\alpha + \gamma) = \beta$ vereinigt werden. Verbindet man nun die beiden Koppelpunkte K und K′, die immer einen konstanten Abstand voneinander aufweisen, durch ein neues binäres Getriebeglied, so kann das zweite im Gestell gelagerte Glied ($B_0'B'$) des verschobenen Ersatzgetriebes entfallen, und es entsteht ein sechsgliedriges Getriebe (Abb. 6.29b). Die sich für das neue sechsgliedrige Getriebe ergebenden Abmessungen können mit dieser Vorgehensweise aus den Beziehungen für das RO-

Tab. 6.5 Rechnerische Ermittlung der kinematischen Abmessungen des Parallelführungsgetriebes gemäß Abb. 6.29

	Viergliedriges Ausgangsgetriebe	Sechsgliedriges Parallelführungsgetriebe
Kurbel	$a \equiv \overline{A_0A}$	$a \equiv \overline{A_0A}$
Koppel	$b \equiv \overline{AB}$	$b \equiv \overline{AB}$
Schwinge	$c \equiv \overline{BB_0}$	$c \equiv \overline{BB_0}$
Gestell	$d \equiv \overline{A_0B_0}$	$d \equiv \overline{A_0B_0}$
Bestimmungsstücke der Koppel	$k \equiv \overline{AK}$	$k \equiv \overline{AK}$
	$l \equiv \overline{BK}$	$l \equiv \overline{BK}$
Kurbel	–	$a' \equiv \overline{C_0A^{**}} = a \cdot \frac{l}{b}$
Koppel	–	$f \equiv \overline{A'K'} = c \cdot \frac{k}{b}$
Koppel	–	$g \equiv \overline{K'K} = \overline{A_0C_0} = d \cdot \frac{k}{b}$

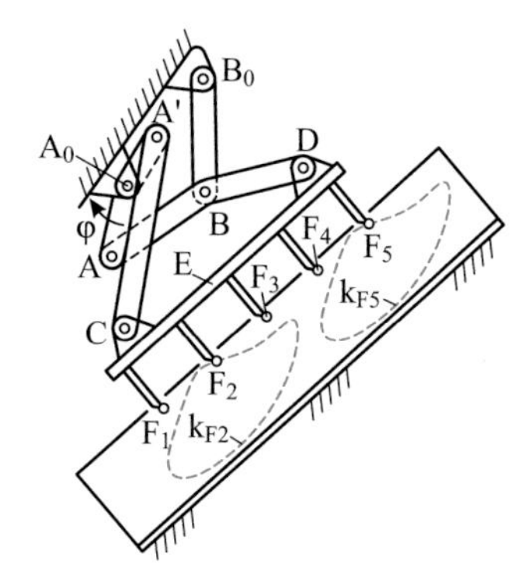

Abb. 6.30 Kurvenparallelführung in einem Fördergetriebe der Landtechnik

BERTS'sche Ersatzgetriebe hergeleitet werden. Damit erhält man die in der Tab. 6.5 zusammengefassten Beziehungen.

Als Beispiel ist in Abb. 6.30 ein auf diese Weise entstandenes Parallelführungsgetriebe gezeigt (Hain 1964).

6.4 Übungsaufgaben

Die Aufgabenstellungen und die Lösungen zu den Übungsaufgaben dieses Kapitels finden Sie auf den Internetseiten des Instituts für Getriebetechnik und Maschinendynamik der RWTH Aachen.

http://www.igm.rwth-aachen.de/index.php?id=aufgaben

Aufgabe 6.1
Maschine zum Verschließen von Dosen: Getriebetyp, Maßsynthese, Beschleunigungsgrad

Aufgabe 6.2
Legeeinrichtung einer Textilmaschine: Getriebeentwurf

Aufgabe 6.3
Viergliedriges Filmgreifergetriebe: Fünfgliedriges Ersatzgetriebe

Aufgabe 6.4
Wippkran: Drei-Lagen-Synthese

Aufgabe 6.5
Muldenkipper: Drei-Lagen-Synthese

http://www.igm.rwth-aachen.de/index.php?id=loesungen

Literatur

Alt, H.: Der Übertragungswinkel und seine Bedeutung für das Konstruieren periodischer Getriebe. Werkstattstechnik **26**, 61–64 (1932) DMG-Lib ID: 1195009

Braune, R.: Ein Beitrag zur Maßsynthese ebener viergliedriger Kurbelgetriebe – Entwicklung, Programmierung und praktische Anwendung von Verfahren zur punktuell exakten Erfüllung geforderter Gliedführungen, Übertragungsfunktionen, Koppelkurven und Diagonalfunktionen. Dissertation am Institut für Getriebetechnik und Maschinendynamik, RWTH Aachen (1980). DMG-Lib ID: 3469009

Braune, R.: Die klassische Genaulagen-Synthese von Getrieben mit Dreh- und Schubgelenken; heutiger Entwicklungsstand und praktische Anwendung. Getriebetechnik-Kolloquium Siegen. S. 325–357 (2007). DMG-Lib ID: 5196009

Dittrich, G., Braune, R., Franzke, W.: Algebraische Maßsynthese ebener viergliedriger Kurbelgetriebe – Programmalgorithmen für Tisch- und Großrechner. Fortschr.-Ber. VDI-Z, Reihe 1, **109** VDI-Verlag, Düsseldorf (1983). DMG-Lib ID: 942009

Dizioğlu, B.: Getriebelehre. Bd. 2: Maßbestimmung. Vieweg, Braunschweig (1967)

Gasse, U.: Beitrag zur mehrfachen Erzeugung der Koppelkurve. Wiss. Zeitschrift d. TH Magdeburg **11**(2), 307–311 (1967)

Hain, K.: Erzeugung von Parallel-Koppelbewegungen mit Anwendungen in der Landtechnik. Grundlagen d. Landtechnik **20**, 58–68 (1964). DMG-Lib ID: 308009

Hain, K.: Atlas für Getriebe-Konstruktionen (Text- und Tafelteil). Vieweg, Braunschweig (1972). DMG-Lib ID: 90009

Hain, K.: Getriebebeispiel-Atlas. VDI, Düsseldorf(1973). DMG-Lib ID: 99009

Kristen, M.: Greiferkonstruktion mit Hilfe der computergestützten Lagensynthese. Maschinenbautechnik **39**(7), 303–308 (1990)

Marx, U.: Ein Beitrag zur kinetischen Analyse ebener viergliedriger Gelenkgetriebe unter dem Aspekt Bewegungsgüte. Fortschr.-Ber. VDI-Z, Reihe 1, **144** VDI-Verlag, Düsseldorf (1986)

VDI (Hrsg.): VDI-Richtlinie 2130: Getriebe für Hub- und Schwingbewegungen; Konstruktion und Berechnung viergliedriger ebener Gelenkgetriebe für gegebene Totlagen. Beuth-Verlag, Berlin (1984), überprüft und bestätigt (2012)

7 Ebene Kurvengetriebe

Zusammenfassung

Kurvengetriebe mit mindestens drei Gliedern und in der Standardbauform mit einem Rollenstößel oder Rollenhebel als Abtriebsglied (Abschn. 2.4.2.2) werden als kompakte Baugruppe in der mechanisierten Fertigung und in der Handhabungstechnik eingesetzt, überwiegend als Übertragungsgetriebe. Durch eine geeignete Profilgebung des Kurvenkörpers lässt sich (fast) jedes Bewegungsgesetz am Abtrieb realisieren; diesem Vorteil steht der Nachteil der im Vergleich mit den Gelenken (niedere Elementenpaare) reiner Gelenkgetriebe größeren Belastungsempfindlichkeit im Kurvengelenk gegenüber. In der Kombination mit Gelenkgetrieben sind Kurvengetriebe auch als Führungsgetriebe zu verwenden (VDI 2741 2004).

Dieses Kapitel enthält einige Grundlagen für die Auslegung – und damit vorwiegend für die Synthese – einfacher ebener Kurvengetriebe mit rotierender Kurvenscheibe als Antriebsglied. Zunächst werden die an die jeweilige Bewegungsaufgabe anzupassenden *Bewegungsgesetze* behandelt und danach auf die Bestimmung der *Hauptabmessungen* eines Kurvengetriebes eingegangen. Die Hauptabmessungen legen die Größe der Kurvenscheibe fest. Der *Bewegungsplan* mit den ausgewählten Bewegungsgesetzen ergibt das *Bewegungsdiagramm* oder die Übertragungsfunktion 0. Ordnung $s(\varphi)$ bzw. $\psi(\varphi)$ und ist schließlich auf das Profil der Kurvenscheibe umzurechnen, dazu sind lediglich Koordinatentransformationen vorzunehmen. Auf die besonders anschauliche „Zeichnungsfolge-Rechenmethode" nach Hain auf der Basis geometrisch-kinematischer Beziehungen kann aus Platzgründen nur hingewiesen werden (VDI 2143 1980).

Der Inhalt dieses Kapitels folgt im Wesentlichen den wegweisenden Richtlinien VDI 2142 und VDI 2143.

H. Kerle, B. Corves, M. Hüsing, *Getriebetechnik*, DOI 10.1007/978-3-658-10057-5_7

7.1 Vom Bewegungsplan zum Bewegungsdiagramm

Die Anforderungen an die Abtriebsbewegung eines Kurvengetriebes in der Standardbauform mit *Rollenstößel* (Abb. 7.1a) oder *Rollenhebel* (Abb. 7.1b) werden in einem *Bewegungsplan* dargestellt, z. B. für $s(\varphi)$ in Abb. 7.2 (VDI 2142 1994).

Der Bewegungsplan besteht aus einzelnen *Bewegungsabschnitten* der „Länge" $\Phi_{ik} = \varphi_k - \varphi_i$, deren Randpunkte i und k fortlaufend nummeriert werden, beginnend bei $i = 0$ und $k = 1$. Die Bewegungsperiode setzt sich aus der Summe aller Bewegungsabschnitte zusammen.

Zu jedem Bewegungsabschnitt gehört für $s(\varphi)$ ein Teilhub $S_{ik} = s_k - s_i$ bzw. für $\psi(\varphi)$ ein Teilhub $\Psi_{ik} = \psi_k - \psi_i$. Die Teilhübe sind vorzeichenbehaftet.

Jedem Bewegungsabschnitt ik wird ein Bewegungsgesetz

$$s(\varphi) = s_i + f_{ik} \cdot S_{ik} \tag{7.1a}$$

bzw.

$$\psi(\varphi) = \psi_i + f_{ik} \cdot \Psi_{ik} \tag{7.1b}$$

zugeordnet. Die darin vorkommende Funktion f_{ik} heißt *normiertes Bewegungsgesetz*. Dabei gilt

$$f_{ik} = f_{ik}\left(\frac{\varphi - \varphi_i}{\Phi_{ik}}\right) = f_{ik}(z_{ik}) \equiv f(z)\,. \tag{7.2}$$

Die Normierung reduziert die Teilhübe auf ein „Einheitsquadrat" im z-f-Koordinatensystem mit $0 \leq z \leq 1$, $f(0) = 0$ und $f(1) = 1$. Die geforderten Geschwindigkeiten v und Beschleunigungen a an den Randpunkten i und k legen den Typ der Bewegungsaufgabe im Abschnitt ik fest, vgl. Tab. 7.1.

Insgesamt ergeben sich somit 16 verschiedene Typen von Bewegungsaufgaben, von R-R, R-G, R-U, usw. bis B-B. Innerhalb eines Bewegungsabschnitts bestehen zwischen Geschwindigkeit v und Beschleunigung a des Abtriebsglieds und den normierten Bewegungsgesetzen folgende Beziehungen (vgl. auch die Gln. 2.2 und 2.3):

$$v \equiv \dot{s} \equiv \frac{ds}{dt} = \frac{ds}{d\varphi} \cdot \dot{\varphi} = \frac{df}{dz} \cdot \frac{S_{ik}}{\Phi_{ik}} \cdot \dot{\varphi} \tag{7.3}$$

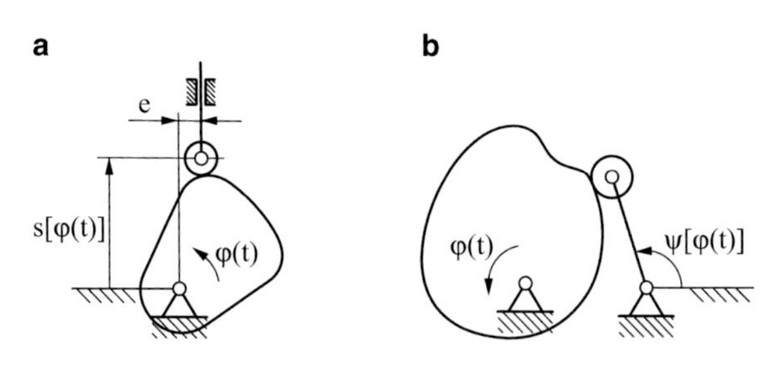

Abb. 7.1 Standardbauformen ebener dreigliedriger Kurvengetriebe: **a** mit Rollenstößel, **b** mit Rollenhebel

Tab. 7.1 Typen von Bewegungsaufgaben

Geschwindigkeit v und Beschleunigung a am Randpunkt i bzw. k eines Bewegungsabschnitts ik	Bewegungsaufgabe	Abkürzung
$v = 0, a = 0$	Rast (End- oder Zwischenrast)	R
$v \neq 0, a = 0$	konstante Geschwindigkeit	G
$v = 0, a \neq 0$	Umkehr	U
$v \neq 0, a \neq 0$	allgemeine Bewegung	B

bzw.

$$v \equiv \dot{\psi} \equiv \frac{d\psi}{dt} = \frac{d\psi}{d\varphi} \cdot \dot{\varphi} = \frac{df}{dz} \cdot \frac{\Psi_{ik}}{\Phi_{ik}} \cdot \dot{\varphi} \tag{7.4}$$

sowie

$$a \equiv \ddot{s} \equiv \frac{d^2 s}{dt^2} = \frac{d^2 s}{d\varphi^2} \cdot \dot{\varphi}^2 + \frac{ds}{d\varphi} \cdot \ddot{\varphi} = \frac{d^2 f}{dz^2} \cdot \frac{S_{ik}}{\Phi_{ik}^2} \cdot \dot{\varphi}^2 + \frac{df}{dz} \cdot \frac{S_{ik}}{\Phi_{ik}} \cdot \ddot{\varphi} \tag{7.5}$$

bzw.

$$a \equiv \ddot{\psi} \equiv \frac{d^2 \psi}{dt^2} = \frac{d^2 \psi}{d\varphi^2} \cdot \dot{\varphi}^2 + \frac{d\psi}{d\varphi} \cdot \ddot{\varphi} = \frac{d^2 f}{dz^2} \cdot \frac{\Psi_{ik}}{\Phi_{ik}^2} \cdot \dot{\varphi}^2 + \frac{df}{dz} \cdot \frac{\Psi_{ik}}{\Phi_{ik}} \cdot \ddot{\varphi}. \tag{7.6}$$

Die Winkel Φ_{ik} und Ψ_{ik} sind im Bogenmaß (rad) einzusetzen. Mit $\dot{\varphi}$ und $\ddot{\varphi}$ sind die Winkelgeschwindigkeit in rad/s bzw. die Winkelbeschleunigung in rad/s^2 der Kurvenscheibe

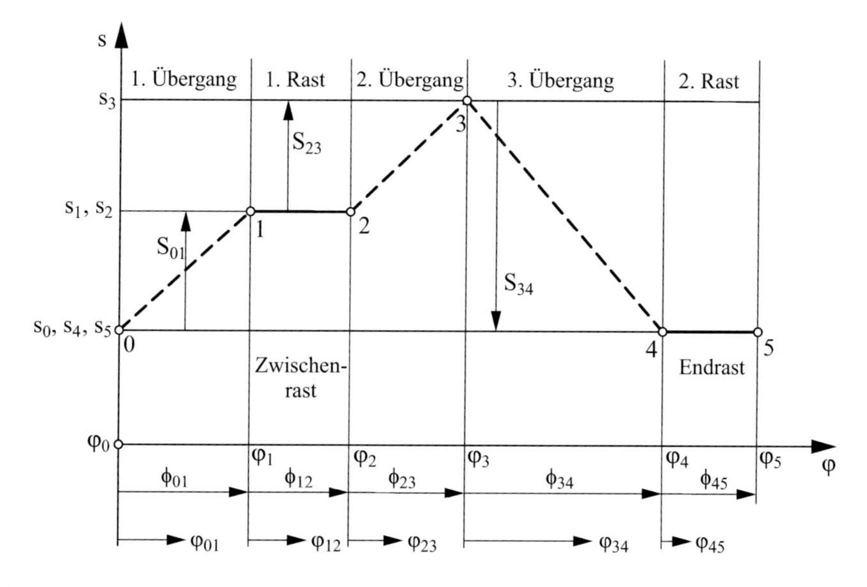

Abb. 7.2 Bewegungsplan einer Bewegungsaufgabe

bezeichnet. Für $\dot{\varphi} = \Omega =$ konst. reduzieren sich die Gln. 7.5 und 7.6 auf

$$a \equiv \ddot{s} \equiv \frac{d^2 s}{dt^2} = \frac{d^2 f}{dz^2} \cdot \frac{S_{ik}}{\Phi_{ik}^2} \cdot \Omega^2 \tag{7.7}$$

und

$$a \equiv \ddot{\psi} \equiv \frac{d^2 \psi}{dt^2} = \frac{d^2 f}{dz^2} \cdot \frac{\Psi_{ik}}{\Phi_{ik}^2} \cdot \Omega^2. \tag{7.8}$$

Die normierten Bewegungsgesetze f(z), welche die kinematischen Randbedingungen der Tab. 7.1 erfüllen, können in drei Kategorien eingeteilt werden:

- **Potenzgesetze**

$$f(z) = A_0 + A_1 \cdot z + A_2 \cdot z^2 + \ldots . + A_i \cdot z^i$$

- **Trigonometrische Gesetze** mit den Argumenten im Bogenmaß (rad)

$$f(z) = A \cdot \cos(i \cdot \pi \cdot z) + B \cdot \sin(j \cdot \pi \cdot z);\; i, j = 1, 2, \ldots$$

- **Kombinationen aus Potenzgesetzen und trigonometrischen Gesetzen**

Eine umfangreiche Sammlung von normierten Bewegungsgesetzen ist in (VDI 2142 1994) enthalten. Innerhalb des Definitionsbereichs $0 \leq z \leq 1$ können die normierten Bewegungsgesetze auch mehrteilig sein.

7.1.1 Kennwerte der normierten Bewegungsgesetze

Um die Auswahl der normierten Bewegungsgesetze zu erleichtern, werden die betragsmäßig größten Werte der Funktionen $f'(z) \equiv df/dz$, $f''(z) \equiv d^2f/dz^2$, $f'''(z) \equiv d^3f/dz^3$ und $f'(z) \cdot f''(z)$ als Kennwerte zur vergleichenden Bewertung ermittelt:

Geschwindigkeitskennwert	$C_v = \max(\lvert f'(z)\rvert)$	(7.9)
Beschleunigungskennwert	$C_a = \max(\lvert f''(z)\rvert)$	(7.10)
Ruckkennwert	$C_j = \max(\lvert f'''(z)\rvert)$	(7.11)
Statischer Momentenkennwert	$C_{\mathrm{Mstat}} = C_v$	(7.12)
Dynamischer Momentenkennwert	$C_{\mathrm{Mdyn}} = \max(\lvert f'(z) \cdot f''(z)\rvert)$	(7.13)

Die ersten drei Kennwerte beziehen sich auf die Bewegung des Abtriebsglieds (Rollenstößel oder Rollenhebel), während die letzten beiden Kennwerte eine Aussage zur Rückwirkung von konstanten bzw. durch Massenträgheit verursachten Abtriebsbelastungen auf das Antriebsglied (Kurvenscheibe) beinhalten. Sämtliche Kennwerte sollten im Idealfall möglichst kleine Werte annehmen. Da dies im realen Fall kaum möglich sein wird, muss vom Anwender eine Wichtung vorgenommen werden. Um dynamisch ungünstige Auswirkungen hinsichtlich der Belastung im Kurvengelenk und der Anregung von Schwingungen im Kurvengetriebe zu vermeiden bzw. zu verringern, sollten nur *stoß- und ruckfreie* Bewegungsgesetze gewählt werden, die also keine Unendlichkeitsstellen im Verlauf von f″(z) und f‴(z) aufweisen.

7.1.2 Anpassung der Randwerte

Nach der Auswahl der Bewegungsgesetze muss die Randwertanpassung auf der Geschwindigkeits- und Beschleunigungsstufe für die Übergangsstellen i und k so vorgenommen werden, dass auch hier kein *Stoß* (Sprung im Verlauf der Abtriebsgeschwindigkeit v) und kein *Ruck* (Sprung im Verlauf der Abtriebsbeschleunigung a) eintritt. Eine Ausnahme hiervon bilden nur die R-R-Bewegungsgesetze mit $v = 0\,\text{m/s}$ bzw. rad/s und $a = 0\,\text{m/s}^2$ bzw. rad/s^2 an den Übergangsstellen, bei denen allein die Auswahl der Bewegungsgesetze die Güte der Bewegungsübertragung bestimmt.

Unter der Voraussetzung eines stetigen (sprungfreien) Verlaufs der Antriebswinkelbeschleunigung $\ddot{\varphi}$ der Kurvenscheibe gilt folgender

Satz
Die Anpassung der Randwerte von Geschwindigkeit und Beschleunigung benachbarter Bewegungsabschnitte muss auf der Grundlage der dimensionsbehafteten *Übertragungsfunktionen erster und zweiter Ordnung* erfolgen (vgl. auch Abschn. 2.1.1).

Im Folgenden wird als Abtriebsglied ein Rollenstößel mit der Übertragungsfunktion erster Ordnung (ÜF 1) $s'(\varphi) \equiv ds/d\varphi$ und zweiter Ordnung (ÜF 2) $s''(\varphi) \equiv d^2s/d\varphi^2$ betrachtet. Dann sind für die benachbarten Bewegungsabschnitte ik und kl folgende Randbedingungen am gemeinsamen Randpunkt k einzuhalten:

$$s'_{ik}\,(\varphi_k) = s'_{kl}\,(\varphi_k) \tag{7.14}$$

und

$$s''_{ik}\,(\varphi_k) = s''_{kl}\,(\varphi_k)\,. \tag{7.15}$$

Daraus resultiert unter Beachtung der Gln. 7.2, 7.3 und 7.5

$$\frac{df_{ik}}{dz_{ik}}(z_{ik} = 1) \cdot \frac{S_{ik}}{\Phi_{ik}} = \frac{df_{kl}}{dz_{kl}}(z_{kl} = 0) \cdot \frac{S_{kl}}{\Phi_{kl}} \tag{7.16}$$

und

$$\frac{d^2 f_{ik}}{dz_{ik}^2}(z_{ik} = 1) \cdot \frac{S_{ik}}{\Phi_{ik}^2} = \frac{d^2 f_{kl}}{dz_{kl}^2}(z_{kl} = 0) \cdot \frac{S_{kl}}{\Phi_{kl}^2}. \tag{7.17}$$

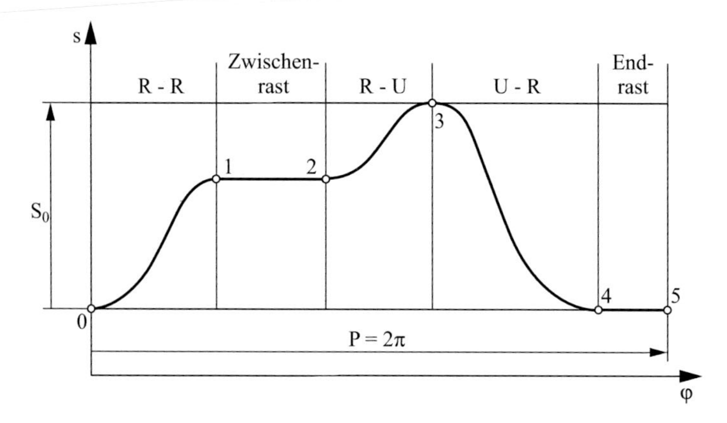

Abb. 7.3 Bewegungsdiagramm einer Bewegungsaufgabe

So entsteht aus dem Bewegungsplan (Abb. 7.2) letztendlich das *Bewegungsdiagramm* mit stetigem Verlauf bis zur Beschleunigungsstufe innerhalb der Bewegungsperiode $\mathrm{P} = 2\pi$, Abb. 7.3.

Entsprechende Gleichungen gelten für einen Rollenhebel als Abtriebsglied, wenn S_{ik} durch Ψ_{ik} und S_{kl} durch Ψ_{kl} ersetzt werden.

7.2 Bestimmung der Hauptabmessungen

Die kinematischen Hauptabmessungen des Kurvengetriebes bestimmen wesentlich den Raum- und Materialbedarf sowie die Lauffähigkeit des Getriebes. Ferner haben sie Einfluss auf die Wälzpressung im Kurvengelenk, auf die Güte der Leistungs- und Kraftübertragung sowie die Laufruhe des Kurvengetriebes. Es geht also darum, die kinematischen

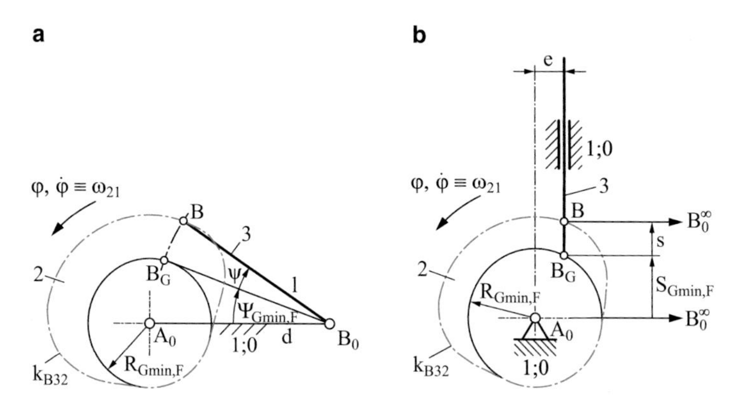

Abb. 7.4 F-Kurvengetriebe: **a** mit Hebel, **b** mit Stößel

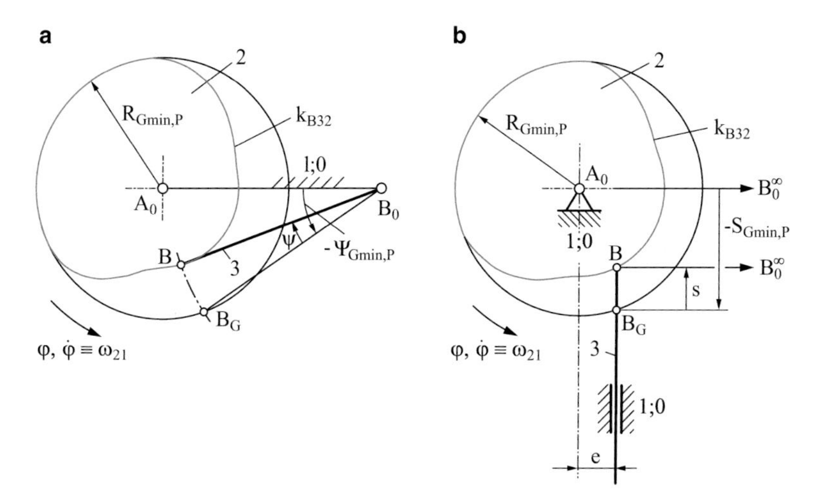

Abb. 7.5 P-Kurvengetriebe: **a** mit Hebel, **b** mit Stößel

Hauptabmessungen möglichst optimal festzulegen, um ein bezüglich der Güte der Bewegungs- und Kraftübertragung günstiges Getriebe zu erhalten (Dittrich und Braune 1987).

Zu diesem Zweck können für ein und dieselbe Bewegungsaufgabe zunächst zwei unterschiedliche Kurvengetriebetypen herangezogen werden. Ist der jeweilige positive Richtungssinn der An- und Abtriebsbewegung von Kurvenscheibe und Eingriffsglied vorgegeben, so bewegt sich der Eingriffsgliedpunkt B beim Hubanstieg vom Kurvenscheibendrehpunkt A_0 weg (*Zentrifugalbewegung*, Abb. 7.4) oder zu ihm hin (*Zentripetalbewegung*, Abb. 7.5).

Im ersten Fall spricht man von einem F-Kurvengetriebe (*Zentrifugalkurvengetriebe*), im zweiten Fall von einem P-Kurvengetriebe (*Zentripetalkurvengetriebe*). Die sich bei gleicher Übertragungsfunktion ergebenden Kurvenscheiben der beiden Getriebetypen sind im Allgemeinen nicht kongruent. Welche der beiden Kurvenscheiben größer ist, hängt von der Größe der Rastwinkel ab, obwohl der Grundkreisradius $R_{Gmin,P}$ des P-Kurvengetriebes stets größer ist als der Grundkreisradius $R_{Gmin,F}$ des F-Kurvengetriebes.

7.2.1 Hodographenverfahren

Wie aus Abb. 7.6 deutlich wird, tritt der Übertragungswinkel μ nicht nur als Winkel zwischen der Bahnnormalen zur Kurvenkontur und der Normalen zur Bewegungsrichtung des Punktes B als Punkt des Eingriffsgliedes 3 auf, sondern auch als Winkel in dem Dreieck, das die Vektorgleichung

$$\vec{v}_{B31} = \vec{v}_{B21} + \vec{v}_{B32} \tag{7.18}$$

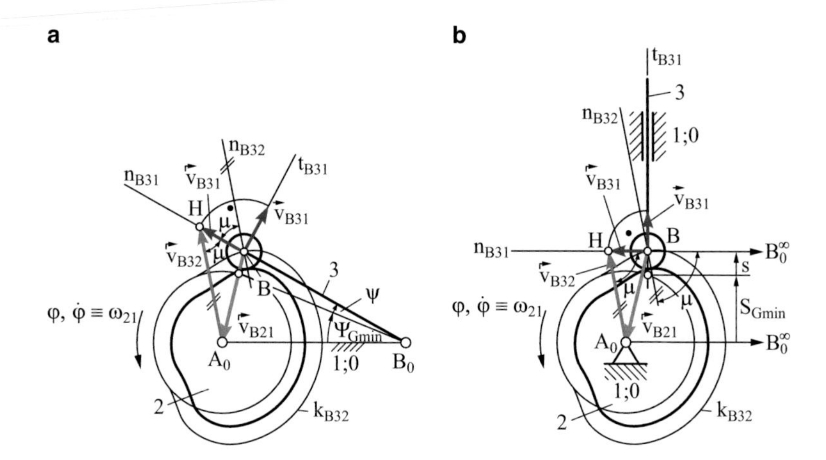

Abb. 7.6 Geschwindigkeiten und Übertragungswinkel μ bei Kurvengetrieben: **a** mit Hebel, **b** mit Stößel

mit den Größen

$$\vec{v}_{B31} = \text{Abtriebs- (Absolut-) Geschwindigkeit}$$
$$\vec{v}_{B21} = \text{Antriebs- (Führungs-) Geschwindigkeit}$$
$$\vec{v}_{B32} = \text{Relativgeschwindigkeit}$$

repräsentiert, vgl. auch Abschn. 3.2.1.

In Abb. 7.6 sind diese Geschwindigkeitsvektoren um 90° im Sinne der Antriebswinkelgeschwindigkeit ω_{21} gedreht, um diesen Sachverhalt zu verdeutlichen. Der Geschwindigkeitsmaßstab wurde außerdem so gewählt, dass die zeichnerische Länge $\langle v_{B21}\rangle$ des Vektorpfeils $\vec{v}_{B21}$ gleich der zeichnerischen Länge $\langle\overline{A_0B}\rangle$, also $\langle v_{B21}\rangle = \langle\overline{A_0B}\rangle$ ist. Ist der Zeichen- oder Längenmaßstab M_z beliebig gewählt worden, so gilt

$$\frac{v_{B21}}{M_v} = \frac{\omega_{21}\overline{A_0B}}{M_v} = \frac{\overline{A_0B}}{M_z}, \tag{7.19}$$

woraus sich folgende Bedingungsgleichung für den Geschwindigkeitsmaßstab ergibt:

$$M_v = \omega_{21} M_z. \tag{7.20}$$

Diese Beziehung wird der Ermittlung der kinematischen Hauptabmessungen des Kurvengetriebes unter Berücksichtigung eines vorgegebenen minimalen Übertragungswinkels zugrunde gelegt. Wird Gl. 7.20 eingehalten, so schließen der Vektorpfeil der im Sinne der Antriebswinkelgeschwindigkeit ω_{21} gedrehten Abtriebsgeschwindigkeit $\vec{v}_{B31}$ und die Verbindungsgerade zwischen der Vektorpfeilspitze H in Abb. 7.6 und dem Kurvenscheibendrehpunkt den Übertragungswinkel μ ein. Da der Geschwindigkeitsmaßstab nach

Gl. 7.20 für alle Vektoren im gedrehten Geschwindigkeitsdreieck gilt, lässt sich die Länge des Vektorpfeiles $\vec{v}_{B31}$ bei einem Kurvengetriebe mit Hebel und somit der Übertragungsfunktion $\psi = \psi(\varphi)$ ausgehend von

$$\langle v_{B31} \rangle = \frac{l\dot{\psi}}{\mathrm{M_v}} \tag{7.21}$$

und unter Berücksichtigung von Gl. 7.20 sowie mit

$$\dot{\psi} = \omega_{21}\psi' \tag{7.22}$$

letztlich wie folgt ermitteln:

$$\langle v_{B31} \rangle = \frac{l\psi'}{\mathrm{M_z}}. \tag{7.23}$$

Entsprechend erhält man für ein Kurvengetriebe mit Stößel und somit der Übertragungsfunktion $s = s(\varphi)$ wegen

$$\langle v_{B31} \rangle = \frac{\dot{s}}{\mathrm{M_v}} \tag{7.24}$$

und unter Berücksichtigung von Gl. 7.20 sowie mit

$$\dot{s} = \omega_{21}s' \tag{7.25}$$

folgende Bestimmungsgleichung:

$$\langle v_{B31} \rangle = \frac{s'}{\mathrm{M_z}}. \tag{7.26}$$

Setzt man von einem zu entwerfenden Kurvengetriebe nur die Übertragungsfunktionen 0. und 1. Ordnung, ψ bzw. s und ψ' bzw. s', den Richtungssinn der Bewegungen des An- und Abtriebsgliedes und ggf. bei einem Hebel als Eingriffsglied noch seine Länge als gegeben voraus, so lässt sich das Eingriffsglied 3 unter einem beliebigen möglichen Abtriebswinkel ψ bzw. -weg s von einer frei gewählten Bezugslinie ($\psi = 0$ bzw. $s = 0$) zeichnen und die gedrehte Geschwindigkeit $\vec{v}_{B31}$ den Gln. 7.23 und 7.26 gemäß auf der Geraden $\mathrm{B_0B}$ von B aus antragen. Je nach dem Richtungssinn der Antriebswinkelgeschwindigkeit ω_{21} und dem Vorzeichen von $\psi' = \psi'(\varphi)$ bzw. $s' = s'(\varphi)$ hat der Vektorpfeil $\vec{v}_{B31}$ den Richtungssinn von $\overrightarrow{\mathrm{B_0B}}$ oder $\overrightarrow{\mathrm{BB_0}}$.

Bei einem gewünschten Übertragungswinkel μ kann dann der Kurvenscheibendrehpunkt $\mathrm{A_0}$ an einer beliebigen Stelle auf einem unter dem Winkel μ in H an $\mathrm{B_0B}$ angetragenen Strahl liegen (Abb. 7.7a), da die zeichnerische Länge des Vektors $\vec{v}_{B31}$ nach den Gln. 7.23 und 7.26 sowohl vom Betrag der Antriebswinkelgeschwindigkeit ω_{21} als auch von der Strecke $\overline{\mathrm{A_0B}}$ unabhängig ist und auch der Grundwinkel Ψ_{Gmin} bzw. Grundhub S_{Gmin} noch nicht festliegt. Da es für die Lauffähigkeit gleichgültig ist, ob die Normale $\mathrm{n_{B32}}$ (ggf. als Richtung der Kraft von der Kurvenscheibe auf das Eingriffsglied) auf der einen oder anderen Seite der Bahntangenten $\mathrm{t_{B31}}$ liegt, kann der Übertragungswinkel μ als spitzer Winkel in doppelter Weise in H an $\mathrm{B_0B}$ angetragen werden (vgl. Abb. 7.7b). Wählt

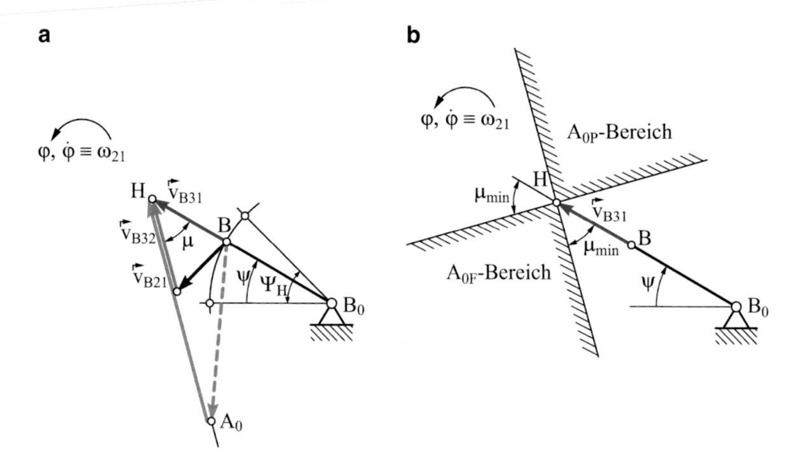

Abb. 7.7 Grundkonstruktionen des Hodographenverfahrens

man für den Übertragungswinkel dann noch den Grenzwert $\mu_{\min}$, so erhält man zwischen den freien Schenkeln dieses Winkels zu beiden Seiten von B_0B je einen Bereich, in dem A_0 in der betrachteten Getriebestellung wegen der Gewährleistung von $\mu \geq \mu_{\min}$ liegen darf. Wiederholt man diese Konstruktion für eine Reihe von Stellungen des Eingriffsgliedes beim Hubanstieg und Hubabstieg einschließlich der Anfangs- und Endstellung, so hüllen die Grenzgeradenpaare zwei Bereiche ein, in denen die Lage von A_0 für alle Getriebestellungen $\mu \geq \mu_{\min}$ gewährleistet (Abb. 7.8). Wählt man A_0 in dem Bereich, der in Richtung der positiven Abtriebsbewegung liegt, so erhält man ein P-Kurvengetriebe, im anderen Fall ein F-Kurvengetriebe.

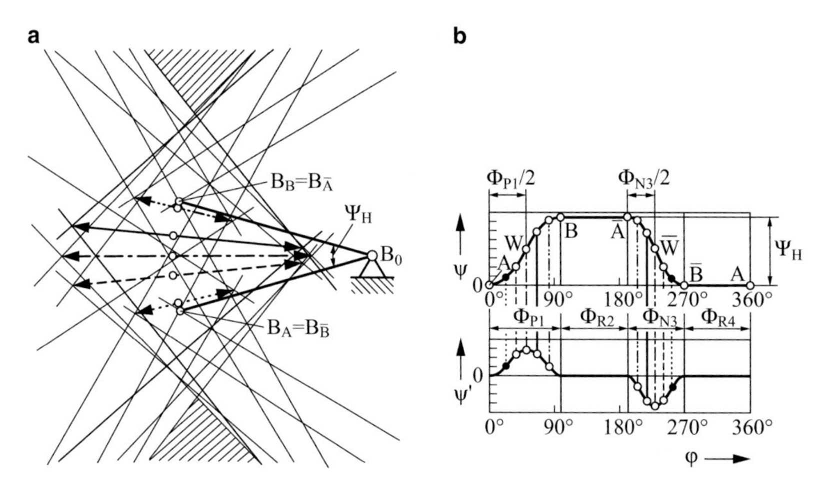

Abb. 7.8 Hodographenverfahren: **a** Geschwindigkeitshodograph mit den Grenzgeraden für die A_0-Bereiche, **b** zugehörige Bewegungsdiagramme einer Rast-in-Rast-Bewegung mit symmetrischen Übergangsfunktionen

7.2.2 Näherungsverfahren von Flocke

Um die umfangreiche Zeichenarbeit zur Ermittlung des Geschwindigkeitshodographen und der Hüllgeraden zu vermeiden, beschränkt sich das Näherungsverfahren von FLOCKE (Flocke 1931) darauf, nur die Vektorpfeile der maximalen Geschwindigkeit beim Hubanstieg (Index P, positiv) und -abstieg (Index N, negativ) mit den zugehörigen Grenzgeradenpaaren einzuzeichnen (Abb. 7.9). Mit gutem Grund kann das Geschwindigkeitsmaximum im jeweiligen Wendepunkt der Übergangsfunktion angenommen werden.

Bei einer Bewegungsaufgabe mit vorgegebenen Geschwindigkeiten $\dot{y}(0)$ und $\dot{y}(x_P)$ bzw. $\dot{y}(x_N)$ in den Anschlusspunkten des betrachteten Übergangsbereiches sind diese auch mit zu berücksichtigen. Wie die Konstruktionslinien in Abb. 7.8a für eine Rast-in-Rast-Bewegung mit symmetrischen Übergängen nach Abb. 7.8b zeigen, liegt man mit dem Näherungsverfahren zwar geringfügig auf der unsicheren Seite, ist aber dennoch berechtigt, so vorzugehen, da $\mu_{\min}$ lediglich einen Richtwert darstellt.

Wenn der Kurvenscheibendrehpunkt A_0 im zulässigen Bereich für F- bzw. P-Kurvengetriebe festgelegt worden ist, ergeben sich die Gestelllänge und der Grundkreisradius aus

$$d = \langle \overline{A_0 B_0} \rangle \cdot M_z \quad \text{bzw.} \quad R_{G\min} = \langle \overline{A_0 B_A} \rangle \cdot M_z. \tag{7.27a,b}$$

Der Grundkreisradius hat den kleinsten Wert, wenn der Drehpunkt A_0 mit der Spitze des A_{0F}- bzw. A_{0P}-Bereiches zusammenfällt.

Da die Lauffähigkeit und der Raum- und Materialbedarf nur einige Kriterien zur Festlegung der kinematischen Hauptabmessungen sind, müssen zumindest für schnelllaufende

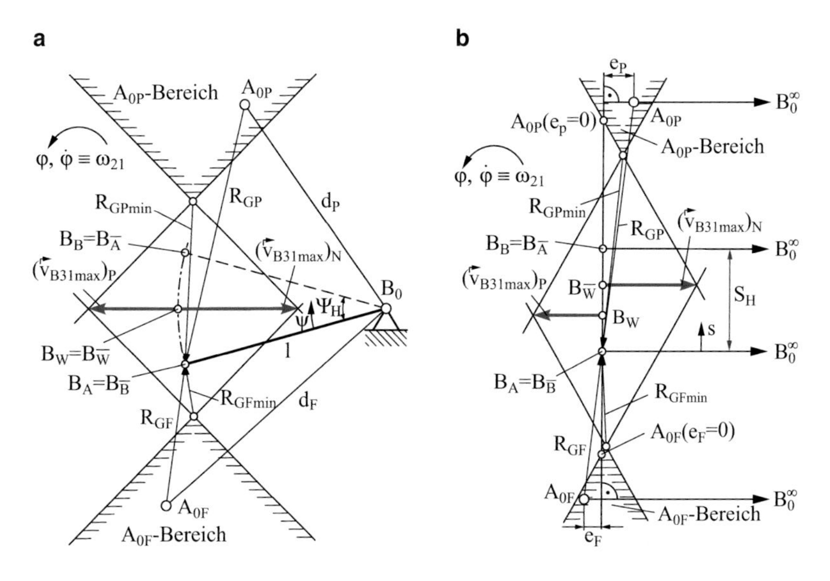

Abb. 7.9 Näherungsverfahren von FLOCKE: **a** für Kurvengetriebe mit Hebel und symmetrischen Übergangsfunktionen, **b** für Kurvengetriebe mit Stößel und unsymmetrischen Übergangsfunktionen

und hochbelastete Kurvengetriebe zusätzlich die Beanspruchung im Kurvengelenk, die Leistungsübertragung und das Schwingungsverhalten untersucht werden. Die entsprechenden Berechnungsalgorithmen gehen jedoch über den Rahmen dieses Buches hinaus.

7.3 Ermittlung der Führungs- und Arbeitskurve der Kurvenscheibe

Mit den Funktionswerten der vollständigen Übertragungsfunktion und den kinematischen Hauptabmessungen Grundkreisradius R_{Gmin}, Gestelllänge d, Schwingenlänge l bzw. Exzentrizität e des Kurvengetriebes, wie in Abb. 7.4 gezeigt, lässt sich die Führungskurve bzw. Rollenmittelpunktsbahn RMB $= k_{B32}$ der Kurvenscheibe 2 ermitteln, auf welcher der Punkt B, z. B. der Rollenmittelpunkt, des Eingriffsgliedes 3 relativ zu Glied 2 geführt wird. Der Abstand der Arbeitskurve (Kurvenscheibenkontur) von der Führungskurve ist von der Form des Gelenkelements am Eingriffsglied bzw. des Zwischengliedes abhängig (Abb. 7.10). Dabei kann im Wesentlichen zwischen drei Konturformen des Eingriffsgliedes unterschieden werden. Kann die Form der Kontaktlinie des Eingriffsgliedes in der Bewegungsebene durch einen Kreis beschrieben werden wie bei einem Pilz- (I), Rollen- (II) oder Walzenstößel (III) oder -hebel, so ergibt sich die Arbeitskurve als Äquidistante, d. h. Kurve gleichen Abstands zur Führungskurve.

Der Abstand der Arbeitskurve zur Führungskurve ist dagegen z. B. bei einem Tellerstößel veränderlich, bei einer Spitze oder Schneide null. Die Arbeitskurve kann zeichnerisch oder rechnerisch als Hüllkurve ermittelt oder mechanisch bei der Fertigung durch geeignete Werkzeugformen erzeugt werden.

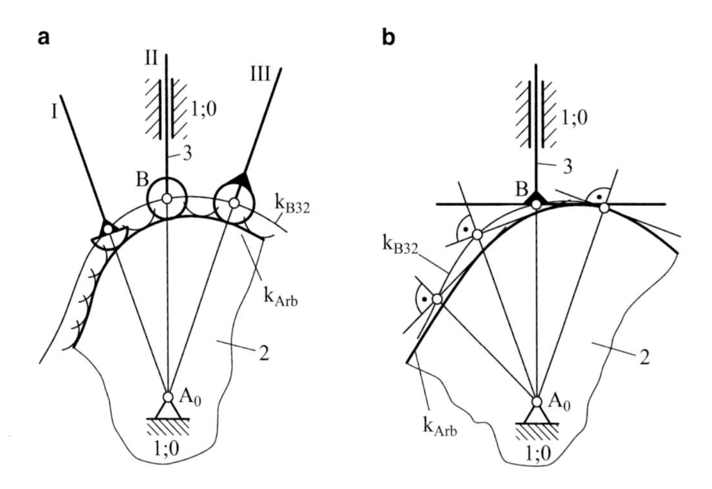

Abb. 7.10 Konstruktion der Arbeitskurve k_{Arb} aus der Führungskurve k_{B32} für ein Kurvengetriebe mit Stößel: **a** Arbeitskurve als zur Führungskurve äquidistante Hüllkurve von Kreisen (I: Pilzstößel, II: Rollenstößel, III: Walzenstößel), **b** Arbeitskurve als Hüllkurve von Geraden bei einem Tellerstößel

Bei Verwendung einer Rolle als Zwischenglied ist deren Radius r_R so festzulegen, dass an der Stelle, an der die RMB den kleinsten Krümmungsradius ρ_{B32} besitzt, keine Spitzenbildung und kein Unterschnitt der Arbeitskurve auftritt. Daher sollte folgende Bedingung eingehalten werden:

$$r_R \leq 0{,}7\ \min(\rho_{B32}) \tag{7.28}$$

Spitzenbildung und Unterschnitt können bei einer Nutkurvenscheibe an jeder Stelle, bei einer Außenkurvenscheibe dagegen nur im konvexen Teil der RMB auftreten.

7.3.1 Graphische Ermittlung der Führungs- und Arbeitskurve

Zur Bestimmung von Führungs- und Arbeitskurve können prinzipiell zwei verschiedene Wege beschritten werden. Die anschaulichste Möglichkeit, die Kontur einer Kurvenscheibe zu bestimmen, ist die zeichnerische Ermittlung, die z. B. auch mit Hilfe moderner CAD-Systeme zur Anwendung kommen kann.

Die einzelnen Konstruktionsschritte zur zeichnerischen Ermittlung der Führungs- und Arbeitskurve sollen an einem F-Kurvengetriebe mit Rollenstößel zur Verwirklichung einer Rast-in-Rast-Bewegung erläutert werden. Man bedient sich dabei der kinematischen Umkehrung des Getriebes, bei der die zu konstruierende Kurvenscheibe als feststehend betrachtet wird und der Stößel sich relativ zu ihr mit entgegengesetztem Drehsinn der Winkelgeschwindigkeit der Kurvenscheibe dreht (Abb. 7.11).

Im Folgenden sind die einzelnen erforderlichen Arbeitsschritte aufgeführt (Abb. 7.11).

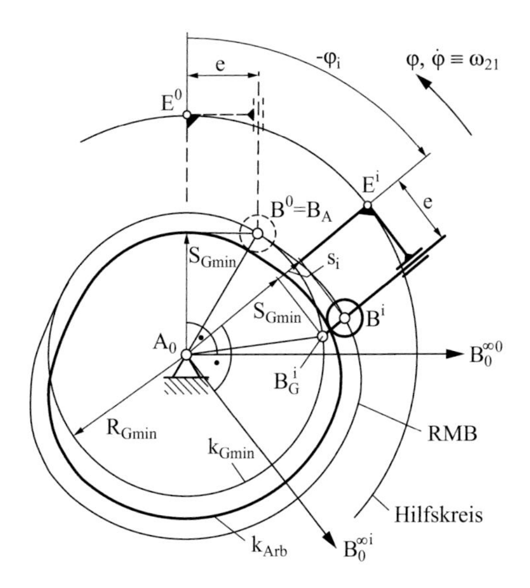

Abb. 7.11 Konstruktion von Führungs- und Arbeitskurve für ein Kurvengetriebe mit versetztem Rollenstößel

1. Es muss eine Tabelle bereitgestellt werden mit den Funktionswerten der Übertragungsfunktion $s = s(\varphi)$ in einer geeigneten Stufung, insbesondere mit den Rastanfängen und -enden.
2. Es wird der Gestellpunkt A_0 aufgezeichnet und um ihn der Grundkreis k_{Gmin} mit dem Radius R_{Gmin} sowie ein Hilfskreis mit einem beliebigen Radius $> R_{Gmin}$.
3. Für die Ausgangsstellung 0 wird eine Gerade $A_0B_0^{\infty 0}$ gewählt als Senkrechte auf der Stößelbewegungsrichtung A_0E^0, wobei E^0 auf dem Hilfskreis angenommen wird.
4. Eine Parallele zu A_0E^0 im Abstand der Versetzung e schneidet den Grundkreis in B^0, dem Rollenmittelpunkt in der Ausgangsstellung, von wo aus der Hubanstieg beginnt. Der Abstand des Punktes B^0 von der Ausgangsgeraden $A_0B_0^{\infty 0}$ ist der Grundhub S_{Gmin}.
5. Die Gerade $A_0B_0^{\infty}$ und die Senkrechte A_0E werden entgegen dem Drehsinn der Kurvenscheibe um den Winkel φ_i in die Lage $A_0B_0^{\infty i}$ bzw. A_0E^i gedreht.
6. Die Parallele zu A_0E^i im Abstand e schneidet den Grundkreis im Punkt B_G^i, der wieder den Abstand S_{Gmin} von $A_0B_0^{\infty i}$ hat. Auf der genannten Parallelen wird von B_G^i aus der zum Drehwinkel φ_i gehörige Hub s_i abgetragen und damit der Rollenmittelpunkt B^i erhalten.
7. Die Konstruktionsschritte 5 und 6 werden für eine Folge von Drehwinkeln $\varphi_i (i = 1, 2, \ldots)$ des Hubanstiegs und -abstiegs ausgeführt.
8. Die Verbindungslinie der Rollenmittelpunkte B^i ist die RMB k_{B32} als Führungskurve. Mit Hilfe einer Radienschablone lässt sich der kleinste Krümmungsradius $\min(\rho_{B32})$ ermitteln und aufgrund dieses Wertes ein geeigneter Rollenradius $r_R \leq 0{,}7 \min(\rho_{B32})$ wählen.
9. Die um die Rollenmittelpunkte B^i mit dem Rollenradius r_R geschlagenen Kreise ergeben als Hüllkurve die Arbeitskurve, die Kurvenscheibenkontur.

7.3.2 Rechnerische Ermittlung der Führungs- und Arbeitskurve

Wie schon beim graphischen Verfahren denkt man sich auch für die Herleitung des rechnerischen Algorithmus die Kurvenscheibe als feststehend und lässt den Steg, wie in Abb. 7.12 gezeigt, mit entgegengesetztem Drehsinn der Winkelgeschwindigkeit der Kurvenscheibe rotieren. Im Folgenden werden die vier häufigsten Kurvengetriebebauarten behandelt:

- Kurvengetriebe mit Rollenhebel
- Kurvengetriebe mit Rollenstößel
- Kurvengetriebe mit Tellerstößel
- Kurvengetriebe mit Tellerhebel

Kurvengetriebe mit Rollenhebel

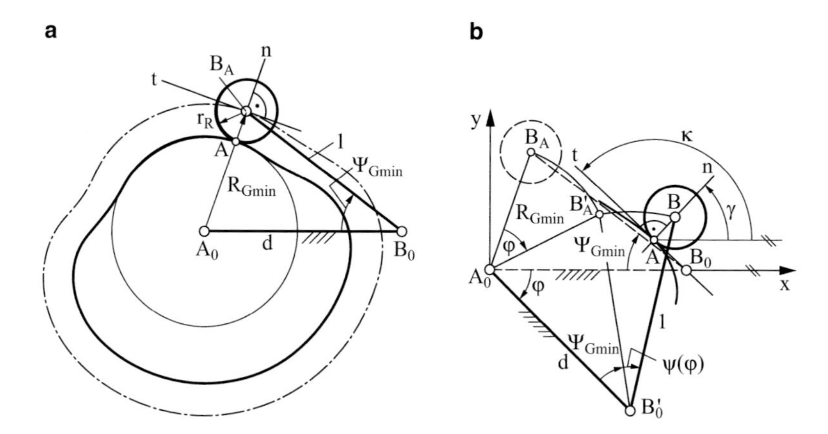

Abb. 7.12 Berechnung von Führungs- und Arbeitskurve für ein Kurvengetriebe mit Rollenhebel: **a** Grundstellung mit Grundwinkel Ψ_{Gmin}, **b** allgemeine Stellung mit bewegtem Steg d = $\overline{\mathrm{A_0B_0}}$

Ausgehend von der Darstellung in Abb. 7.12a lässt sich bei bekannten Hauptabmessungen zunächst der Grundwinkel Ψ_{Gmin} gemäß

$$\Psi_{\mathrm{Gmin}} = \arccos\left[\frac{d^2 + l^2 - R_{\mathrm{Gmin}}^2}{2 \cdot d \cdot l}\right] \tag{7.29}$$

bestimmen. Anschließend ergeben sich aus Abb. 7.12b die Koordinaten des Rollenmittelpunktes B zu

$$x_B(\varphi) := d \cdot \cos\varphi - l \cdot \cos\left[\psi(\varphi) + \varphi + \Psi_{\mathrm{Gmin}}\right], \tag{7.30a}$$

$$y_B(\varphi) := -d \cdot \sin\varphi + l \cdot \sin\left[\psi(\varphi) + \varphi + \Psi_{\mathrm{Gmin}}\right]. \tag{7.30b}$$

In diesen beiden Gleichungen treten neben den Hauptabmessungen nur noch die Antriebsgröße φ und die Abtriebsgröße $\psi(\varphi)$ auf. Während erstere in sinnvoller Diskretisierung vorzugeben ist, kann die Abtriebsgröße $\psi(\varphi)$ auf Grund der ausgewählten Übertragungsfunktionen berechnet werden, so dass einer Auswertung der Gln. 7.30a,b zur Berechnung der Koordinaten der Führungskurve bzw. RMB nichts mehr im Wege steht. Um nun auch noch die Koordinaten der Arbeitskurve zu ermitteln, muss als Nächstes der Anstiegswinkel κ der Tangente t bzw. der Anstiegswinkel γ der Normale n zur Arbeitskurve bestimmt werden. Dazu werden die Ableitungen der Gln. 7.30a,b nach der Antriebsgröße φ benötigt:

$$x_B'(\varphi) := y_B(\varphi) + \psi'(\varphi) \cdot l \cdot \sin\left[\psi(\varphi) + \varphi + \Psi_{\mathrm{Gmin}}\right], \tag{7.31a}$$

$$y_B'(\varphi) := -x_B(\varphi) + \psi'(\varphi) \cdot l \cdot \cos\left[\psi(\varphi) + \varphi + \Psi_{\mathrm{Gmin}}\right]. \tag{7.31b}$$

Damit können die gesuchten Winkel wie folgt berechnet werden:

$$\tan\left[\kappa\left(\varphi\right)-\pi\right]=\frac{y'_B\left(\varphi\right)}{x'_B\left(\varphi\right)},\tag{7.32}$$

$$\gamma\left(\varphi\right):=\kappa\left(\varphi\right)-\frac{\pi}{2}.\tag{7.33}$$

Für eine Kurvenscheibe, bei der wie in Abb. 7.12a die *Außenkontur* (Außenflanke) abgetastet wird, ergeben sich die Koordinaten der Arbeitskontur zu

$$x_{A2}\left(\varphi\right):=x_B\left(\varphi\right)-r_R\cdot\cos\left[\gamma\left(\varphi\right)\right],\tag{7.34a}$$

$$y_{A2}\left(\varphi\right):=y_B\left(\varphi\right)-r_R\cdot\sin\left[\gamma\left(\varphi\right)\right].\tag{7.34b}$$

Soll die *Innenkontur* (Innenflanke) einer Kurvenscheibe berechnet werden, so müssen die Koordinaten der Arbeitskontur folgendermaßen bestimmt werden:

$$x_{A1}\left(\varphi\right):=x_B\left(\varphi\right)+r_R\cdot\cos\left[\gamma\left(\varphi\right)\right],\tag{7.35a}$$

$$y_{A1}\left(\varphi\right):=y_B\left(\varphi\right)+r_R\cdot\sin\left[\gamma\left(\varphi\right)\right].\tag{7.35b}$$

Kurvengetriebe mit Rollenstößel

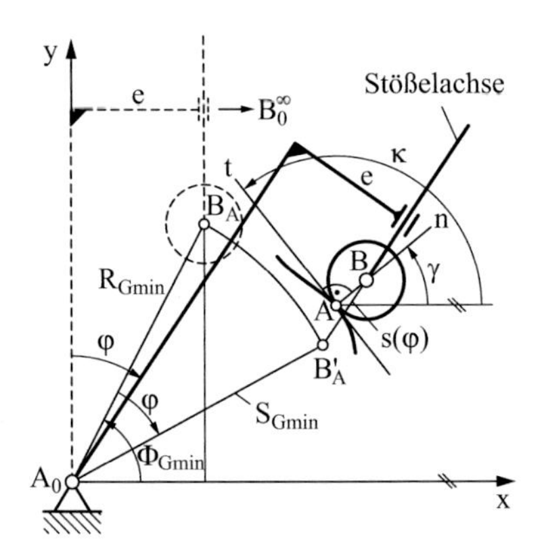

Abb. 7.13 Berechnung von Führungs- und Arbeitskurve für ein Kurvengetriebe mit Rollenstößel

Mit den bekannten Hauptabmessungen lässt sich ausgehend von der Darstellung in Abb. 7.13 zunächst der Grundwinkel Φ_{Gmin} gemäß

$$\cos\Phi_{\text{Gmin}}:=\frac{e}{R_{\text{Gmin}}}\tag{7.36}$$

bestimmen. Anschließend ergeben sich die Koordinaten des Rollenmittelpunktes B zu

$$x_B\left(\varphi\right):=R_{\text{Gmin}}\cdot\cos\left(\Phi_{\text{Gmin}}-\varphi\right)+s\left(\varphi\right)\cdot\sin\varphi,\tag{7.37a}$$

$$y_B\left(\varphi\right):=R_{\text{Gmin}}\cdot\sin\left(\Phi_{\text{Gmin}}-\varphi\right)+s\left(\varphi\right)\cdot\cos\varphi.\tag{7.37b}$$

Als Nächstes muss nun, wie schon beim Rollenhebel der Anstiegswinkel κ der Tangente t bzw. der Anstiegswinkel γ der Normale n zur Arbeitskurve bestimmt werden, um auch noch die Koordinaten der Arbeitskurve ermitteln zu können. Dazu werden die Ableitungen der Gln. 7.37a,b nach der Antriebsgröße φ benötigt:

$$x'_B(\varphi) := y_B(\varphi) + s'(\varphi) \cdot \sin\varphi, \tag{7.38a}$$

$$y'_B(\varphi) := -x_B(\varphi) + s'(\varphi) \cdot \cos\varphi. \tag{7.38b}$$

Der Anstiegswinkel κ der Tangente bzw. der Anstiegswinkel γ der Normale zur Arbeitskurve kann nun mit Hilfe der schon für den Rollenhebel aufgestellten Gln. 7.32 und 7.33 berechnet werden. Für eine Kurvenscheibe, bei der wie in Abb. 7.13 die *Außenkontur* (Außenflanke) durch den Rollenstößel abgetastet wird, ergeben sich nun die Koordinaten der Arbeitskontur aus den Gln. 7.34a,b. Soll die *Innenkontur* (Innenflanke) einer Kurvenscheibe für einen Rollenstößel berechnet werden, so müssen die Koordinaten der Arbeitskontur mit Hilfe der Gln. 7.35a,b berechnet werden.

Kurvengetriebe mit Tellerstößel

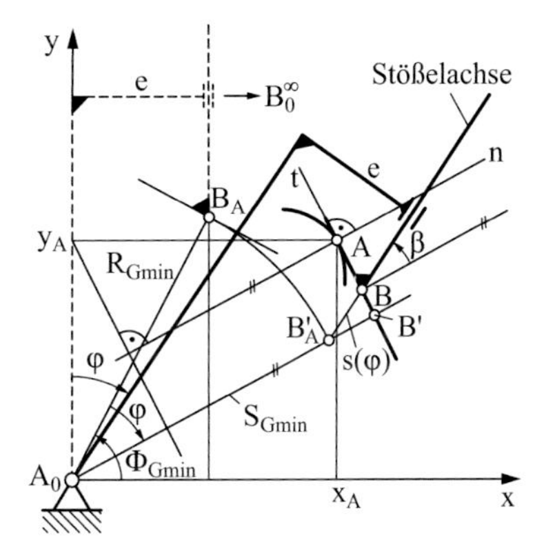

Abb. 7.14 Berechnung von Führungs- und Arbeitskurve für ein Kurvengetriebe mit Tellerstößel

Analog zur Berechnung für das Kurvengetriebe mit Rollenstößel lässt sich zunächst mit den bekannten Hauptabmessungen ausgehend von der Darstellung in Abb. 7.14 der Grundwinkel Φ_{Gmin} gemäß Gl. 7.36 bestimmen. Auch die Berechnung der Koordinaten der Führungskurve des Punktes B, der den Schnittpunkt zwischen der Stößelachse und der Tangente an die Arbeitskurve im Punkt A darstellt, lässt sich mit den bekannten Gln. 7.37a,b durchführen. Um nun jedoch die Koordinaten der Arbeitskurve bestimmen zu können, sind etwas weitergehende Überlegungen notwendig. Betrachtet man in Abb. 7.14 die Strecke von A_0 über B'_A bis zum Schnittpunkt B′ mit der Tangente in A, so kann folgende Beziehung aufgestellt werden:

$$R_{Gmin} + s(\varphi) \cdot \cos\beta = y_A \cdot \sin(\Phi_{Gmin} - \varphi) + x_A \cdot \cos(\Phi_{Gmin} - \varphi). \tag{7.39}$$

Weiterhin gilt für den Steigungswinkel im Kurvenkontaktpunkt A:

$$\frac{dy_A}{dx_A} = \tan\left(\Phi_{\text{Gmin}} - \varphi + \frac{\pi}{2}\right) = -\frac{\cos(\Phi_{\text{Gmin}} - \varphi)}{\sin(\Phi_{\text{Gmin}} - \varphi)}. \tag{7.40}$$

Bildet man nun die Ableitung von Gl. 7.39 nach der Antriebsgröße φ, wobei zu berücksichtigen ist, dass auch die Koordinaten x_A und y_A von φ abhängen, so erhält man

$$\begin{aligned} s'(\varphi) \cdot \cos\beta = {} & y'_A \cdot \sin(\Phi_{\text{Gmin}} - \varphi) - y_A \cdot \cos(\Phi_{\text{Gmin}} - \varphi) \\ & + x'_A \cdot \cos(\Phi_{\text{Gmin}} - \varphi) + x_A \cdot \sin(\Phi_{\text{Gmin}} - \varphi). \end{aligned} \tag{7.41}$$

Berücksichtigt man nun noch, dass sich aus Gl. 7.40

$$y'_A \cdot \sin(\Phi_{\text{Gmin}} - \varphi) = -x'_A \cdot \cos(\Phi_{\text{Gmin}} - \varphi) \tag{7.42}$$

herleiten lässt, so erhält man durch Einsetzen in Gl. 7.41

$$s'(\varphi) \cdot \cos\beta = x_A \cdot \sin(\Phi_{\text{Gmin}} - \varphi) - y_A \cdot \cos(\Phi_{\text{Gmin}} - \varphi). \tag{7.43}$$

Da sowohl $s(\varphi)$ als auch $s'(\varphi)$ aus den ausgewählten Übertragungsfunktionen bekannt sind, stellen nun die beiden Gln. 7.39 und 7.43 ein lineares Gleichungssystem für die gesuchten Koordinaten des Kurvenkontaktpunktes A dar. Durch einfache algebraische Umformungen erhält man

$$x_A = [R_{\text{Gmin}} + s(\varphi) \cdot \cos\beta] \cdot \cos(\Phi_{\text{Gmin}} - \varphi) + s'(\varphi) \cdot \cos\beta \cdot \sin(\Phi_{\text{Gmin}} - \varphi), \tag{7.44a}$$

$$y_A = [R_{\text{Gmin}} + s(\varphi) \cdot \cos\beta] \cdot \sin(\Phi_{\text{Gmin}} - \varphi) - s'(\varphi) \cdot \cos\beta \cdot \cos(\Phi_{\text{Gmin}} - \varphi). \tag{7.44b}$$

Kurvengetriebe mit Tellerhebel

Als Letztes soll die Berechnung von Führungs- und Arbeitskurve für ein Kurvengetriebe mit Tellerhebel vorgestellt werden. Bei dieser Konfiguration fallen, wie in Abb. 7.15 gezeigt, die beiden Punkte A und B zusammen. Berücksichtigt man, dass für den Anstiegswinkel κ der Tangente t zur Arbeitskurve

$$\kappa(\varphi) = \pi - [\Psi_{\text{Gmin}} + \psi(\varphi) + \varphi] \tag{7.45}$$

gilt, so lassen sich die Koordinaten der Arbeitskurve wie folgt formulieren:

$$x_A(\varphi) = d \cdot \cos\varphi + e \cdot \sin[\kappa(\varphi)] + b \cdot \cos[\kappa(\varphi)], \tag{7.46a}$$

$$y_A(\varphi) = -d \cdot \sin\varphi - e \cdot \cos[\kappa(\varphi)] + b \cdot \sin[\kappa(\varphi)]. \tag{7.46b}$$

Abb. 7.15 Berechnung von Führungs- und Arbeitskurve für ein Kurvengetriebe mit Tellerhebel

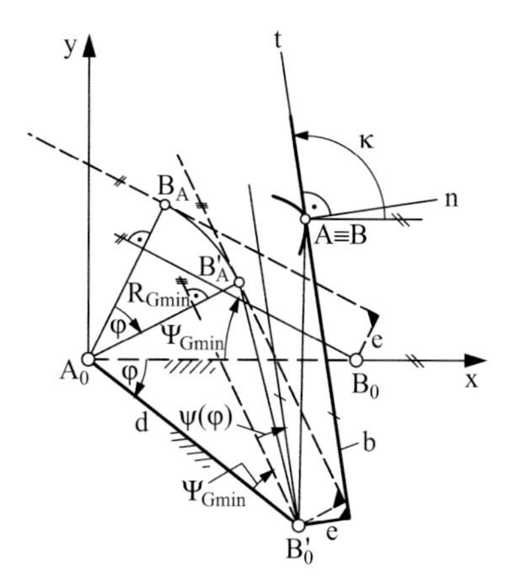

Diese beiden Gleichungen enthalten neben den gesuchten Koordinaten der Arbeitskurve noch eine dritte Unbekannte b. Daher wird noch eine weitere unabhängige Beziehung benötigt. Zuvor kann jedoch durch einfache algebraische Umformungen die Größe b eliminiert werden und man erhält

$$x_A(\varphi) \cdot \sin[\kappa(\varphi)] - y_A(\varphi) \cdot \cos[\kappa(\varphi)] = d \cdot \sin[\kappa(\varphi) + \varphi] + e. \tag{7.47}$$

Als weitere unabhängige Gleichung lässt sich der Anstiegswinkel κ der Tangente t zur Arbeitskurve differentialgeometrisch ausdrücken durch

$$\tan[\kappa(\varphi)] = -\tan[\Psi_{\mathrm{Gmin}} + \psi(\varphi) + \varphi] = -\frac{\sin[\Psi_{\mathrm{Gmin}} + \psi(\varphi) + \varphi]}{\cos[\Psi_{\mathrm{Gmin}} + \psi(\varphi) + \varphi]} = -\frac{dy_A}{dx_A}. \tag{7.48}$$

Durch ähnliche Umformungen, wie schon beim Kurvengetriebe mit Tellerstößel, wobei unter anderem auch noch Gl. 7.47 nach der Antriebsgröße φ differenziert werden muss, erhält man schließlich

$$\begin{aligned} x_A(\varphi) := {} & d \cdot \sin[\Psi_{\mathrm{Gmin}} + \psi(\varphi)] \cdot \sin[\Psi_{\mathrm{Gmin}} + \psi(\varphi) + \varphi] \\ & + \frac{\psi'(\varphi) \cdot d}{\psi'(\varphi) + 1} \cdot \cos[\Psi_{\mathrm{Gmin}} + \psi(\varphi)] \cdot \cos[\Psi_{\mathrm{Gmin}} + \psi(\varphi) + \varphi] \\ & + e \cdot \sin[\Psi_{\mathrm{Gmin}} + \psi(\varphi) + \varphi] \end{aligned} \tag{7.49a}$$

$$\begin{aligned} y_A(\varphi) := {} & d \cdot \sin[\Psi_{\mathrm{Gmin}} + \psi(\varphi)] \cdot \cos[\Psi_{\mathrm{Gmin}} + \psi(\varphi) + \varphi] \\ & - \frac{\psi'(\varphi) \cdot d}{\psi'(\varphi) + 1} \cdot \cos[\Psi_{\mathrm{Gmin}} + \psi(\varphi)] \cdot \sin[\Psi_{\mathrm{Gmin}} + \psi(\varphi) + \varphi] \\ & + e \cdot \cos[\Psi_{\mathrm{Gmin}} + \psi(\varphi) + \varphi]. \end{aligned} \tag{7.49b}$$

Als Letztes lässt sich für die beschriebenen zwei Fälle bei Verwendung eines Pilz- (I), Rollen- (II) oder Walzenstößels (III) nach Abb. 7.10 direkt der Krümmungsradius der

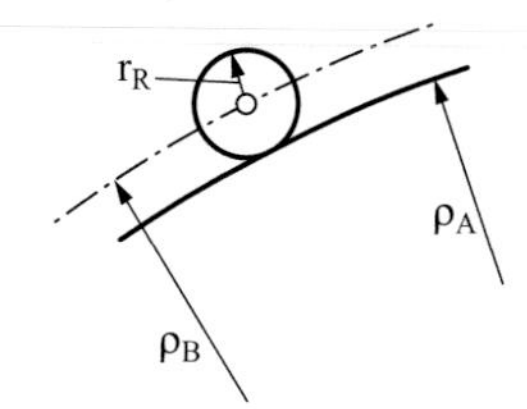

Abb. 7.16 Krümmungsradius von Führungs- und Arbeitskurve

Führungskurve berechnen (Abb. 7.16), nämlich

$$\rho_B(\varphi) := \frac{\sqrt{\left(\left[x'_B(\varphi)\right]^2 + \left[y'_B(\varphi)\right]^2\right)^3} \cdot (-1)}{x'_B(\varphi) \cdot y''_B(\varphi) - y'_B(\varphi) \cdot x''_B(\varphi)}. \tag{7.50}$$

Für die *Arbeitskurve* kann der Krümmungsradius dann wie folgt ermittelt werden:

$$\rho_A(\varphi) := \rho_B(\varphi) \pm r_R. \tag{7.51}$$

Bei dieser Gleichung gilt das negative Vorzeichen für eine Kurvenscheibe, bei der wie in Abb. 7.12 oder Abb. 7.13 die *Außenkontur* (Außenflanke) durch das Eingriffsglied abgetastet wird. Wird die *Innenkontur* (Innenflanke) einer Kurvenscheibe abgetastet, so muss in Gl. 7.51 das positive Vorzeichen eingesetzt werden.

Bei Verwendung von Tellerstößel oder Tellerhebel muss der Krümmungsradius der Arbeitskurve mit Hilfe von Gl. 7.50 berechnet werden, indem direkt die Koordinaten des Punktes A sowie die zugehörigen ersten und zweiten Ableitungen nach der Antriebsgröße φ verwendet werden, die aus den Gln. 7.44a,b im Falle des Tellerstößels sowie aus den Gln. 7.49a,b im Falle des Tellerhebels hergeleitet werden können. Dabei sei darauf hingewiesen, dass sich vor allem für die zweiten Ableitungen teilweise recht aufwändige Ausdrücke ergeben.

7.4 Übungsaufgaben

Die Aufgabenstellungen und die Lösungen zu den Übungsaufgaben dieses Kapitels finden Sie auf den Internetseiten des Instituts für Getriebetechnik und Maschinendynamik der RWTH Aachen.

http://www.igm.rwth-aachen.de/index.php?id=aufgaben

Aufgabe 7.1
Kurvengetriebe mit Rollenstößel: Bewegungsgesetze, Übertragungsfunktionen, Geschwindigkeit, Beschleunigung

Aufgabe 7.2
Kurvengetriebe mit Rollenhebel: Geschwindigkeitskennwert der normierten Übergangsfunktion, Näherungsverfahren von FLOCKE, Übertragungswinkel

http://www.igm.rwth-aachen.de/index.php?id=loesungen

Literatur

Dittrich, G., Braune, R.: Getriebetechnik in Beispielen. 2. Aufl. Oldenbourg, München/Wien (1987). DMG-Lib ID: 941009

Flocke, K.A.: Zur Konstruktion von Kurvengetrieben bei Verarbeitungsmaschinen. VDI-Forschungsheft Nr. 345. VDI, Berlin (1931)

VDI (Hrsg.): VDI-Richtlinie 2142, Bl. 1: Auslegung ebener Kurvengetriebe – Grundlagen, Profilberechnung und Konstruktion. Beuth-Verlag, Berlin (1994), überprüft und bestätigt (2002)

VDI (Hrsg.): VDI-Richtlinie 2143, Bl. 1: Bewegungsgesetze für Kurvengetriebe – Theoretische Grundlagen. Beuth-Verlag, Berlin (1980), überprüft und bestätigt (2002)

VDI (Hrsg.): VDI-Richtlinie 2741: Kurvengetriebe für Punkt- und Ebenenführung. Beuth-Verlag, Berlin (2004), überprüft und bestätigt (2010)

Rädergetriebe

8

Zusammenfassung

In diesem Kapitel werden die bislang nur gelegentlich erwähnten Zahnradgetriebe eingehender behandelt und darüber hinaus als Baugruppe in der Kombination mit ebenen Gelenkgetrieben untersucht. Man nennt diese Kombination *Räderkurbelgetriebe*, manchmal auch *Räderkoppelgetriebe*. Der Zusammenbau eines ungleichmäßig übersetzenden Gelenkgetriebes als Grundgetriebe mit einem gleichmäßig übersetzenden Zahnradgetriebe hat gegenüber dem reinen Grundgetriebe den Vorteil der raumsparenden Bauform: Die Drehpunkte der Zahnräder fallen im Allgemeinen mit den Gelenkpunkten des Grundgetriebes zusammen. Ferner lässt sich mit Räderkurbelgetrieben die Ungleichmäßigkeit zwischen An- und Abtriebsbewegung des Getriebes stärker beeinflussen als mit dem reinen Grundgetriebe: Es lassen sich z. B. Abtriebsbewegungen mit angenäherten *Rasten* (Stillständen) und periodisch fortschreitend als *Schrittbewegungen* und sogar teilweise rückschreitend als *Pilgerschrittbewegungen* bei kontinuierlich drehendem Antriebsglied realisieren. Neben den vorgenannten Übertragungsaufgaben sind auch Führungsaufgaben mit Räderkurbelgetrieben zu erfüllen, meistens handelt es sich dabei um Punktführungen, beispielsweise um die Erzeugung gegebener Kurven. Die Kombination von U- und G-Getrieben bewirkt auch eine additive Überlagerung ihrer geometrisch-kinematischen Eigenschaften. Vorrangig werden nachfolgend Räderkurbelgetriebe mit zwei und drei ebenen Stirnzahnrädern betrachtet, als Grundgetriebe ebene viergliedrige Getriebe in verschiedenen Bauformen ausgewählt.

8.1 Zahnradgetriebe

Zahnradgetriebe übertragen formschlüssig durch die Verzahnung ihrer Räder Drehbewegungen und Drehmomente zwischen zwei Wellen. Statt mit Hilfe der direkten Verzahnung kann die formschlüssige Kopplung beider Wellen auch über eine Kette oder einen Zahn-

H. Kerle, B. Corves, M. Hüsing, *Getriebetechnik*, DOI 10.1007/978-3-658-10057-5_8

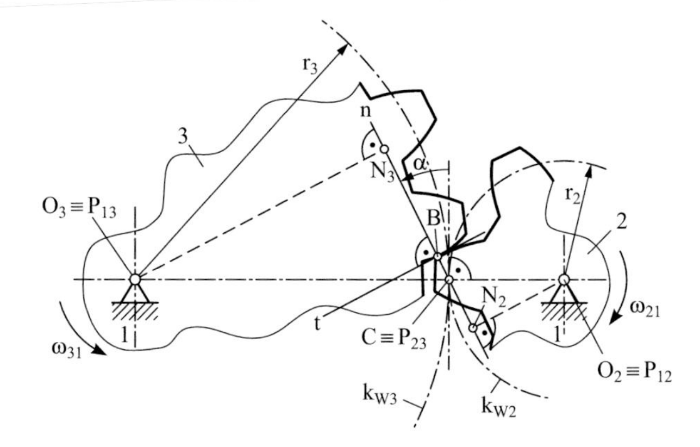

Abb. 8.1 Zur Verzahnung zweier Räder 2 und 3 (hier: *Evolventenverzahnung*) mit gemeinsamer Tangente t und Normalen n (Eingriffslinie)

riemen erreicht werden; so entsteht ein formschlüssiges *Zugmittelgetriebe* als Baugruppe. Die konstruktive Auslegung von Zahnradgetrieben ist ein Thema des Fachgebiets Maschinenelemente, sie steht hier nicht im Vordergrund. Stattdessen werden vorwiegend geometrisch-kinematische Betrachtungen angestellt.

Um eine Bewegungsübertragung zwischen zwei Zahnrädern mit konstantem *Übersetzungsverhältnis* zu erreichen, ist es notwendig, das ***Verzahnungsgesetz*** einzuhalten, d. h. die Zahnflanken der beiden sich dauernd berührenden Räder müssen so hergestellt werden, dass ihre gemeinsame Normale n stets durch den sog. *Wälzpunkt* C auf der Verbindungsgeraden durch die Mittelpunkte O_2 und O_3 der beiden im Gestell 1;0 gelagerten Zahnräder 2 und 3 geht und der Berührpunkt B mit C zusammenfällt (Linke 2010). In Abb. 8.1 ist noch $B \neq C$, dieses kennzeichnet ein allgemeines Kurvengelenk mit dem Gelenkfreiheitsgrad $f = 2$ (Gleiten und Wälzen). Erst der Fall $B = C$ sorgt für ein reines Wälzen oder Rollen mit $f = 1$.

Die beiden Teil- oder Wälzkreise k_{W2} und k_{W3} ersetzen die Zahnflanken kinematisch und berühren sich im Punkt C. Die Mittelpunkte O_2 und O_3 der Zahnräder sind zugleich die *Momentanpole* P_{12} und P_{13}, der Wälzpunkt C ist nach dem Dreipolsatz auch der Momentanpol P_{23} des Zahnradgetriebes. Bei konstantem Übersetzungsverhältnis $i = \omega_{an}/\omega_{ab} = \omega_{21}/\omega_{31} = r_3/r_2$ bleibt C unverändert auf der Strecke O_2O_3 (Achsabstand) und teilt diese mit den Teilkreisradien $r_2 = \overline{O_2C}$ und $r_3 = \overline{O_3C}$ im umgekehrten Verhältnis der Winkelgeschwindigkeiten ω_{21} und ω_{31}.

Mit Hilfe des Verzahnungsgesetzes ist zu einem gegebenen Zahnflankenprofil das Gegenprofil geometrisch festgelegt. Die Kurve aller Wälzpunkte C heißt *Eingriffskurve* oder *Eingriffslinie*. Als Zahnflanken haben sich in der Praxis spezielle zyklische Kurven bewährt, nämlich *Zykloiden* und *Evolventen*. Diese Kurven sind Sonderformen der sog. *Trochoiden* oder *Radlinien* und werden durch das Abrollen von Kreisen auf Kreisen bzw. von Geraden auf Kreisen erzeugt. Bei der *Zykloidenverzahnung* besteht die Eingriffskurve aus zwei Kreisbögen durch C, bei der *Evolventenverzahnung* aus zwei Geradenstücken CN_2 und CN_3 auf der durch C gehenden Berührungsnormalen n, die dort mit der zur Polgeraden O_2CO_3 senkrechten Geraden den *Eingriffswinkel* α bildet, der die Richtung der Kraftübertragung zwischen beiden Rädern vorgibt (Schlecht 2010).

Mit den Lotfußpunkten N_2 und N_3, die durch das Fällen der Lote von den Mittelpunkten O_2 bzw. O_3 auf die Normale n gefunden werden, entsteht ein Viergelenkgetriebe $O_2N_2N_3O_3$ in einer Sonderlage, in welcher der Geschwindigkeitspol der Koppel N_2N_3 ins Unendliche rückt und die Koppel somit momentan eine Schiebung in Richtung der Normalen n vollführt. Dieses Viergelenkgetriebe ersetzt momentan vollständig das Zahnradgetriebe in kinematischer Hinsicht.

8.1.1 Systematik und Bauformen

Grundsätzlich lassen sich die ebenen Zahnradgetriebe in *Standrädergetriebe* (Abb. 8.2), bei denen alle Räder im Gestell 1;0 gelagert sind, und in *Umlaufrädergetriebe* (Abb. 8.3), bei denen ein Rad oder mehrere Räder im *Steg* 2 gelagert sind, einteilen: Der Steg ist wiederum im Gestell drehbar gelagert. Durch Feststellen des Stegs wird aus dem Umlaufrädergetriebe wieder ein Standrädergetriebe. Die Räder können außen (A) oder innen (I) verzahnt sein, die Kombinationen heißen dann AA-, AI- oder IA-Verzahnung. *Einstufige Getriebe* enthalten nur ein miteinander kämmendes Räderpaar mit einer Übersetzungsstufe; *mehrstufige Getriebe* setzen sich aus mehreren miteinander kämmenden Räderpaaren zusammen und liefern somit mehrere Übersetzungsstufen. Für die Leistungsübertragung von einer zur anderen Welle sorgen bei den mehrstufigen Getrieben Zwischen- und Doppelräder. Wenn An- und Abtriebswellen eines Stand- oder Umlaufrädergetriebes koaxial im Gestell angeordnet sind, entsteht ein sog. *rückkehrendes Getriebe*.

Standrädergetriebe besitzen stets den Freiheitsgrad $F = 1$. Einfache Umlaufrädergetriebe – auch *Planeten(rad)getriebe* genannt (VDI 2157 2012) – bestehen aus nur *einem* umlaufenden Steg, in dem die *Umlauf-* oder *Planetenräder* gelagert sind. Die Planeten-

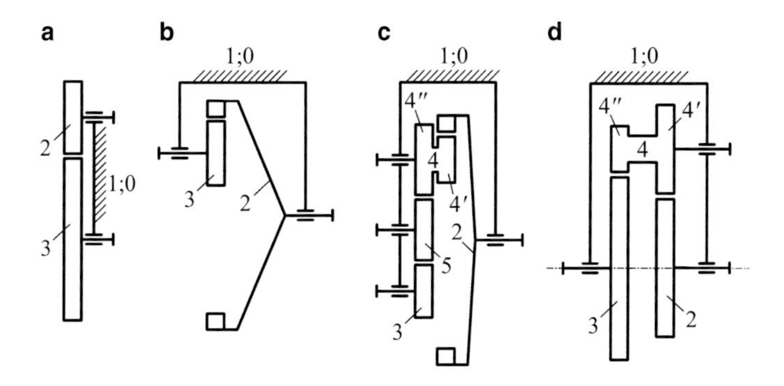

Abb. 8.2 Standrädergetriebe in Seitenansicht mit Gestell 1;0, Antriebsrädern (Antriebswellen) 2 und Abtriebsrädern (Abtriebswellen) 3: **a** einstufig, AA-Verzahnung, **b** einstufig, IA-Verzahnung, **c** dreistufig, Zwischenrad 4 als Doppelrad 4′, 4″, **d** zweistufig, Zwischenrad 4 als Doppelrad 4′, 4″, rückkehrend

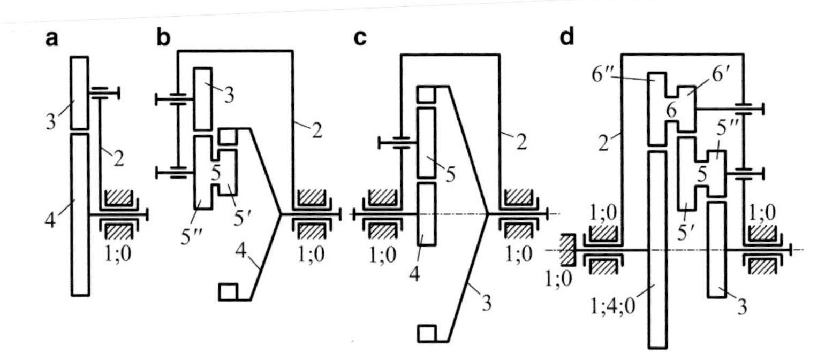

Abb. 8.3 Einfache Umlaufrädergetriebe in Seitenansicht mit Gestell 1;0 und Steg(wellen) 2: **a** einstufig, offen, $F = 2$, **b** zweistufig, offen, $F = 2$, Zwischenrad 5 als Doppelrad $5'$, $5''$, **c** zweistufig, $F = 2$, rückkehrend, Dreiwellengetriebe, **d** dreistufig, $F = 1$, rückkehrend, Zwischenräder 5 und 6 als Doppelräder $5'$, $5''$ bzw. $6'$, $6''$, Zweiwellengetriebe

räder kämmen mit den im Gestell gelagerten *Mittel-* oder *Sonnenrädern*. Sehr oft wird nicht nur ein Planetenrad im Steg gelagert, sondern zur besseren Leistungsverteilung und wegen des Massenausgleichs zwei oder drei Planetenräder, rotationssymmetrisch um die Stegachse angeordnet. In dieser beschriebenen Form besitzen die einfachen Umlaufrädergetriebe den Freiheitsgrad $F = 2$, d. h. es gibt zwei Antriebswellen und eine Abtriebswelle oder eine Antriebswelle und zwei Abtriebswellen. Beide Versionen werden auch *Differentialgetriebe* genannt. Wird bei zwei Antriebs- oder Abtriebswellen eine Welle blockiert, entstehen Getriebe mit $F = 1$.

Die Umlaufrädergetriebe mit $F = 1$ und je einer An- und Abtriebswelle werden *Zweiwellengetriebe* genannt, die Umlaufrädergetriebe mit $F = 2$ und zwei Antriebs- oder Abtriebswellen in Kombination mit einer Abtriebs- bzw. Antriebswelle unter dem Begriff *Dreiwellengetriebe* zusammengefasst. Umlaufrädergetriebe mit einseitiger (fliegender) Wellenlagerung im Gestell nennt man auch *offene Umlaufrädergetriebe* (Abb. 8.3a,b) (Müller 1998).

8.1.2 Übersetzungsverhältnisse und Geschwindigkeiten

Die Übersetzungsverhältnisse (Kurzform: Übersetzungen) i als Quotienten von Winkelgeschwindigkeiten ω oder Drehzahlen n in einem Zahnradgetriebe bestimmen den Geschwindigkeitsplan und die Leistungsübertragung bzw. den Leistungsfluss vom Antrieb zum Abtrieb des Getriebes. Sie sind vorzeichenbehaftet, $i > 0$ bedeutet Gleichlauf und $i < 0$ Gegenlauf von An- und Abtriebswelle. Bei AA-Verzahnung zweier Räder ist das zugeordnete Übersetzungsverhältnis $i < 0$, bei IA- oder AI-Verzahnung der beiden Räder ist $i > 0$.

Die Indizierung der Winkelgeschwindigkeiten folgt den Regeln der *Relativkinematik*, vgl. Abschn. 3.2. Wenn es sich um Antriebs- und Abtriebsgeschwindigkeiten handelt, ist der zweite Index 1 und bezieht sich folglich auf das Gestell.

8.1.2.1 Standrädergetriebe

Ein einstufiges Standrädergetriebe in der Bauform der Abb. 8.2a,b mit Gestell 1;0, Antriebswelle 2 und Abtriebswelle 3 ist gekennzeichnet durch das Übersetzungsverhältnis

$$i_{21/31} = \frac{\omega_{21}}{\omega_{31}} = \frac{n_{21}}{n_{31}} = \mp\frac{r_3}{r_2} = \mp\frac{z_3}{z_2} = \frac{\omega_{\text{an}}}{\omega_{\text{ab}}}. \tag{8.1}$$

Mit r sind die Teilkreisradien, mit z die Zähnezahlen der entsprechenden Räder – bei gleichmäßiger Verzahnung auf dem Umfang des jeweiligen Teilkreises – und mit n [1/min] die Drehzahlen der Wellen bezeichnet, dabei gilt die Umrechnungsformel

$$n = \frac{30 \cdot \omega}{\pi}. \tag{8.2}$$

Das obere Vorzeichen in Gl. 8.1 gilt für AA-Verzahnung, das untere für AI- oder IA-Verzahnung. Bei mehrstufigen Standrädergetrieben folgt eine *Gesamtübersetzung*, die sich sinngemäß durch mehrfache Anwendung der Gl. 8.1 als Serienschaltung der einzelnen Übersetzungsstufen ergibt. Beispielsweise gilt für das Getriebe in Abb. 8.2c

$$i_{21/31} = \frac{r_{4'}}{r_2} \cdot \left(-\frac{r_5}{r_{4''}}\right) \cdot \left(-\frac{r_3}{r_5}\right) = \frac{r_3 \cdot r_{4'}}{r_2 \cdot r_{4''}} = \frac{\omega_{\text{an}}}{\omega_{\text{ab}}} \tag{8.3}$$

und für dasjenige in Abb. 8.2d

$$i_{21/31} = \left(-\frac{r_{4'}}{r_2}\right) \cdot \left(-\frac{r_3}{r_{4''}}\right) = \frac{r_3 \cdot r_{4'}}{r_2 \cdot r_{4''}} = \frac{\omega_{\text{an}}}{\omega_{\text{ab}}}. \tag{8.4}$$

Die Gesamtübersetzung beider Zahnradgetriebe stimmt also überein. Die Teilkreisradien von Zwischenrädern – in Abb. 8.2c von Rad 5 – kürzen sich bei der Berechnung der Gesamtübersetzung heraus; Zwischenräder werden zur Drehrichtungsumkehr eingesetzt. Im vorliegenden Fall wird letztendlich durch das Zwischenrad 5 die gleiche Drehrichtung der Räder 4 und 3 erreicht.

8.1.2.2 Umlaufrädergetriebe

Ein charakteristischer Wert eines einfachen Umlaufrädergetriebes ist das sog. Standübersetzungsverhältnis bzw. die *Standübersetzung* i_s, die sich jedes Mal dann ergibt, wenn sich zwei Drehzahlen bzw. Winkelgeschwindigkeiten von Zahnrädern des Getriebes auf den Steg als Planetenradträger beziehen, d. h. der zweite Index der Winkelgeschwindigkeiten im Übersetzungsverhältnis besitzt die Nummer des Stegs. Bei ruhendem Steg wird dann aus dem Umlaufrädergetriebe das entsprechende Standrädergetriebe mit der Standübersetzung i_s. Beispielsweise gilt für das viergliedrige Umlaufrädergetriebe in Abb. 8.3a

$$i_s = i_{32/42} = \frac{\omega_{32}}{\omega_{42}} = -\frac{r_4}{r_3} \tag{8.5}$$

mit dem Steg 2 und den Rädern 3 und 4.

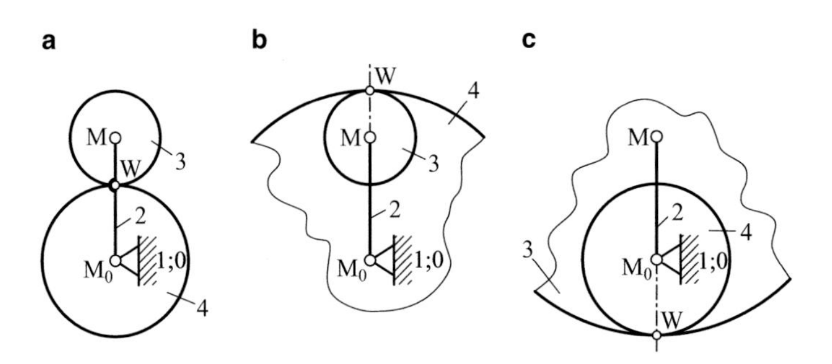

Abb. 8.4 Bauformen einfacher viergliedriger offener Umlaufrädergetriebe in Vorderansicht mit Einfachdrehgelenken M, Doppeldrehgelenken M_0 und Wälz- oder Rollgelenken $W \equiv C$ (vgl. Abb. 8.1): **a** Bauform AA, **b** Bauform AI, **c** Bauform IA

Für die Winkelgeschwindigkeiten dreier eben bewegter Getriebeglieder gilt Gl. 3.36, d. h.

$$\omega_{ij} + \omega_{jk} + \omega_{ki} = 0.$$

Ein Vertauschen der Indizes ist mit einem Vorzeichenwechsel verbunden. Vektorzeichen sind hier nicht erforderlich, da alle Winkelgeschwindigkeitsvektoren zueinander parallel verlaufen (nämlich senkrecht auf der Zeichenebene), sie lassen sich wie vorzeichenbehaftete skalare Größen behandeln. Wenn die Gl. 3.36 beispielsweise zweimal auf den Getriebetyp in Abb. 8.3a angewendet wird, ergeben sich folgende Gleichungen für $i = 1$, $j = 2, k = 3$ und $i = 1$, $j = 2$, $k = 4$, nämlich

$$\omega_{12} + \omega_{23} + \omega_{31} = 0 \tag{8.6a}$$

und

$$\omega_{12} + \omega_{24} + \omega_{41} = 0, \tag{8.6b}$$

aus denen sich die sog. ***Grundgleichung von*** Willis herleiten lässt (Willis 1870):

$$\omega_{21} \cdot (1 - i_s) - \omega_{31} + \omega_{41} \cdot i_s = 0. \tag{8.7}$$

Je nach Bauform des Getriebetyps in Abb. 8.3a ändert sich die Standübersetzung i_s nach Größe und Vorzeichen, vgl. Abschn. 8.1.2.1 und Gl. 8.5. Abbildung 8.4 gibt einen Überblick über die einfachen viergliedrigen offenen Umlaufrädergetriebe (Meyer zur Capellen 1965) mit $F = 2$, für welche die Willis-Formel zunächst hergeleitet wurde.

Die Grundgleichung von Willis für Umlaufrädergetriebe mit dem Freiheitsgrad $F = 2$ lässt für den Übergang auf Umlaufrädergetriebe mit $F = 1$ sechs verschiedene Möglichkeiten der Auswertung zu, abhängig davon, welche der Glieder 2 bis 4 als Antrieb oder Abtrieb gewählt oder gebremst, d. h. an der Drehung gehindert werden, vgl. Tab. 8.1. Die letzte Spalte in dieser Tabelle enthält die sog. *äußere Übersetzung* oder *Gesamtübersetzung* als Übersetzung zwischen An- und Abtriebswelle des Umlaufrädergetriebes.

Tab. 8.1 Auswertung der Grundgleichung von WILLIS für sechs Varianten von Umlaufrädergetrieben der Bauformen der Abb. 8.4 mit dem Freiheitsgrad $F = 1$

Antriebs-glied	Abtriebs-glied	gebremstes Glied	WILLIS Gl. 8.7	äußere Übersetzung $i = \omega_{an}/\omega_{ab}$
3	4	2	$\omega_{41} = \omega_{31}/i_s$	i_s
4	3	2	$\omega_{31} = \omega_{41} \cdot i_s$	$1/i_s$
2	4	3	$\omega_{41} = \omega_{21} \cdot (i_s - 1)/i_s$	$i_s/(i_s - 1)$
4	2	3	$\omega_{21} = \omega_{41} \cdot i_s/(i_s - 1)$	$1 - 1/i_s$
2	3	4	$\omega_{31} = \omega_{21} \cdot (1 - i_s)$	$1/(1 - i_s)$
3	2	4	$\omega_{21} = \omega_{31}/(1 - i_s)$	$1 - i_s$

Der Fall $\omega_{21} = 0$ (1. und 2. Zeile der Tab. 8.1) kennzeichnet das Standrädergetriebe. Im Fall $\omega_{31} = 0$ (3. und 4. Zeile der Tab. 8.1) bewegt sich das Planetenrad 3 translatorisch um M_0 (*Kreisschiebung*), im Fall $\omega_{41} = 0$ (5. und 6. Zeile der Tab. 8.1) rollt das Planetenrad 3 auf dem feststehenden Sonnenrad 4 ab. Im Sonderfall $\omega_{32} = \omega_{42} = 0$, der nicht explizit in Tab. 8.1 angezeigt wird, ist $\omega_{21} = \omega_{31} = \omega_{41}$, das Umlaufrädergetriebe arbeitet als Kupplung mit $i = \omega_{an}/\omega_{ab} \equiv 1$.

Es lässt sich zeigen, dass die Grundgleichung von WILLIS in der Form der Gl. 8.7 für das viergliedrige Umlaufrädergetriebe in Abb. 8.3a ebenso für die fünfgliedrigen Umlaufrädergetriebetypen in Abb. 8.3b–d gilt. Durch das Einfügen von Zwischen- und Doppelrädern ändert sich lediglich die Standübersetzung i_s, siehe Abb. 8.5. Für das Zweiwellengetriebe mit $F = 1$ gilt $\omega_{41} = 0$, die Gl. 8.7 stimmt in diesem Fall mit derjenigen in den Zeilen 5 und 6 der Tab. 8.1 überein.

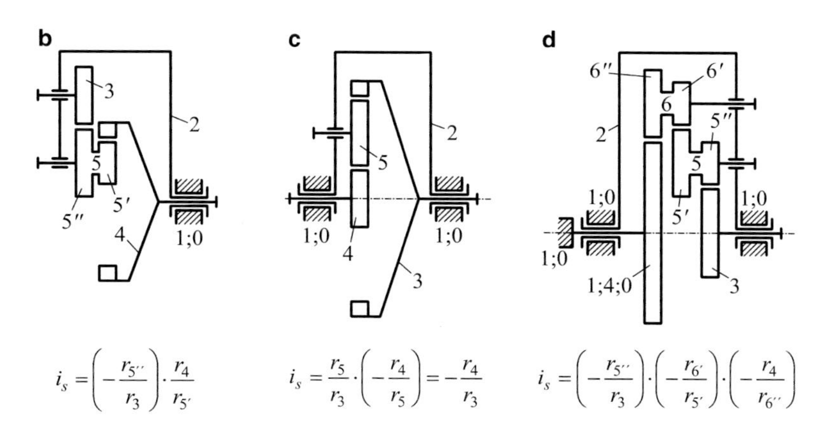

Abb. 8.5 Standübersetzungen i_s der einfachen Umlaufrädergetriebe in Abb. 8.3b–d: **b** zweistufig, offen, $F = 2$; **c** zweistufig, rückkehrend, $F = 2$, Dreiwellengetriebe; **d** dreistufig, rückkehrend, $F = 1$, Zweiwellengetriebe

Umlaufrädergetriebe für hohe Übersetzungen

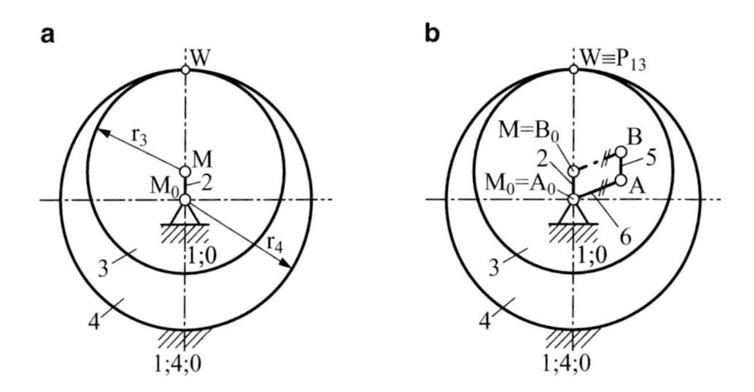

Abb. 8.6 Einstufiges, offenes Umlaufrädergetriebe der Bauform AI: **a** mit feststehendem Mittelrad 4 und **b** in Kombination mit einem Parallelkurbelgetriebe als Räderkurbelgetriebe

Um hohe Übersetzungen in einer oder zumindest wenigen Stufen zu realisieren, sind Umlaufrädergetriebe wegen ihrer kompakten Bauform sehr gut geeignet. Wenn von der Bauform AI eines einstufigen, offenen Umlaufrädergetriebes nach Abb. 8.4b bei feststehendem Mittelrad 4 ausgegangen wird, liefert die vorletzte Zeile der Tab. 8.1 unter Berücksichtigung von Gl. 8.5 für die AI-Verzahnung der Räder 3 und 4 (Abb. 8.6a)

$$i = \frac{\omega_{\text{an}}}{\omega_{\text{ab}}} = \frac{\omega_{21}}{\omega_{31}} = \frac{1}{1 - i_s} = -\frac{z_3}{z_4 - z_3}. \tag{8.7a}$$

Für annähernd gleich große Räder gilt $z_3 \to z_4$ und folglich $|i| \to \infty$. Aus konstruktiven Gründen ist dieser Grenzfall auszuschließen, zwischen M und M_0 bleibt ein endlicher Abstand, die Länge des Stegs 2, des um M_0 rotierenden Antriebsglieds. Die Gesamtübersetzung i kann jedoch auf diese Weise sehr große Werte annehmen.

Mit Hilfe eines Parallelkurbelgetriebes lässt sich die Drehbewegung des Umlaufrads 3 um den Momentanpol $W \equiv P_{13}$ im Punkt M_0 gegenüber dem Gestell 1;4;0 zurückführen (rückkehrendes Getriebe). Dazu ist das Umlaufrädergetriebe um den Zweischlag A_0AB (Glieder 5 und 6) so zu erweitern, dass das Parallelkurbelgetriebe A_0ABB_0 entsteht (Abb. 8.6b). Der Punkt B markiert das im Umlaufrad 3 gelagerte Drehgelenk des Zweischlags. Nach diesem Prinzip funktioniert das sog. *Cyclo-Getriebe* in Abb. 8.7 (Neumann 1976, Neumann 1977). Statt der Verzahnung mit Gleitreibung gibt es in den Punkten W reines, (fast) reibungsloses Rollen zwischen den Gliedern 3 und 4. Zur besseren Kraftübertragung wird das Parallelkurbelgetriebe mehrfach angeordnet (zehnfach in Abb. 8.7). Das antreibende Stegglied 2 arbeitet als Exzenter, die Gelenke in A und B der Parallelkurbelgetriebe werden ebenfalls als Exzenter in Form sogenannter *Zapfenerweiterungen* ausgeführt. Das Umlaufrad 3 ist eine Kurvenscheibe mit Hüllkurven von *Epizykloiden* als „Außenverzahnung", die mit Außenrollen auf dem feststehenden Mittelrad 4 als „Innenverzahnung" kämmen. Die Kurvenscheibe ist zugleich Mehrfachkoppel der Parallel-

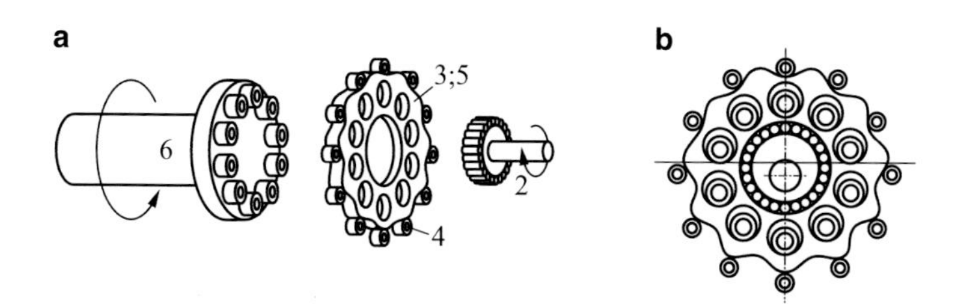

Abb. 8.7 Cyclo-Getriebe mit zehnfachem Parallelkurbelgetriebe und Epizykloidenverzahnung zwischen Umlauf- und Mittelrad: **a** konstruktiver Aufbau, **b** Querschnitt

kurbelgetriebe, ihre Drehbewegung wird über Mitnehmerbolzen auf die Abtriebswelle 6 übertragen.

Auch dem sog. *Harmonic-Drive-Getriebe* liegt dieselbe Bauform AI eines einstufigen, offenen Umlaufrädergetriebes mit feststehendem Mittelrad 4 zu Grunde (Abb. 8.8). Das Umlaufrad 3 ist als „Flexspline" eine elastische Hülse mit Außenverzahnung. Diese Hülse wird von einer oder zwei Rollen auf dem Steg 2 als Antriebsglied wellenförmig (harmonisch) belastet und verformt, indem sie gegen die starre Innenverzahnung des Mittelrads als „Circular Spline" gedrückt wird. In der Praxis ist der rotierende Steg als „Wave Generator" eine elliptische Kurvenscheibe. Die Drehbewegung des Umlaufrads wird direkt auf eine zur Stegwelle koaxiale Abtriebswelle übertragen.

Abbildung 8.9 zeigt eine weitere Möglichkeit zur Realisierung einer hohen Übersetzung. Das skizzierte Doppel-Umlaufrädergetriebe ist rückkehrend und zweistufig in der Bauform AI/AI. Der Antrieb erfolgt über den Steg 2, der Abtrieb über das Mittelrad 3. Das Sonnenrad 4 gehört zum Gestell 1;0. Die auf der Stegwelle gelagerten Umlaufräder $5'$ und $5''$ sind fest miteinander verbunden und bilden das Glied 5. Für die Standübersetzung gilt die Serienschaltung (vgl. Abb. 8.5, Teilbild b)

$$i_s = \frac{\omega_{32}}{\omega_{5''2}} \cdot \frac{\omega_{5'2}}{\omega_{42}} = \frac{r_{5''}}{r_3} \cdot \frac{r_4}{r_{5'}}. \tag{8.7b}$$

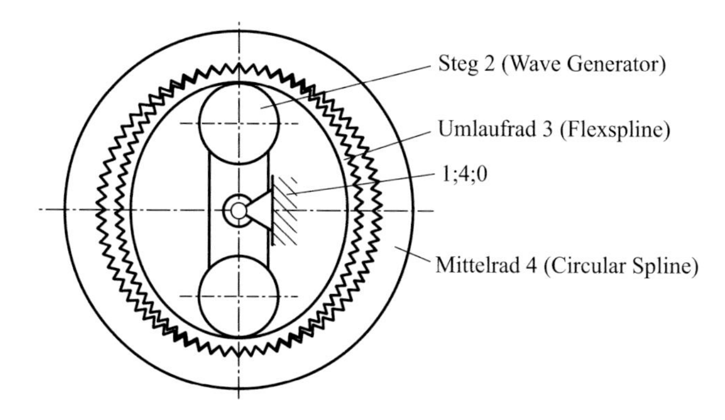

Abb. 8.8 Harmonic-Drive-Getriebe in vereinfachter konstruktiver Darstellung

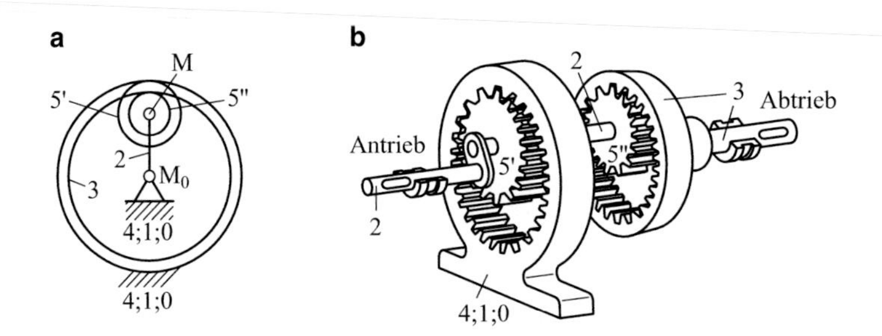

Abb. 8.9 Doppel-Umlaufrädergetriebe mit fünf Gliedern: **a** Kinematisches Schema, **b** konstruktive Ausführung

Berücksichtigt man noch die geometrischen Zusammenhänge für die auftretenden Teilkreisradien, nämlich

$$r_{5'} = r_4 - r_2 \quad \text{und} \quad r_{5''} = r_3 - r_2, \tag{8.7c}$$

so ergibt sich aus Gl. 8.7a die Gesamtübersetzung des Doppel-Umlaufrädergetriebes zu

$$i = \frac{\omega_{\text{an}}}{\omega_{\text{ab}}} = \frac{\omega_{21}}{\omega_{31}} = \frac{1}{1 - i_s} = \frac{r_2 \cdot (r_4 - r_3)}{r_3 \cdot (r_4 - r_2)}. \tag{8.7d}$$

8.1.3 Leistungs- und Drehmomentübertragung

Für Stand- und Umlaufrädergetriebe im stationären Betrieb, bei dem nur (äußere) Drehmomente in die Leistungsbilanz eingehen, lässt sich Gl. 5.12 in der Form

$$\sum_i (P_i) = \sum_i (M_i \omega_i) - \sum_i (|P_{Ri}|) = P_{\text{an}} + P_{\text{ab}} + P_v = 0 \tag{8.8}$$

darstellen. In dieser Aufzählung ist die Antriebsleistung P_{an} stets positiv, die Abtriebsleistung P_{ab} und die Verlustleistung P_v sind stets negativ. Bei der Verlustleistung handelt es sich hauptsächlich um die Verluste durch Zahnreibung, weniger um die Verluste durch lastabhängige Lagerreibung.

8.1.3.1 Standrädergetriebe

Die Anwendung der Gl. 8.8 auf Standrädergetriebe mit einer Antriebswelle 2 und einer Abtriebswelle 3 (Abb. 8.2a–d) ergibt

$$M_{21}\omega_{21} - M_{31}\omega_{31} - P_v = 0. \tag{8.9}$$

Unter Berücksichtigung von Gl. 8.1 und nach Einführung des *Standverlustgrads*

$$\zeta_s = \frac{P_v}{P_{\text{an}}} \tag{8.10}$$

erhält man dann aus Gl. 8.9

$$\left[M_{21} \cdot (1 - \zeta_s) - \frac{M_{31}}{i_{21/31}}\right] \cdot \omega_{21} = 0. \tag{8.11}$$

Der Standverlustgrad ζ_s hängt mit dem bekannteren *Standwirkungsgrad* η_s folgendermaßen zusammen:

$$\eta_s = \frac{P_{\text{ab}}}{P_{\text{an}}} = 1 - \zeta_s. \tag{8.12}$$

Bei vernachlässigbaren Leistungsverlusten ist $P_v = 0$ und aus Gl. 8.9 resultiert

$$\frac{M_{21}}{M_{31}} = \frac{\omega_{31}}{\omega_{21}} = \frac{1}{i_{21/31}}. \tag{8.13}$$

8.1.3.2 Umlaufrädergetriebe

Die Leistungs- und Drehmomentübertragung in einem Umlaufrädergetriebe soll an einem rückkehrenden (koaxialen) Dreiwellengetriebe erläutert werden (Abb. 8.3c). Von den drei im Gestell 1;0 gelagerten Steg- und Radwellen 2, 3 und 4 sind entweder zwei Antriebswellen und eine Abtriebswelle oder eine Antriebswelle und zwei Abtriebswellen. Die alleinige Antriebswelle oder die alleinige Abtriebswelle überträgt jeweils die *Gesamtleistung* des Getriebes, die beiden übrigen Wellen übertragen *Teilleistungen* im Abtrieb bzw. Antrieb (Müller 1998). Wenn eine der drei Wellen blockiert wird, entsteht das Zweiwellengetriebe mit einer Antriebs- und einer Abtriebswelle.

Für das Dreiwellengetriebe gilt jetzt folgende Leistungsbilanz nach Gl. 8.8:

$$M_{21}\omega_{21} + M_{31}\omega_{31} + M_{41}\omega_{41} + P_v = 0. \tag{8.14}$$

Da jede der drei Wellen alleinige Antriebs- oder alleinige Abtriebswelle sein kann, ergeben sich für das Getriebe sechs mögliche Leistungsflüsse mit sechs verschiedenen Wirkungsgradgleichungen, die sich nach den vorliegenden Betriebsbedingungen richten:

$$\eta = \frac{P_{\text{ab}}}{P_{\text{an}}} = \frac{\sum\limits_{i1} (M_{\text{ab}}\omega_{\text{ab}})}{\sum\limits_{j1} (M_{\text{an}}\omega_{\text{an}})} = 1 - \frac{P_v}{P_{\text{an}}}. \tag{8.15}$$

Die Indizes i und j nehmen entsprechende Kombinationen aus den Zahlen 2, 3 und 4 an.

Bei vernachlässigbarer Verlustleistung liefert Gl. 8.8

$$M_{21}\omega_{21} + M_{31}\omega_{31} + M_{41}\omega_{41} = 0, \tag{8.16}$$

zusätzlich gilt das Momentengleichgewicht

$$M_{21} + M_{31} + M_{41} = 0, \tag{8.17}$$

sofern lediglich Kräftepaare als äußere Drehmomente am Zahnradgetriebe angreifen. Aus beiden vorstehenden Gleichungen erhält man folgende Ergebnisse, nämlich

$$\frac{M_{21}}{M_{41}} = \frac{\omega_{41} - \omega_{31}}{\omega_{32}} = \frac{\omega_{42} - \omega_{32}}{\omega_{32}} = \frac{1 - i_s}{i_s} \tag{8.18a}$$

und

$$\frac{M_{31}}{M_{41}} = \frac{\omega_{41} - \omega_{21}}{\omega_{21} - \omega_{31}} = -\frac{\omega_{42}}{\omega_{32}} = -\frac{1}{i_s} \tag{8.18b}$$

mit der Standübersetzung i_s nach Gl. 8.5. Nach Vorgabe von beispielsweise M_{41} und ω_{41} als Antriebsgrößen sowie von ω_{21} oder ω_{31} kann mit Hilfe der WILLIS-Formel (8.7) und der Gln. 8.18a,b die Leistungsverteilung von der Antriebswelle 4 auf die Abtriebswellen 2 und 3 berechnet werden.

8.2 Räderkurbelgetriebe

Ein einfaches Räderkurbelgetriebe besteht aus einem Viergelenkgetriebe A_0ABB_0 als Grundgetriebe und zwei oder drei miteinander kämmenden Zahnrädern. Das *Zweiradgetriebe* ist fünfgliedrig, das *Dreiradgetriebe* sechsgliedrig, beide Getriebe besitzen den Freiheitsgrad $F = 1$. Abbildung 8.10 zeigt die zugehörigen kinematischen Ketten mit jeweils einem viergliedrigen Grundgetriebe (Glieder 1 bis 4). Die Wälzgelenke zwischen den Rädern sind gegenüber den übrigen Dreh- bzw. Schubgelenken mit einem gefüllten Kreis markiert. Die gestrichelten Linien weisen auf veränderliche Gliedlängen in der Kette hin. Um der Forderung nach Kompaktheit zu entsprechen, ist es üblich, einige Gelenkabstände in den ternären Gliedern 1 bzw. 1 und 3 null werden zu lassen und somit Doppeldrehgelenke einzuführen (vgl. Abb. 2.15).

Bei den Zweiradgetrieben ist üblicherweise ein Rad mit der Koppel AB, bei den Dreiradgetrieben mit dem Antriebsglied bzw. der Kurbel A_0A des Grundgetriebes fest verbunden. Durch die Kopplung des Viergelenkgetriebes mit dem Zahnradgetriebe gelingt es, Relativbewegungen zwischen benachbarten Gliedern (einschließlich des Gestells) des

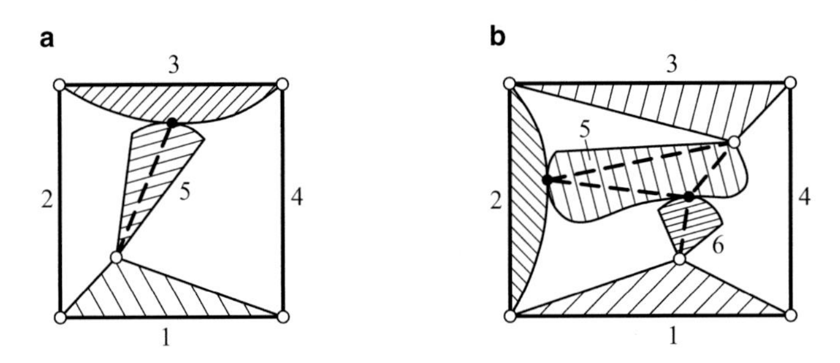

Abb. 8.10 Kinematische Ketten einfacher Räderkurbelgetriebe: **a** Zweiradgetriebe, **b** Dreiradgetriebe

Grundgetriebes auf das Abtriebsglied des Räderkurbelgetriebes zu übertragen und die Ungleichmäßigkeit des Abtriebsglieds zu verändern, um höheren kinematischen Ansprüchen zu genügen, ohne den Bauraum gegenüber dem Grundgetriebe nennenswert zu vergrößern. Zu den höheren kinematischen Ansprüchen gehören beispielsweise große Schwingwinkel, Rasten und Pilgerschrittbewegungen. Das Antriebsglied soll dabei mit konstanter Winkelgeschwindigkeit rotieren (Volmer 1955). Wenn als Zahnradgetriebe die offenen Umlaufrädergetriebe der Abb. 8.4 eingesetzt werden, liefert die Integration der Grundgleichung von WILLIS Lösungen in der Form

$$\psi - \psi_0 = K \cdot (\varphi - \varphi_0) + \sum_i \left[K_i \cdot \left(\beta_i - \beta_{i_0}\right)\right]. \tag{8.19}$$

Hierin sind der Abtriebswinkel mit ψ, der Antriebswinkel mit φ und die Relativdrehwinkel benachbarter Glieder des Grundgetriebes mit β_i bezeichnet. Die Konstanten K und K_i beinhalten die jeweilige Standübersetzung i_s des verwendeten Umlaufrädergetriebes sowie gegebenenfalls weitere Getriebeabmessungen, die Integrationskonstanten sind mit dem Index 0 versehen. Falls ein Weg s statt eines Winkels ψ bzw. β_i zu berücksichtigen ist, hat man ψ oder β_i durch s bzw. s_i zu ersetzen.

8.2.1 Zweiradgetriebe

8.2.1.1 Systematik

Abbildung 8.11 enthält eine (nicht vollständige) Systematik von Zweiradgetrieben auf der Grundlage der umlauffähigen Viergelenkgetriebe Kurbelschwinge (1), Doppelkurbel (2), Schubkurbel (3) und Kurbelschleife, letztere ist entweder eine schwingende Kurbelschleife (4) oder eine umlaufende Kurbelschleife (5) (Volmer 1990, Volmer 1956, Volmer 1957) (vgl. auch Abschn. 2.4.2.1). Die obere Zeile der Abb. 8.11 mit den Abbildungen 1a bis 5a umfasst die rückkehrenden Varianten der vorgenannten Getriebetypen mit koaxialer An- und Abtriebswelle, die untere Zeile der Abb. 8.11 mit den Abbildungen 1b bis 5b die nicht rückkehrenden Varianten. In den Fällen, in denen die Koppel AB des Grundgetriebes

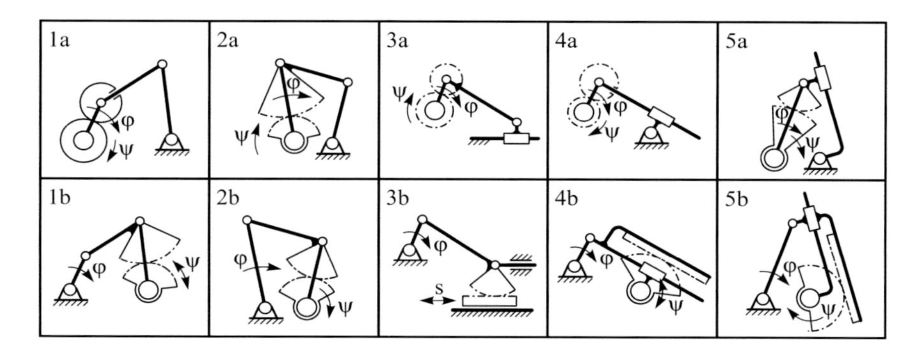

Abb. 8.11 Zweiradgetriebe mit verschiedenen Viergelenkgetrieben als Grundgetriebe

relativ gegenüber der Antriebskurbel A_0A bzw. dem Abtriebsglied B_0B keine umlaufenden, sondern nur schwingende Bewegungen ausführt, ist es möglich, die vollen Zahnräder durch *Radsektoren* zu ersetzen. Bei Schub- und Schleifengelenken wird aus einem der beiden Zahnräder des Umlaufrädergetriebes eine *Zahnstange*.

8.2.1.2 Kinematische Analyse

Indem wir das Sonnen- oder Mittelrad mit dem Index m, das Planeten- oder Umlaufrad mit p, den Steg mit s und das Getriebeglied, in dem der Steg gelagert ist, mit dem Index q bezeichnen, erhalten wir eine andere Form der WILLIS-Gleichung aus Gl. 8.7, nämlich

$$\omega_{mq} = \omega_{sq} + \frac{\omega_{ps}}{i_s}. \tag{8.20a}$$

Weiterhin gilt die Gl. 3.36, jetzt als

$$\omega_{ps} = \omega_{pq} - \omega_{sq} \tag{8.20b}$$

geschrieben. Die Einbettung des Umlaufrädergetriebes in das Grundgetriebe erfolgt danach durch eine Anpassung der oben eingeführten Indizes an die Nummerierung der Getriebeglieder.

Zweiradgetriebe mit umlauffähiger Kurbelschwinge als Grundgetriebe

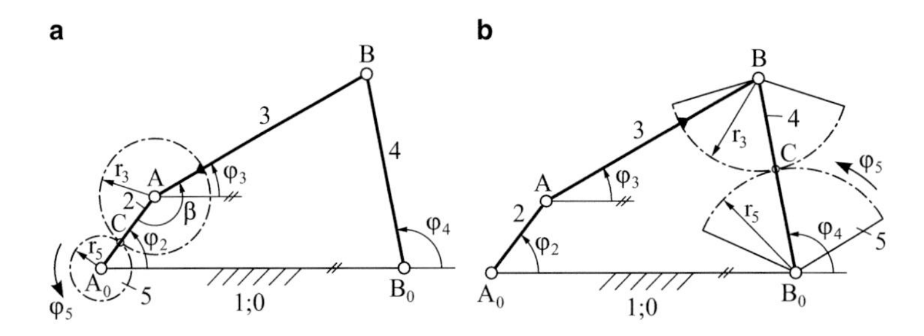

Abb. 8.12 Zweiradgetriebe mit umlauffähiger Kurbelschwinge: **a** rückkehrend, **b** nicht rückkehrend

Für das in Abb. 8.12a skizzierte rückkehrende Zweiradgetriebe mit Kurbelschwinge A_0ABB_0 gilt $l_1 = \overline{A_0B_0} = l_{max}$, $l_2 = \overline{A_0A} = l_{min}$, $l_3 = \overline{AB}$, $l_4 = \overline{B_0B}$ und als Umlaufbedingung der Kurbelschwinge nach GRASHOF $l_1 + l_2 < l_3 + l_4$. In die Grundgleichung nach WILLIS in der Form der Gl. 8.20a,b setzen wir $q = 1$, $s = 2$, $p = 3$ und $m = 5$, das Umlaufrad mit dem Teilkreisradius r_3 und Mittelpunkt A ist fest mit der Koppel 3 verbunden und überträgt seine Drehbewegung auf das Abtriebsrad 5 (Mittelrad) mit dem Teilkreisradius r_5 und Mittelpunkt A_0 (Abtriebswinkel $\psi \equiv \varphi_5$). Die Standübersetzung ergibt sich für die verwendete Bauform AA des Umlaufrädergetriebes zu $i_s = -r_m/r_p = -r_5/r_3$. Dabei ist die passive Bindung $r_3 + r_5 = l_2$ zu beachten. Der

Antrieb des Zweiradgetriebes erfolgt über die Kurbel 2 (Antriebswinkel $\varphi \equiv \varphi_2$). Der Punkt A_0 markiert das Doppeldrehgelenk 12, 15 bzw. das Momentanpolpaar P_{12}, P_{15}.

Der Wälzpunkt C ist zugleich der Momentanpol P_{35}. Der Relativdrehwinkel zwischen der Koppel 3 und der Kurbel 2 ist mit $\beta \equiv \varphi_{32} = \varphi_3 - \varphi_2 + 180°$ bezeichnet.

Hinweis
Für die Bauformen AI (b) und IA (c) der Umlaufrädergetriebe in Abb. 8.4 gilt $i_s = +r_5/r_3 > 1$ und $r_5 - r_3 = l_2$ bzw. $i_s = +r_5/r_3 < 1$ und $r_3 - r_5 = l_2$.

Gleichung 8.20a liefert jetzt

$$\omega_{51} \equiv \frac{d\psi}{dt} = \omega_{21} + \frac{\omega_{32}}{i_s} \tag{8.21a}$$

und Gl. 8.20b

$$\omega_{32} \equiv \frac{d\beta}{dt} = \omega_{31} - \omega_{21}. \tag{8.21b}$$

Weiterhin gilt

$$\frac{\omega_{51}}{\omega_{21}} = \frac{d\psi/dt}{d\varphi/dt} = \frac{\omega_{ab}}{\omega_{an}} = \frac{d\psi}{d\varphi} = \frac{1}{i\,(\varphi)} \tag{8.22a}$$

und

$$\frac{\omega_{32}}{\omega_{21}} = i_{32/21} = \frac{d\beta}{d\varphi} = \frac{\omega_{31}}{\omega_{21}} - 1 = \frac{d\varphi_3}{d\varphi} - 1. \tag{8.22b}$$

Dabei ist die Gesamtübersetzung $i = \omega_{an}/\omega_{ab}$ eine Funktion des zeitabhängigen Antriebsdrehwinkels $\varphi = \varphi(t)$, d. h. $i = i[\varphi(t)]$. Wir erhalten aus den Gln. 8.22a,b die Beziehung

$$d\psi = \frac{d\varphi}{i\,(\varphi)} = d\varphi + \frac{d\beta}{i_s} = \left(1 - \frac{1}{i_s}\right) \cdot d\varphi + \frac{d\varphi_3}{i_s}, \tag{8.23}$$

aus der sich durch Integration der Drehwinkel des Abtriebsrads 5 ermitteln lässt, nämlich

$$\int d\psi = \int \frac{d\varphi}{i\,(\varphi)} = \psi - \psi_0 = \varphi - \varphi_0 + \frac{\beta - \beta_0}{i_s} \tag{8.24a}$$

oder

$$\psi = \psi_0 + \left(1 - \frac{1}{i_s}\right) \cdot (\varphi - \varphi_0) + \frac{\varphi_3 - \varphi_{3_0}}{i_s} \tag{8.24b}$$

mit den Integrationskonstanten $\varphi_0 = \varphi(t = 0) = 0$, $\beta_0 = \beta(\varphi = \varphi_0)$, $\varphi_{3_0} = \varphi_3(\varphi = \varphi_0)$ und $\psi_0 = \psi(\varphi = \varphi_0)$. Der Koppelwinkel $\varphi_3 = \varphi_3[\varphi(t)]$ ist aus einer kinematischen Analyse des Grundgetriebes bekannt (vgl. Kap. 4). Aus Gl. 8.24a folgt, dass für eine volle Umdrehung der Antriebskurbel ($\varphi = 360°$) der Abtriebsdrehwinkel den Wert $\psi = 360° \cdot (1 + 1/i_s)$ für den Fall erreichen kann, dass die Koppel gegen die Antriebskurbel ebenfalls eine volle Umdrehung macht. Falls die Koppel gegen die Antriebskurbel nur schwingende Drehbewegungen ausführt, wird mindestens der Wert $\psi = 360°$ erreicht.

Die Winkelgeschwindigkeit des Abtriebsrads ergibt sich beispielsweise als zeitliche Ableitung der Gl. 8.24b zu

$$\omega_{51} \equiv \frac{d\psi}{dt} \equiv \dot{\psi} = \frac{d\psi}{d\varphi} \cdot \frac{d\varphi}{dt} \equiv \psi' \cdot \dot{\varphi} \equiv \psi' \cdot \omega_{21} \tag{8.25a}$$

mit der Übertragungsfunktion 1. Ordnung

$$\psi' \equiv \frac{d\psi}{d\varphi} = \frac{1}{i} = 1 - \frac{1 - d\varphi_3/d\varphi}{i_s} \equiv 1 - \frac{1 - \varphi_3'}{i_s} = \frac{i_s - 1 + \varphi_3'}{i_s}. \tag{8.25b}$$

Die zweite zeitliche Ableitung der Gl. 8.24b führt auf die Winkelbeschleunigung des Abtriebsrads, nämlich auf

$$\alpha_{51} \equiv \frac{d^2\psi}{dt^2} \equiv \ddot{\psi} = \psi'' \cdot \dot{\varphi}^2 + \psi' \cdot \ddot{\varphi} \equiv \psi'' \cdot \omega_{21}^2 + \psi' \cdot \dot{\omega}_{21} \tag{8.26a}$$

mit der Übertragungsfunktion 2. Ordnung

$$\psi'' = \frac{\varphi_3''}{i_s}. \tag{8.26b}$$

Bei konstanter Antriebswinkelgeschwindigkeit ω_{21} ist deren zeitliche Ableitung null und Gl. 8.26a reduziert sich auf

$$\alpha_{51} = \psi'' \cdot \omega_{21}^2 = \frac{\varphi_3''}{i_s} \cdot \omega_{21}^2. \tag{8.27}$$

Das Zweiradgetriebe lässt sich auch als Rast- oder Pilgerschrittgetriebe verwenden. Für ein Rastgetriebe muss die Übertragungsfunktion 1. Ordnung ψ' *und* die Übertragungsfunktion 2. Ordnung ψ'' im Antriebswinkelbereich $0° \leq \varphi \leq 360°$ an der Raststelle $\varphi = \varphi_{\text{Rast}}$ näherungsweise null werden. Für ein Pilgerschrittgetriebe muss ψ' partiell negativ werden und somit die Rückdrehung des Abtriebsrads kennzeichnen. Solche Bedingungen sind mit Hilfe der vorgestellten Umlaufrädergetriebe AA, AI und IA und ihren Standübersetzungen i_s in weiten Grenzen zu verwirklichen.

Für den Fall des nicht rückkehrenden Zweiradgetriebes mit umlauffähiger Kurbelschwinge als Grundgetriebe ist der Steg des Umlaufrädergetriebes mit der Schwinge 4 gleichzusetzen (Abb. 8.12b). Die Indizes für die Gln. 8.20a,b lauten jetzt q = 1, s = 4, p = 3 und m = 5, d. h. es ist

$$\omega_{51} = \omega_{41} + \frac{\omega_{34}}{i_s} \tag{8.28a}$$

und

$$\omega_{34} = \omega_{31} - \omega_{41}. \tag{8.28b}$$

Die Standübersetzung bleibt weiterhin $i_s = -r_5/r_3$. Als passive Bindung im Getriebe gilt jetzt $r_3 + r_5 = l_4$. In Gl. 8.23 ersetzen wir φ durch φ_4 und erhalten

$$d\psi = \frac{d\varphi_3}{i_s} + \left(1 - \frac{1}{i_s}\right) \cdot d\varphi_4 \tag{8.29a}$$

und daraus nach Integration den Drehwinkel $\psi \equiv \varphi_5$ des Abtriebsrads 5 aus der Gleichung

$$\psi = \psi_0 + \frac{\varphi_3 - \varphi_{3_0}}{i_s} + \left(1 - \frac{1}{i_s}\right) \cdot \left(\varphi_4 - \varphi_{4_0}\right). \tag{8.29b}$$

Die Winkel $\varphi_3 = \varphi_3[\varphi(t)]$ und $\varphi_4 = \varphi_4[\varphi(t)]$ sind wiederum aus einer kinematischen Analyse des Grundgetriebes zu ermitteln.

Zweiradgetriebe mit umlauffähiger versetzter Schubkurbel als Grundgetriebe

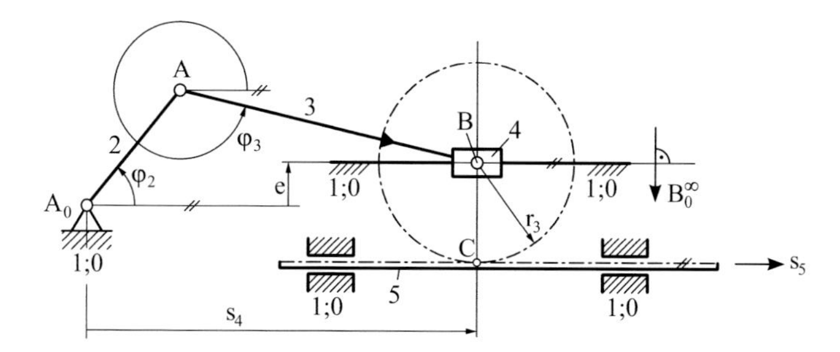

Abb. 8.13 Zweiradgetriebe mit umlauffähiger versetzter (exzentrischer) Schubkurbel

Aus dem nicht rückkehrenden Zweiradgetriebe mit umlauffähiger Kurbelschwinge wird beim Grenzübergang $\overline{B_0B} = l_4 \to \infty$ aus der Kurbelschwinge eine versetzte Schubkurbel (Abb. 8.13). Der Grenzübergang $l_4 \to \infty$ ist gleichbedeutend mit dem Grenzübergang $r_5 \to \infty$, d. h. aus dem Abtriebszahnrad 5 wird eine Abtriebszahnstange 5.

Neben $\overline{B_0B} = l_4 \to \infty$ ist zusätzlich der Grenzübergang $\overline{A_0B_0} = l_1 \to \infty$ zu beachten, die Differenz der beiden ins Unendliche gehenden Abmessungen l_1 und l_4 ist gerade die Versetzung oder kinematische Exzentrizität $e = e_k = l_4 - l_1$ (vgl. Abb. 2.23). Für die Umlauffähigkeit der Schubkurbel muss die GRASHOF'sche Ungleichung $e < l_3 - l_2$ für $l_2 = \overline{A_0A} = l_{\min}$ und $l_3 = \overline{AB}$ erfüllt sein. Die Multiplikation der Gl. 8.29a mit der Standübersetzung $i_s = -r_5/r_3$ und anschließend mit r_3 führt auf die Gleichung

$$r_5 \cdot d\psi = (r_3 + r_5) \cdot d\varphi_4 - r_3 \cdot d\varphi_3, \tag{8.30a}$$

in der nach der Integration die Kreisbogenabschnitte $ds_5 = r_5 \cdot d\psi$ und $ds_4 = (r_3 + r_5) \cdot d\varphi_4$ für die beschriebenen Grenzübergänge in die Geradenstücke $s \equiv s_5$ (Abtriebsweg der Zahnstange 5) und s_4 (Weg des Schiebers 4) übergehen, d. h.

$$s = s_0 + s_4 - s_{4_0} - r_3 \cdot \left(\varphi_3 - \varphi_{3_0}\right). \tag{8.30b}$$

Die Funktionen $s_4 = s_4[\varphi(t)]$ und $\varphi_3 = \varphi_3[\varphi(t)]$ lassen sich aus dem Grundgetriebe „versetzte Schubkurbel“ bestimmen, vgl. Abschn. 4.1.

8.2.2 Dreiradgetriebe

Beim einfachen Dreiradgetriebe sind drei Zahnräder mit einem Viergelenkgetriebe A_0ABB_0 als Grundgetriebe vereinigt. Im Standardfall ist ein Zahnrad mit dem Antriebsglied bzw. der Kurbel A_0A fest verbunden (Radmittelpunkt A), die beiden anderen Zahnräder sind drehbar mit ihren Mittelpunkten in den Gelenken B und B_0 gelagert, das Zahnrad in B_0 dient als Abtriebsrad.

8.2.2.1 Systematik

Aus der Vielzahl möglicher Bauformen von einfachen Dreiradgetrieben mit einem Viergelenkgetriebe als Grundgetriebe soll jetzt folgende Auswahl getroffen werden (s. Abb. 8.14):

- Die Umlaufrädergetriebe gehören der Bauform AA an. Die miteinander kämmenden drei Zahnräder können dann als Serienschaltung zweier AA-Bauformen mit im Allgemeinen unterschiedlichen Standübersetzungen aufgefasst werden. Die beiden Stege I und II der Umlaufrädergetriebe bilden einen im Gelenk B des Grundgetriebes gekoppelten Zweischlag; Steg I ist gleich der Koppel AB, Steg II gleich dem Abtriebsglied BB_0. Das mittlere im Gelenk B gelagerte Zahnrad kann als Doppelrad ausgelegt werden und die Bandbreite der Standübersetzungen erweitern (Meyer zur Capellen und von der Osten-Sacken 1968).
- Die Grundgetriebe werden aus der viergliedrigen Drehgelenkkette (Abb. 2.20) und der viergliedrigen Schubkurbelkette (Abb. 2.21) abgeleitet. Alle abgeleiteten Getriebe erfüllen die GRASHOF'sche Umlaufbedingung. Durch eine spezielle Wahl der Abmessungen der Getriebeglieder und durch Gestellwechsel entstehen dann die umlauffähige Kurbelschwinge (1), Doppelkurbel (2), versetzte oder nicht versetzte Schubkurbel (3), versetzte oder nicht versetzte schwingende Kurbelschleife (4) und die versetzte oder nicht versetzte umlaufende Kurbelschleife (5) (Volmer 1957, Dittrich und Braune 1973). Bei der Schubkurbel wird aus dem Abtriebszahnrad eine Abtriebszahnstange; bei der Kurbelschleife verbindet eine in der Koppelebene AB gleitende Zahnstange das erste und das dritte Zahnrad des Umlaufrädergetriebes.

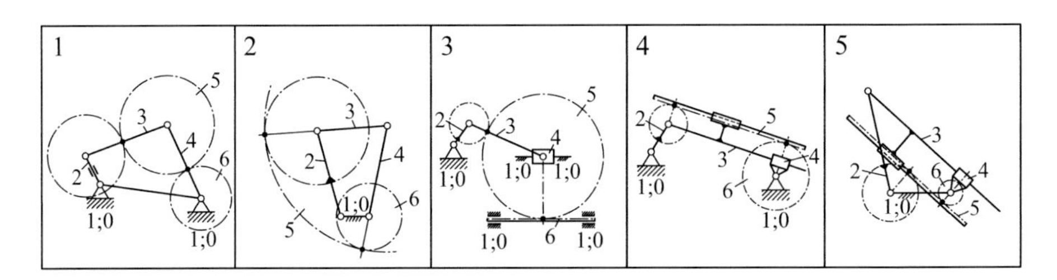

Abb. 8.14 Dreiradgetriebe mit verschiedenen Viergelenkgetrieben als Grundgetriebe

8.2.2.2 Kinematische Analyse

Die kinematische Analyse von Dreiradgetrieben soll anhand zweier Beispiele durchgeführt bzw. erläutert werden.

Dreiradgetriebe mit Doppelrad und umlauffähiger Kurbelschwinge als Grundgetriebe

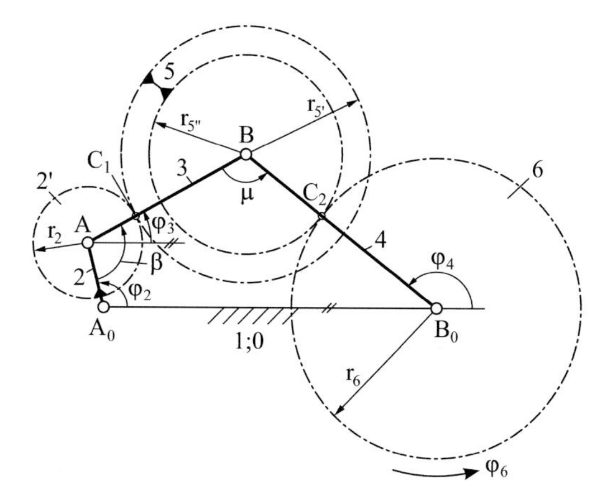

Abb. 8.15 Dreiradgetriebe auf der Grundlage einer Kurbelschwinge

Für die Kurbelschwinge des in Abb. 8.15 skizzierten Dreiradgetriebes gelten dieselben Bezeichnungen wie in Abb. 8.12. Im Gelenk B sind jetzt zwei Umlaufrädergetriebe über das Doppelrad 5 mit den Teilkreisradien $r_{5'}$ und $r_{5''}$ miteinander verbunden. Im Gelenk A ist das Zahnrad 2′ mit dem Teilkreisradius r_2 Teil der Antriebskurbel 2. Das Abtriebsglied ist das Zahnrad 6 mit dem Teilkreisradius r_6. Das Umlaufrädergetriebe I mit den Rädern 2′ und 5 (Wälzpunkt C_1 = Momentanpol P_{25}) besitzt als Steg die Koppel 3, die Indexvergabe für die Grundgleichung von WILLIS in der Form der Gl. 8.20a läuft folglich auf m = q = 2, p = 5 und s = 3 hinaus und führt mit der Standübersetzung $i_{sI} = -r_m/r_p = -r_2/r_{5'}$ auf die Gleichung

$$\omega_{22} = 0 = \omega_{32} + \frac{\omega_{53}}{i_{sI}}. \tag{8.31}$$

Das Umlaufrädergetriebe II mit den Rädern 5 und 6 (Wälzpunkt C_2 = Momentanpol P_{56}) besitzt als Steg die Schwinge 4, es gilt m = 6, p = 5, q = 1, s = 4 mit der Standübersetzung $i_{sII} = -r_m/r_p = -r_6/r_{5''}$. Gl. 8.20a liefert

$$\omega_{61} = \omega_{41} + \frac{\omega_{54}}{i_{sII}}. \tag{8.32}$$

Für die kinematische Kopplung der beiden Stege 3 und 4 ziehen wir jetzt nicht Gl. 8.20b heran, sondern die aus Gl. 3.36 entwickelte Formel

$$\omega_{54} = \omega_{53} + \omega_{34}, \tag{8.33}$$

welche die relevanten Getriebeglieder 3, 4 und 5 verbindet. Im Zusammenhang mit den Gln. 8.31 und 8.33 wird dann aus Gl. 8.32

$$\omega_{61} = \omega_{41} - \frac{i_{sI} \cdot \omega_{32} + \omega_{43}}{i_{sII}} \tag{8.34a}$$

bzw.

$$\omega_{61} = \frac{i_{sI} \cdot \omega_{21} + (1 - i_{sI}) \cdot \omega_{31} - (1 - i_{sII}) \cdot \omega_{41}}{i_{sII}}. \tag{8.34b}$$

Aus der letzten Gleichung lässt sich wie beim Zweiradgetriebe durch Integration die Abtriebsbewegung $\psi \equiv \varphi_6[\varphi(t)]$ als Funktion des Antriebswinkels $\varphi_2 \equiv \varphi(t)$ ermitteln, nämlich

$$\psi = \psi_0 + \frac{i_{sI} \cdot (\varphi - \varphi_0) + (1 - i_{sI}) \cdot (\varphi_3 - \varphi_{3_0}) - (1 - i_{sII}) \cdot (\varphi_4 - \varphi_{4_0})}{i_{sII}}. \tag{8.35}$$

Dreiradgetriebe mit umlauffähiger versetzter schwingender Kurbelschleife als Grundgetriebe

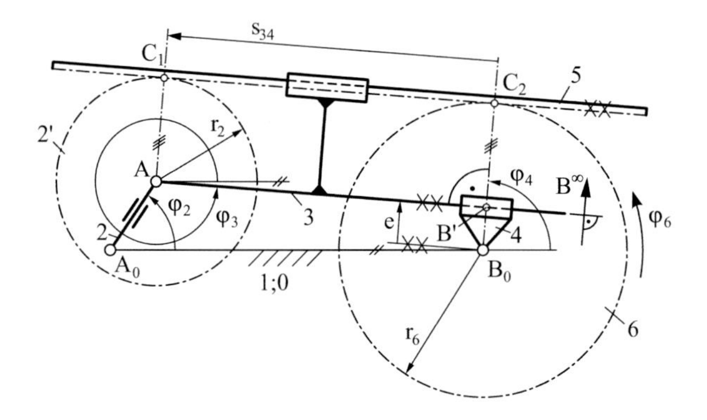

Abb. 8.16 Dreiradgetriebe auf der Grundlage einer schwingenden Kurbelschleife

Wenn statt des Glieds mit den Gelenken 12 (A_0) und 14^∞ (B_0^∞) der Schubkurbel in Abb. 8.13 die Koppel AB zum Gestell gemacht wird, entsteht aus der Schubkurbel eine schwingende Kurbelschleife (vgl. Abschn. 2.4.2.1). In Abb. 8.16 ist das Ergebnis skizziert, mit gegenüber Abb. 8.13 geänderten Bezeichnungen für Glieder und Gelenke. Es ist jetzt $l_1 = \overline{A_0B_0}$, $l_2 = \overline{A_0A} = l_{\min}$ (Antriebsglied, Kurbel), $l_3 = \overline{AB} \to \infty$, $l_4 = \overline{B_0B} \to \infty$, das Gelenk B rückt wegen des Schleifengelenks zwischen den Gliedern 3 und 4 ins Unendliche. Die GRASHOF'sche Umlaufbedingung lautet $e = e_k = l_4 - l_3 < l_1 - l_2$. Unter Berücksichtigung der vorgenannten Grenzübergänge lassen sich die Ergebnisse für das Dreiradgetriebe mit umlauffähiger Kurbelschwinge im Beispiel zuvor in geeigneter Weise auf das Dreiradgetriebe mit umlauffähiger Kurbelschleife übertragen: Dadurch, dass das Gelenk B ins Unendliche rückt, wird aus dem Doppelrad 5 eine doppelte Zahnstange, für die wir vereinfachend eine einfache Zahnstange mit dem Teilkreisradius $r_{5'} = r_{5''} = r_5 \to \infty$ wählen. Diese Zahnstange 5 gleitet in der Koppel AB parallel zur Geraden AB$'$ und kämmt sowohl mit dem zum Antriebsglied gehörenden Zahnrad 2$'$ (Mittelpunkt A) als auch mit dem in B_0 drehbar gelagerten Zahnrad 6 (Abtriebsglied). Wir führen für die Kurbelschwinge in Abb. 8.15 erneut als Relativdrehwinkel $\beta \equiv \varphi_{32} = \varphi_3 - \varphi_2 + 180°$ und zusätzlich den Übertragungswinkel $\mu \equiv \varphi_{43} = \varphi_4 - \varphi_3$ ein und erhalten aus Gl. 8.34a zunächst

$$\begin{aligned} d\psi \equiv d\varphi_6 &= d\varphi_4 + \frac{r_5}{r_6} \cdot \left[\left(-\frac{r_2}{r_5} \right) \cdot d\beta + d\mu \right] \\ &= d\varphi_4 - \frac{1}{r_6} \cdot (r_2 \cdot d\beta - r_5 \cdot d\mu)\,. \end{aligned} \tag{8.36}$$

Ähnlich wie beim Beispiel „Zweiradgetriebe mit umlauffähiger Schubkurbel" geht der Kreisbogenabschnitt $r_5 \cdot d\mu$ beim Grenzübergang $r_5 \to \infty$ in das Geradenstück (Schleifenweg $C_2C_1 \equiv B'A$) $ds_{43} = -ds_{34}$ über. Ferner gilt $d\beta \equiv d\varphi_3 - d\varphi_2 \equiv d\varphi_3 - d\varphi$ und $d\varphi_4 = d\varphi_3$, so dass nach der Integration der Gl. 8.36 der Abtriebswinkel $\varphi_6[\varphi(t)] \equiv \psi$ sich aus folgender Gleichung bestimmen lässt, nämlich aus

$$\psi = \psi_0 + \frac{r_2}{r_6} \cdot (\varphi - \varphi_0) + \left(1 - \frac{r_2}{r_6} \right) \cdot \left(\varphi_4 - \varphi_{4_0} \right) - \frac{1}{r_6} \cdot \left(s_{34} - s_{34_0} \right). \tag{8.37}$$

Die Funktionen $\varphi_4[\varphi(t)]$ und $s_{34}[\varphi(t)]$ ergeben sich wiederum aus dem Grundgetriebe, d. h. hier, aus der kinematischen Analyse der versetzten schwingenden Kurbelschleife.

Literatur

Dittrich, G., Braune, R.: Methodische Verwendung von Rädergetrieben in ungleichförmig übersetzenden Getrieben. VDI-Z **115**(7), 569–576 (1973). DMG-Lib ID: 2134009

Linke, H.: Stirnradverzahnung – Berechnung, Werkstoffe, Fertigung. Carl Hanser Verlag, München/Wien (2010)

Meyer zur Capellen, W.: Das Überlagerungsprinzip bei ebenen und sphärischen Umlaufrädertrieben. Industrie-Anzeiger **87**(70), 147–156 (1965). DMG-Lib ID: 2904009

Meyer zur Capellen, W., von der Osten-Sacken, E.: Systematik und Kinematik ebener und sphärischer Kurbelrädertriebe. Forschungsbericht Nr. 1901 des Landes NRW. Westdeutscher Verlag, Köln/Opladen (1968)

Müller, H, W.: Die Umlaufgetriebe – Berechnung, Anwendung, Auslegung. 2. Aufl. Springer-Verlag, Berlin/Heidelberg/New York (1998)

Neumann, R.: Technische Anwendungen des Umlaufräderprinzips. Maschinenbautechnik **25**(2), 50–57 u. 61 (1976). DMG-Lib ID: 3879009

Neumann, R.: Hochübersetzende Getriebe. Maschinenbautechnik **26**(7), 297–301 u. 305 (1977). DMG-Lib ID: 3877009

Schlecht, B.: Maschinenelemente 2: Getriebe, Verzahnungen und Lagerungen. Pearson Deutschland GmbH, Hallbergmoos (2010)

VDI (Hrsg.): VDI-Richtlinie 2157 – Planetengetriebe; Begriffe, Symbole, Berechnungsgrundlagen. Beuth-Verlag, Berlin (2012)

Volmer, J.: Die Konstruktion einfacher Räderkurbelgetriebe. Maschinenbautechnik **4**(11), 581–588 (1955). DMG-Lib ID: 1315009

Volmer, J.: Systematik, Kinematik und Synthese des Zweiradgetriebes. Maschinenbautechnik **5**(11) 583–589 (1956). DMG-Lib ID: 1223009

Volmer, J.: Räderkurbelgetriebe. In: VDI-Forschungsheft Nr. 461 – Erzeugung ungleichförmiger Umlaufbewegungen, S. 52–55. VDI-Verlag, Düsseldorf (1957). DMG-Lib ID: 1249009

Volmer, J. (Hrsg.): Getriebetechnik – Umlaufrädergetriebe. 4. Aufl. VEB Verlag Technik, Berlin (1990). DMG-Lib ID: 103009

Willis, R.: Principles of Mechanism. 2nd ed. Longmans, Green & Co., London (1870). DMG-Lib ID: 14009

Räumliche Getriebe

9

Zusammenfassung

Die Beschäftigung mit räumlichen Getrieben erfordert ein beträchtliches Maß an Abstraktionsvermögen, denn wer kann sich schon Bewegungen von Getriebegliedern um und längs windschiefer Achsen vorstellen. Während die Analyse räumlicher Getriebe schon recht weit fortgeschritten ist, steht die Synthese räumlicher Getriebe – mit Ausnahme der Kurvengetriebe – noch in den Anfängen. Vom Standpunkt des Ingenieurs lohnt sich die Beschäftigung mit räumlichen Getrieben allemal: Sie sind in der Regel kompakter und benötigen deshalb weniger Bauraum als ebene Getriebe.

Wir lernen in diesem Kapitel die Grundbewegungen eines räumlichen Getriebes kennen, erfahren etwas über momentane Schraubachsen als dem Pendant der Momentanpole und über die Erweiterung der NEWTON-RAPHSON-Iterationsmethode auf räumliche Getriebe. Den Abschluss bilden Kinematik-Transformationsmatrizen, die sich bei Industrierobotern – den bekanntesten Anwendungen räumlicher Getriebe mit sehr einfach aufgebauten Gelenken – bereits durchgesetzt haben.

9.1 Der räumliche Geschwindigkeitszustand eines starren Körpers

Räumliche Getriebe (Raumgetriebe) sind u. a. dadurch gekennzeichnet, dass sie sehr oft Drehachsen haben, die sich kreuzen, vgl. Abschn. 2.1.3. Zwei sich kreuzende Achsen (Geraden) haben im Allgemeinen einen sich zeitlich ändernden *Kreuzungsabstand* (Lot) $d = d(t)$ und einen sich zeitlich ändernden *Kreuzungswinkel* $\lambda = \lambda\,(t)$, Abb. 9.1.

Punkte von Gliedern räumlicher Getriebe beschreiben im Allgemeinen *Raumkurven*, d. h. Kurven mit doppelter Krümmung.

Räumlichen Getrieben ist eine *Raumkinematik* zugeordnet, d. h. für die kinematische Analyse solcher Getriebe haben sich spezielle mathematische Verfahren der Vektor- und Matrizenrechnung bewährt, die mit Rechnerunterstützung durchgeführt werden. Am an-

H. Kerle, B. Corves, M. Hüsing, *Getriebetechnik*, DOI 10.1007/978-3-658-10057-5_9

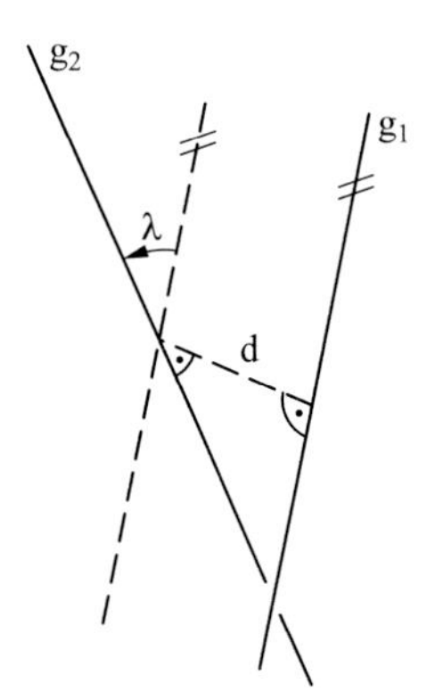

Abb. 9.1 Zwei im Raum liegende sich kreuzende (windschiefe) Geraden g_1 und g_2

schaulichsten dabei ist die Vektorrechnung, die sowohl geschlossen-analytische als auch nur iterativ zu erlangende Lösungen liefert.

Drei Punkte (F, G, H) eines starren Körpers, die nicht alle auf einer geraden Linie liegen, bestimmen dessen Lage (und Kinematik) im Raum, Abb. 9.2 (Falk 1968).

Die drei Ortsvektoren $\vec{r}_F$, $\vec{r}_G$ und $\vec{r}_H$ müssen die Starrheitsbedingungen erfüllen, d. h.

$$\left(\vec{r}_G - \vec{r}_F\right)^2 = \text{konst.} \quad \text{und} \quad \left(\vec{r}_H - \vec{r}_F\right)^2 = \text{konst.}$$

Analog zu Abschn. 3.1.2.1 lässt sich daraus nach einmaliger zeitlicher Ableitung ein räumlicher Winkelgeschwindigkeitsvektor $\vec{\omega}$ herleiten, so dass mit F als Bezugspunkt, *Translationspunkt* oder Aufpunkt gilt:

$$\vec{v}_G = \vec{v}_F + \vec{\omega} \times \vec{r}_{GF}, \quad \vec{r}_{GF} = \vec{r}_G - \vec{r}_F, \tag{9.1a}$$

$$\vec{v}_H = \vec{v}_F + \vec{\omega} \times \vec{r}_{HF}, \quad \vec{r}_{HF} = \vec{r}_H - \vec{r}_F. \tag{9.1b}$$

$\vec{v}_F$ und $\vec{\omega}$ bilden zusammen die sog. *Kinemate* des starren Körpers bezüglich F. Der vom Punkt F unabhängige Winkelgeschwindigkeitsvektor $\vec{\omega}$ bestimmt sich folgendermaßen aus Gl. 9.1a:

$$\vec{v}_G - \vec{v}_F = \vec{\omega} \times \left(\vec{r}_G - \vec{r}_F\right);$$

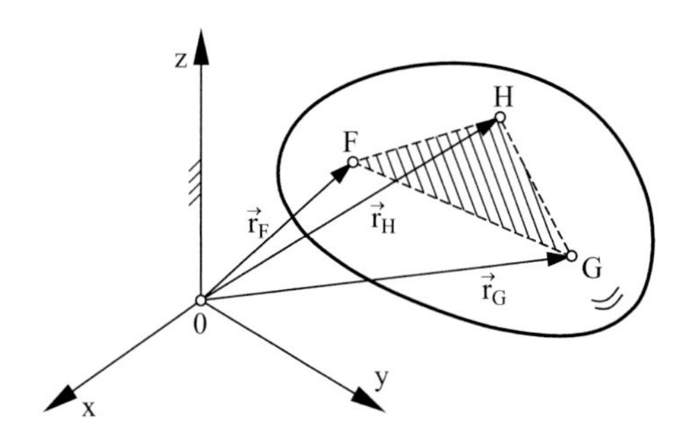

Abb. 9.2 Starrer Körper im Raum

Linksmultiplikation mit $\vec{v}_H - \vec{v}_F$ ergibt unter Berücksichtigung der Regel für ein doppeltes Vektor-Kreuzprodukt

$$\begin{aligned}(\vec{v}_H - \vec{v}_F) \times (\vec{v}_G - \vec{v}_F) &= (\vec{v}_H - \vec{v}_F) \times \vec{\omega} \times (\vec{r}_G - \vec{r}_F) \\ &= \left[(\vec{v}_H - \vec{v}_F)(\vec{r}_G - \vec{r}_F)\right]\vec{\omega} - (\vec{v}_H - \vec{v}_F)\,\vec{\omega}\,(\vec{r}_G - \vec{r}_F).\end{aligned}$$

Der letzte Term verschwindet, weil nach Gl. 9.1b der Differenzvektor $\vec{v}_H - \vec{v}_F$ auf $\vec{\omega}$ senkrecht steht; somit verbleibt

$$\vec{\omega} = \frac{(\vec{v}_H - \vec{v}_F) \times (\vec{v}_G - \vec{v}_F)}{(\vec{v}_H - \vec{v}_F)(\vec{r}_G - \vec{r}_F)}. \tag{9.2}$$

Multipliziert man Gl. 9.1a oder Gl. 9.1b skalar mit $\vec{\omega}$, verschwindet stets der zweite Summand, daraus folgt:

Satz 1
$\vec{\omega}$ und die Projektionen $\vec{v}_F \cdot \vec{\omega} = \vec{v}_G \cdot \vec{\omega} = \vec{v}_H \cdot \vec{\omega}$ sind zwei von drei *Invarianten* des räumlichen Geschwindigkeitsfeldes eines starren Körpers.

Lediglich die senkrecht zu $\vec{\omega}$ stehende Komponente von $\vec{v}_F$ hängt vom gewählten Translationspunkt F ab und verschwindet für einen Punkt F = S auf der *momentanen Schraubachse*, d. h. es gilt

Satz 2
Bei der allgemeinen räumlichen Bewegung eines starren Körpers gibt es i. A. keinen momentan ruhenden Punkt, also auch keine einfache Drehachse.

Satz 3
Die allgemeine räumliche Bewegung eines starren Körpers setzt sich aus aufeinanderfolgenden *Elementarschraubungen* zusammen, die jeweils parallel zu $\vec{\omega}$ ausgerichtet sind.

Jeder Punkt der momentanen Schraubachse (MSA) hat die Geschwindigkeit $\vec{v}_\omega = p\vec{\omega}$, dabei ist p die *momentane Steigung* der Elementarschraubung, Abb. 9.3 (s. auch Richtlinie VDI 2723).

Bei gegebener F-Kinemate gilt für einen beliebigen Punkt S der MSA

$$\vec{v}_S \equiv \vec{v}_\omega = p\vec{\omega} = \vec{v}_F + \vec{\omega} \times \vec{\rho}. \tag{9.3}$$

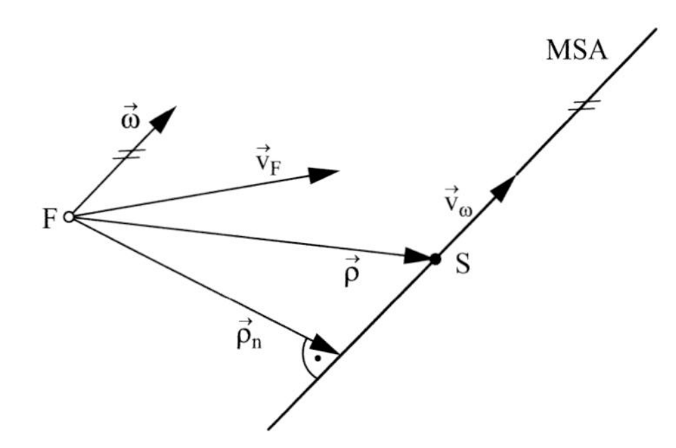

Abb. 9.3 F-Kinemate und momentane Schraubachse (MSA)

Die vorstehende Gleichung wird zunächst skalar mit $\vec{\omega}$ multipliziert, wobei der Term $\vec{\omega} \cdot (\vec{\omega} \times \vec{\rho})$ verschwindet; übrig bleibt eine Gleichung für p:

$$p = \frac{\vec{\omega} \cdot \vec{v}_F}{\omega^2}. \tag{9.4}$$

Satz 4
$\vec{v}_\omega = p\vec{\omega}$ ist die dritte Invariante des räumlichen Geschwindigkeitsfeldes eines starren Körpers.

Um den Vektor $\vec{\rho}_n$ zu ermitteln, der senkrecht auf der MSA und $\vec{\omega}$ steht, schreibt man in einem zweiten Schritt in Gl. 9.3 $\vec{\rho} = \vec{\rho}_n + \upsilon\vec{\omega}$ (υ: beliebige reelle Zahl) und bildet das Kreuzprodukt durch Linksmultiplikation mit $\vec{\omega}$:

$$\vec{\omega} \times p\vec{\omega} = \vec{\omega} \times \vec{v}_F + \vec{\omega} \times \vec{\omega} \times \vec{\rho}_n,$$

d. h.

$$0 = \vec{\omega} \times \vec{v}_F + \left(\vec{\omega}\vec{\rho}_n\right)\vec{\omega} - \omega^2\vec{\rho}_n.$$

Hier verschwindet der vorletzte Term, so dass sich

$$\vec{\rho}_n = \frac{\vec{\omega} \times \vec{v}_F}{\omega^2} \tag{9.5}$$

ergibt.

Die gemeinsame Normale $\vec{\rho}_n$ des Winkelgeschwindigkeitsvektors $\vec{\omega}$ in F und der MSA steht also auch senkrecht zu $\vec{v}_F$.

9.2 Der relative Geschwindigkeitszustand dreier starrer Körper

Zu drei relativ zueinander beweglichen Körpern (Getriebegliedern) 1, 2, 3 (allgemein i, j, k) gehören drei MSA k_{12}, k_{13} und k_{23} mit den jeweiligen Invarianten $\vec{\omega}_{21}$, $\vec{\omega}_{31}$ und $\vec{\omega}_{32}$ sowie $\vec{v}_{\omega 21}$, $\vec{v}_{\omega 31}$ und $\vec{v}_{\omega 32}$. Alle drei MSA besitzen eine *gemeinsame Normale* n_{123},

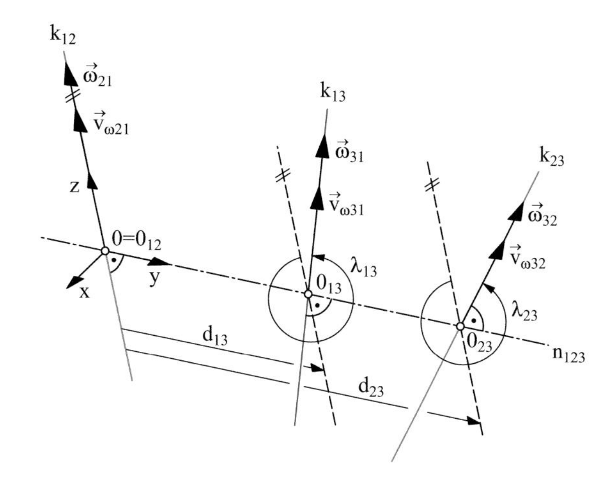

Abb. 9.4 Momentane Schraubachsen bei der Relativbewegung dreier Körper 1, 2, 3

so dass z. B. die Lage der MSA k_{13} sowie die zugeordneten Invarianten $\vec{\omega}_{31}$ und $\vec{v}_{\omega 31}$ aus den gegebenen Größen für k_{12} und k_{23} eindeutig zu ermitteln sind, Abb. 9.4.

Die folgenden Bestimmungsgleichungen sind ohne Beweis angegeben (Rosenauer 1964):

$$\vec{\omega}_{31} = \vec{\omega}_{21} + \vec{\omega}_{32} = \begin{bmatrix} -\omega_{32} \sin \lambda_{23} \\ 0 \\ \omega_{21} + \omega_{32} \cos \lambda_{23} \end{bmatrix}, \tag{9.6}$$

$$v_{\omega 31} = \frac{v_{\omega 21}\omega_{21} + v_{\omega 32}\omega_{32} + (v_{\omega 21}\omega_{32} + v_{\omega 32}\omega_{21}) \cos \lambda_{23} + \omega_{21}\omega_{32} d_{23} \sin \lambda_{23}}{\left|\vec{\omega}_{31}\right|}, \tag{9.7}$$

$$d_{13} = \frac{(v_{\omega 21}\omega_{32} - v_{\omega 32}\omega_{21}) \sin \lambda_{23} + \omega_{21}\omega_{32} d_{23} \cos \lambda_{23} + \omega_{32}^2 d_{23}}{\omega_{31}^2}, \tag{9.8}$$

$$\lambda_{13} = \arccos\left(\frac{\omega_{21} + \omega_{32} \cos \lambda_{23}}{\left|\vec{\omega}_{31}\right|}\right). \tag{9.9}$$

Lehrbeispiel Nr. 9.1: Räumliches Drehschubkurbelgetriebe

Aufgabenstellung:

Das in Abb. 9.5 skizzierte viergliedrige Drehschubkurbelgetriebe ABCD besitzt in A ein Drehschubgelenk ($f = 2$), in B ein Drehgelenk ($f = 1$), in C ein Kugelgelenk ($f = 3$) und in D wiederum ein Drehschubgelenk ($f = 2$). Abgesehen von $f_{id} = 1$ des Glieds 4 hat das Getriebe den Freiheitsgrad $F = 1$.

Für die skizzierte Lage des Getriebes, bei der der Richtungsvektor $\vec{n}$ senkrecht auf der Flächendiagonalen BH die relative Drehachse von Glied 3 gegenüber Glied 2 und die Koppel BC die Raumdiagonale eines Würfels der Kantenlänge a darstellen, sollen die MSA mit den zugeordneten Winkelgeschwindigkeiten sowie die Geschwindigkeit des

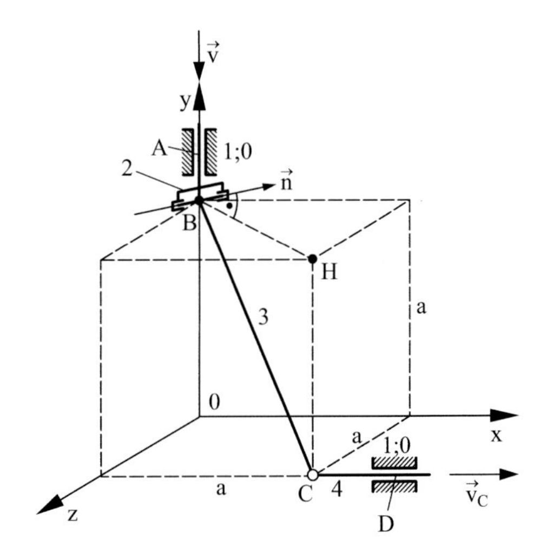

Abb. 9.5 Räumliches Drehschubkurbelgetriebe

Punktes C bzw. D auf Glied 4 ermittelt werden. Außer den Abmessungen ist die Geschwindigkeit $\vec{v}$ des Punktes B in negativer y-Richtung gegeben.

Lösung:
Es ist

$$\vec{n} = \begin{bmatrix} 1 \\ 0 \\ -1 \end{bmatrix}, \quad \vec{b} = \overrightarrow{BC} = a \begin{bmatrix} 1 \\ -1 \\ 1 \end{bmatrix}, \quad \vec{v}_B = \begin{bmatrix} 0 \\ -v \\ 0 \end{bmatrix}, \quad \vec{v}_C = \begin{bmatrix} v_C \\ 0 \\ 0 \end{bmatrix}.$$

Die MSA k_{12} ist mit AB, d. h. mit der y-Achse gegeben, der Richtungsvektor $\vec{n}$ gibt zugleich die MSA k_{23} an, die Flächendiagonale BH stellt die gemeinsame Normale dieser beiden MSA dar, folglich muss k_{13} mit $\vec{\omega}_{13}$ auch senkrecht auf BH stehen.

Die Starrheitsbedingung für die Koppel 3 liefert

$$\vec{b}\left(\vec{v}_C - \vec{v}_B\right) = 0 = a \begin{bmatrix} 1 \\ -1 \\ 1 \end{bmatrix} \begin{bmatrix} v_C \\ v \\ 0 \end{bmatrix}, \quad \text{d. h.} \quad v_C = v.$$

Nach dem Additionsgesetz für die drei Winkelgeschwindigkeiten gilt

$$\vec{\omega}_{31} = \vec{\omega}_{32} + \vec{\omega}_{21},$$

d. h.

$$\vec{\omega}_{31} = \frac{\omega_{32}}{\sqrt{2}} \begin{bmatrix} 1 \\ 0 \\ -1 \end{bmatrix} + \omega_{21} \begin{bmatrix} 0 \\ 1 \\ 0 \end{bmatrix} = \frac{1}{\sqrt{2}} \begin{bmatrix} \omega_{32} \\ \omega_{21}\sqrt{2} \\ -\omega_{32} \end{bmatrix}.$$

Ferner ist

$$\vec{v}_C = \vec{v}_B + \vec{\omega}_{31} \times \vec{r}_{CB} = \vec{v}_B + \vec{\omega}_{31} \times \vec{b},$$

d. h.

$$\begin{bmatrix} v \\ 0 \\ 0 \end{bmatrix} = \begin{bmatrix} 0 \\ -v \\ 0 \end{bmatrix} + \frac{1}{\sqrt{2}} \begin{bmatrix} \omega_{32} \\ \omega_{21}\sqrt{2} \\ -\omega_{32} \end{bmatrix} \times a \begin{bmatrix} 1 \\ -1 \\ 1 \end{bmatrix}.$$

Dies ist ein lineares Gleichungssystem für ω_{21} und ω_{32}; folglich wird

$$\omega_{21} = \frac{v}{2a}, \quad \omega_{32} = -\frac{v}{\sqrt{2}a}$$

und auch

$$\vec{\omega}_{32} = \frac{v}{2a} \begin{bmatrix} -1 \\ 0 \\ 1 \end{bmatrix}, \quad \vec{\omega}_{21} = \frac{v}{2a} \begin{bmatrix} 0 \\ 1 \\ 0 \end{bmatrix}, \quad \vec{\omega}_{31} = \frac{v}{2a} \begin{bmatrix} -1 \\ 1 \\ 1 \end{bmatrix}.$$

Die Lage der MSA k_{13} ist z. B. über

$$\vec{\rho}_n = \vec{\rho}^{\,n}_{C13} = \frac{\vec{\omega}_{31} \times \vec{v}_C}{\omega_{31}^2} = \frac{2a}{3} \begin{bmatrix} 0 \\ 1 \\ -1 \end{bmatrix}$$

genau zu bestimmen, $\vec{\rho}^{\,n}_{C13}$ ist der Lotvektor von C auf k_{13}; der Steigungsparameter dazu beträgt momentan

$$p_{13} = \frac{\vec{\omega}_{31}\vec{v}_C}{\omega_{31}^2} = -\frac{2a}{3}.$$

9.3 Vektorielle Iterationsmethode

Die im Abschn. 4.1 für ebene Getriebe vorgestellte analytisch-vektorielle Methode lässt sich problemlos auf räumliche Getriebe übertragen (Lohe 1983).

Die Geschlossenheits- und weitere Zwangsbedingungen werden sinngemäß mit *Kugelkoordinaten* formuliert, Abb. 9.6:

$$\vec{r}_i = r_i \vec{e}_i = r_i \begin{bmatrix} \cos\alpha_i \cdot \cos\beta_i \\ \cos\alpha_i \cdot \sin\beta_i \\ \sin\alpha_i \end{bmatrix} \tag{9.10}$$

Als Beispiel soll die federgeführte Vorderradaufhängung eines Pkw betrachtet werden, Abb. 9.7a. Das zugrunde liegende Getriebe ist mit einem Drehgelenk 15, einem Schubgelenk 12, einem Drehschubgelenk 46 und vier Kugelgelenken ausgestattet, Abb. 9.7b.

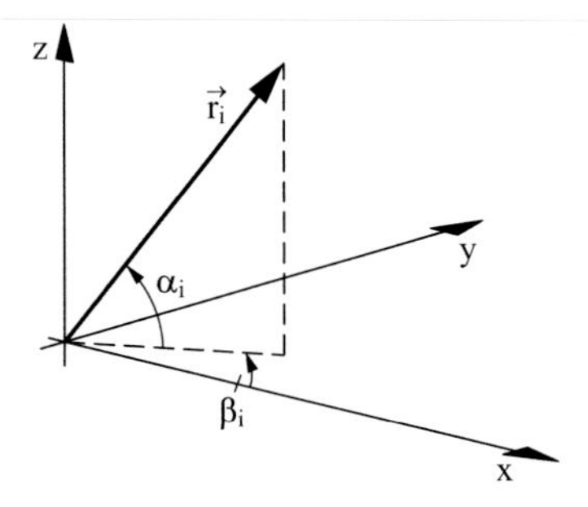

Abb. 9.6 Kugelkoordinaten eines Getriebegliedvektors $\vec{r}_i$

Aus der Anzahl $g = 7$ der Gelenke, der Anzahl $n = 6$ der Glieder lässt sich entsprechend Gl. 4.4 die Anzahl der aufzustellenden unabhängigen Polygonzüge (Schleifengleichungen oder Geschlossenheitsbedingungen) ermitteln:

$$p = g - (n - 1) = 2.$$

Die Anwendung der Freiheitsgradgleichung 2.11 liefert über

$$F = 6(n-1) - 6g + \sum_{i=1}^{g} (f_i) = 6(6-1) - 6 \cdot 7 + 2 \cdot 1 + 1 \cdot 2 + 4 \cdot 3$$

zunächst $F = 4$ und nach Abzug der beiden identischen Freiheitsgrade der Glieder 3 und 6 $F = 2$. Der Antrieb des Getriebes erfolgt durch die beiden Zug-/Druckfedern in den Gelenken 12 und 46.

Mit Hilfe der Vektoren $\vec{r}_i$ wird das *vektorielle Ersatzsystem* aufgebaut; da hier auch sehr oft noch systembedingte feste Vektorzuordnungen zu berücksichtigen sind, kann die Nummerierung der Vektoren von den Gliednummern abweichen, Abb. 9.7c.

Darüber hinaus ist es vorteilhaft, das vektorielle Ersatzsystem zu wählen, bevor das räumliche x-y-z-Koordinatensystem festgelegt wird, weil man so die Zahl der variablen Bewegungsgrößen nachträglich verringern kann.

Als Bezugspunkt für die Lenkbewegung des Schubgliedes 2 gegenüber dem Gestell 1;0 (z. B. mit Hilfe einer Zahnstange) wurde der Punkt M auf 1 willkürlich gewählt. Die

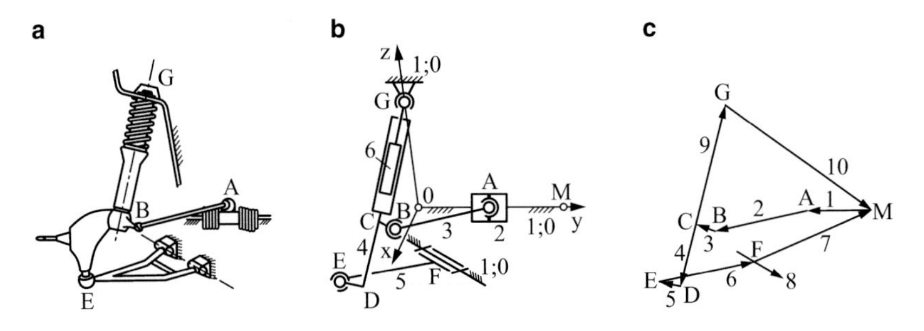

Abb. 9.7 Beispiel einer Pkw-Vorderradaufhängung als räumliches Führungsgetriebe mit $F = 2$

Tab. 9.1 Übersicht über alle Koordinaten des vektoriellen Ersatzsystems für die Vorderradaufhängung in Abb. 9.7

i	1	2	3	4	5	6	7	8	9	10
r_i	v	c	c	c	c	c	c	c	v	c
α_i	c	v	v	v	v	v	c	c	v	c
β_i	c	v	v	v	v	v	c	c	v	c

Vektoren $\vec{r}_7$, $\vec{r}_8$ und $\vec{r}_{10}$ legen den Gestellrahmen fest, mit $\vec{r}_8$ ist zudem die Lage der Drehachse 15 fixiert.

Die beiden Geschlossenheitsbedingungen für die 10 Vektoren lauten:

$$\sum_{p,i} (\vec{r}_i) = \vec{0}, \tag{9.11a}$$

d. h.

$$p = 1: \quad \vec{r}_1 + \vec{r}_2 + \vec{r}_3 + \vec{r}_4 + \vec{r}_5 + \vec{r}_6 + \vec{r}_7 = \vec{0}, \tag{9.11b}$$

$$p = 2: \quad \vec{r}_1 + \vec{r}_2 + \vec{r}_3 + \vec{r}_9 + \vec{r}_{10} = \vec{0}. \tag{9.11c}$$

Dies führt über Gl. 9.10 auf $3p = 6$ skalare trigonometrische Gleichungen in der Form

$$\sum_{p,i} (r_i \cos\alpha_i \cos\beta_i) \equiv \sum_{p,i} (r_i CC_i) = 0, \tag{9.12a}$$

$$\sum_{p,i} (r_i \cos\alpha_i \sin\beta_i) \equiv \sum_{p,i} (r_i CS_i) = 0, \tag{9.12b}$$

$$\sum_{p,i} (r_i \sin\alpha_i) \equiv \sum_{p,i} (r_i SA_i) = 0. \tag{9.12c}$$

In der Tab. 9.1 sind alle Kugelkoordinaten r_i, α_i und β_i zusammengestellt worden, konstante Koordinaten (stellungsunabhängige Baugrößen) sind mit c, variable (stellungsabhängige) Bewegungsgrößen und damit auch alle unbekannten Koordinaten mit v gekennzeichnet.

Den 14 v-Größen stehen zunächst einmal nur die 6 Gln. 9.11b und 9.11c gegenüber. Weitere Zwangsbedingungen lassen sich aus dauernd einzuhaltenden *Vektorzuordnungen* zwischen den Einheitsvektoren $\vec{e}_i$ ableiten. Mit Hilfe solcher Vektorzuordnungen werden meistens die durch die Art der Gelenke auferlegten Zwangsbedingungen berücksichtigt (relative Lage der Gelenkachsen). Im Wesentlichen betrifft dies das Skalarprodukt

$$\vec{e}_i \cdot \vec{e}_k = \cos\lambda_{ik} \tag{9.13}$$

zweier oder das Vektorprodukt

$$\vec{e}_i \times \vec{e}_k = \vec{e}_j \sin\lambda_{ik} \tag{9.14}$$

dreier Vektoren, Abb. 9.8 (Kreuzungswinkel λ_{ik}).

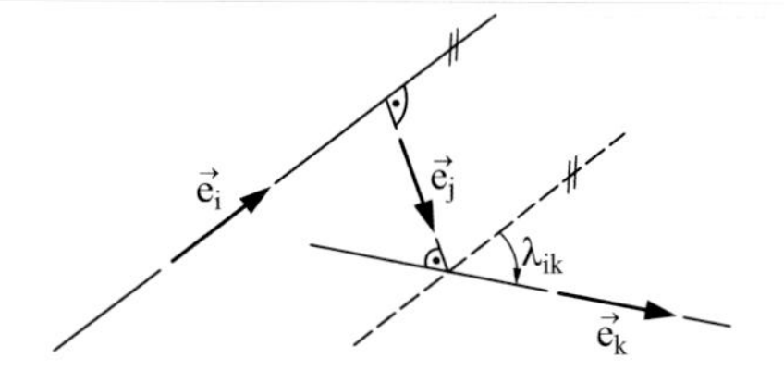

Abb. 9.8 Vektorzuordnungen

Da beide Bedingungen bezüglich des Winkels λ_{ik} zweideutig sind, kann die gemeinsame Verwendung, die diese Zweideutigkeit ausschließt, vorteilhaft sein.

Hinweis
Falls einer von zwei Einheitsvektoren eine konstante Richtung besitzt oder falls zwei Einheitsvektoren $\vec{e}_i$ und $\vec{e}_k$ demselben Getriebeglied zugeordnet sind, reicht i. A. das Skalarprodukt.

Jedes Skalarprodukt in der Form

$$\begin{aligned}&\cos\alpha_i \cos\beta_i \cos\alpha_k \cos\beta_k + \cos\alpha_i \sin\beta_i \cos\alpha_k \sin\beta_k + \sin\alpha_i \sin\alpha_k - \cos\lambda_{ik} \equiv \\ &\quad \equiv CC_i \cdot CC_k + CS_i \cdot CS_k + SA_i \cdot SA_k - \cos\lambda_{ik} = 0\end{aligned} \tag{9.15}$$

liefert eine, jedes Vektorprodukt in der Form

$$\begin{aligned}&\cos\alpha_i \sin\beta_i \sin\alpha_k - \sin\alpha_i \cos\alpha_k \sin\beta_k - \cos\alpha_j \cos\beta_j \sin\lambda_{ik} \equiv \\ &\quad \equiv CS_i \cdot SA_k - CS_k \cdot SA_i - CC_j \sin\lambda_{ik} = 0,\end{aligned} \tag{9.16a}$$

$$\begin{aligned}&\sin\alpha_i \cos\alpha_k \cos\beta_k - \cos\alpha_i \cos\beta_i \sin\alpha_k - \cos\alpha_j \sin\beta_j \sin\lambda_{ik} \equiv \\ &\quad \equiv CC_k \cdot SA_i - CC_i \cdot SA_k - CS_j \sin\lambda_{ik} = 0,\end{aligned} \tag{9.16b}$$

$$\begin{aligned}&\cos\alpha_i \cos\beta_i \cos\alpha_k \sin\beta_k - \cos\alpha_i \sin\beta_i \cos\alpha_k \cos\beta_k - \sin\alpha_j \sin\lambda_{ik} \equiv \\ &\quad \equiv CC_i \cdot CS_k - CS_i \cdot CC_k - SA_j \sin\lambda_{ik} = 0\end{aligned} \tag{9.16c}$$

liefert drei Zwangsbedingungen. Im Fall unseres Beispiels stehen die Vektoren $\vec{r}_6$ und $\vec{r}_8$ einerseits und die Vektoren $\vec{r}_3$, $\vec{r}_4$ und $\vec{r}_5$ andererseits stets senkrecht zueinander; außerdem sind $\vec{r}_4$ und $\vec{r}_9$ entgegengesetzt gerichtet:

$$\vec{e}_6 \cdot \vec{e}_8 = 0, \tag{9.17a}$$

$$\vec{e}_3 \times \vec{e}_5 = \vec{e}_4 \sin\lambda_{35}, \quad \lambda_{35} = \text{konst.}, \tag{9.17b}$$

$$\alpha_9 = \alpha_4 + \pi, \quad \beta_9 = \beta_4. \tag{9.17c}$$

In der Tab. 9.1 sind neben den Baugrößen c noch die Antriebsfunktionen (Federwege) r_1 und r_9 vorzugeben; die übrigen 12 v-Werte werden endgültig im Vektor

$$\vec{q} = (\alpha_2, \beta_2, \ldots, \alpha_9, \beta_9)^T \tag{9.18}$$

der Unbekannten zusammengefasst. Andererseits bilden die Kugelkoordinaten r_i, α_i und β_i der Gln. 9.11b, 9.11c, 9.17a bis 9.17c die Komponenten Φ_j $(j = 1, \ldots, 12)$ des Vektors $\vec{\Phi}$ der Zwangsbedingungen in der Form der Gln. 9.12a bis 9.12c (für $p = 2$), 9.15, 9.16a bis 9.16c und 9.17c.

Daraus lässt sich analog zum Abschn. 4.1.2 eine Iterationsrechnung

$$\Delta\vec{q} = -\mathbf{J}^{-1}\left(\vec{q}_j\right) \cdot \vec{\Phi}\left(\vec{q}_j\right)$$

mit der JACOBI-Matrix $\mathbf{J} = \partial\vec{\Phi}\left(\vec{q}\right) \big/ \partial\vec{q}$ aufbauen.

Dieselbe JACOBI-Matrix dient als Koeffizientenmatrix zum Aufbau zweier linearer Gleichungssysteme

$$\mathbf{J} \cdot \dot{\vec{q}} = \vec{b}_v \quad \text{und} \quad J \cdot \ddot{\vec{q}} = \vec{b}_a \tag{9.19}$$

auf der Geschwindigkeits- bzw. Beschleunigungsstufe für die unbekannten Geschwindigkeiten $\dot{q}_i$ und unbekannten Beschleunigungen $\ddot{q}_i$.

9.4 Koordinatentransformationen

Bisher wurden hauptsächlich Getriebe aus geschlossenen kinematischen Ketten betrachtet. Bei der kinematischen Beschreibung von Getrieben aus offenen kinematischen Ketten werden oft Koordinatentransformationen benutzt. Diese erlauben, gleiche Vektoren in gegeneinander verschobenen und gedrehten Koordinatensystemen darzustellen. Während diese Aufgabe bei ebenen Problemen durch „Hinsehen" erledigt werden kann, benötigt man bei räumlichen Getrieben (beispielsweise Industrieroboter) *Transformationsmatrizen*.

Komplexe Transformationen, die eine Drehung um mehrere Achsen darstellen, werden aus Elementardrehungen um eine Achse durch Multiplikation zusammengesetzt. Im Folgenden werden zuerst die Elementardrehungen beschrieben.

9.4.1 Elementardrehungen

Gesucht ist eine Transformation, mit der ein Vektor in einem um die z-Achse gedrehten Koordinatensystem dargestellt werden kann.

Abb. 9.9 Drehung um die z-Achse

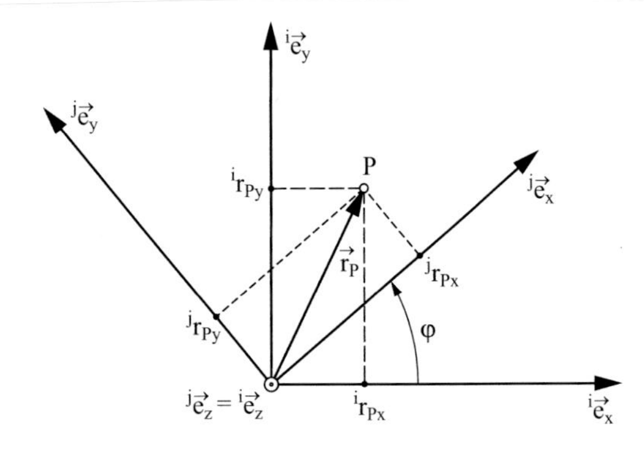

Das Koordinatensystem i wird gebildet aus den Einheitsvektoren

$$^i\vec{e}_x = \begin{bmatrix} 1 \\ 0 \\ 0 \end{bmatrix}, \quad ^i\vec{e}_y = \begin{bmatrix} 0 \\ 1 \\ 0 \end{bmatrix}, \quad ^i\vec{e}_z = \begin{bmatrix} 0 \\ 0 \\ 1 \end{bmatrix}. \tag{9.20}$$

Das Koordinatensystem j ist um den Winkel φ um $^i\vec{e}_z$ gedreht, so dass $^i\vec{e}_z = {}^j\vec{e}_z$ gilt. Für die Basisvektoren $^j\vec{e}_x$ und $^j\vec{e}_y$ lässt sich dann schreiben

$$^j\vec{e}_x = \begin{bmatrix} \cos\varphi \\ \sin\varphi \\ 0 \end{bmatrix}, \quad ^j\vec{e}_y = \begin{bmatrix} -\sin\varphi \\ \cos\varphi \\ 0 \end{bmatrix}. \tag{9.21}$$

Betrachtet man nun den Vektor $\vec{r}_P$, so lauten seine Koordinaten im Koordinatensystem i

$$^i\vec{r}_P = \begin{bmatrix} ^i r_{Px} \\ ^i r_{Py} \\ ^i r_{Pz} \end{bmatrix}. \tag{9.22}$$

Die Koordinaten sind nichts anderes als die Projektionen des Vektors auf die Einheitsvektoren, die das Koordinatensystem aufspannen.

Durch Projektion lassen sich auch die Koordinaten des Vektors $\vec{r}_P$ im Koordinatensystem j errechnen. Die Projektion erhält man durch Bildung des Skalarprodukts. Für die $^j r_{Px}$-Koordinate gilt daher

$$^j r_{Px} = {}^j\vec{e}_x \cdot {}^i\vec{r}_P = \begin{bmatrix} \cos\varphi \\ \sin\varphi \\ 0 \end{bmatrix} \cdot \begin{bmatrix} ^i r_{Px} \\ ^i r_{Py} \\ ^i r_{Pz} \end{bmatrix} = {}^i r_{Px} \cdot \cos\varphi + {}^i r_{Py} \cdot \sin\varphi. \tag{9.23}$$

Die ${}^{j}r_{Py}$- und ${}^{j}r_{Pz}$-Koordinaten erhält man analog durch Projektion auf die ${}^{j}\vec{e}_y$- und ${}^{j}\vec{e}_z$-Achse:

$$ {}^{j}r_{Py} = {}^{j}\vec{e}_y \cdot {}^{i}\vec{r}_P = \begin{bmatrix} -\sin\varphi \\ \cos\varphi \\ 0 \end{bmatrix} \cdot \begin{bmatrix} {}^{i}r_{Px} \\ {}^{i}r_{Py} \\ {}^{i}r_{Pz} \end{bmatrix} = -{}^{i}r_{Px} \cdot \sin\varphi + {}^{i}r_{Py} \cdot \cos\varphi, \tag{9.24} $$

$$ {}^{j}r_{Pz} = {}^{j}\vec{e}_z \cdot {}^{i}\vec{r}_P = \begin{bmatrix} 0 \\ 0 \\ 1 \end{bmatrix} \cdot \begin{bmatrix} {}^{i}r_{Px} \\ {}^{i}r_{Py} \\ {}^{i}r_{Pz} \end{bmatrix} = {}^{i}r_{Pz}. \tag{9.25} $$

Wie zu erwarten ist, bleibt die z-Koordinate unverändert. Die drei Skalarprodukte lassen sich auch durch Multiplikation einer Matrix, deren Zeilenvektoren gleich den Einheitsvektoren des gedrehten Koordinatensystems sind, mit dem Vektor ${}^{i}\vec{r}_P$ darstellen:

$$ \begin{aligned} {}^{j}\vec{r}_P &= \begin{bmatrix} {}^{j}\vec{e}_x \\ {}^{j}\vec{e}_y \\ {}^{j}\vec{e}_z \end{bmatrix}^T \cdot {}^{i}\vec{r}_P = \begin{bmatrix} \cos\varphi & \sin\varphi & 0 \\ -\sin\varphi & \cos\varphi & 0 \\ 0 & 0 & 1 \end{bmatrix} \cdot \begin{bmatrix} {}^{i}r_{Px} \\ {}^{i}r_{Py} \\ {}^{i}r_{Pz} \end{bmatrix} \\ &= \begin{bmatrix} {}^{i}r_{Px}\cos\varphi + {}^{i}r_{Py}\sin\varphi \\ -{}^{i}r_{Px}\sin\varphi + {}^{i}r_{Py}\cos\varphi \\ {}^{i}r_{Pz} \end{bmatrix}. \end{aligned} \tag{9.26} $$

Diese Transformationsmatrix nennt man die *Drehmatrix* für die Drehung (Rotation) um die z-Achse. Offensichtlich ist es die Transformationsmatrix, mit der ein Vektor vom Koordinatensystem i auf das Koordinatensystem j transformiert wird:

$$ {}^{j}\vec{r}_P = {}^{j}\mathbf{R}_i\,(z,\varphi) \cdot {}^{i}\vec{r}_P \tag{9.27} $$

Die Transformationsmatrix, die umgekehrt einen Vektor vom Koordinatensystem j ins Koordinatensystem i transformiert, muss die Inverse von ${}^{j}\mathbf{R}_i$ sein, wie man durch Multiplikation mit der Inversen ${}^{j}\mathbf{R}_i^{-1}$ leicht zeigt ($\mathbf{E}$ = Einheitsmatrix):

$$ {}^{j}\mathbf{R}_i^{-1} \cdot {}^{j}\vec{r}_P = {}^{j}\mathbf{R}_i^{-1} \cdot {}^{j}\mathbf{R}_i \cdot {}^{i}\vec{r}_P = \mathbf{E} \cdot {}^{i}\vec{r}_P, \tag{9.28} $$

$$ {}^{i}\mathbf{R}_j \cdot {}^{j}\vec{r}_P = {}^{i}\vec{r}_P. \tag{9.29} $$

Da die Matrix ${}^{j}\mathbf{R}_i$ orthogonal ist, ist die Inverse gerade die Transponierte, die sich durch Zeilen- und Spaltentausch ergibt:

$$ {}^{j}\mathbf{R}_i^{-1} = {}^{j}\mathbf{R}_i^T \tag{9.30} $$

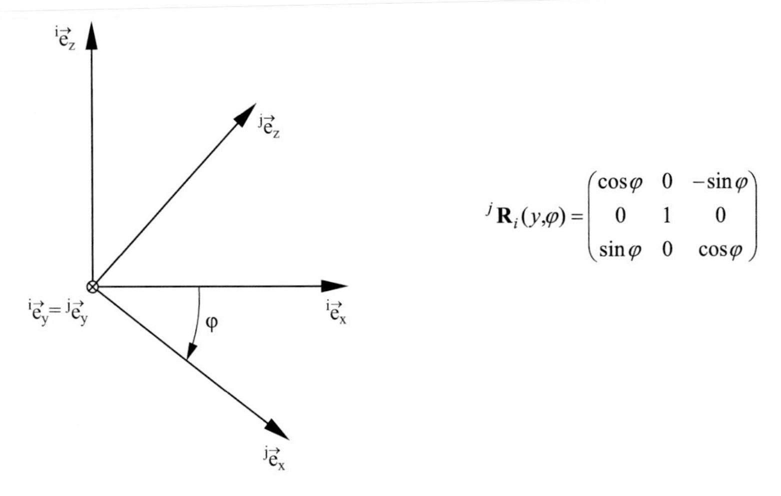

Abb. 9.10 Drehung um die y-Achse

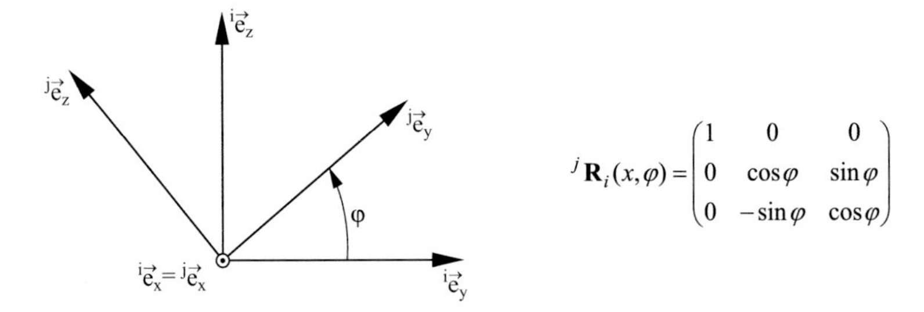

Abb. 9.11 Drehung um die x-Achse

$$^j\mathbf{R}_i = \begin{bmatrix} \cos\varphi & \sin\varphi & 0 \\ -\sin\varphi & \cos\varphi & 0 \\ 0 & 0 & 1 \end{bmatrix} \rightarrow {}^j\mathbf{R}_i^{-1} = \begin{bmatrix} \cos\varphi & -\sin\varphi & 0 \\ \sin\varphi & \cos\varphi & 0 \\ 0 & 0 & 1 \end{bmatrix} = {}^i\mathbf{R}_j. \tag{9.31}$$

Die Transformationsmatrizen für Drehungen des Koordinatensystems um die anderen Achsen erhält man analog zum Vorgehen bei der Drehung um die z-Achse (vgl. Abb. 9.10 und 9.11).

9.4.2 Verschiebungen

Ist das Koordinatensystem j gegenüber dem Koordinatensystem i verschoben, muss nur der Verschiebungsvektor $^i\vec{r}_{ij}$, der vom Ursprung des Koordinatensystems i zum Ursprung des Koordinatensystems j zeigt, hinzuaddiert werden, Abb. 9.12:

$$^i\vec{r}_P = {}^i\vec{r}_{ij} + {}^j\vec{r}_P \tag{9.32}$$

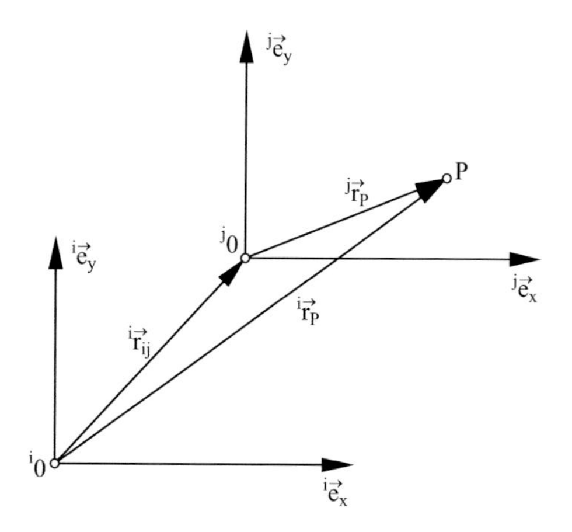

Abb. 9.12 Verschiebung eines Koordinatensystems

9.4.3 Kombination mehrerer Drehungen

Natürlich können Transformationen miteinander kombiniert werden. Man betrachte als Beispiel die offene kinematische Kette in Abb. 9.13 als vereinfachtes Strukturmodell eines Industrieroboters. Zwei gelenkig verbundene Getriebeglieder der Länge L sind jeweils um die Winkel φ_1 und φ_2 gegenüber dem vorhergehenden Glied verdreht. Gesucht ist der Ortsvektor ${}^0\vec{r}_P$ im ortsfesten Koordinatensystem 0.

${}^0\vec{r}_P$ besteht aus zwei Teilvektoren ${}^1\vec{r}_{12}$ und ${}^2\vec{r}_{2P}$, deren Koordinaten in den jeweiligen körperfesten Koordinatensystemen leicht angegeben werden können:

$$ {}^1\vec{r}_{12} = \begin{bmatrix} L \\ 0 \\ 0 \end{bmatrix} \qquad {}^2\vec{r}_{2P} = \begin{bmatrix} L \\ 0 \\ 0 \end{bmatrix} \tag{9.33} $$

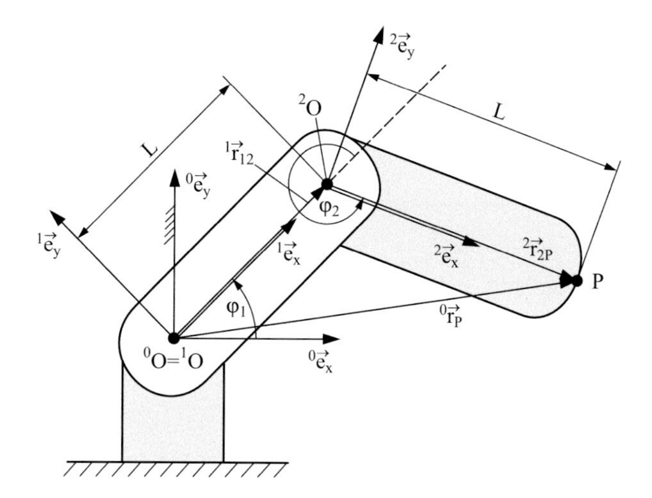

Abb. 9.13 Kombination mehrerer Drehungen

Um sie addieren zu können, müssen sie erst in eine gemeinsame Basis überführt werden, in diesem Fall das Koordinatensystem 0.

Zuerst wird der Vektor ${}^{2}\vec{r}_{2P}$ in die Basis 1 transformiert, d. h.

$$ {}^{1}\vec{r}_{2P} = {}^{1}\mathbf{R}_{2}\,(z,\varphi_2)\cdot {}^{2}\vec{r}_{2P} = \begin{bmatrix} \cos\varphi_2 & -\sin\varphi_2 & 0 \\ \sin\varphi_2 & \cos\varphi_2 & 0 \\ 0 & 0 & 1 \end{bmatrix} \cdot \begin{bmatrix} L \\ 0 \\ 0 \end{bmatrix} = \begin{bmatrix} L\cos\varphi_2 \\ L\sin\varphi_2 \\ 0 \end{bmatrix}, \tag{9.34} $$

dann durch eine weitere Transformation in die Basis 0:

$$ \begin{aligned} {}^{0}\vec{r}_{2P} = {}^{0}\mathbf{R}_{1}\,(z,\varphi_1)\cdot {}^{1}\vec{r}_{2P} &= \begin{bmatrix} \cos\varphi_1 & -\sin\varphi_1 & 0 \\ \sin\varphi_1 & \cos\varphi_1 & 0 \\ 0 & 0 & 1 \end{bmatrix} \cdot \begin{bmatrix} L\cos\varphi_2 \\ L\sin\varphi_2 \\ 0 \end{bmatrix} \\ &= \begin{bmatrix} L\cos\varphi_2\cos\varphi_1 - L\sin\varphi_2\sin\varphi_1 \\ L\cos\varphi_2\sin\varphi_1 + L\sin\varphi_2\cos\varphi_1 \\ 0 \end{bmatrix}. \end{aligned} \tag{9.35} $$

Der Vektor ${}^{1}\vec{r}_{12}$ wird ebenfalls in die Basis 0 transformiert:

$$ {}^{0}\vec{r}_{12} = {}^{0}\mathbf{R}_{1}\,(z,\varphi_1)\cdot {}^{1}\vec{r}_{12} = \begin{bmatrix} \cos\varphi_1 & -\sin\varphi_1 & 0 \\ \sin\varphi_1 & \cos\varphi_1 & 0 \\ 0 & 0 & 1 \end{bmatrix} \cdot \begin{bmatrix} L \\ 0 \\ 0 \end{bmatrix} = \begin{bmatrix} L\cos\varphi_1 \\ L\sin\varphi_1 \\ 0 \end{bmatrix}. \tag{9.36} $$

Der Vektor ${}^{0}\vec{r}_{P}$ ergibt sich also zu:

$$ \begin{aligned} {}^{0}\vec{r}_{P} = {}^{0}\vec{r}_{12} + {}^{0}\vec{r}_{2P} &= \begin{bmatrix} L\cos\varphi_1 + L\cos\varphi_2\cos\varphi_1 - L\sin\varphi_2\sin\varphi_1 \\ L\sin\varphi_1 + L\cos\varphi_2\sin\varphi_1 + L\sin\varphi_2\cos\varphi_1 \\ 0 \end{bmatrix} \\ &= L\cdot \begin{bmatrix} \cos\varphi_1 + \cos(\varphi_1+\varphi_2) \\ \sin\varphi_1 + \sin(\varphi_1+\varphi_2) \\ 0 \end{bmatrix}. \end{aligned} \tag{9.37} $$

Allgemein lässt sich schreiben:

$$ {}^{0}\vec{r}_{P} = {}^{0}\mathbf{R}_{1}\,(z,\varphi_1)\cdot {}^{1}\vec{r}_{12} + {}^{0}\mathbf{R}_{1}\,(z,\varphi_1)\cdot {}^{1}\mathbf{R}_{2}\,(z,\varphi_2)\cdot {}^{2}\vec{r}_{2P}. \tag{9.38} $$

Koordinatentransformationen werden also durch Multiplikation verknüpft; so lassen sich komplexe Drehungen, auch um verschiedene Achsen, darstellen.

Lehrbeispiel Nr. 9.2: Kinematische Analyse des viergliedrigen Drehgelenkgetriebes in Matrizenschreibweise (Luck 1970)

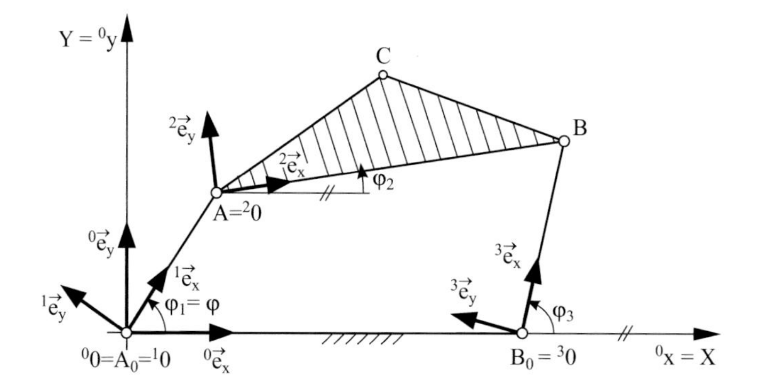

Abb. 9.14 Bezeichnungen am viergliedrigen Drehgelenkgetriebe mit Einheitsvektoren in den verschiedenen Basen

Aufgabenstellung:

Für das vorgelegte ebene Problem werden analog zu Abb. 9.13 zunächst geeignete Bezeichnungen entsprechend Abb. 9.14 gewählt.

Für die gegebenen Abmessungen $l_1 = \overline{A_0A}$, $l_2 = \overline{AB}$, $l_3 = \overline{B_0B}$, $l_4 = \overline{A_0B_0}$ und die gegebenen Koordinaten x_C, y_C des Koppelpunkts C im gliedfesten ${}^2e_x - {}^2e_y$-Koordinatensystem sind bei bekannten Antriebsgrößen φ, $\dot{\varphi} \equiv \omega$, $\ddot{\varphi} \equiv \alpha$ die Gleichungen für φ_2, φ_3, X_C, Y_C und die zugeordneten zeitlichen Ableitungen für Geschwindigkeit und Beschleunigung ansatzweise anzugeben.

Lösung:

Um die Einfachheit zu wahren, wird nur eine Drehmatrix angegeben, die für alle bewegten Glieder gegenüber dem Gestell (Glied 0) gültig ist:

$$ {}^0\mathbf{R}_i = \begin{bmatrix} \cos\varphi_i & -\sin\varphi_i \\ \sin\varphi_i & \cos\varphi_i \end{bmatrix}, \quad i = 1, 2, 3. \tag{9.39} $$

Für den Punkt B lassen sich dann zwei Gleichungen in der Form der Gl. 9.38 aufstellen, nämlich

$$ {}^0\vec{r}_B = {}^0\vec{r}_{12} + {}^0\mathbf{R}_2 \cdot \begin{bmatrix} l_2 \\ 0 \end{bmatrix} \quad \text{und} \quad {}^0\vec{r}_B = {}^0\vec{r}_{13} + {}^0\mathbf{R}_3 \cdot \begin{bmatrix} l_3 \\ 0 \end{bmatrix}. \tag{9.40} $$

Die Vektoren ${}^0\vec{r}_{12}$ und ${}^0\vec{r}_{13}$ weisen vom Ursprung ^{10} zu den jeweiligen Ursprüngen ^{20} und ^{30}. Auch sie lassen sich mit Hilfe einer Drehmatrix darstellen; gleichzeitig kann man beide Vektorgleichungen für den Punkt B zur Geschlossenheitsbedingung zusammenfassen ($\mathbf{E}$ = Einheitsmatrix):

$$ {}^0\mathbf{R}_1 \begin{bmatrix} l_1 \\ 0 \end{bmatrix} + {}^0\mathbf{R}_2 \begin{bmatrix} l_2 \\ 0 \end{bmatrix} - \mathbf{E} \begin{bmatrix} l_4 \\ 0 \end{bmatrix} - {}^0\mathbf{R}_3 \begin{bmatrix} l_3 \\ 0 \end{bmatrix} = \begin{bmatrix} 0 \\ 0 \end{bmatrix}. \tag{9.41} $$

Diese Gleichung stellt den Vektor $\vec{\Phi}$ der Zwangsbedingungen dar, entsprechend Gl. 4.5.

Für den Koppelpunkt C ergibt sich analog

$$\begin{bmatrix} X_C \\ Y_C \end{bmatrix} = {}^0\vec{r}_{12} + {}^0\mathbf{R}_2 \cdot \begin{bmatrix} x_C \\ y_C \end{bmatrix}. \tag{9.42}$$

Bei der Bildung der zeitlichen Ableitungen 1. und 2. Ordnung für die Gln. 9.41 und 9.42 verschwinden diejenigen für die gliedfesten Koordinaten, da die einzelnen Glieder starre Körper sind, es ist also z. B. $dl_1/dt = dx_C/dt = dy_C/dt = 0$. Für die Ableitungen der Drehmatrizen ${}^0\mathbf{R}_i$ entsprechend Gl. 9.39 gilt

$${}^0\dot{\mathbf{R}}_i \equiv \frac{d\left({}^0\mathbf{R}_i\right)}{dt} = \frac{d\left({}^0\mathbf{R}_i\right)}{d\varphi_i} \cdot \frac{d\varphi_i}{d\varphi} \cdot \omega \tag{9.43}$$

und

$$\begin{aligned} {}^0\ddot{\mathbf{R}}_i &\equiv \frac{d^2\left({}^0\mathbf{R}_i\right)}{dt^2} \\ &= \frac{d\left({}^0\mathbf{R}_i\right)}{d\varphi_i} \cdot \left(\frac{d\varphi_i}{d\varphi} \cdot \alpha + \frac{d^2\varphi_i}{d\varphi^2} \cdot \omega^2\right) - \left(\frac{d\varphi_i}{d\varphi}\right)^2 \cdot \omega^2 \cdot {}^0\mathbf{R}_i, \quad i = 1, 2, 3. \end{aligned} \tag{9.44}$$

9.4.4 Homogene Koordinaten

Die eingeführten Transformationen unterscheiden zwischen Drehungen und Verschiebungen. Eine Verschiebung wird durch Addition eines Verschiebungsvektors dargestellt, d. h.

$${}^0\vec{r}_P = {}^0\vec{r}_{01} + {}^1\vec{r}_P, \tag{9.45}$$

während eine Drehung des Koordinatensystems durch Multiplikation mit einer Drehmatrix ausgeführt wird:

$${}^0\vec{r}_P = {}^0\vec{r}_{01} + {}^0\mathbf{R}_1\,{}^1\vec{r}_P. \tag{9.46}$$

Der Verschiebungsvektor ${}^0\vec{r}_{01}$ zeigt also die Lage und die Drehmatrix ${}^0\mathbf{R}_1$ die Orientierung des Koordinatensystem 1 gegenüber dem Koordinatensystem 0 an, Abb. 9.15.

Beide Transformationen können mit sog. *homogenen Koordinaten* in einer besonderen Transformationsmatrix zusammengefasst werden.

Es handelt sich dabei um eine 4×4-Matrix mit folgendem Aufbau:

$${}^0\mathbf{T}_1 = \begin{bmatrix} & {}^0\mathbf{R}_1 & & {}^0\vec{r}_{01} \\ 0 & 0 & 0 & 1 \end{bmatrix}. \tag{9.47}$$

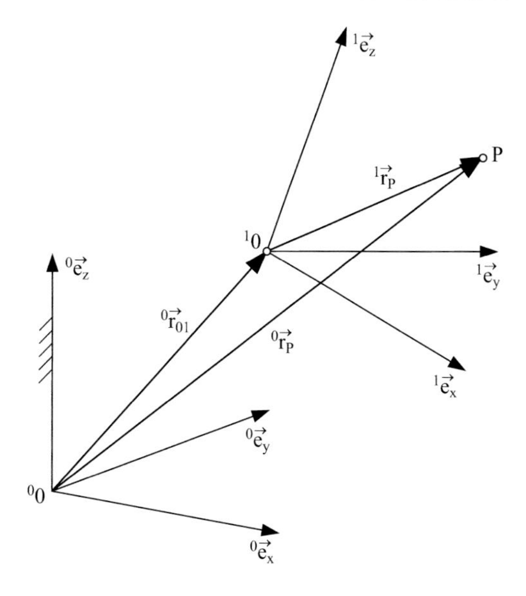

Abb. 9.15 Zwei Koordinatensysteme 0 und 1

Die Matrix ${}^0\mathbf{T}_1$ enthält sowohl die Drehmatrix ${}^0\mathbf{R}_1$ als auch den Verschiebungsvektor ${}^0\vec{r}_{01}$, jeweils bezogen auf das Koordinatensystem 0. Die ersten drei Elemente der 4. Zeile sind Nullen, das 4. Element dieser Zeile enthält den sog. *Maßstabsfaktor* t_{44}, der üblicherweise auf den Wert „1“ gesetzt wird.

Wird der Maßstabsfaktor ungleich „1“ gewählt, so besteht zwischen den kartesischen Koordinaten x, y, z des Ursprungs vom Koordinatensystem 1 und den Elementen des Vektors ${}^0\vec{r}_{01}$ folgender Zusammenhang:

$$x = \frac{{}^0r_{01x}}{t_{44}}, \quad y = \frac{{}^0r_{01y}}{t_{44}}, \quad z = \frac{{}^0r_{01z}}{t_{44}}. \tag{9.48}$$

Satz
Werden mehrere Transformationen hintereinander ausgeführt, so errechnet sich die Gesamttransformation durch Multiplikation der Einzel-Transformationsmatrizen. Auch hier muss die Reihenfolge der Drehungen beachtet werden.

Der Vorteil der homogenen Koordinaten besteht in der einheitlichen Darstellung der Drehung und Verschiebung, was sehr „programmierfreundlich“ ist. Dafür müssen jeweils einige Koordinaten gespeichert werden, die stets null sind; dies erhöht den Speicherbedarf.

9.4.5 HARTENBERG-DENAVIT-Formalismus (HD-Notation)

Der HD-Formalismus legt eine spezielle Abfolge von Transformationen fest, die besonders für Getriebe auf der Grundlage offener kinematischer Ketten und mit Gelenken vom

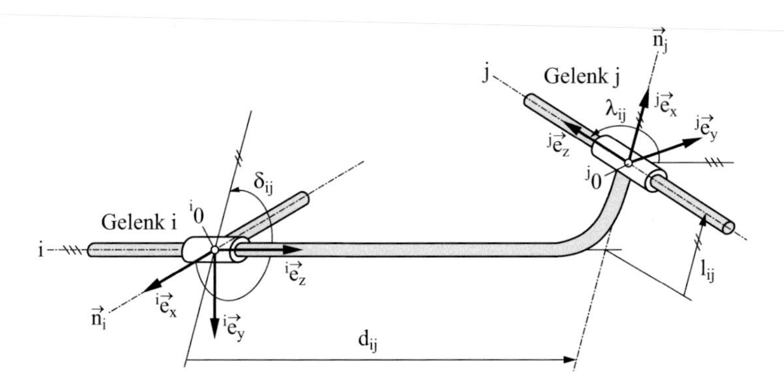

Abb. 9.16 Winkel und Strecken bei der HD-Notation

Freiheitsgrad $f = 1$ geeignet ist. Bei Industrierobotern ist er weit verbreitet. Der Formalismus nutzt aus, dass die Bewegungsachsen (Gelenkachsen) immer eine gemeinsame Normale haben (Paul 1981).

Bei der Festlegung der gliedfesten Koordinatensysteme gelten folgende Konventionen:

- Die $^j\vec{e}_z$-Achse liegt in der Bewegungsachse j.
- Die $^j\vec{e}_x$-Achse liegt in Richtung der gemeinsamen Normalen $\vec{n}_j$ der Bewegungsachsen von Gelenk i und j.
- Die $^j\vec{e}_y$-Achse wird so gelegt, dass $^j\vec{e}_x$, $^j\vec{e}_y$, $^j\vec{e}_z$ ein Rechtssystem bilden.

Im allgemeinen Fall sind beim Übergang vom Koordinatensystem i zum Koordinatensystem j folgende Teiltransformationen durchzuführen, Abb. 9.16:

- Rotation um die $^i\vec{e}_z$-Achse mit dem Winkel δ_{ij}, so dass $^j\vec{e}_x$ schließlich parallel ist zur Normalen $\vec{n}_j$,
- Verschiebung um d_{ij} in Richtung der $^i\vec{e}_z$-Achse (sind die Bewegungsachsen i und j parallel, wird das Koordinatensystem j so gelegt, dass $d_{ij} = 0$ ist).
- Verschiebung um l_{ij} in Richtung der (gedrehten) $^j\vec{e}_x$-Achse.
- Rotation um die (gedrehte) $^j\vec{e}_x$-Achse mit dem Winkel λ_{ij}, so dass $^j\vec{e}_z$ in Richtung der Drehachse j zu liegen kommt.

δ_{ij} und d_{ij} sind der Winkel und Abstand zwischen den Normalen $\vec{n}_i$ und $\vec{n}_j$, während λ_{ij} und l_{ij} der (Kreuzungs-)Winkel und (Kreuzungs-)Abstand der Bewegungsachsen i und j sind.

Der Verschiebungsvektor $^i\vec{r}_{ij}$ vom Ursprung $^i0$ der Basis i zum Ursprung $^j0$ der Basis j, bezogen auf das Koordinatensystem i, ist nach einer Drehung um die $^i\vec{e}_z$-Achse mit δ_{ij}:

$$^i\vec{r}_{ij} = \begin{bmatrix} \cos\delta_{ij} & -\sin\delta_{ij} & 0 \\ \sin\delta_{ij} & \cos\delta_{ij} & 0 \\ 0 & 0 & 1 \end{bmatrix} \cdot \begin{bmatrix} l_{ij} \\ 0 \\ d_{ij} \end{bmatrix} = \begin{bmatrix} l_{ij} \cdot \cos\delta_{ij} \\ l_{ij} \cdot \sin\delta_{ij} \\ d_{ij} \end{bmatrix} \tag{9.49}$$

Die Dreh- oder Orientierungsmatrix lautet nach zwei Drehungen um die ${}^j\vec{e}_x$-Achse mit λ_{ij} und um die ${}^i\vec{e}_z$-Achse mit δ_{ij}:

$$
\begin{aligned}
{}^i\mathrm{R}_j &= \begin{bmatrix} \cos\delta_{ij} & -\sin\delta_{ij} & 0 \\ \sin\delta_{ij} & \cos\delta_{ij} & 0 \\ 0 & 0 & 1 \end{bmatrix} \cdot \begin{bmatrix} 1 & 0 & 0 \\ 0 & \cos\lambda_{ij} & -\sin\lambda_{ij} \\ 0 & \sin\lambda_{ij} & \cos\lambda_{ij} \end{bmatrix} \\
&= \begin{bmatrix} \cos\delta_{ij} & -\cos\lambda_{ij}\sin\delta_{ij} & \sin\lambda_{ij}\sin\delta_{ij} \\ \sin\delta_{ij} & \cos\delta_{ij}\cos\lambda_{ij} & -\cos\delta_{ij}\sin\lambda_{ij} \\ 0 & \sin\lambda_{ij} & \cos\lambda_{ij} \end{bmatrix}.
\end{aligned}
\tag{9.50}
$$

Somit ergibt sich als Transformationsmatrix von der Basis j zur Basis i in der HD-Notation:

$$
{}^i\mathbf{T}_j = \begin{bmatrix} \cos\delta_{ij} & -\cos\lambda_{ij}\sin\delta_{ij} & \sin\lambda_{ij}\sin\delta_{ij} & l_{ij}\cos\delta_{ij} \\ \sin\delta_{ij} & \cos\delta_{ij}\cos\lambda_{ij} & -\cos\delta_{ij}\sin\lambda_{ij} & l_{ij}\sin\delta_{ij} \\ 0 & \sin\lambda_{ij} & \cos\lambda_{ij} & d_{ij} \\ 0 & 0 & 0 & 1 \end{bmatrix}
\tag{9.51}
$$

In Abb. 9.16 ist der Winkel δ_{ij} variabel (z. B. mit einem Antrieb versehen). Der Winkel λ_{ij} und die Längen d_{ij} und l_{ij} sind dagegen konstant. In der Robotertechnik nennt man die konstanten Größen *Maschinenparameter.*

Ist ein Winkel δ_{ij} variabel, hat man es mit einem Drehgelenk zu tun. Bei einer variablen Länge d_{ij} handelt es sich um ein Schubgelenk.

Lehrbeispiel Nr. 9.3: Vertikalknickarmroboter

Der Industrieroboter in Abb. 9.17 ist ein Vertikalknickarmroboter mit dem Freiheitsgrad $F = 6$, der ausschließlich Drehgelenke besitzt.

Die ersten drei Achsen ab Grundgestell sind für die Positionierung, die anderen drei für die Orientierung des Endeffektors (meist ein Greifer) vorgesehen.

Im Folgenden werden nur die drei Positionierungsachsen 0, 1, 2 des Roboters betrachtet. Die kinematische Struktur mit den notwendigen Koordinatensystemen für den HD-Formalismus zeigt Abb. 9.18.

Das Koordinatensystem 0 muss um den Winkel δ_{01} verdreht werden, um die ^{0}x-Achse mit der Normalen $\vec{n}_1$ auszurichten. Danach dreht man mit dem festen Winkel $\lambda_{01} = 270°$ um die ^{1}x-Achse. Für die Drehtransformation gilt daher

$$
\begin{aligned}
{}^0\mathbf{R}_1 &= \begin{bmatrix} \cos\delta_{01} & -\sin\delta_{01} & 0 \\ \sin\delta_{01} & \cos\delta_{01} & 0 \\ 0 & 0 & 1 \end{bmatrix} \cdot \begin{bmatrix} 1 & 0 & 0 \\ 0 & \cos 270° & -\sin 270° \\ 0 & \sin 270° & \cos 270° \end{bmatrix} \\
&= \begin{bmatrix} \cos\delta_{01} & 0 & -\sin\delta_{01} \\ \sin\delta_{01} & 0 & \cos\delta_{01} \\ 0 & -1 & 0 \end{bmatrix}.
\end{aligned}
\tag{9.52}
$$

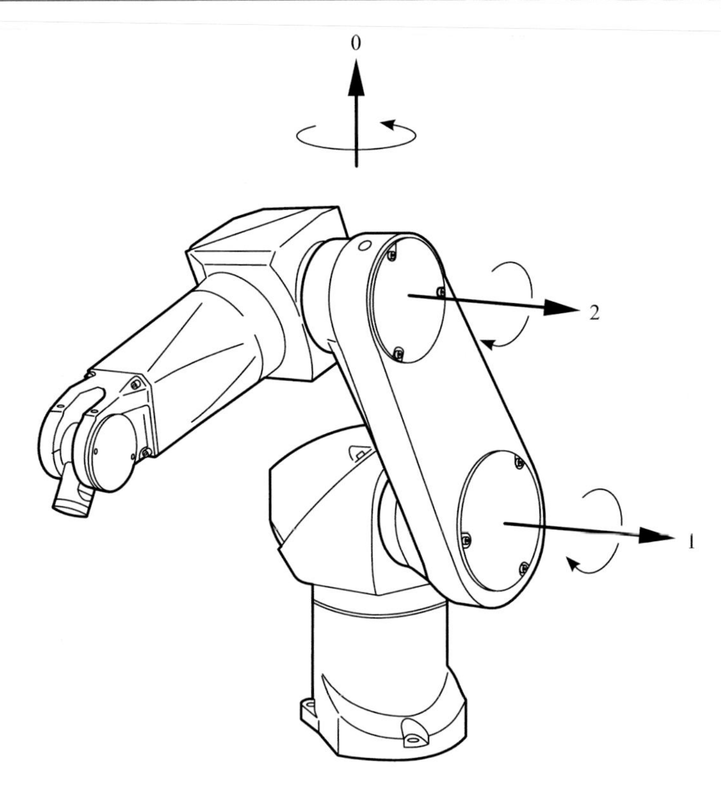

Abb. 9.17 Industrieroboter „RX90" (Werkbild: Stäubli Unimation Deutschland, Bayreuth)

Der Verschiebungsvektor ${}^0\vec{r}_{01}$ ist

$$ {}^0\vec{r}_{01} = \begin{bmatrix} \cos\delta_{01} & -\sin\delta_{01} & 0 \\ \sin\delta_{01} & \cos\delta_{01} & 0 \\ 0 & 0 & 1 \end{bmatrix} \cdot \begin{bmatrix} 0 \\ 0 \\ d_{01} \end{bmatrix} = \begin{bmatrix} 0 \\ 0 \\ d_{01} \end{bmatrix}, \tag{9.53} $$

so dass die Gesamttransformation

$$ {}^0\mathbf{T}_1 = \begin{bmatrix} \cos\delta_{01} & 0 & -\sin\delta_{01} & 0 \\ \sin\delta_{01} & 0 & \cos\delta_{01} & 0 \\ 0 & -1 & 0 & d_{01} \\ 0 & 0 & 0 & 1 \end{bmatrix} \tag{9.54} $$

lautet.

Da die Achsen 1 und 2 parallel sind, ist bei ${}^1\mathbf{R}_2$ kein Maschinenparameter λ zu berücksichtigen. Für ${}^1\mathbf{R}_2$ gilt daher

$$ {}^1\mathbf{R}_2 = \begin{bmatrix} \cos\delta_{12} & -\sin\delta_{12} & 0 \\ \sin\delta_{12} & \cos\delta_{12} & 0 \\ 0 & 0 & 1 \end{bmatrix}. \tag{9.55} $$

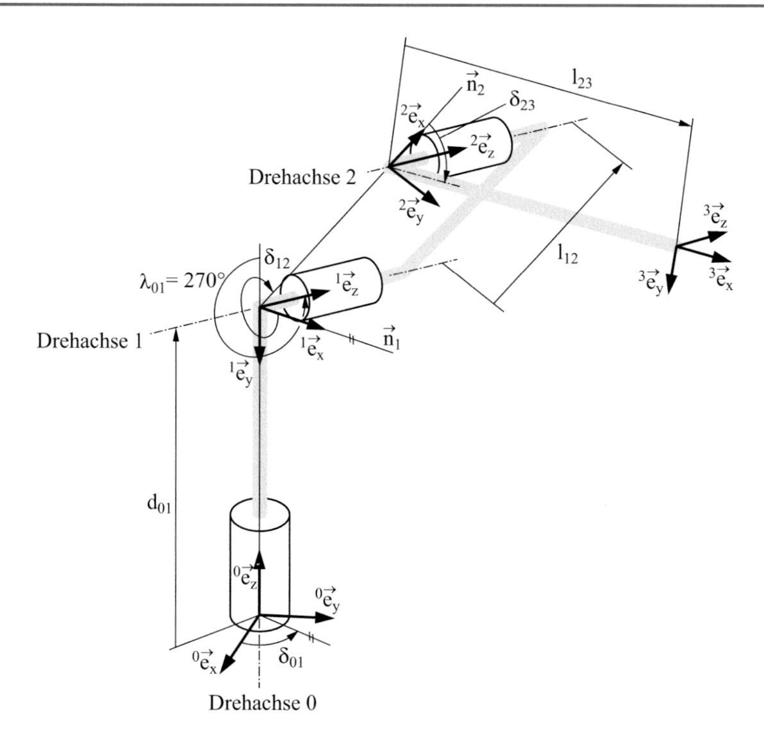

Abb. 9.18 Kinematisches Schema des Lehrbeispiels „Industrieroboter RX90"

Der Verschiebungsvektor von Basis 1 zu Basis 2 ist

$$^1\vec{r}_{12} = \begin{bmatrix} \cos\delta_{12} & -\sin\delta_{12} & 0 \\ \sin\delta_{12} & \cos\delta_{12} & 0 \\ 0 & 0 & 1 \end{bmatrix} \cdot \begin{bmatrix} l_{12} \\ 0 \\ 0 \end{bmatrix} = \begin{bmatrix} l_{12}\cos\delta_{12} \\ l_{12}\sin\delta_{12} \\ 0 \end{bmatrix}. \tag{9.56}$$

Die Transformationsmatrix $^1\mathbf{T}_2$ lautet daher

$$^1\mathbf{T}_2 = \begin{bmatrix} \cos\delta_{12} & -\sin\delta_{12} & 0 & l_{12}\cos\delta_{12} \\ \sin\delta_{12} & \cos\delta_{12} & 0 & l_{12}\sin\delta_{12} \\ 0 & 0 & 1 & d_{12} = 0 \\ 0 & 0 & 0 & 1 \end{bmatrix}. \tag{9.57}$$

Analog gelangt man zur Transformationsmatrix $^2\mathbf{T}_3$:

$$^2\mathbf{T}_3 = \begin{bmatrix} \cos\delta_{23} & -\sin\delta_{23} & 0 & l_{23}\cos\delta_{23} \\ \sin\delta_{23} & \cos\delta_{23} & 0 & l_{23}\sin\delta_{23} \\ 0 & 0 & 1 & d_{23} = 0 \\ 0 & 0 & 0 & 1 \end{bmatrix}. \tag{9.58}$$

Die Multiplikation der drei Matrizen ergibt die *Gesamttransformationsmatrix* ${}^0\mathbf{T}_3$:

$$ {}^0\mathbf{T}_3 = {}^0\mathbf{T}_1 \cdot {}^1\mathbf{T}_2 \cdot {}^2\mathbf{T}_3 = \begin{bmatrix} {}^0\mathbf{R}_3 & {}^0\vec{r}_{03} \\ \vec{0}^T & 1 \end{bmatrix}. \tag{9.59} $$

In der Robotertechnik sind nun zwei Fragen interessant:

1) Zu einem gegebenen Satz Antriebskoordinaten (im Beispiel δ_{01}, δ_{12}, δ_{23}) ist die zugehörige Position und Orientierung des Endeffektors (genauer: des Koordinatensystems 3) gesucht. Dies nennt man das **Direkte Kinematische Problem (DKP)**, das durch Einsetzen der Winkel δ_{01}, δ_{12}, δ_{23} in die Matrix ${}^0\mathbf{T}_3$ gelöst wird.
2) Zu einer gegebenen Position und Orientierung des Endeffektors ist der zugehörige Satz Antriebskoordinaten gesucht. Dies wird als **Inverses Kinematisches Problem (IKP)** bezeichnet und ist oft schwieriger lösbar als das DKP. Jede Robotersteuerung muss das IKP in Echtzeit lösen, um den Roboter eine programmierte Bahn verfahren zu lassen. Dazu müssen die Komponenten der Matrix ${}^0\mathbf{T}_3$ nach den Antriebskoordinaten aufgelöst werden, was nur für wenige Roboterstrukturen analytisch möglich ist. Ist die analytische Lösung nicht möglich, bieten sich numerische Lösungsverfahren an, wie das in Abschn. 4.1 beschriebene NEWTON-RAPHSON-Verfahren.

Siehe auch (Husty et al. 1997).

Literatur

Falk, S.: Technische Mechanik. 2. Bd.: Mechanik des starren Körpers. Springer, Berlin (1968)
Husty, M., Karger, A., Sachs, H., Steinhilper, W.: Kinematik und Robotik. Springer, Berlin/Heidelberg (1997)
Lohe, R.: Berechnung und Ausgleich von Kräften in räumlichen Mechanismen. Fortschr.-Ber. VDI-Z, Reihe 1, Nr. 103 (1983). DMG-Lib ID: 6530009
Luck, K.: Kinematische Analyse ebener Grundgetriebe in Matrizenschreibweise. Wiss. Zeitschr. TU Dresden **19**(6), 1467–1474 (1970). DMG-Lib ID: 3724009
Paul, R. P.: Robot Manipulators: Mathematics, Programming and Control. MIT Press, Cambridge (MA), USA (1981)
Rosenauer, N.: Bestimmung der resultierenden momentanen Schraubbewegung einer beliebigen Anzahl von Dreh- und Translationsbewegungen im Raume. Konstruktion **16**(10), 422–424 (1964)

Anhang 10

Zusammenfassung

Die auf den folgenden Seiten des Anhangs präsentierten 14 Praxisbeispiele wurden in der 4. Auflage neu eingeführt und für die 5. Auflage unverändert übernommen. Die Aufgabenstellungen für die Praxisbeispiele beziehen sich auf unterschiedliche Anwendungen im Maschinenbau, für die fachspezifische Bewegungserzeugung und Kraftübertragung im Mittelpunkt stehen:

10.1 Radaufhängungen
10.2 Scheibenwischer
10.3 Pkw-Verdeckmechanismen
10.4 Schaufellader
10.5 Hubarbeitsbühnen
10.6 Hebebühnen
10.7 SCHMIDT-Kupplung
10.8 Mechanische Backenbremsen
10.9 Schritt(schalt)getriebe
10.10 Rastgetriebe
10.11 Pflugschar mit Schlepperanlenkung
10.12 Scharniermechanismen
10.13 Zangen
10.14 Übergabevorrichtung

Während die „alten" Übungsaufgaben hauptsächlich dazu dienten, den Lehrstoff zu vertiefen und dem Benutzer eine gewisse Überprüfbarkeit seines Verständnisses für die Methoden der Getriebetechnik zu bieten, sollen die neuen Praxisbeispiele den breiten Anwendungsbezug für getriebetechnische Lösungen im Maschinenbau aufzeigen und Anregungen für eigene Lösungen bieten. Mit einem in runde Klammern gesetzten schwarzen Dreieck (►) wird dabei auf die entsprechenden Kapitel, Abschnitte, Tabel-

H. Kerle, B. Corves, M. Hüsing, *Getriebetechnik*, DOI 10.1007/978-3-658-10057-5_10

len und Gleichungen des Buchs verwiesen. Nicht zuletzt ist es das Ziel der Autoren, mit dem Anhang auf die auch heute noch unvermindert große Bedeutung der Getriebetechnik für die mechanische Bewegungserzeugung hinzuweisen. Auch im Zeitalter der Automatisierung werden für ständig wiederkehrende Bewegungen oder für die Übertragung großer Kräfte bzw. Drehmomente ungleichmäßig übersetzende (Ge-)Triebe in der Vielfalt benötigt, wie sie schon FRANZ REULEAUX (1829–1905) als Pionier der Mechanisierung auflistete: Schraubentrieb, Kurbeltrieb, Rädertrieb, Rollentrieb, Kurventrieb und Gesperrtrieb.

10.1 Radaufhängungen

Unter einer Radaufhängung versteht man die bewegliche Verbindung zwischen dem Fahrzeugaufbau und den Rädern (Abb. 10.1). Sie gibt den Rädern eine im Wesentlichen vertikal ausgerichtete Beweglichkeit, um einerseits Fahrbahnunebenheiten auszugleichen und andererseits die im Radaufstandspunkt in horizontaler Richtung wirkenden Reifenkräfte und -momente auf den Aufbau zu übertragen (Matschinsky 1998). Generell kann zwischen *Verbundachse*, *Einzelrad-* und *Starrachsaufhängung* unterschieden werden (Abb. 10.2). Die Kinematik der Radaufhängung hat großen Einfluss auf die Fahrsicherheit und den Komfort eines Fahrzeuges (Leiter et al. 2008). Bei ihrer Auslegung kommt es häufig zu Zielkonflikten dieser beiden Aspekte.

Abb. 10.1 Hinterradaufhängung im Mercedes E-Klasse (Quelle: ATZ, (Früh et al. 2009, S. 131))

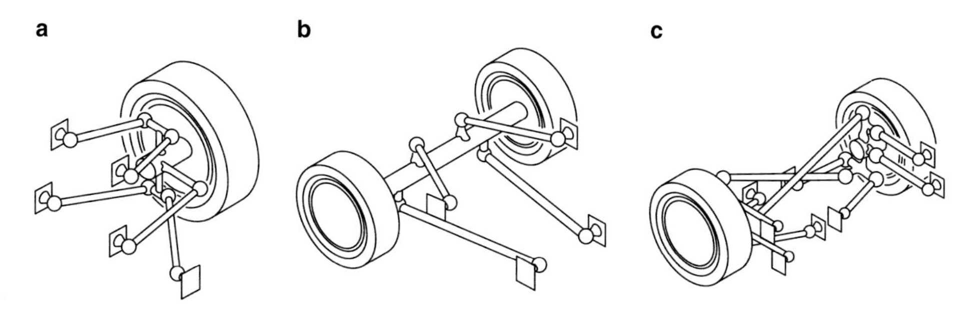

Abb. 10.2 Radaufhängungen (Matschinsky 1998): **a** Einzelradaufhängung, **b** Starrachse und **c** Verbundachse

Um Fahrbahnunebenheiten auszugleichen und damit hohe Beschleunigungen des Fahrzeugaufbaus zu verhindern, muss jeder Radträger eines Straßenfahrzeuges mindestens über einen Freiheitsgrad (►Abschn. 2.3) verfügen. Aus dieser Forderung folgt, dass Einzelradaufhängungen den Freiheitsgrad $F = 1$ besitzen müssen. Werden zwei Räder an einem Radträger befestigt, wie bei einer Starrachse, dann muss dieser Radträger über den Freiheitsgrad $F = 2$ (parallel Einfederung und Wanken) verfügen (vgl. Abb. 10.2). Auch eine Verbundachse benötigt zwei Freiheitsgrade. Bei dieser beeinflussen sich die Bewegungen der beiden Räder einer Achse gegenseitig. Der Freiheitsgrad einer Radaufhängung lässt sich mit Hilfe der Gl. 2.13 bestimmen.

Im Allgemeinen vollführt eine Einzelradaufhängung keine reine vertikale, sondern eine allgemeine *räumliche Koppelbewegung* (►Kap. 9). Dabei kommt es u. a. zu federwegabhängigen Spur- und Sturzänderungen des Rades. Der *Radsturz* beschreibt die Neigung der Radebene zur Fahrbahnsenkrechten und ist positiv, wenn die Radebene nach außen geneigt ist. Er hat Einfluss auf die Seitenführungskraft des Reifens.

Hinweis

Ein positiver Sturz erzeugt eine Axialkraft, die das Rad gegen die Radaufhängung drückt und somit Elastizitäten sowie eventuelle Verschleißzustände ausgleichen kann. Jedoch kommt es beim Abrollen auch zu verstärkten Gleitbewegungen innerhalb der Radaufstandsfläche.

Bei Personenkraftfahrzeugen werden heutzutage überwiegend Einzelradaufhängungen eingesetzt. Diese bestehen aus den Radträgern, verschiedenen Gelenken, mehreren Lenkern, den Aufbaufedern und -dämpfern. Der Radträger trägt die Radlagerung und meistens auch die Bremseinrichtung. Er ist mit Gelenken über *Lenker* (Führungsglieder) mit dem Fahrzeugaufbau (Gestell) verbunden.

Bei der einfachsten Art der Einzelradaufhängung ist der Radträger direkt über ein Gelenk mit dem Fahrzeugaufbau verbunden (Abb. 10.3a). Da die Aufhängung den Frei-

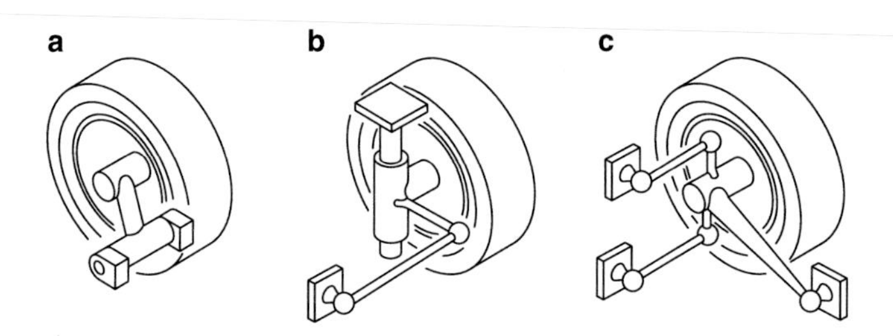

Abb. 10.3 Bauarten der Einzelradaufhängungen: **a** Drehlagerung, **b** Drehschubgelenk und **c** sphärische Aufhängung (Matschinsky 1998)

heitsgrad $F = 1$ besitzen muss, kommen im Allgemeinen nur Gelenke, die fünf Bewegungsfreiheiten sperren (Drehgelenk und Schubgelenk) in Frage (►Abb. 2.9). Verbindet man den Radträger über ein Drehschubgelenk ($f = 2$) mit dem Fahrzeugaufbau, so muss eine der beiden Bewegungsfreiheiten des Gelenks durch einen zusätzlichen Stablenker aufgehoben werden (Abb. 10.3b). Wird ein Kugelgelenk ($f = 3$) verwendet, so sind dementsprechend zwei Stablenker nötig (Abb. 10.3c). In diesem Falle kann die Bewegung des Radträgers zu jedem Zeitpunkt als reine Drehung um eine Achse durch den Mittelpunkt des Kugelgelenks, das den Radträger mit dem Aufbau verbindet, interpretiert werden. Damit bewegen sich alle Koppelpunkte auf konzentrischen Kugelschalen, deshalb wird diese Aufhängung auch als „sphärische Radaufhängung" bezeichnet. Dennoch handelt es sich um ein räumliches Getriebe, da sich nicht alle Gelenkachsen in einem Punkt schneiden (►Abschn. 2.1.3).

Sobald der Radträger nicht mehr direkt mit dem Fahrzeugaufbau verbunden ist, bildet er die Koppel eines im Allgemeinen *räumlichen Führungsgetriebes* (►Abschn. 2.1.2). Auch hier existieren zahlreiche verschiedene Konzepte (Abb. 10.4).

Beispielhaft soll im Folgenden eine *Doppelquerlenkerachse* untersucht werden (Abb. 10.5). Das im Allgemeinen räumliche Getriebe wird dabei vereinfacht als ebener Mechanismus betrachtet. Ersetzt man die Kugelgelenke der beiden Querlenker aus Abb. 10.4b durch Drehgelenke, so ist bei paralleler Anordnung der Gelenkdrehachsen

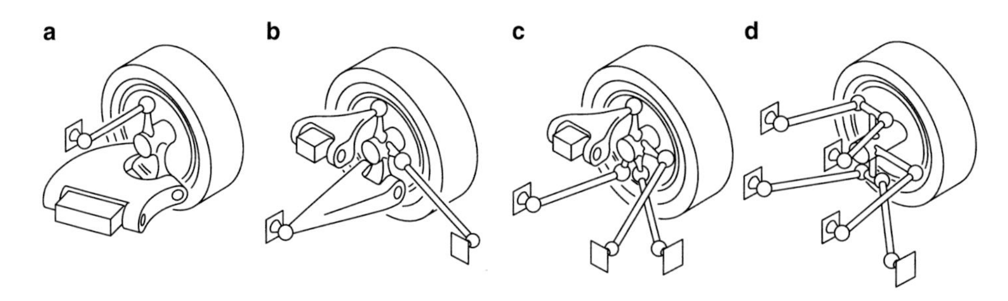

Abb. 10.4 Konzepte für Einzelradaufhängungen: **a** Trapezlenkerachse, **b** Doppelquerlenkerachse, **c** Mehrlenkeraufhängung und **d** Fünf-Lenker-Aufhängung (Matschinsky 1998)

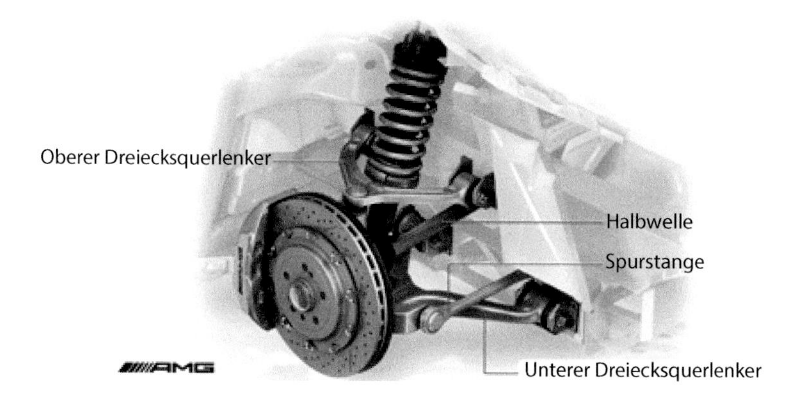

Abb. 10.5 Doppelquerlenkervorderachse im Mercedes AMG SLS

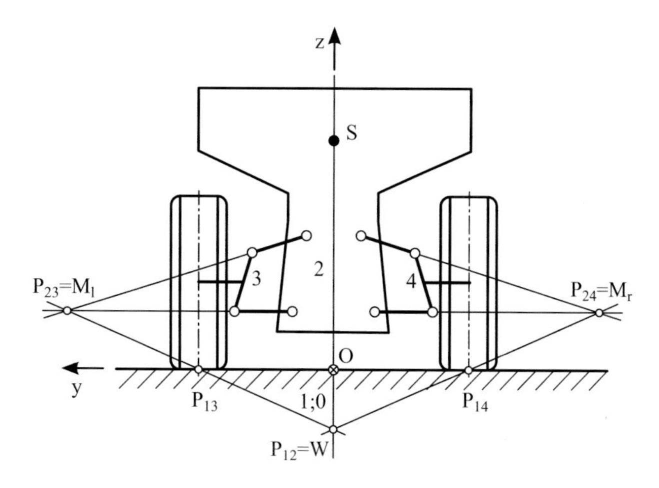

Abb. 10.6 Ermittlung des Wankpols *W* bei einer ebenen Doppelquerlenkerachse (Leiter et al. 2008) (*S*: Schwerpunkt)

der Stablenker nicht mehr nötig. Abbildung 10.6 zeigt die zu untersuchende Achse in der Heckansicht.

Der *Momentanpol M* eines Radträgers kann über den Schnittpunkt der Polstrahlen durch die zwei Lenker bestimmt werden (►Abschn. 3.1.2.2). Der Radträger dreht sich relativ zum Aufbau um diesen Punkt. Zur Bestimmung des Momentanpols des Aufbaus, des so genannten *Wankpols W* (auch *Rollzentrum* genannt), werden die Polstrahlen durch den Momentanpol M_l des linken bzw. M_r des rechten Radträgers und den entsprechenden Radaufstandspunkten, die getriebetechnisch als Drehgelenke aufgefasst werden können, eingezeichnet. Der Schnittpunkt dieser beiden Polstrahlen stellt den Momentanpol des Aufbaus um die x-Achse senkrecht auf der Zeichenebene dar.

Ähnliche Untersuchungen können auch für die *Nickbewegung* des Fahrzeugs um die y-Achse gemacht werden. Statt des Wankpols *W* ist jetzt die Bestimmung des so genannten *Längspols* erforderlich. Durch die Kinematik der Radaufhängung kann der Längspol des Fahrzeugaufbaus so gewählt werden, dass das Brems- und Anfahrnicken gering bleibt.

Im Folgenden werden die Auswirkungen der nichtlinearen Kinematik auf die radbezogene vertikale Federsteifigkeit beschrieben. Auf diese Weise lässt sich der nichtlineare Einfluss auf einen einfachen Einmassenschwinger als Ersatzsystem besser veranschaulichen und gegebenenfalls linearisieren.

Dies soll an Hand einer ebenen Längslenker-Einzelradaufhängung exemplarisch gezeigt werden. Das entsprechende Originalsystem ist in Abb. 10.7a gezeigt. Die dort bezeichneten Punkte A_0, A, B_∞ und B_0 beschreiben eine Kurbelschleife in der mit der Koordinate s die Einfederbewegung der realen Aufbaufeder mit der Originalfedersteifigkeit c_{Fed} beschrieben werden kann. Die im Allgemeinen nichtlineare Kinematik der Radaufhängung hat zur Folge, dass das stellungsabhängige Federübersetzungsverhältnis $i(z_\mathrm{R})$ und damit auch die Ersatzfedersteifigkeit c_{red} der Aufbaufeder selbst bei konstanter Originalfedersteifigkeit c_{Fed} nichtlinear abhängig von der Bewegung des Rades ist. Die Koordinate z_R beschreibt hier die Bewegung des Radmittelpunktes R sowohl im Originalsystem als auch im Ersatzsystem in vertikaler Richtung.

Nach dem Prinzip der virtuellen Arbeit kann das stellungsabhängige Federübersetzungsverhältnis $i(z_\mathrm{R})$ wie folgt berechnet werden:

$$i(z_\mathrm{R}) = \frac{ds(z_\mathrm{R})}{dz_\mathrm{R}} = \frac{F_{\mathrm{Rad}}}{F_{\mathrm{Fed}}(z_\mathrm{R})}$$

In dieser Gleichung beschreibt F_{Fed} die Kraft der Aufbaufeder im Originalsystem und F_{Rad} die Kraft der in der Fahrzeugtechnik häufig verwendeten radbezogenen vertikalen Ersatzfeder mit der Steifigkeit c_{red}. Diese Steifigkeit kann durch folgenden differenziellen Zusammenhang beschrieben werden:

$$\begin{aligned} c_{\mathrm{red}}(z_\mathrm{R}) &= \frac{dF_{\mathrm{Rad}}}{dz_\mathrm{R}} = \frac{d\left[F_{\mathrm{Fed}}(z_\mathrm{R}) \cdot i(z_\mathrm{R})\right]}{dz_\mathrm{R}} = \frac{dF_{\mathrm{Fed}}}{dz_\mathrm{R}} \cdot i + \frac{di}{dz_\mathrm{R}} \cdot F_{\mathrm{Fed}} \\ &= \frac{dF_{\mathrm{Fed}}}{ds} \cdot \frac{ds}{dz_\mathrm{R}} \cdot i + \frac{di}{dz_\mathrm{R}} \cdot F_{\mathrm{Fed}} = c_{\mathrm{Fed}} \cdot i^2 + \frac{di}{dz_\mathrm{R}} \cdot F_{\mathrm{Fed}} \end{aligned}$$

Die obige Gleichung zeigt, dass zur Berechnung der gesuchten reduzierten Federsteifigkeit neben der bekannten Federsteifigkeit c_{Fed} und der stellungsabhängig gültigen Federkraft F_{Fed} nur noch das Federübersetzungsverhältnis $i(z_\mathrm{R})$ sowie dessen Ableitung nach der Koordinate z_R ermittelt werden müssen. Dieses Übersetzungsverhältnis kann entsprechend der in Abb. 10.7a eingetragenen Hebelarme $a(z_\mathrm{R})$ und $b(z_\mathrm{R})$ berechnet werden:

$$i(z_\mathrm{R}) = \frac{b(z_\mathrm{R})}{a(z_\mathrm{R})}$$

Die Ableitung des Übersetzungsverhältnisses nach der vertikalen Radbewegung im Ersatzsystem kann umgeformt werden zu

$$\frac{di(z_\mathrm{R})}{dz_\mathrm{R}} = \frac{\partial i(z_\mathrm{R})}{\partial a} \cdot \frac{da}{dz_\mathrm{R}} + \frac{\partial i(z_\mathrm{R})}{\partial b} \cdot \frac{db}{dz_\mathrm{R}}$$

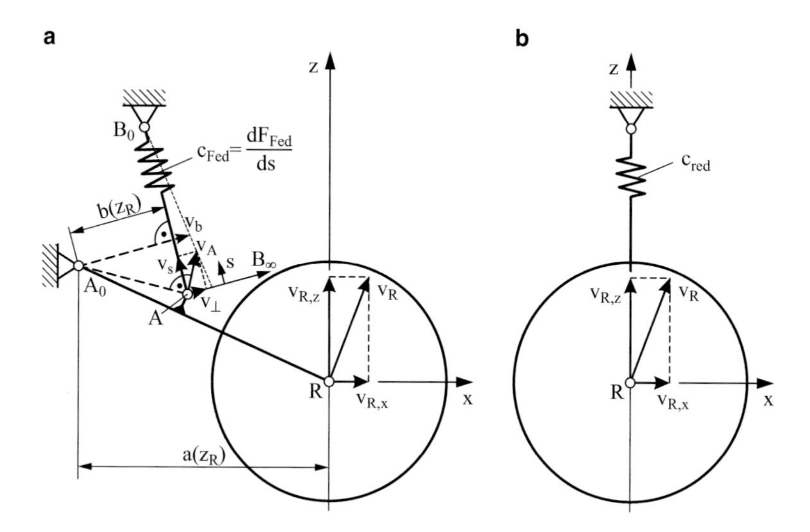

Abb. 10.7 Kinematische Beeinflussung der radbezogenen vertikalen Ersatzsteifigkeit am Beispiel eines Längslenkers: **a** Originalsystem und **b** Ersatzsystem

Während die partiellen Ableitungen einfach aus der Gleichung für das Übersetzungsverhältnis bestimmt werden können, kann die Änderung der Hebelarme in Abhängigkeit der vertikalen Radbewegung im Ersatzsystem über die Betrachtung der Geschwindigkeiten (►Abschn. 3.1.2.1) nach Abb. 10.7 ermittelt werden:

$$\frac{da}{dz_\mathrm{R}} = \frac{da}{dt} \cdot \frac{dt}{dz_\mathrm{R}} = \frac{v_{R,x}}{v_{R,z}} \quad \text{und} \quad \frac{db}{dz_\mathrm{R}} = \frac{db}{dt} \cdot \frac{dt}{dz_\mathrm{R}} = \frac{v_b}{v_{R,z}}$$

Dabei ist v_b die Geschwindigkeit, mit der sich der Hebelarm mit der Länge $b(z_\mathrm{R})$ um den Punkt A_0 senkrecht auf der Koordinate s verkürzt oder verlängert. Diese Geschwindigkeit lässt sich aus dem ebenfalls senkrecht zur Koordinate s stehenden Geschwindigkeitsanteil der Geschwindigkeit des Punktes A über den Strahlensatz bestimmen.

10.2 Scheibenwischer

Frontscheiben und mitunter auch Heckscheiben werden bei Kraftfahrzeugen, Schienenfahrzeugen, Schiffen und Flugzeugen mit Scheibenwischern gesäubert (Abb. 10.8). Die Scheibenwischeranlagen bestehen aus den Komponenten Wischblatt, Wischarm und Antriebseinheit.

Im Allgemeinen enthält die Antriebseinheit das Wischergestänge bzw. Wischergetriebe, das die umlaufende Antriebsbewegung des Elektromotors in oszillierende Bewegungen der Wischarme umwandelt. Bei Hochgeschwindigkeitszügen wird die Antriebseinheit nicht elektrisch, sondern pneumatisch angetrieben.

Abb. 10.8 Wischblätter mit Wischarmen (Quelle: www.bosch.de)

Unterschiedliche Windschutzscheibenformen und -größen erfordern individuell angepasste Scheibenwischer. Dabei können die Scheibenwischer mit einem, zwei oder auch mehr als zwei Wischblättern ausgestattet sein. Meist ist das Wischblatt fest mit dem Wischarm verbunden. Je nach Führung des Wischarms werden unterschiedliche Wischfelder erzeugt (Abb. 10.9).

Scheibenwischer, deren Wischblätter z. B. über eine Koppel geführt werden (Abb. 10.9b,c), sind Führungsgetriebe (►Abschn. 2.1.2). Doch größtenteils sind die Wischarme drehbar im Gestell gelagert. In diesem Fall werden Übertragungsgetriebe (►Abschn. 2.1.1) eingesetzt. Für die Auslegung ist hier wichtig, einen bestimmten Wischwinkel bzw. Schwingwinkel ψ_H zu erzeugen (►Abschn. 6.1).

Der Schwingwinkel ψ_H kann im einfachsten Fall mit einer *Kurbelschwinge* (►Abschn. 2.4.2.1) erzeugt werden. Mit zunehmendem Schwingwinkel ψ_H verschlechtern sich allerdings die Übertragungseigenschaften des Getriebes. Als Kenngröße zur Beurteilung dieses Übertragungsverhaltens eignet sich der minimal auftretende *Übertragungswinkel* $\mu_{\min}$ (►Abschn. 6.1.3.1). Bei Schwingwinkeln ψ_H größer als 100° bis 110° muss auf sechsgliedrige Kurbelgetriebe zurückgegriffen werden (►Abb. 2.17).

Hinweis

Soll mit einem viergliedrigen Drehgelenkgetriebe ein Schwingwinkel ψ_H erzeugt werden, dann ist es vorteilhaft, das Getriebe als zentrische (nichtversetzte) Kurbelschwinge (►Abb. 2.25) auszulegen, weil dadurch die günstigsten Übertragungswinkel (►Abschn. 6.1.3.1) erreicht werden (Abb. 10.10).

Im Falle der zentrischen Kurbelschwinge (Abb. 10.10) können bei Vorgabe der Gestelllänge $l_1 = \overline{A_0B_0}$ und der Kurbellänge $l_2 = \overline{A_0A}$ für einen gewünschten Schwingwinkel

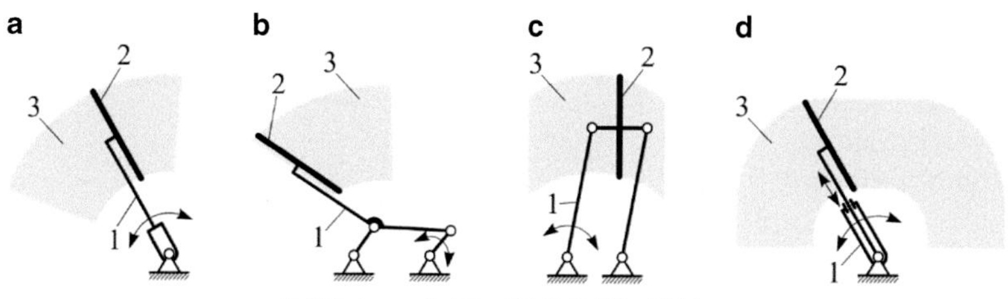

Abb. 10.9 Typische Wischblattbewegungen bzw. Wischfelder: **a** Wischarm drehbar im Gestell gelagert, **b** Wischarm über Teilgetriebe geführt, **c** Parallelführung des Wischblattes, **d** Hubgesteuerte Wischblattführung

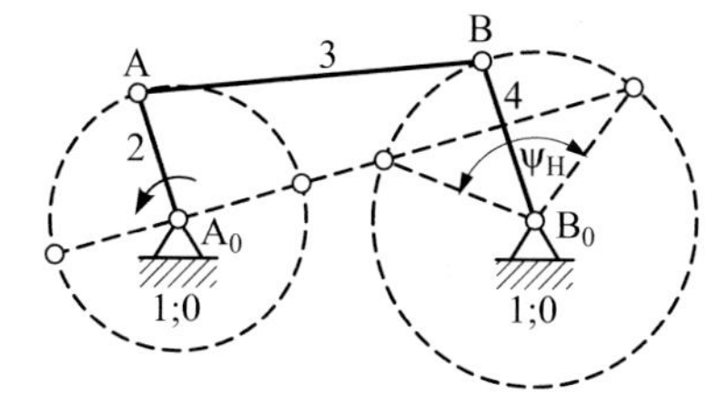

Abb. 10.10 Zentrische Kurbelschwinge als Basis eines Wischergetriebes

der Schwinge 4 die restlichen Gliedlängen $l_3 = \overline{AB}$ und $l_4 = \overline{B_0B}$ direkt bestimmt werden aus den Gleichungen

$$l_4 = \frac{l_2}{\sin(\psi_H/2)} \quad \text{und} \quad l_3 = \sqrt{l_1^2 + l_2^2 - l_4^2}.$$

Hierbei kann dann der minimal auftretende Übertragungswinkel $\mu_{\min}$ über

$$\cos(\mu_{\min}) = \frac{l_1}{l_3} \sin\left(\frac{\psi_H}{2}\right)$$

ermittelt werden. Sind die Übertragungseigenschaften bei großen Schwingwinkeln nicht ausreichend, so bieten sich besonders zwei Ausführungsformen sechsgliedriger Drehgelenkgetriebe an, nämlich das WATT-*Dreistandgetriebe* (► Getriebe 1 nach Abb. 2.17) mit drei im Gestell gelagerten Gelenken und das STEPHENSON-*Zweistandgetriebe* (► Getriebe 5 nach Abb. 2.17) mit zwei im Gestell gelagerten Gelenken, der sogenannte *Kreuzlenker* (Abb. 10.11).

Die Wahl des Kreuzlenkers (Abb. 10.11b) kann Vorteile haben, weil hier nur zwei Gestellgelenke erforderlich sind. Schwingwinkel von 180° lassen sich ohne Probleme erzeugen. Die rechnerische Behandlung hingegen ist nur mit numerisch arbeitenden Programmen möglich, da eine Getriebelage nur iterativ zu ermitteln ist. Hier versagt die Anwendung der Modul-Methode (►Abschn. 4.2) oder die Behandlung mit den Geometrieprogrammen „Cinderella“ bzw. „GeoGebra“. Für die Auslegung des Getriebes muss in der Regel auf eine Optimierung zurückgegriffen werden. Die Autoren verfügen hier über Tools und Erfahrungen.

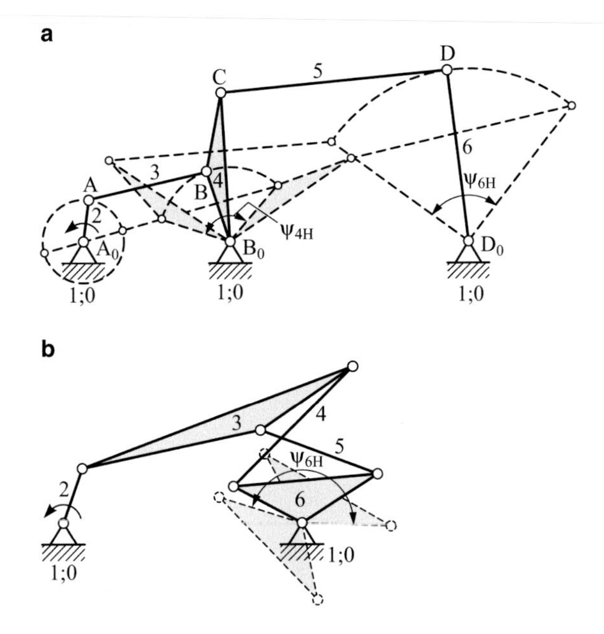

Abb. 10.11 Sechsgliedrige Drehgelenkgetriebe zur Erzeugung großer Wischwinkel ψ_6: **a** WATT-Dreistandgetriebe, **b** STEPHENSON-Zweistandgetriebe

Das WATT-Dreistandgetriebe kann auch als eine Hintereinanderschaltung zweier viergliedriger Teilgetriebe aufgefasst und damit sehr gut analytisch behandelt werden. Es lassen sich sowohl geeignete analytische Beziehungen aufstellen als auch Geometrieprogramm-Simulationen durchführen. Da das WATT-Dreistandgetriebe per se schon mit dem ersten viergliedrigen Teilgetriebe A_0ABB_0 einen Schwingwinkel „mitliefert", eignet sich dieses Getriebe besonders auch zur Erzeugung von zwei Wischwinkeln für *Gleichlauf-* und *Gegenlauf-Wischanlagen* (Abb. 10.12) (Dittrich und Braune 1987).

Die Erzeugung der beiden Wischwinkel durch die Hintereinanderschaltung der beiden Teilgetriebe A_0ABB_0 und B_0CDD_0 hat weitere Vorteile. Zum einen lässt sich jedes Teilgetriebe im Rahmen seiner jeweiligen konstruktiven Randbedingungen unabhängig voneinander auslegen und skalieren. Zum anderen können beide Teilgetriebe unter Anpassung der beiden Kopplungswinkel $\sphericalangle A_0B_0D_0$ und $\sphericalangle BB_0C$ frei zueinander orientiert werden. Dieses gibt viele Freiheiten zur räumlichen Unterbringung des antreibenden Motors mit Antriebskurbel 2.

Hinweis

Das Gestänge ist möglichst auf einer Gestellplatte oder Gestellstrebe zu befestigen. Damit erhält man ein selbstständiges Bauelement, das montagefreundlich ohne zusätzliche Justagen eingebaut werden kann. Außerdem kann mit entsprechenden Versteifungen sichergestellt werden, dass die Abstände der Gestellgelenke auch unter wechselnden Belastungen unverändert bleiben.

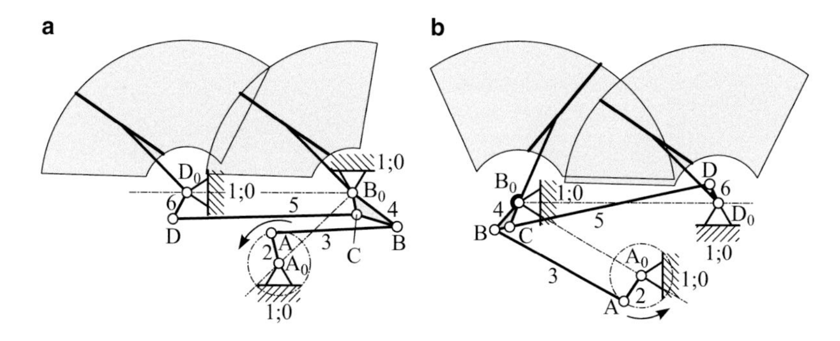

Abb. 10.12 WATT-Dreistandgetriebe zur Erzeugung von zwei Wischwinkeln: **a** Gleichlauf-Wischanlage, **b** Gegenlauf-Wischanlage (eine mögliche Anordnung)

Mit einer kinematischen Analyse (►Kap. 3) können die Geschwindigkeiten und Beschleunigungen der Glieder bestimmt werden. Von besonderem Interesse sind hier die Winkelgeschwindigkeits- und Winkelbeschleunigungsverläufe der Wischarme. Anzustreben ist ein möglichst ausgeglichener Winkelgeschwindigkeitsverlauf der Wischarme, so dass die Beträge der extremen Winkelgeschwindigkeiten für Hin- und Rückhub jeweils gleich groß sind. Dieses ist natürlich auch für die Beträge der extremen Winkelbeschleunigungen für Hin- und Rückhub anzustreben, wobei hier auch möglichst kleine Beschleunigungswerte zu bevorzugen sind. Denn damit reduzieren sich die Belastungen durch die Trägheitskräfte und -momente (►Abschn. 5.1.1).

Mit Hodographenkurven (►Abschn. 3.1.1) verschafft sich der Konstrukteur einen guten Überblick über das Geschwindigkeitsverhalten der Wischanlage.

Mitunter ist es auch nützlich, die *Ruckfunktion* (Ableitung der Beschleunigung nach der Zeit) der Wischarme zu ermitteln. Insbesondere sind die maximalen Beträge des Rucks ein Maß für die größten Beschleunigungsänderungen. Große Beschleunigungsänderungen können in den Lagern zu erhöhten Geräuschen führen. Solche Effekte sind sehr unerwünscht.

Toleranzuntersuchungen sind erforderlich, denn eine gesetzlich vorgeschriebene Wischfeldgröße ist sicherzustellen und die Wischblätter dürfen weder mit den Scheibendichtungen noch bei den Gegenlauf-Wischanlagen miteinander kollidieren.

10.3 Pkw-Verdeckmechanismen

Neben dem klassischen *Cabriolet* mit Stoffverdeck, dem so genannten *Softtop*, erobern auch Fahrzeuge mit einem Verdeck aus versenkbaren formstabilen Dachelementen (retractable bzw. faltbare *Hardtop*) zusehends den Markt.

Sowohl bei Softtops als auch bei faltbaren Hardtops sind für den kompletten Bewegungsvorgang vom automatischen Öffnen bis hin zur Ablage des Verdeckes drei wesentli-

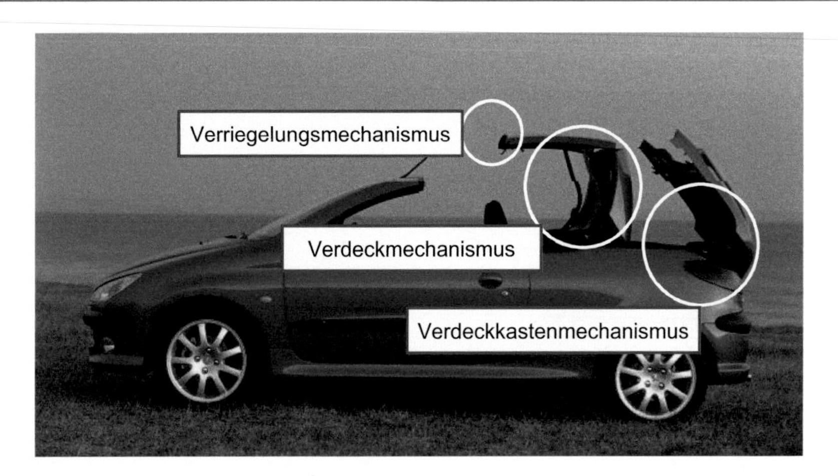

Abb. 10.13 Unterschiedliche Bewegungseinrichtungen beim Hardtop des Peugeot 206 CC

che Teilmechanismen erforderlich, nämlich der Verriegelungsmechanismus, der Verdeckkastenmechanismus und der eigentliche Verdeckmechanismus (Abb. 10.13).

Der *Verdeckmechanismus* ist der zentrale Bewegungsapparat. Er bewegt die verschiedenen Dachelemente und Spriegel aus der geschlossenen Position in die geöffnete Position und umgekehrt. Beim geöffneten Verdeck befinden sich alle Dachelemente kompakt zusammengelegt im Verdeckkasten. Der Verdeckmechanismus hat neben der Erfüllung der Bewegungsaufgabe noch eine zweite Hauptfunktion: er bildet die tragende Struktur des Verdeckes, die insbesondere im geschlossenen Zustand sämtliche Kräfte aufnimmt.

Unabhängig davon, ob ein Verdeck aus Stoff oder formstabilen Dachelementen besteht, können die Verdecke hinsichtlich ihrer wesentlichen Dachteilung in Zwei-, Drei- und Vierteiler gegliedert werden (Abb. 10.14). Den Zweiteiler (Abb. 10.14a) findet man beim klassischen Roadster. Bei viersitzigen Cabriolets muss das Verdeck drei- oder gar vierteilig ausgeführt werden (Abb. 10.14b und 10.14c), damit das zusammengefaltete Verdeck als kompaktes Package Platz sparend im Verdeckkasten abgelegt werden kann. In den Heckelementen 1 ist jeweils die Heckscheibe integriert. Die Dachkappe bzw. Dachspitze bildet den Abschluss zur A-Säule. Je größer die Anzahl der Dachelemente ist, umso komplexer und vielgliedriger wird der erforderliche Verdeckmechanismus.

Der Verdeckmechanismus eines Zweiteilers kann, wie in Abb. 10.15 dargestellt, recht einfach aufgebaut sein. Es handelt sich hierbei um ein viergliedriges Drehgelenkgetriebe,

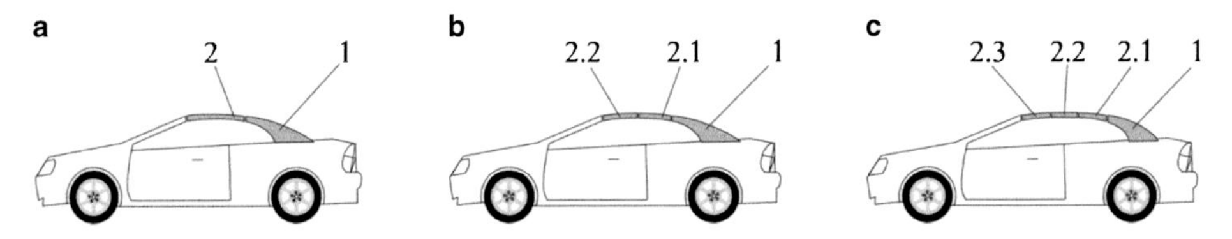

Abb. 10.14 Dachteilung in **a** Zwei-, **b** Drei- und **c** Vierteiler

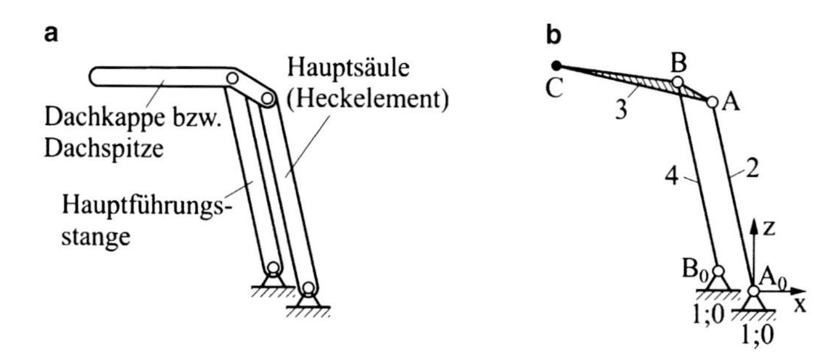

Abb. 10.15 Viergliedriger Verdeckmechanismus: **a** Getriebeskizze, **b** kinematisches Schema

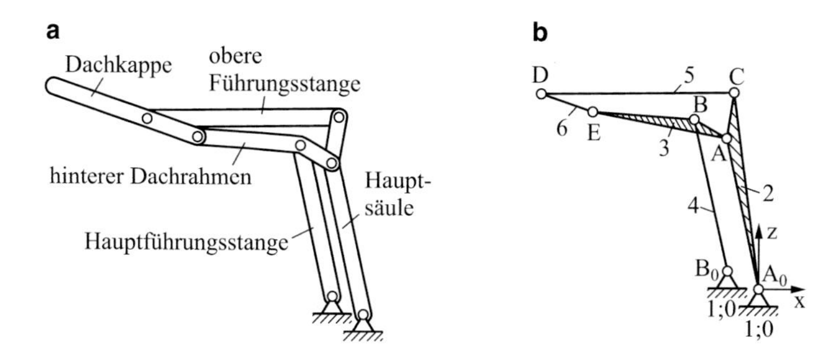

Abb. 10.16 Sechsgliedriger Verdeckmechanismus: **a** Getriebeskizze, **b** kinematisches Schema

bei dem die Schwinge 2 das Heckelement und die Koppel 3 die Dachkappe darstellt. Werden die jeweils gegenüberliegenden Getriebeabmessungen in etwa gleich gewählt ($\overline{A_0B_0} \approx \overline{AB}$ und $\overline{A_0A} \approx \overline{B_0B}$), entsteht ein *Parallelkurbelgetriebe* (▶Abschn. 2.4.2.1). Die Dachkappe 3 führt dann annähernd eine Kreisparallelbewegung aus.

Die skizzierte Getriebebauform ist oftmals auch Grundlage von drei- und vierteiligen Verdecken, wobei meist die Hauptsäule als Heckelement und die Koppel als hinterer Dachrahmen ausgeführt sind. Das Abb. 10.16 zeigt den typischen Mechanismus eines dreiteiligen Verdecks. Das viergliedrige Grundgetriebe mit den Gliedern 1, 2, 3 und 4 ist seriell mit dem Dachrahmengetriebe (Glieder 3, 5 und 6) gekoppelt, wobei die Koppel 3 des Grundgetriebes das „Gestell" des Dachrahmengetriebes darstellt. Diese serielle Anordnung führt zu einem sechsgliedrigen Getriebe und zu einer Vereinfachung der *Maßsynthese*, weil die Maßsynthese von Grundgetriebe und Dachrahmengetriebe getrennt und nacheinander durchgeführt werden kann.

Vom viergliedrigen Parallelkurbelgetriebe als Grundgetriebe wird abgewichen, wenn konstruktive Randbedingungen, bedingt durch Kollisionsfreiheit, Ablageanforderungen oder Dichtungsprobleme, dieses fordern. Mitunter führen auch Designaspekte, wie z. B. das Fugenbild, zu unterschiedlichen Mechanismen. Beispielsweise wird beim Porsche Boxster von vornherein ein sechsgliedriges Kurbelgetriebe als Grundgetriebe gewählt (Abb. 10.17).

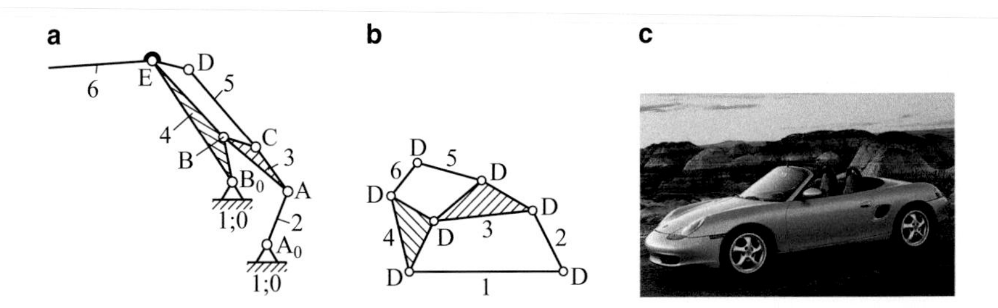

Abb. 10.17 Porsche Boxster-Verdeckmechanismus: **a** Kinematisches Schema, **b** Struktur (D: Drehgelenk), **c** Porsche Boxster

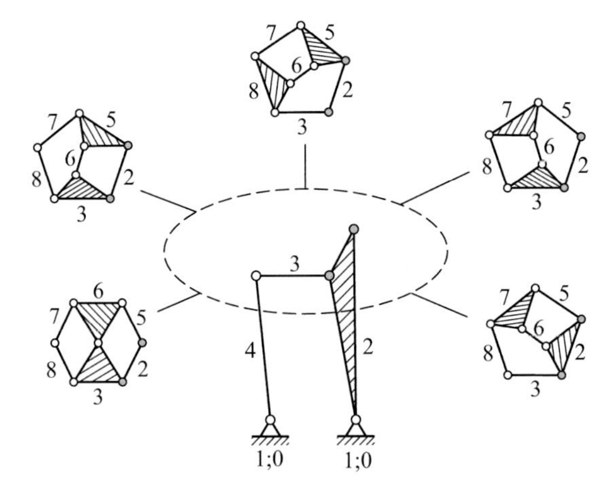

Abb. 10.18 Mögliche sechsgliedrige Strukturen des Dachrahmengetriebes

Beim Boxster ist die Dachkappe 6 direkt an der Hauptführungsstange 4 im Drehgelenk E angelenkt. Die Hauptführungsstange ist gleichzeitig Teil des viergliedrigen Grundgetriebes A_0ABB_0, das an der Schwinge 2 angetrieben wird (Abb. 10.17a). Mit Hilfe der Führungsstange 5, die am Punkt C der Koppel 3 und am Punkt D der Dachspitze 6 angelenkt ist, wird die gewünschte Gliedführung der Dachspitze 6 erreicht (Hüsing 1999).

Neben der vorgestellten sechsgliedrigen Teilstruktur für das Dachrahmengetriebe sind grundsätzlich auch die in Abb. 10.18 dargestellten sechsgliedrigen Teilstrukturen für die Bewegungsaufgabe geeignet (►Abschn. 2.4.1) (Hüsing et al. 2002, Hüsing et al. 2003).

Bei viersitzigen Cabriolets ist ein vergleichsweise großer Fahrgastraum vom Softtop abzudecken. Neben sehr komplexen Verdeckmechanismen hat sich vor allem eine achtgliedrige Struktur durchgesetzt (Abb. 10.19), die man z. B. beim Audi TT findet. Die Struktur entspricht der eingangs erläuterten Hintereinanderschaltung eines viergliedrigen Grundgetriebes als Parallelkurbelgetriebe und eines Dachrahmengetriebes. Das Dachrahmengetriebe ist hier sechsgliedrig. Dabei kann wiederum das sechsgliedrige Dachrahmengetriebe als Hintereinanderschaltung zweier viergliedriger Teilgetriebe aufgefasst werden.

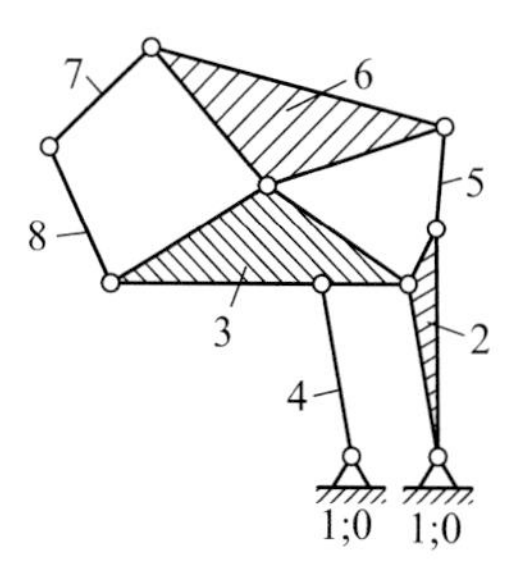

Abb. 10.19 Oft verwendete achtgliedrige Verdeckmechanismusstruktur

Bei den Verdecksystemen kommt der Toleranzuntersuchung eine wesentliche Bedeutung zu (Hüsing 1996, Hüsing und Corves 2008, Hüsing 1998).

10.4 Schaufellader

Schaufellader sind Nutzfahrzeuge, welche insbesondere zur Erdreich- und Schüttgutbewegung eingesetzt werden (Abb. 10.20). Hierbei sind die Fahrzeuge enormen Anforderungen hinsichtlich Zuverlässigkeit, Ausfallsicherheit, Fahrerschutz und Leistungsfähigkeit ausgesetzt. Radlader gibt es in Gewichtsklassen von unter 5 t bis über 200 t. Die hohen notwendigen Betriebskräfte beim Graben werden mit *hydraulischen Linearantrieben* aufgebracht.

Die Lenkung wird bei Ausführung als Radlader zumeist als hydraulische *Knicklenkung* ausgeführt, bei welcher der komplette vordere Fahrzeugteil um eine vertikale Drehachse rotiert. Erfolgt die Ausführung als Kettenlader, so findet die Lenkbewegung durch eine Relativgeschwindigkeit der Antriebsketten zueinander statt.

In beiden Fällen kann das *Schaufel(führungs)getriebe* als ebenes Teilgetriebe (►Abschn. 2.1.3) angesehen werden, welches um die Fahrzeughochachse, abhängig von der Lenkbewegung, verschwenkt werden kann.

Bei den gängigen Ausführungsformen wird der Hubrahmen 2, welcher drehbar am Aufbau 1 gelagert ist, von einem *Hubzylinder* 6, 7 bewegt. Weiterhin werden zwei Haupt-

Abb. 10.20 Schaufellader: Ausführung als Rad- und Kettenlader (Quelle: www.cat.com)

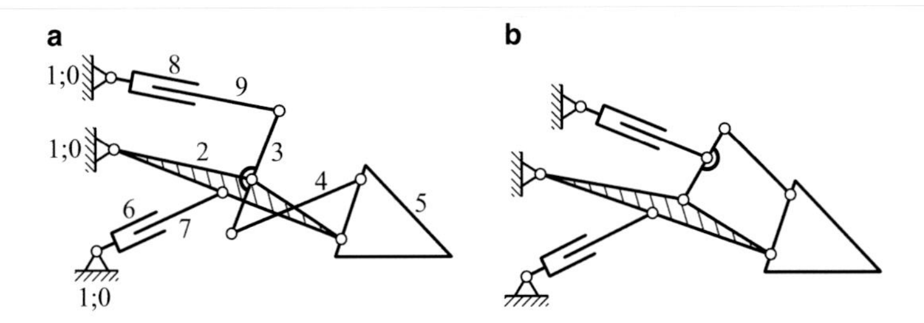

Abb. 10.21 Kinematiken von Schaufelladern: **a** Z-Kinematik und **b** Parallelkinematik

bauformen unterschieden (Abb. 10.21). Bei beiden Bauformen ist am Hubrahmen ein Hebel 3 drehbar gelagert, welcher von einem zweiten Zylinder, dem *Kippzylinder* 8, 9, angetrieben wird. Die Verbindung zwischen Hebel und Schaufel 5 wird mit einer Koppelstange 4 realisiert.

Bei der ersten Hauptbauform, der sogenannten Z-Kinematik (Abb. 10.21a), dient der Hebel 3 als Umlenkhebel. Eine Druckkraft im Zylinder führt hier zu einer Koppelzugkraft. Dies ist ausschlaggebend für ein hohes Ausbrechkraft-Potenzial der Schaufel, da ein Hydraulikzylinder höhere Druck- als Zugkräfte bei gleichem maximalem Betriebsdruck realisieren kann. Die *Ausbrechkraft* F_A ist definiert als die Kontaktkraft zwischen Schaufel und Erdreich in vertikaler Richtung (Abb. 10.22). Bei der so genannten Parallelkinematik (Abb. 10.21b) steht dem Nachteil der geringeren Ausbrechkraft durch die angenäherte Parallelführung mit nur geringer Drehung eine größere Hubarmbewegung gegenüber. Dies ist von Vorteil, wenn der Lader mit einer Gabel ausgestattet wird, bei welcher keine Drehbewegungen um die Fahrzeugquerachse erwünscht sind.

Die Berechnung des Freiheitsgrads (►Abschn. 2.3) für beide in Abb. 10.21 skizzierten Strukturen erfolgt nach Gl. 2.12:

$$F = 3 \cdot (n-1) - 2 \cdot g_1 - g_2 = 3 \cdot (9-1) - 2 \cdot 11 - 0 = 2$$

Damit wird bestätigt, dass für den Betrieb beider Strukturen zwei Antriebe (Hub- und Kippzylinder) erforderlich sind.

Ein weiteres entscheidendes Merkmal bei der Auslegung eines Schaufelladers ist die *Kippsicherheit*. Diese ist für alle Positionen und für alle zu realisierenden Schaufelkräfte und -beladungen nachzuweisen. Kritisch sind hier in erster Linie eine hohe Beladung der Schaufel sowie eine hohe Ausbrechkraft F_A (Abb. 10.22). Hier wird nur die Ausbrechkraft berücksichtigt, da diese in der Regel deutlich größer ist als das Gewicht der Schaufelbeladung. Gegebenenfalls müssen allerdings kombinierte Lastfälle, d. h. Belastung durch Beladung und Ausbrechvorgänge, berücksichtigt werden. Für die dargestellte Situation ergibt sich für einen Schaufellader mit Gewicht G der folgende Zusammenhang als Momentengleichgewicht um den Aufstandspunkt des Vorderrads:

$$F_H \cdot l_\mathrm{ges} = G \cdot l_V - F_\mathrm{A} \cdot l_\mathrm{A}$$

mit Kippsicherheit für $F_H > 0$, die Aufstandskraft an der Hinterachse.

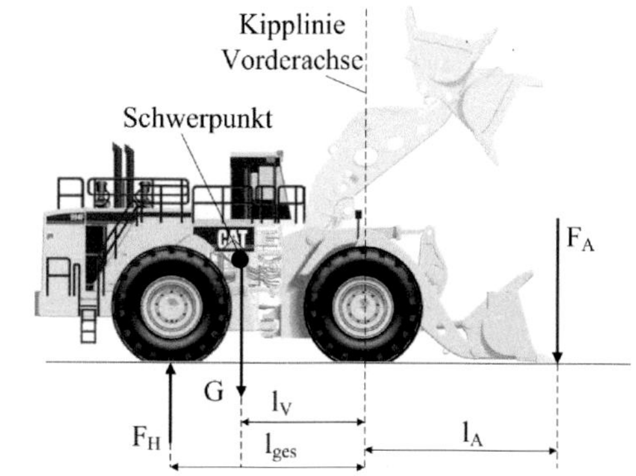

Abb. 10.22 Skizze zur Berechnung der Kippsicherheit an der Hinterachse (Quelle: www.cat.com)

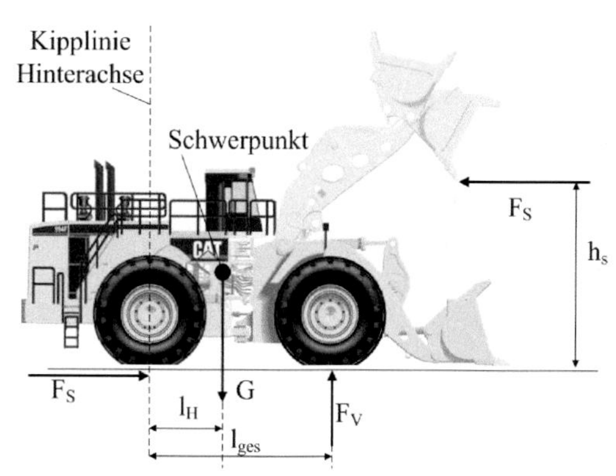

Abb. 10.23 Skizze zur Berechnung der Kippsicherheit an der Vorderachse (Quelle: www.cat.com)

Für alle Berechnungen muss beachtet werden, dass der Gesamtschwerpunkt von der aktuellen Position des Schaufelgetriebes abhängig ist.

Weiterhin ist ein Abheben der Vorderachse bei Vorschub der Schaufel (Vorschubkraft F_S) auf einer maximal zulässigen Arbeitshöhe zu vermeiden (Abb. 10.23). Für das Momentengleichgewicht um den Aufstandspunkt des Hinterrads gilt

$$F_V \cdot l_{\text{ges}} = G \cdot l_H - F_S \cdot h_S$$

mit Kippsicherheit für $F_V > 0$, die Aufstandskraft an der Vorderachse.

Bei der maximal zulässigen Ausbrechkraft ist der maximal zulässige Betriebsdruck der beiden Arbeitszylinder einzuhalten. Diese Untersuchung ist in der Praxis für alle zugelassenen Stellungen durchzuführen. Hier werden mit Hilfe des *Gelenkkraftverfahrens* (►Abschn. 5.2.1) exemplarisch die Zylinderkräfte für eine ausgewählte Stellung bei gegebener Ausbrechkraft F_A an der Schaufel untersucht (Abb. 10.24). Anzumerken ist hier, dass in der Praxis sowohl Sicherheitsfaktoren als auch Massenträgheits- und Gelenkreibungskräfte bei der kinetostatischen Analyse zu berücksichtigen sind.

Ein weiteres Qualitätsmerkmal bei einem Schaufellader ist der maximal zu erreichende Arbeitsraum der Schaufel. Dieser ergibt sich aus den minimalen und maximalen Ausfahrwegen der Hydraulikzylinder und kann beispielsweise als Kurvenschar der Schaufelspitze

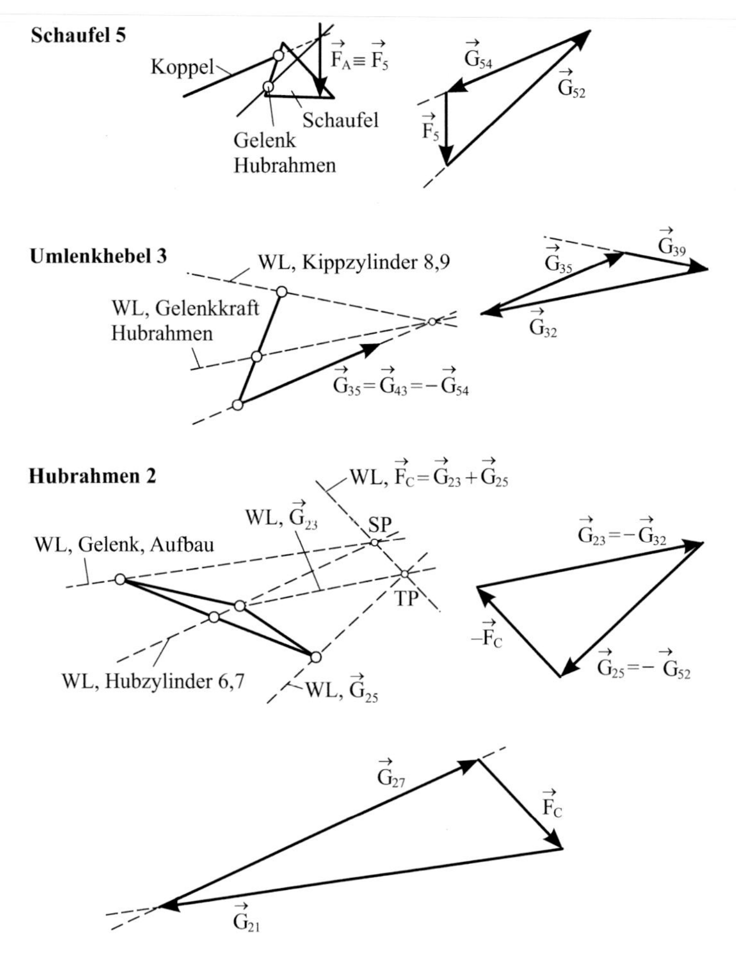

Abb. 10.24 Berechnung der Kräfte in den Hydraulikzylindern mit Hilfe des Gelenkkraftverfahrens (WL: Wirkungslinie)

visualisiert bzw. quantifiziert werden. Die Berechnung der Position der Schaufelspitze kann für beliebige Systeme iterativ erfolgen (►Abschn. 4.1.1). Neben der iterativen Lösung der Gliedlagen gibt es einen Ansatz nach (Xia et al. 2009), der die kinematischen Zusammenhänge auf Teilsysteme zurückführt, für die geschlossene symbolische Lösungen bekannt sind. Dieses Verfahren wird dann vor allem für Systeme eingesetzt, deren Komplexität diejenige der beiden hier behandelten Grundformen übersteigt.

Die dynamische Simulation eines Schaufelladers stellt eine anspruchsvolle Problemstellung dar. Die abzubildenden Effekte reichen von einem Kraftmodell für die Ausbruchs- und Vorschubkraft, abhängig von Schaufelgeschwindigkeit und -weg, über die Modellierung der Kopplung zwischen hydraulischem und mechanischem System bis hin zur Beeinflussung des Systemverhaltens durch Bauteilelastizitäten. Alle diese Phänomene, insbesondere beladungs- und positionsabhängige Eigenfrequenzen, stellen an die Regelung des Hydraulikkreislaufs und an die Lebensdauer der Komponenten hohe Anforderungen, denen in einer dynamischen Simulation Rechnung getragen werden muss. Für diese komplexen Berechnungen eignen sich insbesondere Mehrkörper-Simulationsprogramme wie MSC ADAMS in Kombination mit Fluidtechnik-Simulationstools wie DSH PLUS.

10.5 Hubarbeitsbühnen

Zur Durchführung von Montage-, Wartungs-, Installations-, Reparatur- und ähnlichen Aufgaben an schwierig erreichbaren Stellen, z. B. Hochdecken, Glasfassaden, Baumkronen usw., ist der Einsatz von mobilen Hubarbeitsbühnen oder so genannten Hubsteigern – auch Turmwagen – unerlässlich (Abb. 10.25). Die Arbeitsgeräte sind in vielen Ausführungen und Größen auf dem Markt erhältlich und aufgebaut aus mehreren Baugruppen. Die Bühne, die unter Last in die erforderliche Arbeitsposition gebracht wird und von der aus die Arbeiten durchgeführt werden, ist mit der *Hubeinrichtung* gelenkig verbunden. Die Hubeinrichtung ermöglicht die Positionierung der Bühne an dem gewünschten Ort, kann als gelenkige oder teleskopische Leiter ausgeführt sein und ist mit einem fahrbaren, ziehbaren oder schiebbaren Untergestell verbunden. Das Untergestell verfügt meist über eine Abstützeinheit mit ausfahrbaren oder ausziehbaren und verriegelbaren Achsen.

Die Arbeitsbühne muss für die Positionierung gehoben bzw. gesenkt, gedreht, geschwenkt und verfahren werden können (Abb. 10.26). Dabei muss eine eindeutige Führung der Bühne (▶Abschn. 2.1.2) jederzeit realisiert werden, damit zum einen die Sicherheit und zum anderen auch der Komfort der auf der Arbeitsbühne tätigen Person jederzeit gewährleistet ist.

Der Arbeitsraum der Bühne erstreckt sich bei den gezeigten Bewegungsmöglichkeiten im dreidimensionalen Raum. Berücksichtigt man nur die Schwenkbarkeit nach

Abb. 10.25 Hubarbeitsbühne oder Hubsteiger (Quelle: www.ruthmann.de)

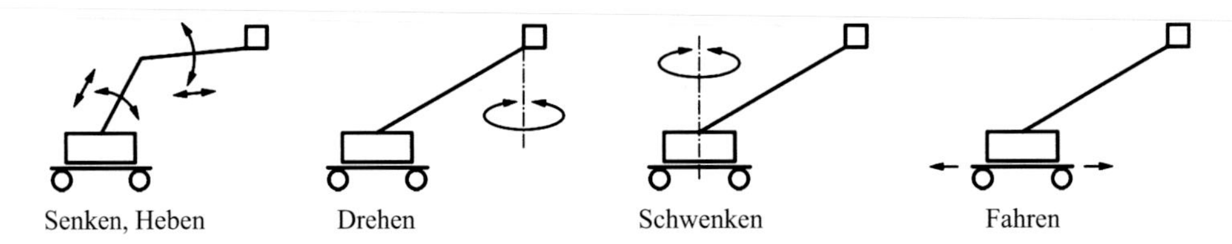

Abb. 10.26 Fahrbare Hubarbeitsbühnen (nach DIN EN 280)

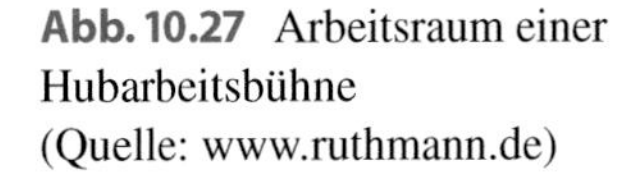

Abb. 10.27 Arbeitsraum einer Hubarbeitsbühne (Quelle: www.ruthmann.de)

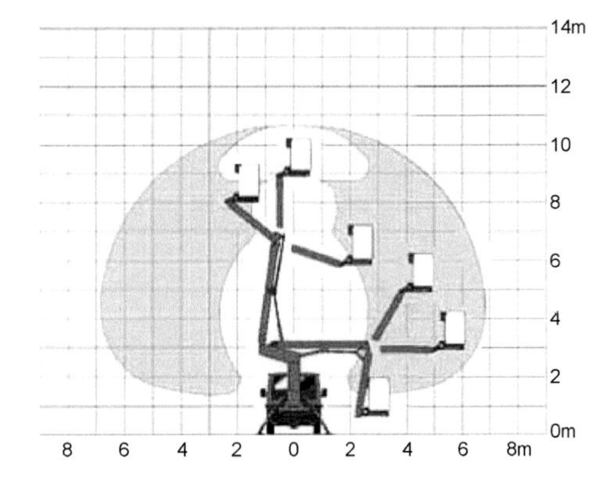

Abb. 10.26, kann der Arbeitsraum in der Ebene dargestellt werden (Abb. 10.27). Die Hubeinrichtung kann als ebenes Teilgetriebe (►Abschn. 2.1.3) einer räumlichen Struktur aufgefasst werden.

Die eingesetzten Teilgetriebe müssen je nach Anwendungsfall sehr große Schwingwinkel oder bei teleskopartiger Anlenkung große Hübe erzeugen.

Im Folgenden wird die Bewegungseinrichtung betrachtet, die das Heben und Senken der eigentlichen Arbeitsbühne ermöglicht. Bei dem zu erzeugenden sehr großen Schwingwinkel muss die Bewegungseinrichtung auch kompakt in die Hubarbeitsbühnenstruktur integrierbar sein.

Viergelenkgetriebe (►Abschn. 2.4.2.1) bieten mit Ausnahme der Direktantriebe die einfachste Art, Bewegungen zu übertragen, und werden bevorzugt in Hubarbeitsbühnen verwendet, weil Direktantriebe oft nicht die gestellten sicherheitsrelevanten Anforderungen erfüllen oder hinsichtlich ihrer Belastbarkeit ungeeignet sind.

Die kinematischen Abmessungen der Viergelenkgetriebe werden durch eine *Lagen-* (►Abschn. 6.2) bzw. *Totlagensynthese* (►Abschn. 6.1) ermittelt.

Hinweis
Nach der Lagensynthese muss eine Überprüfung der Bewegungsbereiche (Richtlinie VDI 2127) des Getriebes und der gewünschten Lagenreihenfolge durchgeführt werden, z. B. unter Verwendung der Geometrieprogramme „Cinderella" oder „GeoGebra".

Die Schwingwinkel viergliedriger Getriebe (►Abb. 2.25, 2.26, 2.27) sind begrenzt durch die Vorgabe eines *minimalen Übertragungswinkels* (►Abschn. 6.1.3.1). Am Schieber angetriebene *Schubschwingen* und *Schubschleifen* erreichen Schwingwinkel von ca. 160° bei einem minimalen Übertragungswinkel von 40°. *Kurbelschleifen* und *Kurbelschwingen* erreichen unter diesen Bedingungen Schwingwinkel von ca. 100° bzw. 90°.

Die Beurteilung eines Mechanismus hinsichtlich seiner Übertragungseigenschaften allein anhand des Übertragungswinkels durchzuführen, ist aber nicht sinnvoll. So kann z. B. ein Mechanismus mit einem ungünstigen minimalen Übertragungswinkel im Bereich der größten Belastung günstigere Übertragungswinkel aufweisen als ein vermeintlich besserer Mechanismus, der einen größeren minimalen Übertragungswinkel besitzt.

Zur Ermittlung der Beanspruchung von Gliedern und Gelenken stehen auch weitere graphische (►Abschn. 5.2.1) und rechnerische (►Abschn. 5.2.2, 5.2.3) Verfahren zur Verfügung.

Hinweis

Der minimale Übertragungswinkel von 40° ist ein allgemeiner Erfahrungswert. Wenn Kräfte und Momente, verursacht durch Massenträgheiten, Gelenkreibung und weiteren Belastungen bekannt sind, werden die Gelenkkräfte anhand der kinetostatischen Analyse (►Kap. 5) bestimmt. Dadurch können die Grenzen der Bewegungsübertragung aufgezeigt werden.

Größere Abtriebsbewegungen, z. B. Schwingwinkel von mehr als 180°, können aus oben genannten Gründen nur mit Hilfe mehrgliedriger Getriebe realisiert werden. Besonders einfach lassen sich die mehrgliedrigen Getriebe aus einem viergliedrigen Grundgetriebe (►Abschn. 2.4.2.1) und einem *nachgeschalteten Getriebe* aufbauen.

Die nachgeschalteten Getriebe können z. B. aus einem *Rädergetriebe* (Abb. 10.28) (►Kap. 8) oder einem weiteren Viergelenkgetriebe (Abb. 10.29) bestehen. Neben einer Vergrößerung der Abtriebsbewegung durch Wahl des *Übersetzungsverhältnisses* bzw. der *Übertragungsfunktion 1. Ordnung* kann dabei auch eine Wandlung der Abtriebsbewegung – Drehen in Schieben und umgekehrt – realisiert werden.

Abbildung 10.30 zeigt Einsatzbeispiele für Kurbelgetriebe als Grundgetriebe mit einem nachgeschalteten Rädergetriebe.

Eine besonders vorteilhafte Anordnung ergibt sich, wenn ein viergliedriges Drehgelenkgetriebe über einen *Zweischlag* angetrieben wird, wobei dieser Zweischlag als Hydraulikzylinder ausgeführt ist. Zum einen bietet sich der Antrieb „Hydraulikzylinder" bei den kraftfahrzeuggestützten Hubarbeitsbühnen in idealer Weise an und zum anderen lassen sich sehr große Schwingwinkel erzeugen.

Grundsätzlich kann der Hydraulikzylinder mit der (Antriebs-)Schwinge 2 oder mit der Koppel 3 des viergliedrigen Getriebes über ein Drehgelenk verbunden sein (Abb. 10.31a,b).

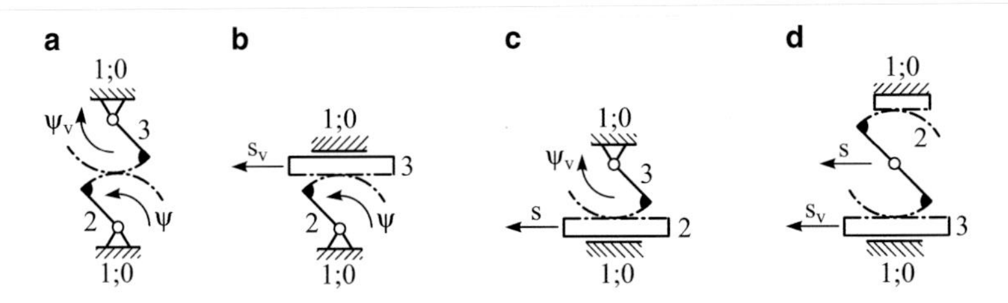

Abb. 10.28 Rädergetriebe (Quelle: Richtlinie VDI 2727, Blatt 6) (1: Gestell, 2: Antrieb, 3: Abtrieb, s_v: vergrößerter Abtriebsweg, ψ_v: vergrößerter Abtriebswinkel)

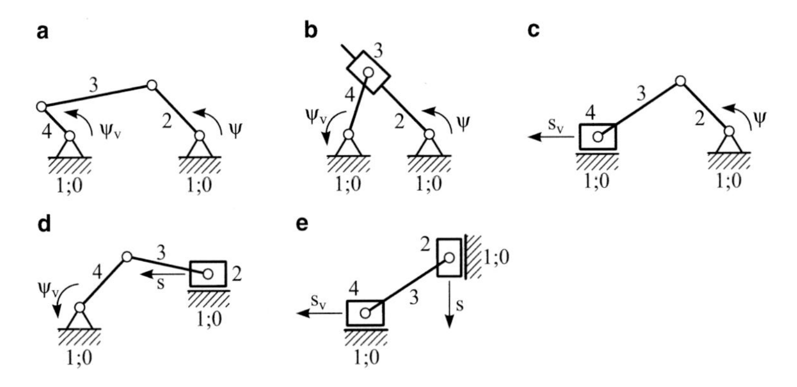

Abb. 10.29 Viergelenkgetriebe (1: Gestell, 2: Antrieb, 3: Koppel, 4: Abtrieb, s_v: vergrößerter Abtriebsweg, ψ_v: vergrößerter Abtriebswinkel)

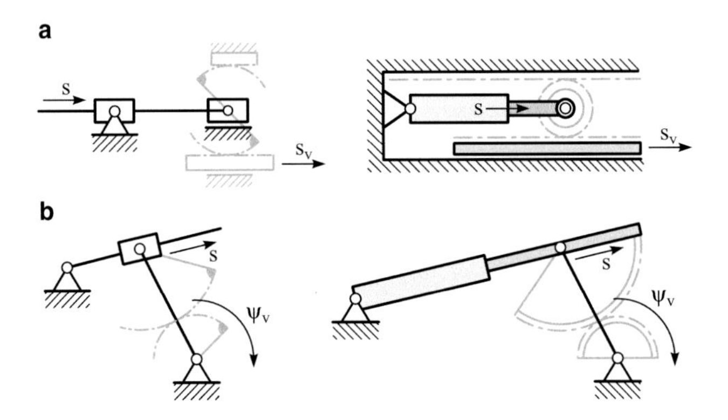

Abb. 10.30 Getriebekombinationen: **a** Schubschleife + Rädergetriebe (Teleskoparm), **b** Kurbelschleife + Rädergetriebe

Beide Strukturen können auch zusammenfallen, wenn der Hydraulikzylinder direkt an das Drehgelenk A ≡ A′ ≡ C gekoppelt wird (Abb. 10.31c).

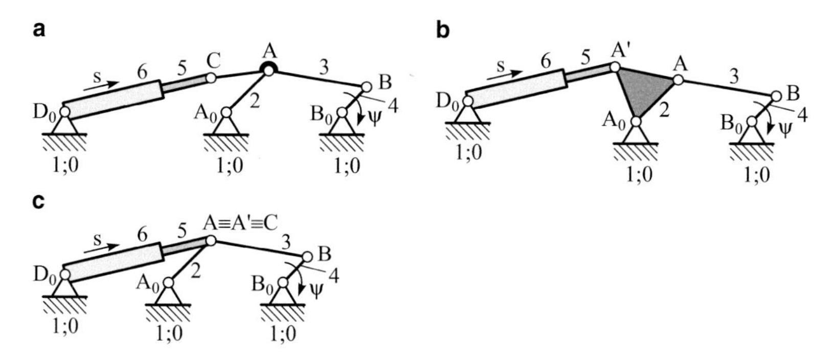

Abb. 10.31 Möglichkeiten der Kopplung eines Hydraulikzylinders an ein viergliedriges Drehgelenkgetriebe: **a** im Gelenk C der Koppel 3, **b** im Gelenk A′ der Schwinge 2, **c** im Gelenk A

Hinweis
Zur Reduzierung der Biegebelastung von ternären Gliedern (Glieder mit drei Gelenken) können, wie es im Abb. 10.31c gezeigt ist, zwei der drei Gelenke zusammengelegt werden. Die Wirkungslinien der resultierenden Gelenkkräfte sind kollinear und erzeugen kein Biegemoment.

Durch die Kombination der Getriebe können maximale (Abtriebs-)Schwingwinkel von über 270° erreicht werden (Richtlinie VDI 2727, Bl. 6).

Zur Auslegung der häufig verwendeten hydraulischen Antriebe und deren Steuerung spielen die Geschwindigkeiten bei der Bestimmung der notwendigen Volumenströme eine sehr große Rolle. Die Beschleunigungen sind aus Sicht der Benutzer wichtig, weil zu hohe Beschleunigungsunterschiede sich bei der Bedienerfreundlichkeit und Ergonomie negativ bemerkbar machen.

Hinweis
Hydraulikzylinder, wie sie häufig in Hubarbeitsbühnen verwendeten werden, sollen möglichst nicht auf Biegung beansprucht werden und sind aus diesem Grund aus zwei binären Gliedern bzw. als Schleifengelenk (►Abschn. 2.4) aufgebaut.

Geeignete Hilfsmittel zur Bestimmung der Geschwindigkeit und Beschleunigung des Abtriebsgliedes sind u. a. die *Übertragungsfunktionen 1. und 2. Ordnung* (►Abschn. 2.1.1) und die *Hodographen-* bzw. *Tachographenkurven* (►Abschn. 3.1.1). Bei der Überprüfung von Geschwindigkeiten und Beschleunigungen in einzelnen Getriebestellungen sind die graphischen Analyseverfahren (►Abschn. 3.1.3) besonders anwendungsfreundlich,

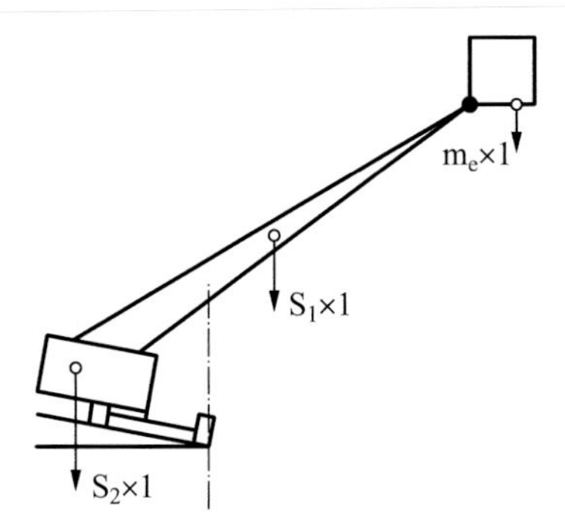

Abb. 10.32 Kippsicherheit (nach DIN EN 280)

überschaubar und nicht zuletzt auch mit Hilfe der Geometrieprogramme „Cinderella" und „GeoGebra" schnell durchführbar.

Eine Kraftanalyse ist zur Beurteilung der Kippsicherheit (Abb. 10.32) der Arbeitsbühne unbedingt erforderlich und kann zu einer eventuellen Einschränkung der Nennlast in Teilen des Arbeitsraumes führen.

10.6 Hebebühnen

Hebebühnen mit vertikaler Hubrichtung werden vor allem zum Anheben von Kraftfahrzeugen in Werkstätten sowie zum Beladen in der Logistik eingesetzt. Daneben finden sie Anwendung als Arbeitsbühnen bei Tätigkeiten in großen Höhen. Sie können auf verschiedenen kinematischen Konzepten basieren, von denen die wichtigsten im Folgenden kurz beschrieben werden.

Zum Anheben von Kraftfahrzeugen in Werkstätten ist häufig eine mittige *hydraulische Linearführung* ausreichend (Abb. 10.33a). Um den Unterboden eines Kraftfahrzeuges

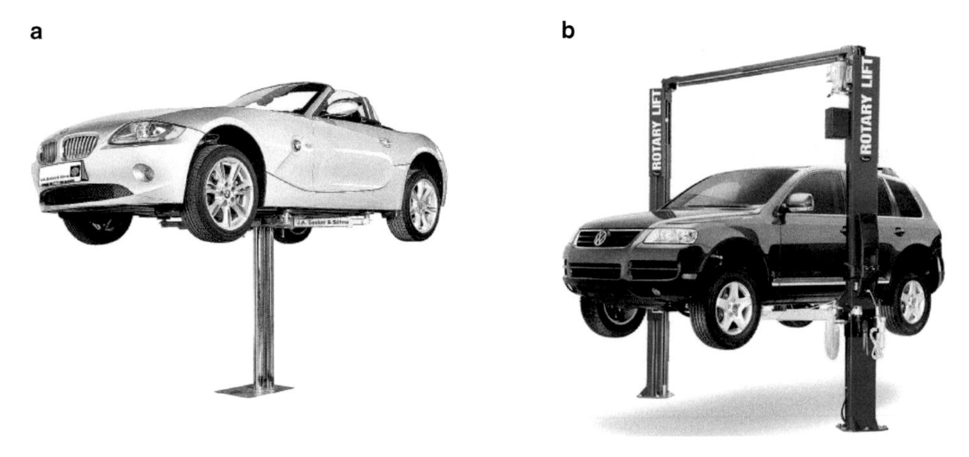

Abb. 10.33 Hebebühnen in Kfz-Werkstätten: **a** Einstempel-Hebebühne (Quelle: www.jab-becker.de), **b** Zweisäulen- Hebebühne (Quelle: www.blitzrotary.com)

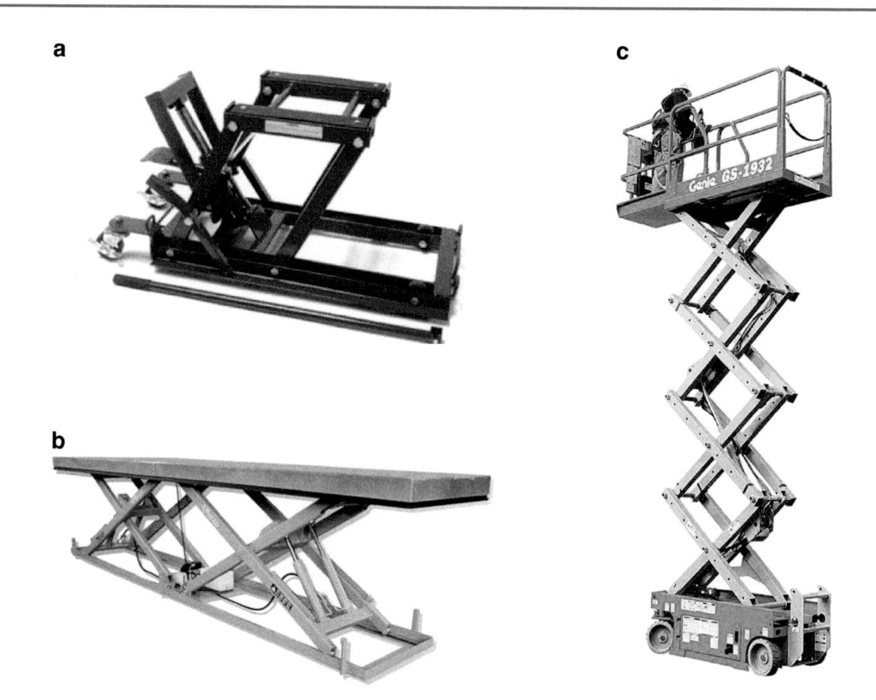

Abb. 10.34 Hebebühnen auf der Basis von Koppelgetrieben:
a Motorrad-Hebebühne mit Parallelkurbelgetrieben,
b Hebetisch mit zwei parallel arbeitenden Scherengetrieben (Quelle: www.kraus.co.at),
c Arbeitsbühne mit vier seriell arbeitenden Scherengetrieben (Quelle: www.genieindustries.com)

größtenteils zugänglich für Arbeiten zu haben, sind jedoch zwei seitliche Linearführungen vorteilhaft (Abb. 10.33b). Sie werden normalerweise hydraulisch oder elektromechanisch angetrieben.

Eine stabile Höhenverstellung von Objekten lässt sich ebenfalls mit Hilfe von Koppelgetrieben erzielen. Im Allgemeinen kann anhand von zwei gleichen ebenen *Parallelführungsgetrieben* (►Abschn. 6.3.3), die nebeneinander angeordnet und miteinander quer fest verbunden sind, eine Plattform parallel verschoben werden. Dies erreicht man am einfachsten mit zwei *Parallelkurbelgetrieben* (►Abschn. 2.4.2.1), wobei eine vertikale Bewegung von einer gleichwertigen horizontalen Bewegung überlagert wird (Abb. 10.34a). Im Gegensatz zu einer solchen *Kreis-Parallelführung* stellt eine *Geraden-Parallelführung* hinsichtlich des Raumbedarfs eine optimale Lösung dar. Typische Beispiele sind *Scherengetriebe*, die in der Regel bei Hebetischen (Abb. 10.34b) und Arbeitsbühnen (Abb. 10.34c) eingesetzt werden. Eine wesentliche Hubvergrößerung wird dabei durch serielle Kopplung mehrerer Einfach-Scherengetriebe erzielt. Der Antrieb erfolgt meist hydraulisch. Manuell betätigte Mini-Hebebühnen werden im Laborbereich verwendet.

Bei der Auslegung einer Hebebühne zur Höhenverstellung von großen Lasten ist es sinnvoll, ein Scherengetriebe als langsam laufendes Getriebe mit strengen Anforderungen an die Tragfähigkeit und die Steifigkeit der Konstruktion zu behandeln. Dazu soll zunächst aufgrund der Erfahrungswerte für den minimalen *Übertragungswinkel* ($\mu_{\min} \geq \mu_{\mathrm{erf}}$) (►Abschn. 6.1.3.1) ein entsprechender Antriebswinkel im ausgefahrenen Zustand ($\varphi_{\max} = 40°\ldots50°$) angenommen werden (Abb. 10.35a). Mit Hilfe der *kinetostatischen Analyse* – hier ausgeführt nach dem *Schnittprinzip* (►Abschn. 5.2.2) – kann man feststellen, dass im Fall einer konstanten Last F in der Mitte der Plattform die dadurch verursachten Lagerbelastungen G_{ij} unabhängig vom Antriebswinkel sind. Wird die Reibung in den Schubgelenken vernachlässigt, bestehen die Lagerbelastungen G_{ij} nur in vertikaler Richtung (Abb. 10.35b). Das benötigte Antriebsmoment M_2 nimmt beim Anheben der Last einer Kosinusfunktion folgend ab (Abb. 10.35c). Für große Antriebswinkel wird allerdings das Scherengetriebe schmaler und deshalb weniger stabil. Die Steifigkeit der Konstruktion lässt sich durch eine adäquate Gestaltung der Glieder und der Querverbindungen erhöhen. Ein räumlicher Aufbau muss dabei kollisionsfrei arbeiten und im eingefahrenen Zustand möglichst platzsparend und kompakt abgelegt sein.

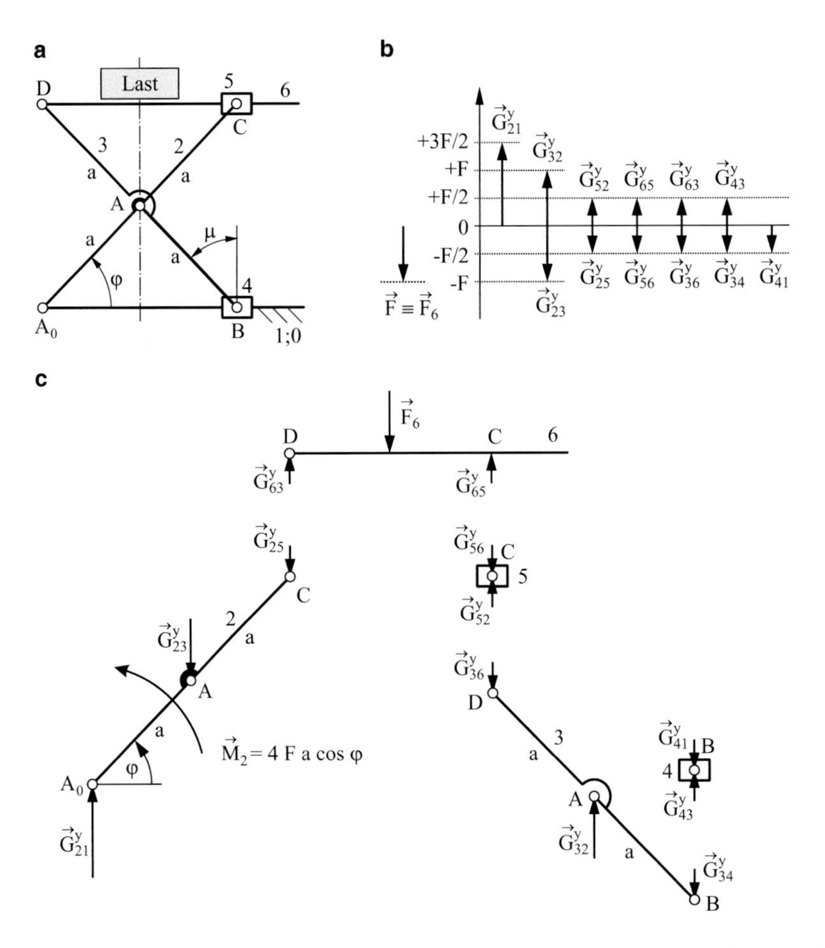

Abb. 10.35 Kinematisches Schema **a** und kinetostatische Analyse **b** und **c** des einfachen Scherengetriebes

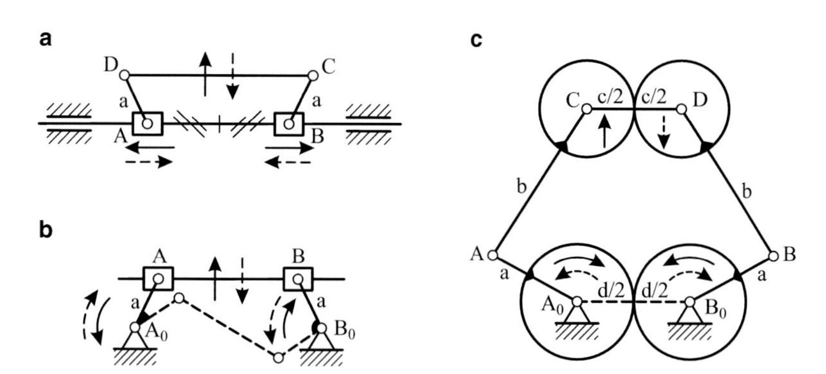

Abb. 10.36 Geraden-Parallelkurbelgetriebe mit „gespiegelten Bewegungen": **a** Gegenläufige Spindeln und Zweischläge DDS, **b** Antiparallelkurbelgetriebe und Zweischläge DDS, **c** Zahnräder (Übersetzung $i = -1$) und Zweischläge DDD

Hinweis
Eine Geraden-Parallelführung kann auch mit „gespiegelten Bewegungen" erzeugt werden. Dabei lassen sich durch Kombination zweier identischer Zweischläge (►Abschn. 4.2) mit einem „Bewegungsumkehr-Generator" unterschiedliche Geraden-Parallelführungsgetriebe aufbauen (Abb. 10.36).

Eine andere Variante mit angenähertem Übersetzungsverhältnis $i = -1$ durch ein so genanntes *gegenläufiges Gelenkviereck* CC′D′D zeigt Abb. 10.37. Das dort abgebilde-

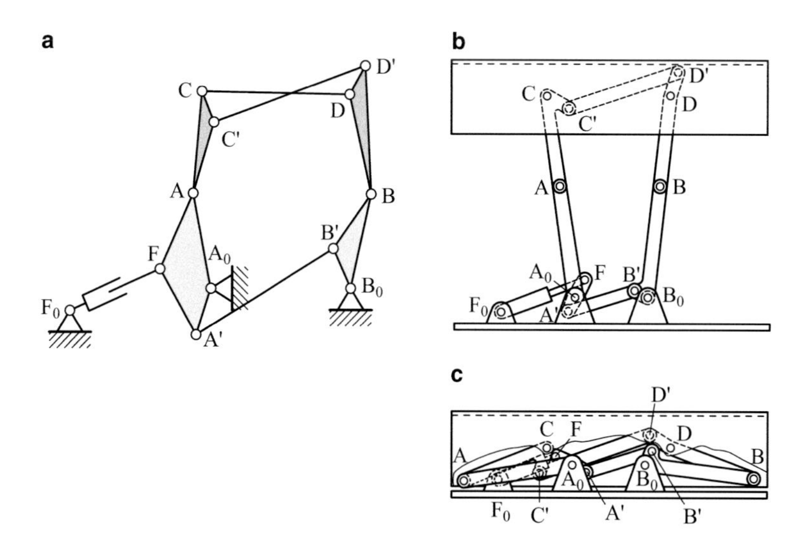

Abb. 10.37 Hebebühne mit gegenläufigem Gelenkviereck: **a** nicht maßstäbliches kinematisches Schema, **b** maximale Hublage, **c** Ausgangslage

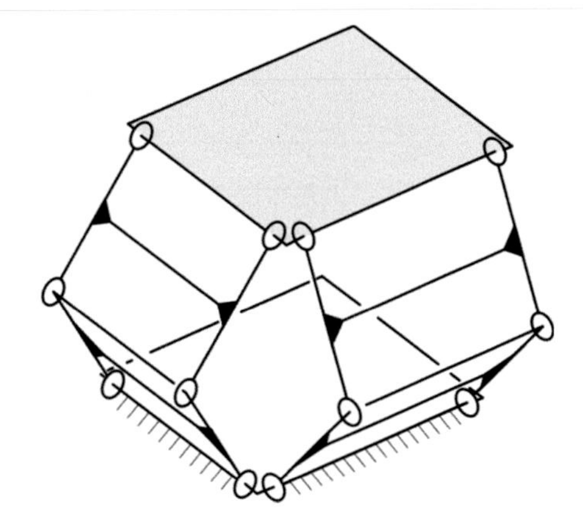

Abb. 10.38 Mechanismus nach SARRUS

te Getriebe ist 10-gliedrig und besitzt den Getriebefreiheitsgrad $F = 1$. Die maximale Hubhöhe wird erreicht, wenn in der höchsten Lage (Abb. 10.37b) die *Strecklagen* der Zweischläge A_0AC und B_0BD ausgenutzt werden. In Abb. 10.37c ist die Hebebühne in der Ausgangsposition bzw. niedrigsten Lage gezeichnet (Hain 1973, Hain und Schumny 1984).

Auf einem ähnlichen Prinzip basiert ebenfalls eine *räumliche parallelkinematische Struktur* (►Abschn. 1.3), die in der Literatur als *Mechanismus nach* SARRUS bekannt ist (Abb. 10.38).

Weitere Beispiele für Getriebe zur exakten und angenäherten Geradführung sind auf der Webseite www.dmg-lib.org der „Digitalen Mechanismen- und Getriebebibliothek" verfügbar.

10.7 SCHMIDT-Kupplung

Die SCHMIDT-Kupplung (Abb. 10.39) ist eine *Parallelkurbelkupplung* und als Eigenname ein Produkt der Firma SCHMIDT-Kupplung GmbH in Wolfenbüttel. Das erste deutsche Patent wurde 1963 erteilt.

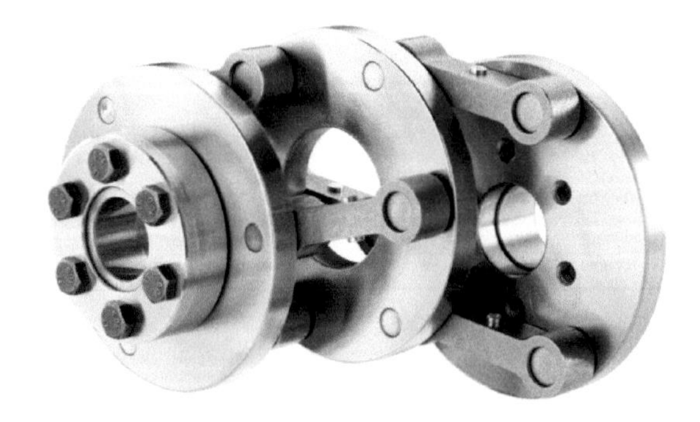

Abb. 10.39 SCHMIDT-Kupplung – Baureihe: Offset Plus (Quelle: www.schmidt-kupplung.com)

Verlagerung				
Ausgleich	axial/längs	radial/quer	angular/Biegung	angular/Torsion
Bauform (Beispiel)	Klauen-, Federlamellen-kupplung	Kreuzschlitz-, Parallelkurbel-kupplung	Kreuzgelenkwelle, Metallbalg-, Zahnkupplung	Schraubenfeder-, Bolzen-, Wulst-, Scheibenkupplung

Abb. 10.40 Nicht schaltbare Ausgleichskupplungen

Kupplungen dienen im Maschinenbau der Leistungsübertragung. Darüber hinaus erfüllen sie je nach Bauart und Anwendungsfall weitere Funktionen (Böge 2009, VDI 2240 1971). Schaltbare und selbstschaltende Kupplungen ermöglichen ein Verbinden und Trennen von An- und Abtrieb sowie eine Drehmomentbegrenzung. Der Kupplungstyp der nichtschaltbaren Kupplungen hat, wenn man von der starren Kupplung fluchtender Wellen absieht, den axialen, radialen oder angularen (Biegung bzw. Torsion) Ausgleich der An- und Abtriebsachsen zur Aufgabe (Abb. 10.40). Dies kann durch Fertigung und Montage bedingt oder durch die Konstruktion beabsichtigt sein. Insbesondere, aber nicht ausschließlich bei Verwendung elastischer Komponenten, wird das dynamische Verhalten des Antriebsstrangs beeinflusst.

Parallelkurbelkupplungen zeichnen sich durch parallele Führung einzelner Getriebeglieder mittels viergliedriger Teilstrukturen aus, bei denen die Länge gegenüberliegender Glieder ähnlich einem Parallelogramm gleich groß ist. Die zueinander geführten Glieder werden als Scheiben bezeichnet. Die einfachste Form ist eine Kupplung mit zwei Scheiben und einer einfachen Parallelführung. Die betrachtete SCHMIDT-Kupplung (Abb. 10.41) stellt jedoch eine *Dreischeibenkupplung* mit einer doppelten Parallelkurbel dar (Haarmann 1974). Das Besondere dieser Kupplung ist, dass – anders als bei einer Zweischeibenversion – der radiale Abstand e (Abb. 10.41b) der An- und Abtriebswelle variiert werden kann. Dies ist sogar im Betrieb möglich. Die Antriebsscheibe 2 und die Abtriebsscheibe 8 sind jeweils mit drei *Koppeln* bzw. *Lenkern* 3, 4, 4′ und 6, 6′, 7 mit der Zwischenscheibe 5 ver-

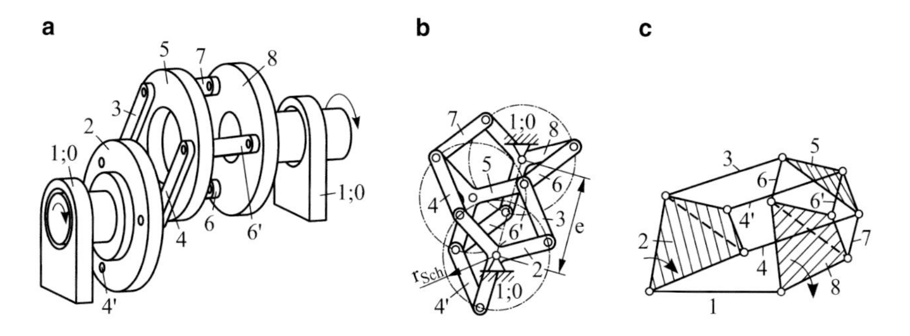

Abb. 10.41 SCHMIDT-Kupplung: **a** Volumenmodell, **b** schematische Darstellung, **c** kinematische Kette

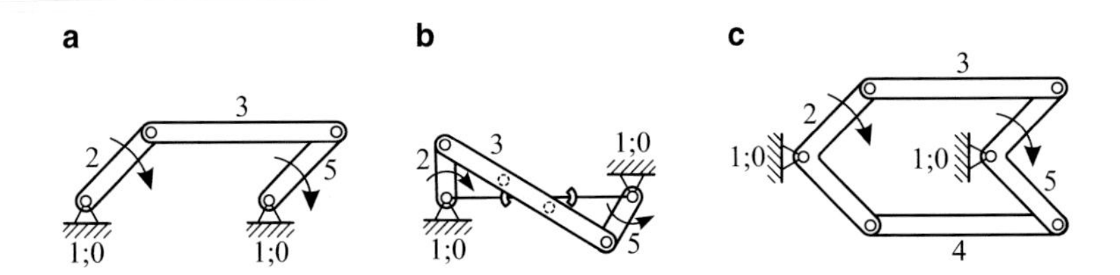

Abb. 10.42 Parallelführungsgetriebe: **a** Parallelkurbel, **b** gegenläufige Antiparallelkurbel, **c** erweiterte Parallelkurbel

bunden. Die Gelenkpunkte der drei Koppeln sind auf einem Kreis mit den Radien r_{Sch} um den Mittelpunkt jeder Scheibe unter einem Winkelversatz von 120° zueinander verteilt. Je nach Anforderung wäre auch eine größere Zahl an Scheiben denkbar, was jedoch einen erhöhten Aufwand und die Notwendigkeit einer zusätzlichen Lagerung bedingt. Eine Leistungsverzweigung durch den Einsatz von mehr Lenkern ist in Sonderfällen für schwere Lasten üblich (umgesetzt wurden beispielsweise bereits Anordnungen mit 12 Koppeln). Zu beachten ist, dass die maximale Koppellänge im Betrieb zwischen dem Abstand der Gelenkbolzen kollisionsfrei umlaufen können muss. Die Position der Zwischenscheibe und die Orientierung der Koppeln passen sich bei Veränderung des Achsabstandes e an (Schraut 1969, Kerle et al. 1994).

Den Hintergrund zu diesem Übertragungsgetriebe (▶Abschn. 2.1.1) bildet eine Parallelführung durch ein Getriebe der Viergelenkkette (▶Abschn. 2.4.2.1). Eine einfache Parallelkurbel, wie sie die Glieder 1-2-3-5 darstellen ist in Abb. 10.42a wiedergegeben. Mit Gl. 2.16 lässt sich zeigen, dass diese Struktur durchschlagen kann. Beim Durchlaufen der *Verzweigungslage* (▶Abb. 2.22) kann sich die Einbaulage ändern und die Parallelität verloren gehen (Abb. 10.42b). Daher werden Parallelkurbelführungen oft nur schwingend betrieben. Um ein Durchschlagen zu verhindern, wird ein weiterer Lenker verwendet (Abb. 10.42c). Ist die Achse der Zwischenscheibe 5 jedoch nicht gestellfest, wie es bei der SCHMIDT-Kupplung der Fall ist, so ist ein dritter Lenker zur Durchschlagssicherheit erforderlich. Durch die winkelsymmetrische Verteilung der Gelenkpunkte auf den Scheiben wird gewährleistet, dass die Parallelkurbeln nicht gleichzeitig in die Verzweigungslage geraten und das Bewegungsverhalten stets eindeutig definiert ist. Dies lässt die Beschreibung als homokinematische (synchrone, winkelgetreue) Kupplung mit der Übersetzung $i = +1$ zu (VDI 2722 2003).

Die Darstellung der SCHMIDT-Kupplung als kinematische Kette (▶Abschn. 2.4.1), wie sie Abb. 10.41c zeigt, kann dazu genutzt werden, den Laufgrad (▶Abschn. 2.3) der Kupplung zu bestimmen. Die Anzahl der Glieder ist $n = 10$. Es treten 14 Drehgelenke auf ($g = 14$). Da es sich um ein ebenes Getriebe handelt, ist $b = 3$. Unter Berücksichtigung von zwei *passiven Bindungen* s_j (Glied 4′ und Glied 6′) ergibt sich der Freiheitsgrad der SCHMIDT-Kupplung entsprechend Gl. 2.13 zu

$$F = b \cdot (n-1) - \sum_{i=1}^{g=14} (b - f_i) + \sum_{j=1}^{2} s_j = 3 \cdot (10-1) - 14 \cdot (3-1) + 2 = 1.$$

Ohne Berücksichtigung der erforderlichen Gliedabmessungen der jeweils dritten Koppel (4′ bzw. 6′) als passive Bedingungen ergäbe sich ein Freiheitsgrad von minus eins. Folglich ist die SCHMIDT-Kupplung nur durch das Erfüllen besonderer Abmessungen lauffähig.

Für die Montage bedeutet dies eine Doppelpassung. Die Einhaltung der ausgelegten Toleranzen ist also von großer Bedeutung. Abweichungen führen zu erhöhtem Verschleiß bis hin zum Versagen. Der in Abb. 10.41b eingetragene radiale Versatz e der An- und Abtriebswellen ist in beliebigen Richtungen einstellbar, ohne dass die kinematischen Verhältnisse verändert werden. Zur Gewährleistung der Betriebssicherheit müssen *Streck-* und *Decklage* vermieden werden. Ein geeigneter Verstellbereich für e liegt bei $0{,}5 \cdot l_{\text{Koppel}} < e < 1{,}9 \cdot l_{\text{Koppel}}$.

Hinweis

Die SCHMIDT-Kupplung ermöglicht im Vergleich zu anderen Kupplungen einen sehr großen Achsabstand e. Nachteilig sind die hohen Anforderungen an die Einhaltung der Toleranzen bzw. des Fertigungsspiels und die Tatsache, dass – wie beschrieben – ein Mindestachsabstand e erforderlich ist, um Durchschlagen zu vermeiden.

Die stets gleiche Orientierung der Lenker (nur translatorisch bewegt) im Betrieb bedingt ein stellungsunabhängiges, also konstantes *Massenträgheitsmoment* J_{Kup} (►Abschn. 5.1.1) der gesamten Kupplung. Dies kann über die Betrachtung der *kinetischen Energie* gewonnen werden, wobei die Massenträgheitsmomente J_{Sch} der drei Scheiben und für alle sechs Koppeln nur deren Massen m_{Kop} zu berücksichtigen sind. Das Massenträgheitsmoment ist unabhängig von der Kinematik der Kupplung. Die auf die Antriebsscheibe 2 reduzierte kinetische Energie der Kupplung lautet mit $v_{\text{Kop}} = r_{\text{Sch}} \cdot \omega_{\text{an}}$:

$$\text{E}_{\text{kin,red}} = \frac{1}{2} \cdot J_{\text{Kup}} \cdot \omega_{\text{an}}^2 = \sum_{i=1}^{3} \left(\frac{1}{2} \cdot J_{\text{Schei},i} \cdot \omega_{\text{an}}^2 \right) + 6 \cdot \left(\frac{1}{2} \cdot m_{\text{Kop}} \cdot v_{\text{Kop}}^2 \right)$$

$$\Rightarrow J_{\text{Kup}} = \sum_{i=1}^{3} J_{\text{Schei},i} + 6 \cdot m_{\text{Kop}} \cdot r_{\text{Sch}}^2$$

Im Betrieb der SCHMIDT-Kupplung werden durch das eingeleitete Drehmoment über die Zapfen der Antriebsscheibe abwechselnd Zug- und Druckkräfte auf die Koppeln ausgeübt. Diese wiederum stützen sich entsprechend auf den korrespondierenden Zapfen der Zwischen- bzw. Abtriebsscheibe ab und erzeugen dadurch ein gleich großes Drehmoment. Da die Summe der Kräfte jeweils null ist, wird nur ein Drehmoment übertragen. Auch für die mittlere Scheibe muss keine explizite Lagerung vorgesehen werden, und ein Verstellen des Achsabstandes e im Betrieb geschieht kraftfrei.

Durch die gestaffelte Anordnung der Komponenten ist ein sehr kompakter und insbesondere in Achsrichtung kurzer Aufbau möglich (vgl. Abb. 10.39). Bei Funktionsintegration von Kupplungsscheibe und Zahnrad, Getriebeflansch, Bremsscheibe, o. ä.

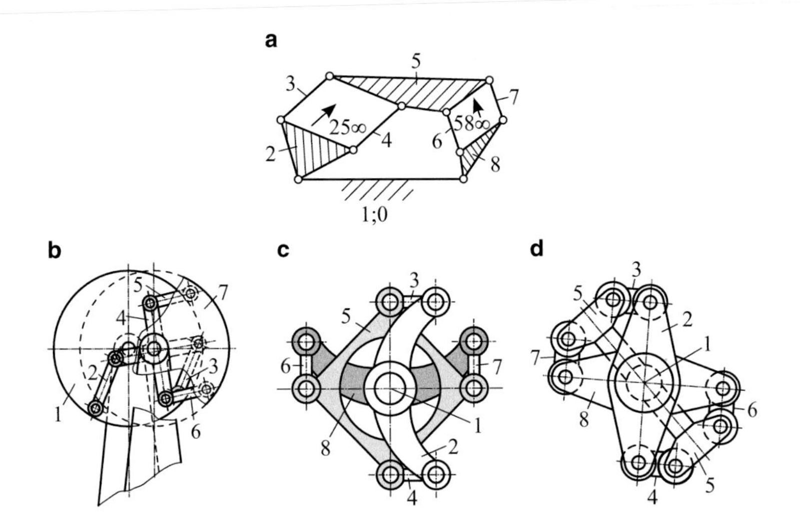

Abb. 10.43 Kupplungsvarianten: **a** kinematisches Schema einer einfachen Zweischeiben-Parallelkurbel, **b** KÄRGER-Kupplung, **c** WINTERTHUR-Lokomotiv-Kupplung, **d** ALSTHOM-Kupplung

in einem Bauteil kann der Bauraum weiter reduziert werden. Die kurze Baulänge und die mechanische Bauform bewirken eine hohe Torsionssteife. Die Leistungsübertragung geschieht kontinuierlich, d. h. ohne Unterbrechungen, Stöße oder geometrisch bedingte Schwankungen.

Bei der Auslegung sind in der Regel folgende Kriterien maßgebend: geforderte Leistung (Drehmoment und Drehzahl) und Größe des radialen Versatzes e; nachrangig sind: Masse, Bauraum oder Massenträgheitsmoment. Die Leistung bestimmt die Bauteilgestaltung und der radiale Versatz die geometrischen Grundabmessungen. Bei einer Auswahl nach Katalog der Fa. SCHMIDT-Kupplung GmbH sind dies die Vorgaben. Die getroffene Auswahl bestimmt dann die weiteren Kennwerte.

Übliche Daten verschiedener Baureihen sind: Drehmomente von 35–6610 Nm, Drehzahlen von 600–3500 min^{-1} und maximaler Radialversatz von 23–275 mm. Sonderlösungen wurden bereits für Drehzahlen bis 6000 min^{-1} oder Drehmomente bis 250 kNm realisiert.

In der Praxis kommen SCHMIDT-Kupplungen überall dort zum Einsatz, wo eine radiale Verstellung (translatorische Zustellung) bei winkeltreuer Drehmomentübertragung (rotatorische Arbeitsbewegung) gefordert ist. Anwendungsbeispiele sind: Druckmaschinen, Profilieranlagen, Werkzeugmaschinen, Verpackungsmaschinen, Beschichtungsanlagen, Walzenantriebe, Kalander und Maschinen zum Färben und Mangeln von Textilien.

Es existiert eine Vielzahl von ähnlichen Kupplungen, die je nach Anwendung Vorteile bieten können. Betrachtet man das kinematische Schema in Abb. 10.43a, bei dem die relativen *Momentanpole* 25 und 58 im Unendlichen liegen (in Richtung der Parallelkurbeln 3 und 4 bzw. 6 und 7), so lassen sich daraus mehrere Kupplungen, wie z. B. die KÄRGER-*Kupplung* b, die WINTERTHUR-*Lokomotiv-Kupplung* c oder die ALSTHOM-*Kupplung* d ableiten. Die KÄRGER-Kupplung (Hain 1973) beispielsweise besitzt zwar einen geringeren Verstellbereich und ein alternierendes Massenträgheitsmoment im Vergleich zur SCHMIDT-Kupplung, jedoch kann sie auch in der Stellung fluchtender Wellen ($e = 0$) betrieben werden.

10.8 Mechanische Backenbremsen

Durch den Einsatz von Bremsen kann die Drehung von Wellen bei Fahrzeugen und Maschinen beeinflusst werden. Dabei sind zwei Fälle möglich: Bremsen können entweder eine umlaufende Welle zum Stillstand bringen oder als Haltebremsen bei Stillstand eingesetzt werden. Im letzteren Fall arbeiten sie ohne Verschleiß und Erwärmung.

Bei mechanischen Bremsen gibt es folgende Bauarten: Kegel-, Lamellen- und Scheibenbremsen mit axialer sowie Band- und Backenbremsen mit radialer Betätigungsrichtung. Als Backenbremsen werden diejenigen Bremsen bezeichnet, bei denen Bremsbacken radial von außen oder innen auf eine Trommel Druckkräfte ausüben. Die dadurch entstehenden Reibungskräfte verursachen eine Bremswirkung. Ein solcher Bremsvorgang führt allerdings bei einfachen Backenbremsen (mit einer Bremsbacke) zu einer großen Belastung der Welle und der Wellenlagerung, so dass in der Regel *Doppelbackenbremsen* (mit zwei gegenüberliegenden Bremsbacken) als so genannte *Differential-Backenbremsen* verwendet werden (Abb. 10.45).

Innenbackenbremsen, auch bekannt als *Trommelbremsen*, kommen üblicherweise in der Fahrzeugtechnik zum Einsatz. Nach Art der Bremsbackenabstützung unterscheidet man grundsätzlich zwischen Simplex-Bremsen (Abb. 10.46a) und Duplex-Bremsen (Abb. 10.46b).

Außenbackenbremsen (Abb. 10.44) finden heutzutage in leistungsstarken stationären Industrieanlagen Anwendung, z. B. in der Fördertechnik. Sie sind aus Sicherheitsgründen

Abb. 10.44 Backenbremsen-Baureihe (Quelle: www.pintschbubenzer.de)

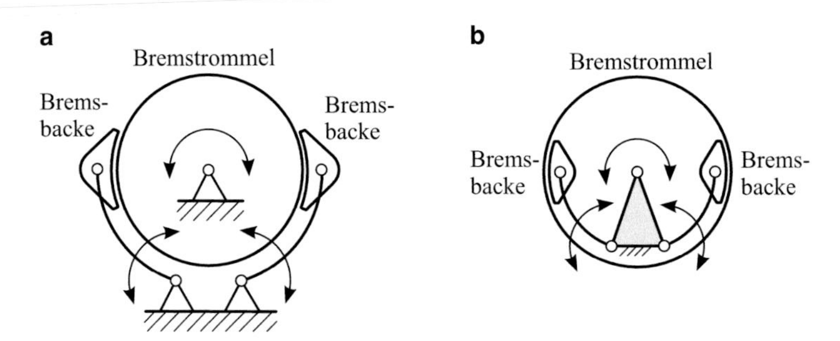

Abb. 10.45 Bauarten der Doppelbackenbremsen: **a** Außenbackenbremse, **b** Innenbackenbremse

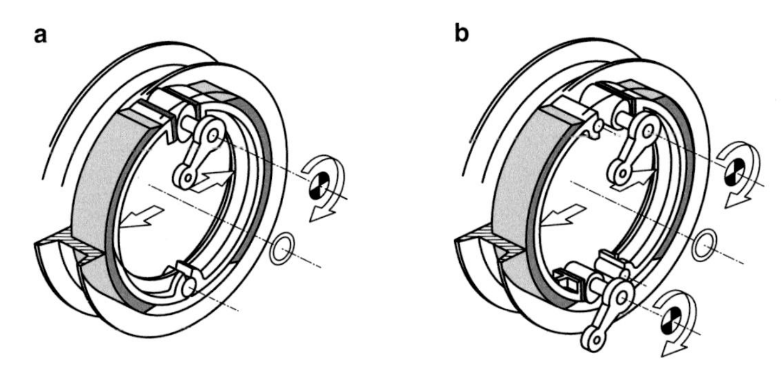

Abb. 10.46 Trommelbremsen: **a** Simplex-Bremse (Quelle: www.motorradonline.de), **b** Duplex-Bremse (Quelle: www.motorradonline.de)

Abb. 10.47 Außenbackenbremse nach Normblatt DIN 15435: 1) Trommel, 2) Bremsbacke, 3) Hebelsystem, 4) Druckfeder, 5) elektrohydraulisches Lüftgerät

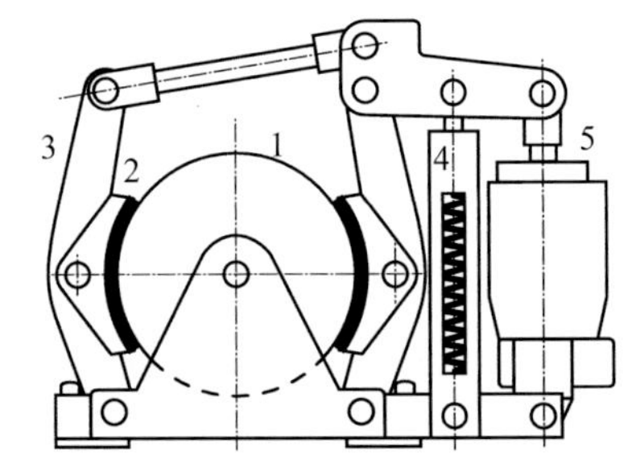

im nicht betätigen Zustand durch eine Druckfeder geschlossen und werden im Betrieb durch ein Lüftgerät geöffnet (Abb. 10.47) (Breuer 2006). Im Normblatt DIN 15434 werden unter anderem Berechnungsgrundsätze für Industriebremsen angegeben.

In Hinsicht auf die Bremsbackenführung sind bei Außenbackenbremsen drei prinzipielle Lösungen bekannt. Eine feste Verbindung der Bremsbacken mit dem Hebelsystem ist kostengünstig, aber wegen eines ungleichmäßigen Kontaktes mit der Trommel nur bei geringen Bremsmomenten einsetzbar. Eine drehbare Lagerung der Bremsbacken am Hebelsystem stellt eine Standardausführung bei Industriebremsen dar (Abb. 10.47). Die beste und zugleich teuerste Lösung wird durch entgegengesetzte Linearführungen der Bremsbacken erreicht.

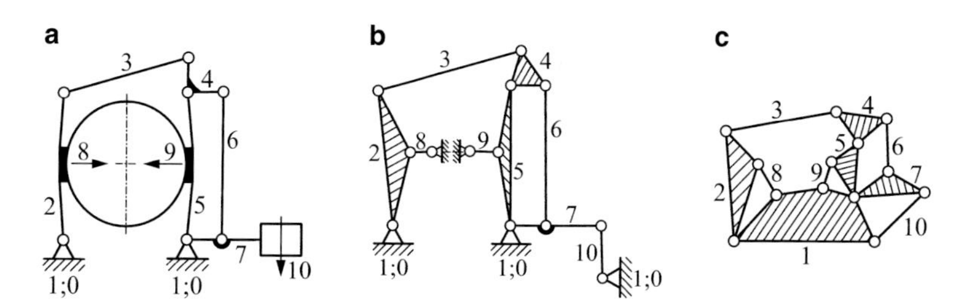

Abb. 10.48 Bremsbackenführung: **a** vereinfachte Darstellung, **b** kinematisches Schema, **c** kinematische Kette

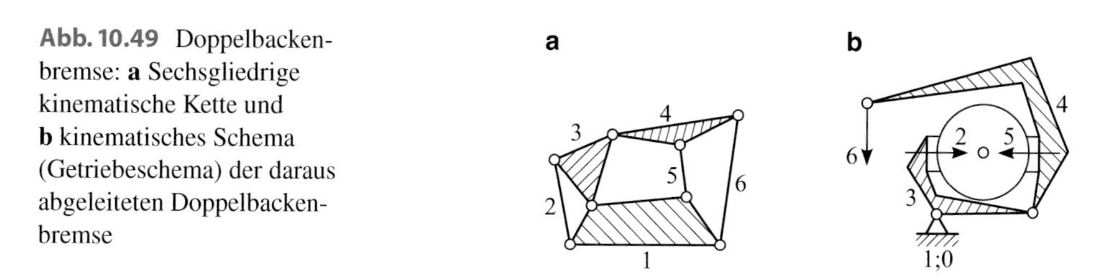

Abb. 10.49 Doppelbackenbremse: **a** Sechsgliedrige kinematische Kette und **b** kinematisches Schema (Getriebeschema) der daraus abgeleiteten Doppelbackenbremse

Von K. HAIN wird in (Hain 1968) eine Getriebesystematik zur Bremsbackenführung beschrieben. Das Gesamtsystem aus Außenbackenbremse und Trommel (Abb. 10.48a) kann während des Bremsvorgangs als Getriebe unter Vorspannung mit dem Freiheitsgrad $F = -1$ behandelt werden. Dabei werden die Druckkräfte sowie die Druckfederkraft durch binäre Glieder ersetzt (Abb. 10.48b). Eine entsprechende kinematische Kette lässt sich ableiten (Abb. 10.48c).

Darauf basierend wird anhand der GRÜBLER-Formel (▶Abschn. 2.4) eine Zusammenstellung aller kinematischen Ketten mit dem Freiheitsgrad $F = -1$ generiert. Verschiedene Varianten der kinematischen Ketten werden in Gruppen mit gleicher Glieder- und Gelenkzahl eingeteilt. Anschließend werden binäre Glieder durch Kräfte ersetzt, damit Getriebe zur Bremsbackenführung bei Außenbackenbremsen aufgebaut werden können. Dieses Verfahren wird an Beispielen von sechs- und achtgliedrigen kinematischen Ketten mit jeweils $F = -1$ in (Hain 1968) dargestellt und ausführlich beschrieben.

Es gibt nur eine sechsgliedrige kinematische Kette mit $F = -1$, aus der sich dann eine Doppelbackenbremse entwickeln lässt (Abb. 10.49). Weitaus mehr konstruktive Varianten liefern achtgliedrige kinematische Ketten.

Fazit: Bei der Beurteilung der so entwickelten Getriebevarianten können sich also Getriebe mit gleicher Glieder- und Gelenkzahl immer noch wesentlich unterscheiden. Im Fall der Außenbackenbremsen beziehen sich die Unterschiede vor allem auf die Möglichkeit zur Erzeugung zweier ausgeglichener Druckkräfte. Dieses Differentialprinzip stellt die Hauptanforderung bei der Maßsynthese der Getriebe zur Bremsbackenführung dar.

10.9 Schritt(schalt)getriebe

Im Be- und Verarbeitungsmaschinenbau, aber auch in anderen Bereichen der Technik sind häufig Schrittbewegungen erforderlich. Eine solche Schrittbewegung zeichnet sich dadurch aus, dass eine fortlaufende Dreh- oder Schubbewegung periodisch durch Stillstände (Rasten) unterbrochen wird. Die Abb. 10.50 und 10.51 zeigen beispielhaft einen Rundschalttisch inmitten eines Bearbeitungszentrums und eine Produktionsanlage mit Transportband, für die solche rotatorischen Schrittbewegungen gefordert sind.

Das schrittweise anzutreibende Glied ist im Gestell gelagert, so dass sowohl ein konstant drehender Antrieb mit nachgeschaltetem Übertragungsgetriebe als auch eine Lösung mit Servo-Antrieb für die Bewegungserzeugung genutzt werden kann.

Bei Verwendung von ungleichmäßig übersetzenden Getrieben werden meist konstant drehende Antriebe eingesetzt, die je nach Getriebestellung eine ungleichmäßige Abtriebsbewegung erzeugen. Diese Ungleichförmigkeit in der Übertragung wird bei Schrittgetrieben genutzt, um eine fortlaufende und periodische Schritt-Rast-Bewegung zu erzeugen, die entsprechend Abb. 10.52 durch die folgenden Größen gekennzeichnet wird:

Die Schrittbewegung in Abb. 10.52 ist hierbei nur schematisch im Sinne des aus dem Kapitel Kurvengetriebe bekannten Bewegungsplanes (►Abschn. 7.1). wiedergegeben und sollte in der realen Ausführung in den Übergängen zumindest stoßfrei, nach Möglichkeit sogar ruckfrei sein.

Hinweis
Die Antriebsvariante mit Servomotor bietet vor allem eine deutlich höhere Flexibilität und ist bei sich häufig ändernden Bewegungsaufgaben zu bevorzugen. Trifft jedoch mindestens eine der folgenden Anforderungen auf die Bewegungsaufgabe zu, wird die Verwendung eines ungleichmäßig übersetzenden Getriebes empfohlen:

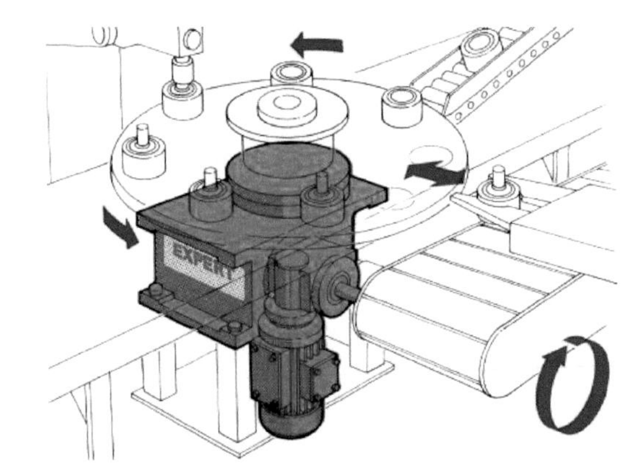

Abb. 10.50 Schrittbewegung eines Rundschalttisches in einem Bearbeitungszentrum (Quelle: Expert-Tünkers GmbH)

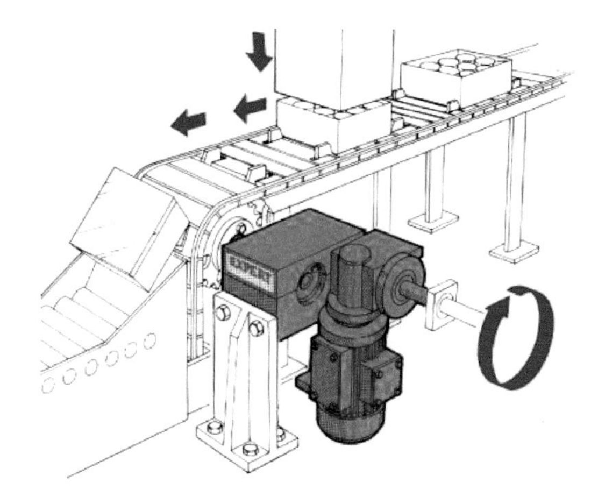

Abb. 10.51 Schrittbewegung eines Transportbandes (Quelle: Expert-Tünkers GmbH)

- große zu bewegende Lasten (z. B. hohe Massenträgheitsmomente)
- hochdynamische Bewegung (z. B. hohe Schrittfrequenz)
- gleich bleibende Bewegungsaufgabe (z. B. in der Massenproduktion)
- hohes Drehmoment im oder in der Nähe des Stillstandes erforderlich (z. B. durch Prozesskräfte)
- sicherheitsrelevanter Synchronlauf mit anderen bewegten Komponenten der Anlage erforderlich (z. B. wegen Kollisionsgefahr)

Des Weiteren ist je nach Anwendungsfall auch eine Kombination aus beiden Varianten – Servomotor und U-Getriebe – zielführend.

Es existieren verschiedene Möglichkeiten, um eine getaktete Rast des Abtriebsglieds zu erzeugen. Neben kraftschlüssigen Varianten der Bewegungsübertragung, die mit Sperren und Freiläufen aufgebaut sind, sind vor allem formschlüssige Bauformen auf dem Markt

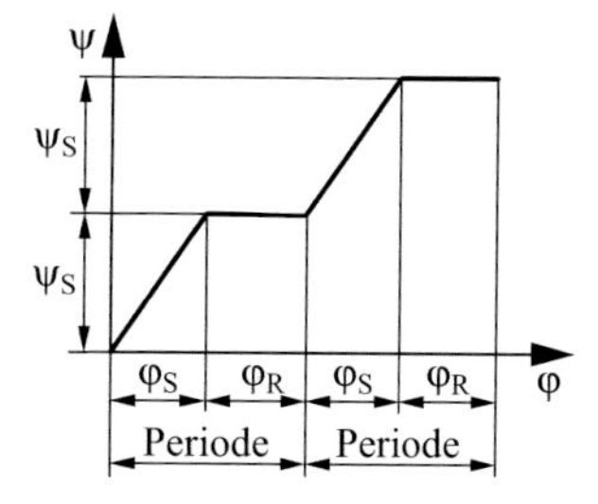

Abb. 10.52 Bewegungsplan eines Schrittgetriebes: φ – Antriebsdrehwinkel, φ_S – Antriebsdrehwinkel für den Schritt, φ_R – Antriebsdrehwinkel für die Rast, ψ – Abtriebsdrehwinkel, ψ_S – Schrittwinkel, $\nu = \frac{\varphi_S}{\varphi_S+\varphi_R}$ – Schritt-Perioden-Verhältnis

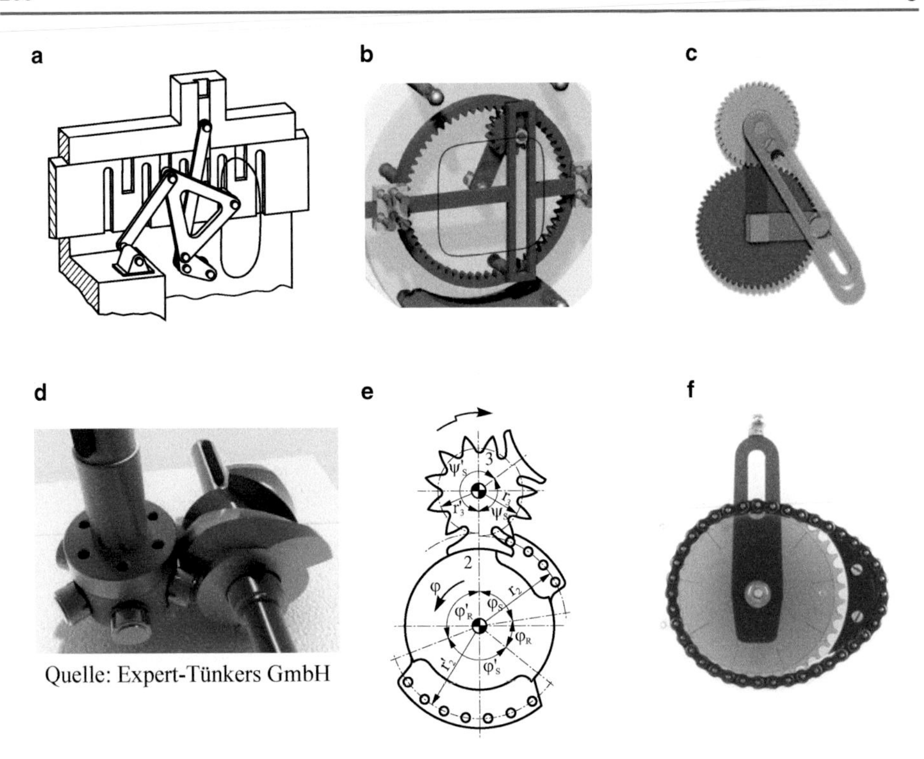

Abb. 10.53 Beispiele für Getriebeausführungen zur Erzeugung von Schrittbewegungen

verfügbar. So kann eine Schrittbewegung beispielsweise entsprechend Abb. 10.53 auf der Basis von Kurbelgetrieben a (►Abschn. 2.4.2), Getrieben mit Verzahnungen (Rädergetrieben) b und c (►Abschn. 8.1), Kurvengetrieben d (►Abschn. 7.1), *Sternradgetrieben* e und Zugmittelgetrieben f (►Abschn. 2.2) erzeugt werden.

Hinweis
Da bei einem Schrittgetriebe der Abtrieb in der Rastphase stillsteht, obwohl sich der Antrieb weiterbewegt, ergibt sich eine momentane Übersetzung von $K = 1/i = \omega_{ab}/\omega_{an} = 0$, Gl. 2.4. Dies bedeutet, dass eine Last am Abtrieb in dieser Stellung vollständig ins Gestell übertragen wird und somit kein Haltemoment im Antrieb erforderlich ist.

Ausführungsbeispiel: Malteserkreuzgetriebe
Zu den bekanntesten Schrittgetrieben zählen die Malteserkreuzgetriebe, die entsprechend Abb. 10.54 in *Außen-* und *Innenmalteserkreuzgetriebe* unterteilt werden können (Volmer 1987, Dittrich und Braune 1987).

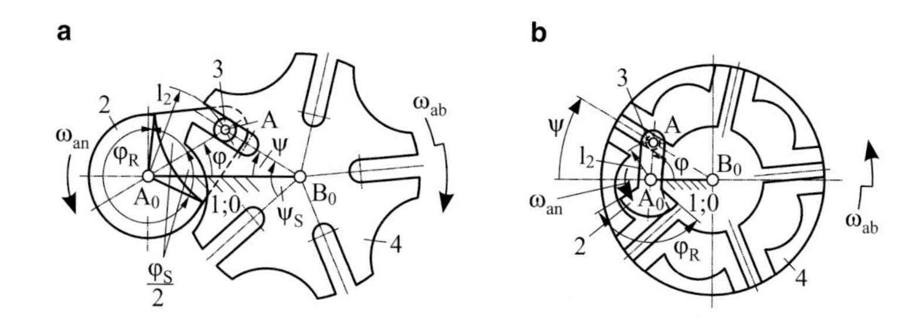

Abb. 10.54 Malteserkreuzgetriebe mit **a** Außenrad und **b** Innenrad

Hinweis
Das Außenmalteserkreuzgetriebe ist in den meisten Anwendungsfällen die bessere Wahl, da es im Vergleich zum Innenmalteserkreuzgetriebe einen deutlich kleineren Bauraum erfordert und mehr Möglichkeiten zur Anpassung des Schritt-Perioden-Verhältnisses bietet. Zudem muss beim Innenmalteserkreuzgetriebe die Treiberwelle stets fliegend (einseitig) gelagert werden. Eine sphärische Anordnung nimmt den geringsten Bauraum ein (►Abschn. 2.1.3).

Bei beiden Bauformen greift eine umlaufende Kurbel (2), die am Radius $l_2 = \overline{A_0A}$ einen als Rolle oder Bolzen ausgeführten Treiber (3) trägt, in die z Schlitze des Malteserkreuzes (4) ein und dreht dieses um den Schrittwinkel ψ_S weiter. Das Malteserkreuz steht still, solange Treiber und Malteserkreuz außer Eingriff sind.

Hinweis
Das Malteserkreuz muss in der Zeit der Rast durch eine *Stillstandsicherung* gegen unkontrolliertes Verdrehen gesichert werden, da sonst beim Wiedereintritt des Treibers in den Schlitz Kollisionsgefahr besteht! Dies kann durch eine besondere Gestaltung des Malteserkreuzes geschehen.

Gemäß Abb. 10.55 kann die Kinematik des Malteserkreuzgetriebes in der Bewegungsphase mit den Gleichungen der *schwingenden Kurbelschleife* (►Abschn. 6.1) beschrieben werden. Der Treibereintritt bzw. -austritt und damit die Grenzen des jeweiligen Bewegungsbereiches sind durch die *Totlagen* der schwingenden Kurbelschleife bestimmt.

Zur Auslegung der Bewegung eines Außenmalteserkreuzgetriebes können die folgenden Gleichungen verwendet werden (Winkelangaben im Bogenmaß rad, s. Abb. 10.57).

Bei der Auslegung ist es möglich, sowohl die Anzahl der Schlitze z als auch der Treiber m (siehe Abb. 10.56) unter Berücksichtigung der Bewegungseigenschaften frei, jedoch nur ganzzahlig zu wählen. Mit dieser Einschränkung kann das Schritt-Perioden-Verhältnis

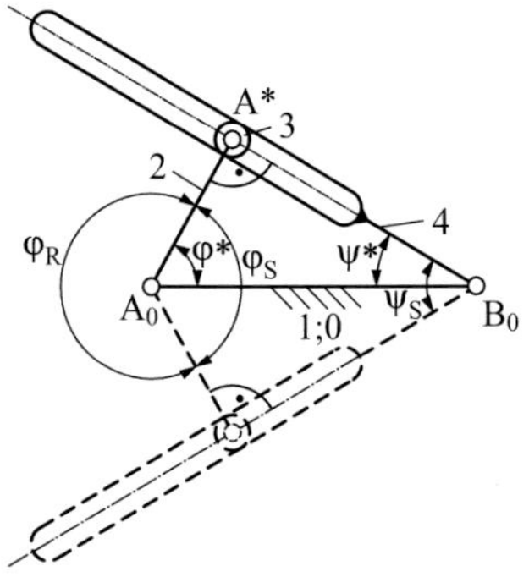

Abb. 10.55 Schwingende Kurbelschleife in den beiden Totlagen als Ersatzgetriebe für Malteserkreuzgetriebe

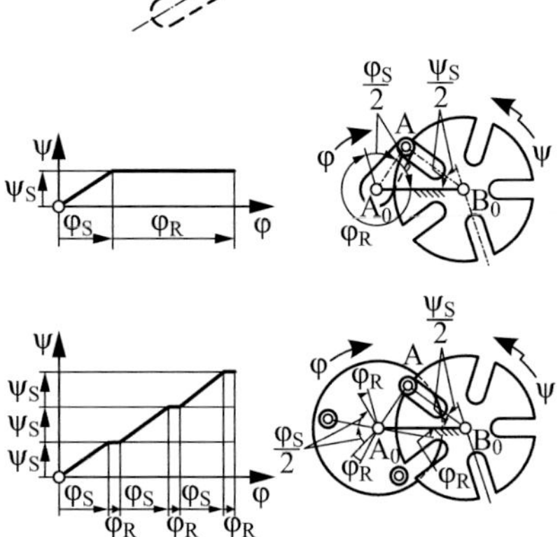

Abb. 10.56 Variation der Treiberzahl m

des Malteserkreuzgetriebes nur in diskreten Stufen angepasst werden, die in Abb. 10.57 dargestellt sind.

Hinweis
Eine einfache Möglichkeit, dieses Verhältnis beliebig an die jeweiligen Anforderungen anzupassen, ist die Verwendung eines gleichförmig übersetzenden *Vorschalt-* bzw. *Nachschaltgetriebes*.

Die Übertragungsfunktionen in der Bewegungsphase können abschnittsweise mit Hilfe des Ersatzgetriebes der Kurbelschleife bestimmt werden und ergeben bei einem Malteserkreuzgetriebe nur für die Position und die Geschwindigkeit einen stetigen Verlauf. Ein Malteserkreuzgetriebe erzeugt eine stoßfreie, jedoch nicht ruckfreie Abtriebsbewegung, da zum Zeitpunkt des Treibereintritts bzw. -austritts eine Differenz in den Beschleunigungen von Treiber und Malteserkreuz besteht. Da der Treiber mit konstanter Geschwindigkeit auf einer Kreisbahn bewegt wird, besitzt er im Punkt A eine konstante Beschleunigung in Normalen-Richtung vom Betrag $a^n = \omega_{\text{an}}^2 \cdot l_2$. Beim Ein- und Austritt des Treibers ruht das Malteserkreuz jedoch. Diese Differenz erzeugt einen Sprung in dem Beschleunigungsverlauf, der sich als Ruck auf das System überträgt und dieses je nach Steifigkeit zum Schwingen anregen und zusätzlich belasten kann.

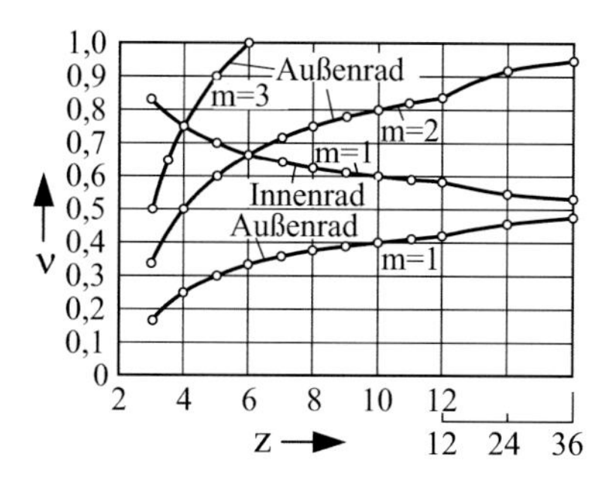

Abb. 10.57 Schritt-Perioden-Verhältnis $\nu = \frac{\varphi_S}{\varphi_S + \varphi_R} = \frac{z-2}{2z} m$ in Abhängigkeit von der Schlitzzahl z und Treiberzahl m: Schlitzzahl $z \geq 3$, Treiberzahl $m \leq \frac{2z}{z-2}$, Schrittwinkel $\psi_S = 2\psi^* = \frac{2\pi}{z}$, Antriebsdrehwinkel für Schritt $\varphi_S = 2\varphi^* = \pi \frac{z-2}{z}$, Antriebsdrehwinkel für Rast $\varphi_R = \frac{2\pi}{m} - 2\varphi^* = \pi \left(\frac{2}{m} - \frac{z-2}{z} \right)$

Hinweis
Eine lokale (exakt oder angenähert) geradlinige Führung des Treibers während des Ein- und Austritts, erzeugt beispielsweise durch eine Koppelkurve (Abb. 10.53a) oder Zykloide, kann den Ruck beim Beschleunigen und Verzögern des Malteserkreuzes vollständig vermeiden (Meyer zur Capellen und Janssen 1964).

10.10 Rastgetriebe

Für Prozesse in Maschinen und Geräten (Abb. 10.58) werden häufig wechselsinnig verlaufende Bewegungen benötigt, die periodisch wiederkehrende Rasten enthalten. Als Rast versteht man dabei einen Zustand im Bewegungsverlauf eines Punktes oder Gliedes, in dem dessen Geschwindigkeit für ein endliches Zeitintervall gleich null ist. Anwendungen dafür sind Prozesse, bei denen Unterbrechungen für zeitabhängige Arbeitsschritte, wie zum Beispiel die Wärmeeinbringung bei Siegelvorgängen, benötigt werden. Zur Erzeugung dieser Bewegungen können neben Kurvengetrieben (►Abschn. 7.1) auch Kurbel- oder Koppelgetriebe (►Abschn. 2.4.2.1) verwendet werden.

Für ein *Koppelkurvenrastgetriebe* werden im Allgemeinen (ebene) sechsgliedrige Kurbelgetriebe benötigt (Abb. 10.59).

Ein mögliches Funktionsprinzip solcher Getriebe basiert darauf, dass ein Koppelpunkt K eines viergliedrigen Getriebes eine Kurve k beschreibt, die das Abtriebsglied eines daran befestigten *Zweischlags* abschnittsweise ruhen lässt. Da das Abtriebsglied des Zweischlags auch das Abtriebsglied des Gesamtgetriebes bildet, muss dieses im Gestell gelagert sein. Diese Bedingung erfüllen von den in Abb. 10.59 dargestellten Mechanismen nur das WATT-*2*- und das STEPHENSON-*3*-*Getriebe* als sogenannte *Dreistandgetriebe*.

Abb. 10.58 Filmkopiergerät (Quelle: http://www.dmg-lib.org)

Im Fall eines Zweischlags mit zwei Drehgelenken ist dafür ein Kurvenabschnitt notwendig, der einen annähernd konstanten *Krümmungsradius* (►Abschn. 3.3.1) aufweist, welcher der Gliedlänge der Koppel entspricht (Abb. 10.60a). Bei einem Schleifenzweischlag wird für den Koppelpunkt eine *angenäherte Geradführung* (Abb. 2.30 und 2.31) benötigt, wobei diese Gerade mit dem Gestellgelenk fluchten muss (Abb. 10.60 b).

Dabei gilt, dass die Rast umso exakter eingehalten wird, je besser die Annäherung an eine Kreisbahn beziehungsweise eine Gerade gelingt (Abb. 10.61). Ein Maß für Güte der Rast ist die *Antriebsrastabweichung* nach Richtlinie VDI 2725:

$$Q = \frac{\Delta\psi_{\mathrm{R}}}{\varphi_{\mathrm{R}}}$$

mit der Rast(winkel)abweichung $\Delta\psi_{\mathrm{R}}$ im Abtrieb und dem zugeordneten Antriebswinkel φ_{R} für die Rast.

Für die Auslegung der viergliedrigen Teilgetriebe können die Methoden der *Lagensynthese* (►Abschn. 6.2) eingesetzt werden.

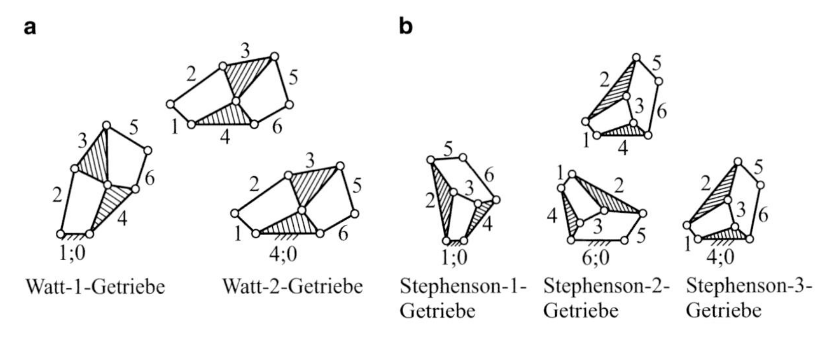

Abb. 10.59 Ebene sechsgliedrige Kurbelgetriebe: **a** WATT'sche kinematische Kette und daraus abgeleitete Getriebe, **b** STEPHENSON'sche kinematische Kette und daraus abgeleitete Getriebe

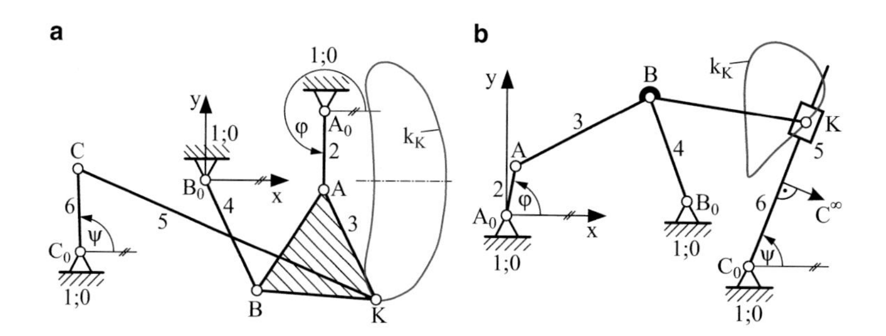

Abb. 10.60 Beispiele für Koppelkurvenrastgetriebe: **a** Koppelkurvenrastgetriebe 1. Art mit 7 Drehgelenken, **b** Koppelkurvenrastgetriebe 1. Art mit 6 Drehgelenken und 1 Schubgelenk

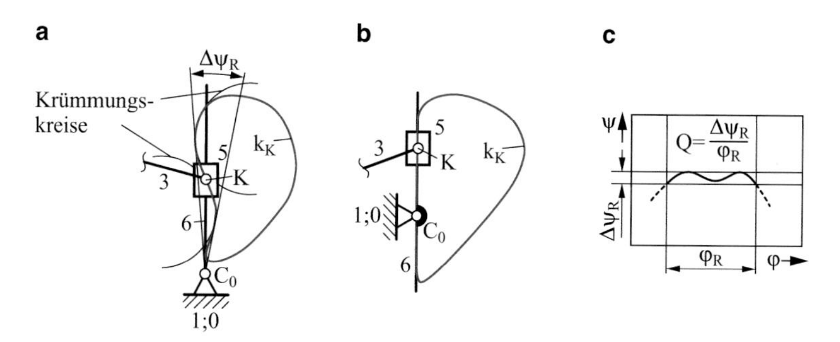

Abb. 10.61 Rastabweichungen: **a** Rastabweichung bei angenäherter Geradführung, **b** keine Rastabweichung bei exakter Geradführung, **c** Rastabweichung über dem Antriebswinkel φ

Hinweis

Als Geradführungsgetriebe sind eine Reihe von Mechanismen bekannt: WATT-, EVANS- oder TSCHEBYSCHEW*lenker* (weitere auch auf der Webseite www.dmg-lib.org der „Digitalen Mechanismen- und Getriebebibliothek")

Ein weiteres Funktionsprinzip für Rastgetriebe beruht auf der Hintereinanderschaltung zweier viergliedriger Koppelgetriebe unter Ausnutzung ihrer Totlagen. Kombiniert man die beiden Teilgetriebe so, dass das Abtriebsglied des ersten zum Antriebsglied des zweiten Teilgetriebes wird (Abb. 10.62), spricht man von *multiplikativer Kopplung*.

Es entsteht ein neues sechsgliedriges Getriebe, dessen Übersetzungsverhältnis gleich dem Produkt der Übertragungsfunktionen (►Abschn. 2.1.1) der beiden Teilgetriebe ist, d. h.

$$\frac{d\psi_{s2}}{d\varphi_1} = \frac{d\psi_{s1}}{d\varphi_1} \cdot \frac{-d\psi_{s2}}{d\varphi_2} \quad \text{bzw.} \quad \frac{d\psi_6}{d\varphi} = \frac{d\psi_5}{d\varphi} \cdot \frac{d\psi_6}{d\psi_5}.$$

Die Gliedlängen müssen so gewählt werden, dass beide Teilgetriebe gleichzeitig ihre *Totlagen* (►Abschn. 6.1) erreichen.

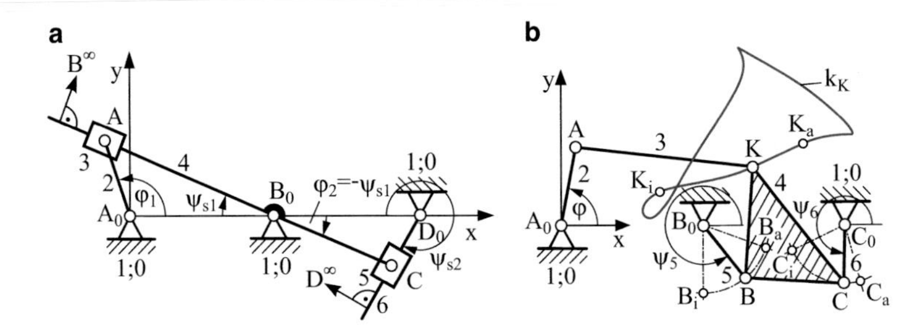

Abb. 10.62 Koppelkurvenrastgetriebe mit multiplikativer Kopplung: **a** Schwingrastgetriebe, **b** Koppelkurvenrastgetriebe 2. Art

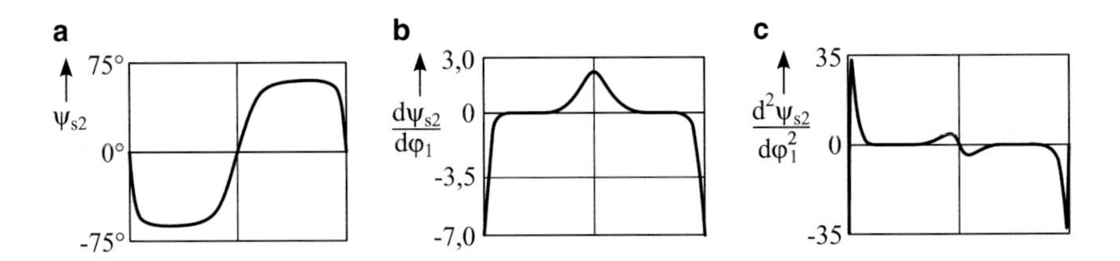

Abb. 10.63 Übertragungsfunktionen 0. bis 2. Ordnung des Getriebes in Abb. 10.62a: **a** Übertragungsfunktion 0. Ordnung, **b** Übertragungsfunktion 1. Ordnung, **c** Übertragungsfunktion 2. Ordnung

Im Fall des so genannten *Schwingrastgetriebes* (Abb. 10.62a) geschieht dies, wenn die Längen $l_2 = \overline{A_0A}$ bzw. $l_6 = \overline{D_0C}$ senkrecht auf $l_4 = \overline{B_0A}$ bzw. $\overline{B_0C}$ stehen. Bilden dabei A_0AB_0 und B_0CD_0 zusätzlich ähnliche Dreiecke, liegt ein Getriebe mit zwei identischen Rasten und einer punktsymmetrischen *Übertragungsfunktion 0. Ordnung* vor (Abb. 10.63a).

Im Fall des Getriebes in Abb. 10.62b wird ein Gelenkviereck über einen am Koppelpunkt K angehängten Zweischlag angetrieben und nicht wie sonst umgekehrt. Solche Mechanismen werden als *Koppelkurvenrastgetriebe 2. Art* bezeichnet. Dieses Getriebe weist zudem zwei mögliche Abtriebsglieder l_5 und l_6 auf, die je zwei Rasten realisieren (Abb. 10.64).

Der antreibende Zweischlag A_0AK entspricht einer Schubkurbel, wobei die Schubgerade durch eine angenäherte Geradführung zwischen den Punkten K_i und K_a auf der Koppelkurve k ersetzt wird.

Hinweis

Liegen die Punkte A_0, K_i und K_a auf einer Geraden, beträgt der Kurbelwinkel zwischen den beiden Totlagen 180°.

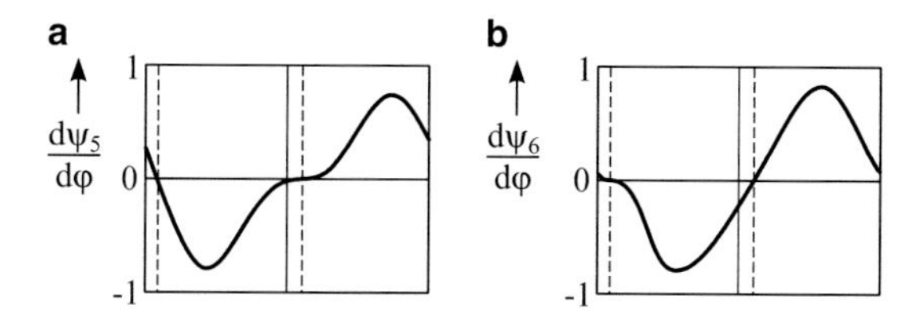

Abb. 10.64 Übertragungsfunktion 1. Ordnung für die Abtriebsglieder 5 und 6 in Abb. 10.62b: **a** Abtriebsglied 5, **b** Abtriebsglied 6

10.11 Pflugschar mit Schlepperanlenkung

Das in Abb. 10.65b gezeigte Modell eines *Pflugschar-Führungsgetriebes* (Dittrich und Wehn 1990) dient in zweifacher paralleler Anordnung als Verbindungsgetriebe zwischen einem Ackerschlepper (Gestell 1;0) und einer mit der Koppelebene 6 fest verbundenen Pflugschar als Anbaugerät. Es kann als ebenes sechsgliedriges Kurbelgetriebe aus der STEPHENSON*'schen Kette* (►Abschn. 2.4.1) abgeleitet werden. Es besteht aus dem viergliedrigen Grundgetriebe A_0ABB_0 und dem durch die Schwingenpunkte C und E geführten *Zweischlag* CDE. Das Glied 4 wird über einen im Gestell angelenkten Hydraulikzylinder (Abb. 10.66) angetrieben, das Abtriebsglied ist die geführte Koppel 6 (Abb. 10.65a). In Abb. 10.65c ist durch eine *Lagenschar* die Führungsbewegung der Abtriebsebene veranschaulicht. Innerhalb des Arbeitsbereiches kann die Arbeitstiefe des Pfluges verstellt werden, ohne dass sich der Anstellwinkel τ_{61} wesentlich ändert (angenäherte Parallelführung). Die Forderungen an die Kinematik des Pflugschar-Führungsgetriebes resultieren aus folgenden Vorgaben (Rauh 1950):

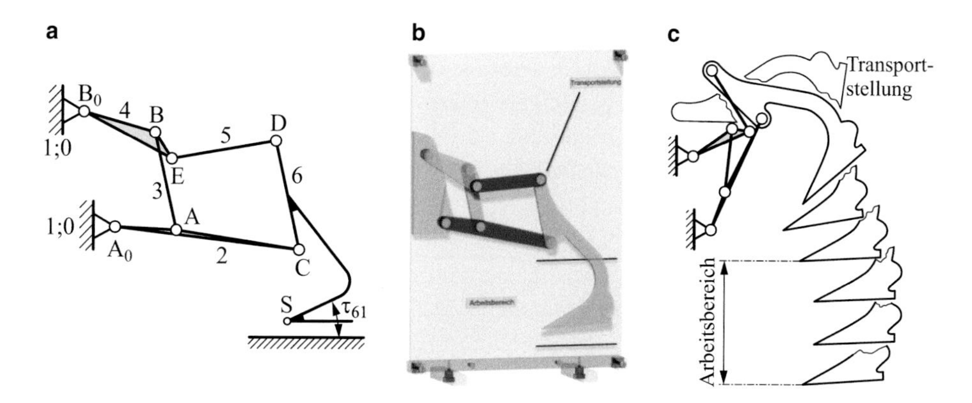

Abb. 10.65 Pflugschar-Führungsgetriebe (Hain 1950) (Quelle: http://www.dmg-lib.org): **a** Kinematisches Schema, **b** Modell, **c** Bewegung der Pflugschar

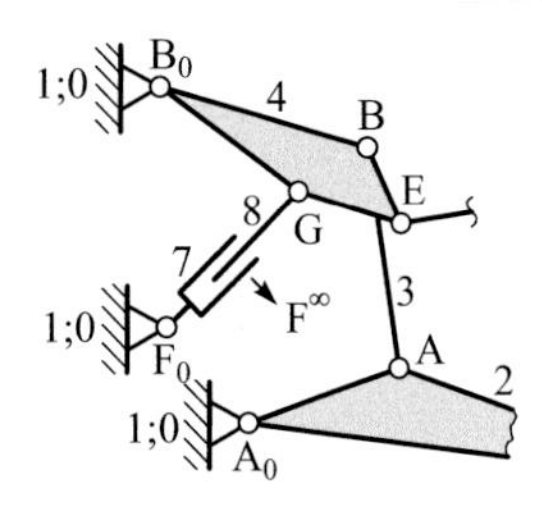

Abb. 10.66 Hydraulikzylinder als Antrieb des Gliedes 4 (Kurbelschleife $B_0GF^\infty F_0$)

1. Der Druckkegel, der sich während des Pflügens an der Pflugscharspitze bildet, darf seine Lage zur Bodenoberfläche auch bei unterschiedlichen Arbeitstiefen nicht verändern, denn die Druckverteilung im Boden ist ausschlaggebend für die gewünschte Form der Furche.
2. Die Spitze S der Pflugschar sollte aus sicherheitstechnischen Gründen während des Transports möglichst senkrecht zur Fahrbahn stehen.

Eine solche Bewegung wäre durch ein viergliedriges Kurbelgetriebe A_0ABB_0, bei dem die mit der Koppel 3 verbundene Pflugschar durch die Kreisbahnen der Gelenkpunkte A und B geführt wird, nicht zu realisieren. Bei der hier vorliegenden Getriebestruktur hingegen bewegt sich der Gelenkpunkt D der beiden Koppeln 5 und 6 auf einer Kurve höherer Ordnung, so dass die Koppelbewegung höhere Ansprüche erfüllen kann (Dittrich 1985).

Zur Berechnung der jeweils interessierenden kinematischen Größen wie Lage, Geschwindigkeit und Beschleunigung insbesondere des geführten Gliedes 6 können z. B. die in Kap. 4 beschriebenen Verfahren zur numerischen Getriebeanalyse herangezogen werden (►Abschn. 4.1). Hier wie auch bei der Verwendung der Modulmethode (►Abschn. 4.2) ist zunächst zu klären, wie der Antrieb erfolgen soll. Üblicherweise dient als Antrieb ein Hydraulikzylinder, der zwischen dem Gestell und dem anfangs ternären und nun quaternären Glied 4 angeordnet ist (Abb. 10.66).

Für eine vorgegebene Ausfahrlänge des Hydraulikzylinders, die den Abstand zwischen dem Gestelldrehpunkt F_0 und dem Drehgelenk G auf dem Glied 4 bestimmt, kann nun zunächst das Modul DDD (►Abb. 4.9) verwendet werden, um die absolute Lage des Gelenkes G zu berechnen. Anschließend erfolgt die Berechnung der Lage der Gelenke B und E durch zweimalige Anwendung des Moduls DAN oder des Moduls RKA je nachdem, ob die relative Lage der Punkte B und E gegenüber B_0 in kartesischen oder Polarkoordinaten bekannt ist. Als nächstes wird mit Hilfe des Moduls DDD die Lage des Gelenkpunktes A berechnet, so dass analog zur Berechnung der Punkte B und E des Gliedes 4 die absolute Lage des Punktes C berechnet werden kann. Wieder mit dem Modul DDD erfolgt nun die Lagebestimmung des Punktes D und anschließend die Berechnung für den Punkt S.

Die Ermittlung des Geschwindigkeitszustandes kann dann sinnvoll und erforderlich sein, wenn z. B. für eine gewisse Zeitvorgabe Δt für das Anheben des Pfluges von der Arbeitsstellung in die Transportstellung die erforderlichen *Volumenströme* im antreibenden *Hydraulikzylinder* ermittelt werden sollen. Dazu muss zunächst in verschiedenen Stellungen eine *Einheitsgeschwindigkeit* für die Bewegung des Hydraulikzylinders vorgegeben werden, um anschließend z. B. über grafische Methoden, die in einem Geometrieprogramm oder in einem CAD-System implementiert werden, die resultierende Geschwindigkeit im Punkt S zu ermitteln. Im vorliegenden Fall kann zunächst über die Zusammenhänge der *Relativkinematik* (►Abschn. 3.2) die Geschwindigkeit des Gelenkpunktes G bestimmt werden. Nach Gl. 3.33 ergibt sich

$$\vec{v}_{\mathrm{G81}} = \vec{v}_{\mathrm{G71}} + \vec{v}_{\mathrm{G87}}.$$

Für diese Gleichung sind die Wirkungslinien aller Geschwindigkeiten bekannt:

- Die Führungsgeschwindigkeit $\vec{v}_{\mathrm{G71}}$ steht in G senkrecht auf der Verbindungslinie $\mathrm{F_0G}$
- Die Relativgeschwindigkeit $\vec{v}_{\mathrm{G87}}$ verläuft in Richtung der Verbindungslinie $\mathrm{F_0G}$
- Die Absolutgeschwindigkeit $\vec{v}_{\mathrm{G81}}$ steht in G senkrecht auf der Verbindungslinie $\mathrm{B_0G}$

Weiterhin entspricht der Betrag der Relativgeschwindigkeit $\vec{v}_{\mathrm{G87}}$ der vorgegebenen Kolbengeschwindigkeit, sodass die noch fehlenden Beträge der Führungsgeschwindigkeit $\vec{v}_{\mathrm{G71}}$ und insbesondere der Absolutgeschwindigkeit $\vec{v}_{\mathrm{G81}}$ problemlos grafisch oder rechnerisch bestimmt werden können. Für das weitere Vorgehen besteht die Möglichkeit, die Ermittlung weiterhin auf der Basis der Relativkinematik durchzuführen, wobei wieder ausgehend von Gl. 3.33 die Absolutgeschwindigkeit des Punktes S wie folgt formuliert werden kann:

$$\vec{v}_{S61} = \vec{v}_{S41} + \vec{v}_{S64} \quad \text{mit} \quad v_{S41} = \frac{\overline{\mathrm{B_0S}}}{\overline{\mathrm{B_0G}}} v_{\mathrm{G81}}$$

Dabei steht die Führungsgeschwindigkeit $\vec{v}_{S41}$ in S senkrecht auf der Verbindungslinie $\mathrm{B_0S}$. Um die Richtung der Relativgeschwindigkeit $\vec{v}_{S64}$ festzulegen, ist es erforderlich nach dem Satz von KENNEDY/ARONHOLD (►Abschn. 3.2.1) den *Momentanpol* P_{64} zu bestimmen. Ist dieser Momentalpol ermittelt, so ist auch die Richtung der Relativgeschwindigkeit $\vec{v}_{S64}$ in S senkrecht auf der Verbindungslinie P_{64}S bekannt. Weiterhin muss der Momentanpol P_{61} ermittelt werden, damit auch die Richtung der Absolutgeschwindigkeit $\vec{v}_{S61}$ in S senkrecht auf der Verbindungslinie P_{61}S bestimmt werden kann. Anschließend können dann die beiden noch unbekannten Beträge der Relativgeschwindigkeit $\vec{v}_{S64}$ und der Absolutgeschwindigkeit $\vec{v}_{S61}$ problemlos grafisch oder rechnerisch bestimmt werden. Die sich ergebende Absolutgeschwindigkeit $\vec{v}_{S61}$ ist nun diejenige Geschwindigkeit, wie sie sich bei der vorgegebenden Einheitsgeschwindigkeit am Hydraulikkolben ergeben würde.

Alternativ zur Berechnung der Geschwindigkeiten mit Hilfe der Relativkinematik ist es auch möglich, nach Bestimmung der Geschwindigkeit des Punktes G die weitere grafische Ermittlung über die Sätze nach BURMESTER oder MEHMKE (►Abschn. 3.1.3.2), mit der EULER-Formel nach Gl. 3.9 bzw. mit Hilfe des Plans der (um 90°) gedrehten Geschwindigkeiten durchzuführen. Hierzu muss zunächst der Geschwindigkeitszustand des viergliedrigen Grundgetriebes $\mathrm{A_0ABB_0}$, ermittelt werden, ehe über die Betrachtung des Zweischlages CDE letztlich die Geschwindigkeit im Punkt S ermittelt werden kann.

Soll nun der erforderliche Volumenstrom im Hydraulikzylinder für eine vorgegebene Geschwindigkeit $v_{S61,\mathrm{ist}}$ am Punkt S berechnet werden, so ist folgende Skalierung vorzunehmen:

$$v_{G87,ist} = \frac{v_{S61,\text{ist}}}{v_{S61}} v_{G87}$$

Der erforderliche Volumenstrom $\dot{Q}$ [m^3/s] ergibt sich nun aus der Kolbenfläche A_{Kolben} zu

$$\dot{Q} = v_{G87,\text{ist}} \cdot A_{\text{Kolben}}$$

Unter Umständen kann diese Gleichung auch dazu genutzt werden, die minimal erforderliche Kolbenfläche bei begrenztem maximalen Volumenstrom zu bestimmen. In diesem Zusammenhang sollte allerdings auch eine Betrachtung der Kräfte erfolgen, denn über den Hydraulikkolben müssen auch die erforderlichen Antriebskräfte in das Getriebe eingeleitet werden. Ausgehend davon, dass die Geschwindigkeiten bereits ermittelt wurden, eignet sich für die *kinetostatische Analyse* (▶Abschn. 5.2) insbesondere der Leistungssatz (▶Abschn. 5.2.3). Nach den Gln. 5.12 und 5.13 kann formuliert werden:

$$F_{\text{Kolben}} \cdot v_{G87,\text{ist}} = v_{S61,\text{ist}} \cdot F_6 \cdot \cos\alpha$$

Bei dieser Gleichung wurde davon ausgegangen, dass nur Kräfte an der Pflugschar und keine Kräfte an den übrigen Getriebegliedern außer dem Hydraulikkolben angreifen und die Massen der übrigen Getriebeglieder klein gegenüber der Masse der Pflugschar sind. Die Kraft $\vec{F}_6$ ist die Resultierende aus der Gewichtskraft der Pflugschar und der auf den Punkt S wirkenden Prozesskraft durch das Pflügen; α beschreibt den Winkel zwischen der Wirkungslinie der Kraft $\vec{F}_6$ und der Wirkungslinie der Geschwindigkeit $\vec{v}_{S61}$. Alternativ kann der Leistungssatz in diesem Fall auch grafisch ausgewertet werden (▶Abschn. 5.2.3).

10.12 Scharniermechanismen

Häufig werden Kurbelgetriebe als Scharniermechanismen in mindestens zweifacher Anordnung zum Öffnen und Schließen von Türen und Klappen eingesetzt. Insbesondere gilt dies für Motorhauben, Kofferraumklappen und Türen in der Fahrzeugtechnik, aber auch für Türen von Möbeln und Schränken. Das in Abb. 10.67a gezeigte Scharnier auf der Basis eines *viergliedrigen Kurbelgetriebes* dient in dieser oder ähnlicher Ausführung zur Führung einer Motorhaube oder Kofferraumklappe wie in Abb. 10.67b gezeigt. Zusätzlich sind hier die zur Öffnungsunterstützung verwendeten Gasdruckheber zu sehen. Prinzipiell ist auch die Verwendung für eine Fahrzeugtür denkbar, falls die besonderen Eigenschaften dieser Lösung gegenüber einem reinen Drehgelenk als Anbindung zwischen Tür und Karosserie genutzt werden sollen. Alternativ kommen als *Führungsgetriebe* auch sechsgliedrige Getriebe zum Einsatz, wie z. B. das in Abb. 10.67c gezeigte Modell eines Scharniermechanismus für eine Motorhaube (Dittrich und Wehn 1989).

Wie aus Abb. 10.67b deutlich wird, besteht die Führungsaufgabe darin, die Klappe oder Haube von der geschlossenen in die geöffnete Stellung um etwa 90° zu drehen und dabei

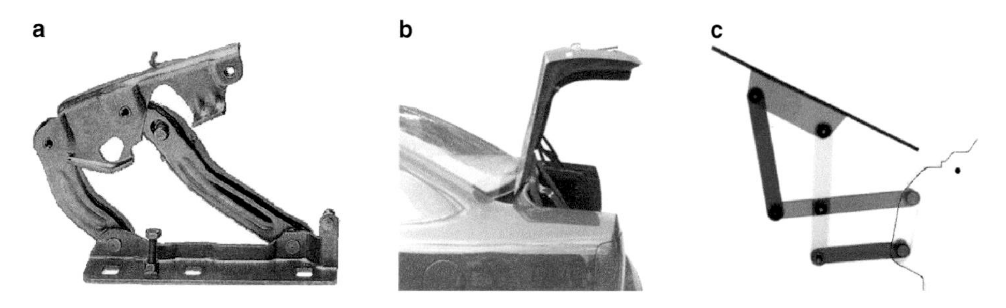

Abb. 10.67 Scharniermechanismen: **a** Viergliedriges Klappenscharnier, **b** Kofferraumklappe mit Scharnieren und Gasdruckhebern, **c** Modell eines sechsgliedrigen Scharniers einer Motorhaube

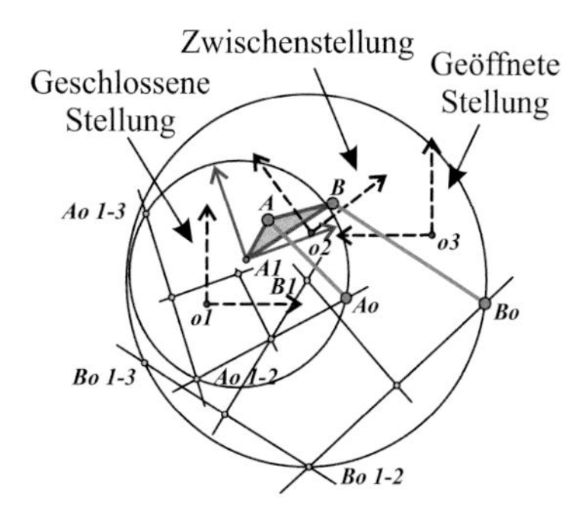

Abb. 10.68 Dreilagenkonstruktion bei gegebenen Gestellgelenken für ein viergliedriges Klappenscharnier

jegliche Kollision mit der im Allgemeinen gewölbten Heck- bzw. Windschutzscheibe zu vermeiden. Mit einem Getriebeentwurf für drei allgemeine Gliedlagen (►Abschn. 6.2.3.1) kann neben der geschlossenen und der geöffneten Stellung noch eine weitere Zwischenposition vorgegeben werden, um eine *Maßsynthese* (►Kap. 6) durchzuführen. Ausgehend von den zu berücksichtigenden Bauraumrestriktionen an der Karosserie empfiehlt sich die *Dreilagenkonstruktion* bei gegebenen Gestellgelenken entsprechend Abb. 6.17. Abbildung 10.68 zeigt eine solche Dreilagenkonstruktion mit der geschlossenen Stellung, einer Zwischenstellung und der um etwa 90° gedrehten geöffneten Stellung. Als Bezugslage wurde die geschlossene Stellung ausgewählt, die Realisierung erfolgte mit Hilfe des Geometrieprogrammes „Cinderella". Die drei vorgegebenen Lagen sind jeweils als gestrichelte Koordinatenachsen vorgegeben, so dass sowohl die Position der Koordinatenursprünge als auch die Winkellage einstellbar ist. Die Gestellgelenke A_0 und B_0 können frei verschoben werden. Um die Mittelpunktskonstruktion durchführen zu können, werden die Gestellgelenke für die Lagen „Zwischenstellung" und „Geöffnete Stellung" in die als Bezugslage ausgewählte „Geschlossene Stellung" übertragen. Die sich ergebenden Koppelgelenke A1 und B1 ergeben die Lage des viergliedrigen Klappenscharniers in der geschlossenen Stellung. In Abb. 10.68 ist das Scharnier in einer Zwischenstellung zusätzlich eingezeichnet.

Bei dem in Abb. 10.67c gezeigten Modell eines sechsgliedrigen Scharniermechanismus für eine Motorhaube (Dittrich und Wehn 1989) wird die mit der geführten Ebene 6 fest ver-

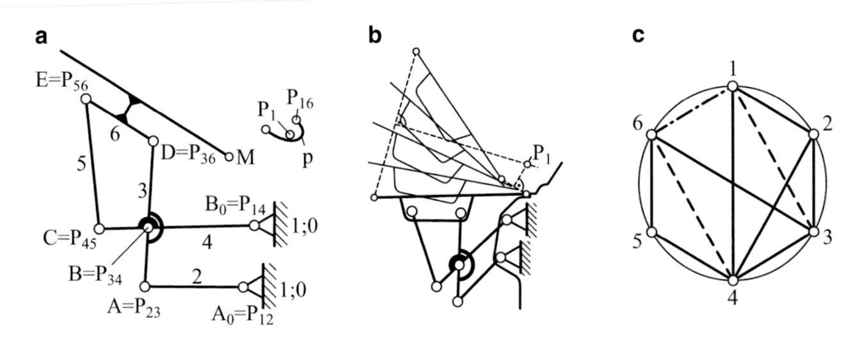

Abb. 10.69 Sechsgliedriger Scharniermechanismus für eine Motorhaube: **a** Kinematisches Schema, **b** Bewegung des Scharniers, **c** Schema zur Polermittlung

bundene Klappe ebenfalls relativ zum Karosserieaufbau eines Kraftfahrzeuges (Gestell 1) geführt. Das Führungsgetriebe (Abb. 10.69a) besteht aus dem viergliedrigen Grundgetriebe A_0ABB_0 und dem durch den Schwingenpunkt C und den Koppelpunkt D geführten *Zweischlag* CED. Das geführte Abtriebsglied ist die Koppel 6. Im Falle der manuellen Betätigung ist die Koppel 6 auch gleichzeitig das Antriebsglied gegenüber dem Gestell.

Zu Beginn der Öffnungsbewegung muss an der der Windschutzscheibe nahen Kante (Punkt M) der Motorhaube eine kleine Positionsveränderung erfolgen, damit beim Öffnen keine Kollision mit der Karosserie eintritt. Hauptsächlich führt die Motorhaube jedoch eine Schwenkbewegung mit einer großen Änderung der Orientierung aus. In Abb. 10.69b ist durch eine *Lagenschar* die Führungsbewegung der Abtriebsebene veranschaulicht. Betrachtet man nur die Anfangs- und Endstellung der Motorhaube, so handelt es sich dabei um die Drehbewegung um einen ideellen Punkt P_1, der auch als *Drehpol* (►Abschn. 3.1.3.4) bezeichnet wird, wobei durch eine reine Drehung um diesen Punkt eine Überführung zwischen Anfangs- und Endstellung der Motorhaube möglich ist. Allerdings darf dieser Punkt nicht mit dem Geschwindigkeits- oder Momentanpol P_{16} verwechselt werden (►Abschn. 3.1.2.2). Nur bei einer reinen Drehbewegung des geführten Gliedes würden beide zusammenfallen. Im vorliegenden Fall verändert der Geschwindigkeitspol P_{16} jedoch etwas seine Lage während der Öffnungs- oder Schließbewegung der Motorhaube (Abb. 10.69a); er wandert auf der Rastpolbahn oder Rastpolkurve *p* (►Abschn. 3.1.3.4), die jedoch während der Öffnungsbewegung in der Nähe des Drehpols P_1 bleibt. Um jetzt die Lage des Momentanpols P_{16} zu bestimmen, ist es erforderlich, zunächst alle offensichtlichen Momentanpole, die sich durch die verschiedenen Drehgelenke ergeben, zu erkennen. In Abb. 10.69a sind diese Pole gekennzeichnet. Ausgehend vom *Dreipolsatz* von KENNEDY/ARONHOLD (►Abschn. 3.2.1) können dann die übrigen Pole bestimmt werden. Dabei kann zum Zwecke der Übersichtlichkeit die in Abb. 10.69c gezeigte Hilfsfigur verwendet werden (Oderfeld 1963). In dieser Hilfsfigur werden die Getriebeglieder mit ihren Nummern als Punkte (Ecken) dargestellt und die jeweiligen Pole zwischen zwei Getriebegliedern als verbindende Linien (Kanten). Damit erhält man die

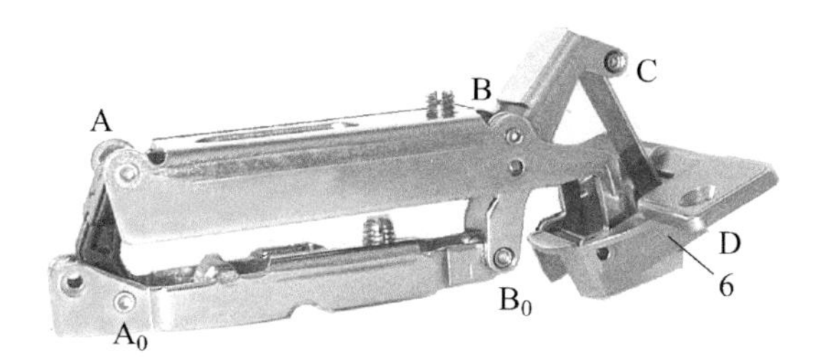

Abb. 10.70 Scharnier für Möbeltüren

in Abb. 10.69c dargestellten durchgezogenen Linien. Jedes Dreieck in der Hilfsfigur steht somit nach dem Dreipolsatz für drei auf einem Polstrahl liegende Pole.

Im vorliegenden Fall muss sich also der Pol P_{16} als strichpunktiert dargestellte Linie 16 in zwei Dreiecken der Hilfsfigur wiederfinden. Dazu müssen jedoch zunächst die zu den gestrichelten Linien gehörenden Pole P_{13} und P_{46} ermittelt werden. Aus der Hilfsfigur kann über die beiden Dreiecke 134 und 123 abgelesen werden, dass sich der Pol P_{13} als Schnittpunkt des Polstrahls durch P_{14} und P_{34} und des Polstrahls durch P_{12} und P_{23} ergibt. Analog kann der Pol P_{46} über die beiden Dreiecke 456 und 346 ermittelt werden. Schließlich ergibt sich der Pol P_{16} über die beiden Dreiecke 136 und 146.

Das hier verwendete ebene sechsgliedrige Kurbelgetriebe kann aus der WATT*'schen Kette* abgeleitet werden (►Abschn. 2.4.1). Weil die Gelenkpunkte D und E nicht wie bei einem viergliedrigen Kurbelgetriebe auf Kreisen, sondern auf Kurven höherer Ordnung geführt werden, ist es zur Realisierung von Führungsbewegungen besonders gut geeignet, da die Koppelbewegung höhere Ansprüche erfüllen kann (Dittrich 1985).

Abbildung 10.70 zeigt, dass die gleiche aus der WATT'schen Kette abgeleitete kinematische Struktur auch als Scharnier an Möbeln, insbesondere Küchenmöbeln verwendet wird, wobei bei dem in der Abbildung gezeigten Beispiel jedoch andere kinematische Abmessungen verwendet wurden. Insbesondere stellt das viergliedrige Grundgetriebe A_0ABB_0 ein *Parallelkurbelgetriebe* dar. Dies bedeutet, dass der Abstand $A_0B_0 = AB$ keinen Einfluss auf die Abtriebsbewegung des Koppelgliedes 6 hat und somit auf Grund konstruktiver Randbedingungen gewählt werden kann. Weiterhin ist festzustellen, dass bei dem gezeigten Möbelscharnier die Gelenkpunkte B_0BC und ABD nicht exakt auf einer Geraden liegen.

10.13 Zangen

Zangen werden hauptsächlich benutzt, um die menschliche Hand bei handwerklichen Aufgaben zu unterstützen. Hierbei kann man zwischen zwei Arten von Aufgaben unterscheiden: Greifen und Trennen. Sowohl beim Greifen als auch beim Trennen haben Zangen die Aufgabe, die Handkraft zu verstärken. Darüber hinaus können Zangen dazu dienen, das Greifen und Trennen von schwer zugänglichen Objekten zu erleichtern,

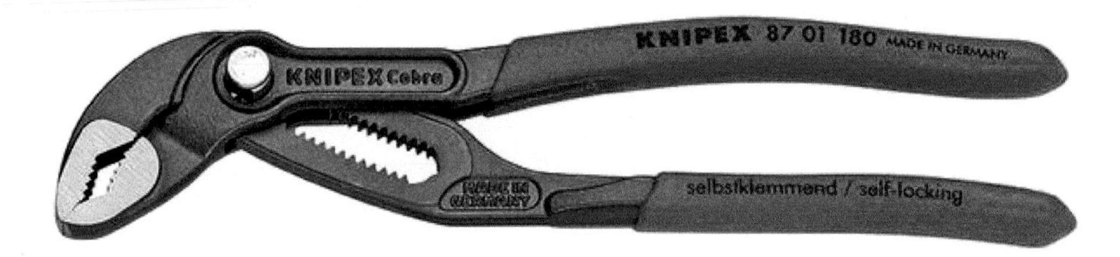

Abb. 10.71 Zweigliedrige Zange (Quelle: www.knipex.de)

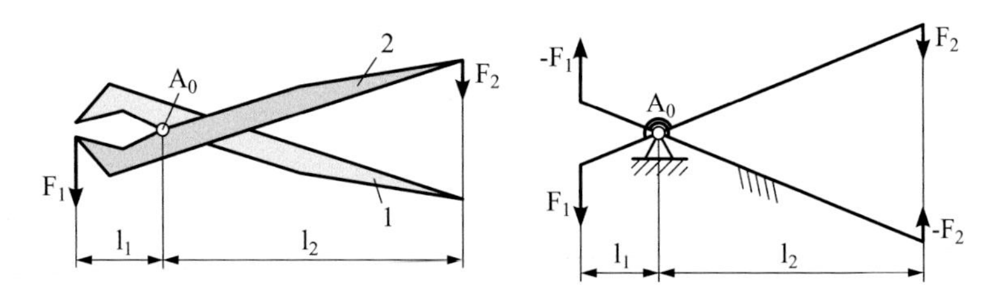

Abb. 10.72 Zur Kraftverstärkung einer zweigliedrigen Zange

z. B. im Bereich der Feinmechanik oder Medizin. Diese Zangen ermöglichen lediglich die Übertragung der Bewegung der menschlichen Hand.

Im Allgemeinen besteht eine Zange (Abb. 10.71) aus

- einem Griffpaar,
- mindestens einem Gelenk und
- einem Zangenkopf.

Den handelsüblichen Zangen liegt häufig ein zweigliedriges Getriebe als so genannter *Zweischlag* zugrunde, dessen Analyse relativ unkompliziert ist, siehe Abb. 10.72. In dieser Abbildung wurde das Glied 1 als Gestell angenommen. Die Greifkraft F_2 errechnet sich aus der Handkraft F_1 mit Hilfe des Momentengleichgewichts um den Punkt A_0 zu

$$F_1 = F_2 \frac{l_2}{l_1}.$$

Die *Kraftverstärkung* oder das *Kraftübersetzungsverhältnis* dieser zweigliedrigen Zange lässt sich somit mit Hilfe des Faktors

$$k = \frac{l_2}{l_1}$$

variieren.

Es ist klar, dass mit der zweigliedrigen Zange beliebige Übersetzungsverhältnisse und damit auch Kraftübertragungsverhältnisse eingestellt werden können, wenn man bei der Wahl des Abstandes l_2 frei ist. Allerdings soll eine Zange auch kompakt und handlich sein,

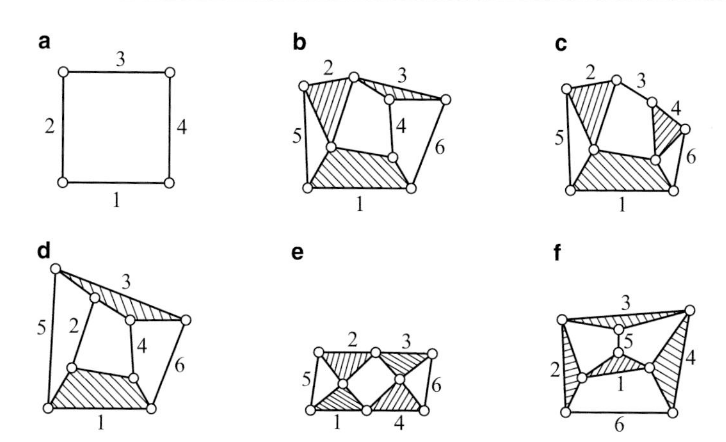

Abb. 10.73 Kinematische Ketten für kraftverstärkende Zangen: **a** 4-gliedrige kinematische Kette, **b** 6-gliedrig: Variante 1, **c** 6-gliedrig: Variante 2, **d** 6-gliedrig: Variante 3, **e** 6-gliedrig: Variante 4, **f** 6-gliedrig: Variante 5

was zumindest dem Abstand l_2 Schranken setzt. Erst mit dem Einsatz eines Getriebes mit mehr Gliedern können diese Krafübersetzungsverhältnisse unter Berücksichtigung kompakter Bauweise realisiert werden.

Vor der Untersuchung der Kraftverstärkung soll gezeigt werden, wie die viergliedrige kinematische Kette in Abb. 10.73a ergänzt werden muss, um daraus eine viergliedrige Zange zu entwickeln. Hierbei muss man beachten, dass das resultierende Getriebe im unbelasteten Zustand mindestens den Freiheitsgrad $F = 1$ haben muss, damit eine Bewegung der Glieder und somit ein Greifen möglich sind. Nach dem Greifen muss das Getriebe unter Vorspannung stehen mit $F = -1$, um das Greifobjekt zu klemmen.

Wie oben erwähnt, braucht man bei einer Zange eine Handkraft und eine Zangenkraft als Greifkraft oder Trennkraft bzw. Schneidkraft. Eine kinematische Kette, die zur Entwicklung einer Zange verwendet wird, muss also mindestens zwei *binäre Glieder* haben, die jeweils reine Druck- oder Zugkräfte übertragen. Diese Kräfte sind jeweils gleich groß, jedoch entgegengesetzt gerichtet und setzen die Zange unter Vorspannung. Beschränkt man sich auf sechsgliedrige kinematische Ketten, so gibt es fünf, die für die Entwicklung viergliedriger Zangen geeignet sind (Abb. 10.73b–f) (Hain 1962). Sämtliche kinematische Ketten bestehen aus sechs Gliedern und acht Gelenken, und dementsprechend ergibt sich der Freiheitsgrad (►Abschn. 2.3) aus Gl. 2.12 zu

$$F = 3 \cdot (n - 1) - 2 \cdot g_1 - g_2 = 3 \cdot (6 - 1) - 2 \cdot 8 - 0 = -1,$$

also erwartungsgemäß. Wenn beispielsweise in Abb. 10.73b die beiden binären Glieder 5 und 6 für die Kraftübertragung entfernt werden, wird die sechsgliedrige Kette auf die viergliedrige Kette 1-2-3-4 (Abb. 10.73a) mit $F = 1$ reduziert. Dasselbe gilt für die übrigen Varianten c–f, die in einem weiteren Schritt unter Berücksichtigung konstruktiver Gesichtspunkte konkretisiert werden müssen.

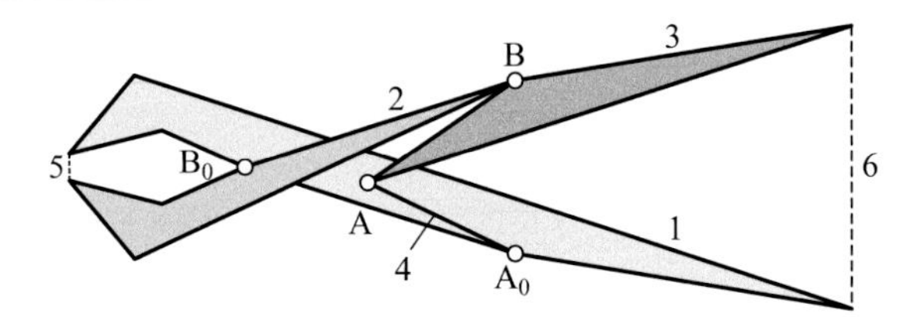

Abb. 10.74 Schematische Darstellung einer kraftverstärkenden Zange (Tolle 1966)

Hinweis
Sowohl Dreh- als auch Schubgelenke können verwendet werden, um die kinematischen Ketten in Abb. 10.73 konstruktiv zu gestalten.

Darüber hinaus können die Abmessungen der Glieder so bestimmt werden, dass vorgeschriebene Kraftübersetzungsverhältnisse eingehalten werden. Hierbei können die bekannten Regeln der Statik herangezogen werden, um zuerst die Kräfte zu bestimmen, die auf die verschiedenen Getriebeglieder wirken. Dann können die Abmessungen so ausgewählt werden, dass das Verhältnis zwischen der Handkraft und der Zangenkraft eingehalten wird.

Am Beispiel einer aus der kinematischen Kette in Abb. 10.73b abgeleiteten Zange soll diese Vorgehensweise erläutert werden. Diese Zange ist in Abb. 10.74 schematisch dargestellt.

Für die Kräfteuntersuchung kann man zuerst annehmen, dass die Zangenkraft $P \equiv F_2$ und die Wirkungslinie der Handkraft $Q \equiv F_3$ bekannt sind. Am Glied 3 wirken die drei Kräfte Q, G_{32} und G_{34} (Abb. 10.75). Die Wirkungslinien der Kräfte G_{34} und Q sind be-

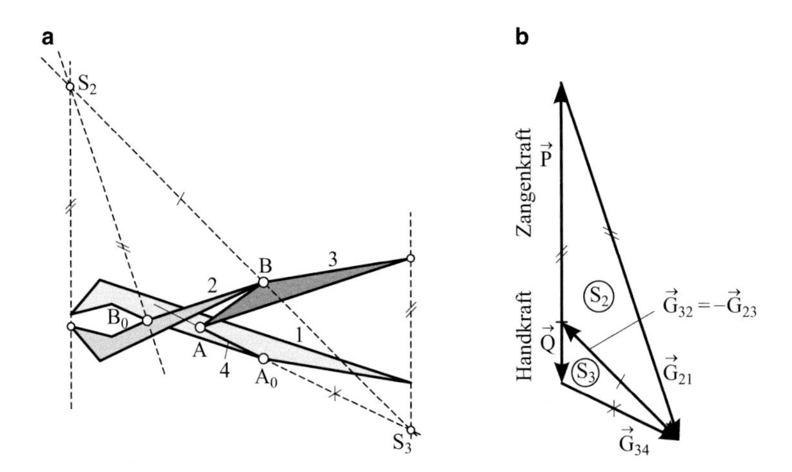

Abb. 10.75 Kräfte an einer viergliedrigen kraftverstärkenden Zange: **a** Lageplan **b** Kräfteplan

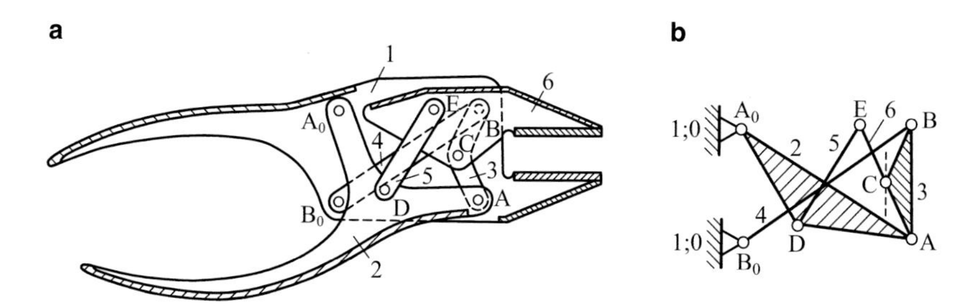

Abb. 10.76 Zange mit annähernd parallel geführten Greifbacken: **a** Maßstäbliche Darstellung einer speziellen Zange (Hain 1967, Braune 2008), **b** Kinematisches Schema

kannt. Somit ergibt sich der Schnittpunkt S_3. Die Wirkungslinie der Kraft G_{32} muss durch den Schnittpunkt dieser Kräfte und den Gelenkpunkt B gehen. Darüber hinaus kann man das Glied 2 gedanklich freischneiden. An diesem Glied greifen die Kräfte P, G_{23} und G_{21} an. Die bekannten Wirkungslinien der Kräfte P und G_{23} schneiden sich in dem Punkt S_2. Daraus ergibt sich die Wirkungslinie der Kraft G_{21}, die durch die Punkte S_2 und B_0 geht. Der resultierende Kräfteplan ermöglicht es, die erforderliche Handkraft Q zu bestimmen. Dieser Kräfteplan kann auch dazu dienen, die Auswirkung einer Änderung der Abmessungen auf das Kraftübersetzungsverhältnis zwischen der Handkraft Q und der Zangenkraft P zu betrachten. Auf diese Weise kann der Konstrukteur geeignete Abmessungen finden, um ein vorgeschriebenes Kraftübersetzungsverhältnis einzuhalten (►Abschn. 5.2.1).

Neben einer größeren Kraftverstärkung ist man oft bestrebt, andere kinematische Anforderungen zu erfüllen. Als Beispiel soll die Synthese einer Zange dienen, deren obere Backe parallel zu der unteren Backe geführt wird. Diese Anforderung ist nur bedingt mit einem viergliedrigen Getriebe möglich (Hain 1967).

In Abb. 10.76 ist eine Zange skizziert, der ein sechsgliedriges Getriebe zugrunde liegt. Das Glied 6 weist eine annähernd parallele Ausrichtung zum Zangengriff 1 (Gestell) während einer Drehung des Zangengriffes 2 um den Punkt A_0 auf.

Abbildung 10.76b zeigt das kinematische Schema des Getriebes. Die Abmessungen des Grundgetriebes A_0ACBB_0 wurden so festgelegt, dass der Punkt C annähernd eine Geradführung ausführt. Dieses Getriebe entspricht einem TSCHEBYSCHEW-*Lenker*. Darüber hinaus können die Gelenkpunkte D und E auf den Gliedern 2 und 6 so ausgewählt werden, dass Glied 6 seine Orientierung nicht ändert. Hierbei können die bekannten Verfahren zur *Lagensynthese* herangezogen werden (►Abschn. 6.2).

10.14 Übergabevorrichtung

Eine Übergabevorrichtung erfüllt eine periodisch wiederkehrende Handhabungsaufgabe, wie sie z. B. bei einer Fließbandfertigung oder in der Verpackungstechnik oft anzutreffen ist (Hesse 1991). Ein Beispiel für solch eine Aufgabe ist es, Glasplatten, die auf einem

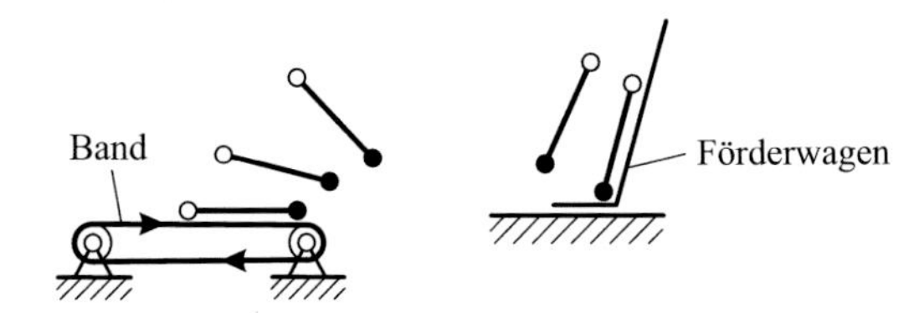

Abb. 10.77 Lagevorgaben für den Übergabevorgang

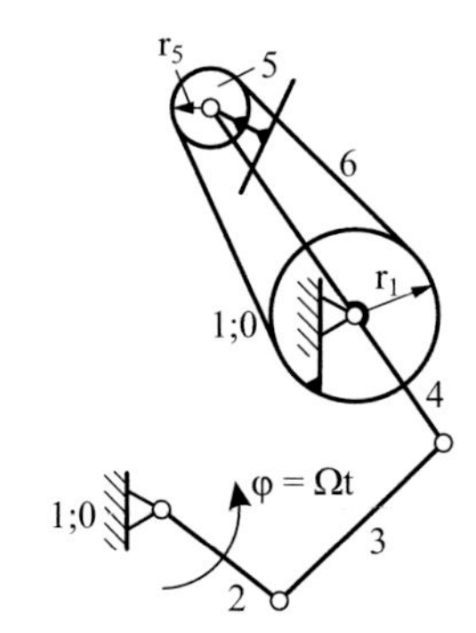

Abb. 10.78 Sechsgliedriges Übergabegetriebe

kontinuierlich laufenden Band ankommen, aufzunehmen und auf einen Förderwagen zu stapeln (Abb. 10.77).

Wenn sich die Handhabungsaufgabe häufig ändert, z. B. weil die Platten aufgrund von variierender Form oder Größe unterschiedlich geführt werden müssen, bietet sich ein serieller *Knickarm-Roboter* (Abb. 9.17) als Lösung an. Nachteilig an diesen Robotern sind allerdings der hohe Preis, die großen Gestellkräfte und die umfangreiche Einrichtung bzw. Steuerung. *Parallelroboter* (►Abschn. 1.3) sind vor allem bei hochdynamischen Bewegungen innerhalb eines kleinen Arbeitsraumes eine sinnvolle Alternative. Bei ebenen Übergabeaufgaben, die nur geringfügig variiert werden, bietet sich der Einfachheit halber ein Koppelgetriebe an. Die mit Hilfe von Getrieben bewegten Übergabevorrichtungen haben – bedingt durch den *Zwanglauf* – den Vorzug, das Handhabungsgut mit günstigen Beschleunigungen in kurzen Taktzeiten bewegen zu können und dabei exakte *Lagensicherungen* zu garantieren.

Die Glasplatte muss von dem Koppelglied durch mehrere Lagen geführt werden. Die Greiflage und die Lage, in der die Platte abgelegt wird, müssen genau erfüllt werden. Bei einer *(Genau-)Lagensynthese* (►Abschn. 6.2) können darüber hinaus eine bis drei Lagen, z. B. zur Vermeidung von Kollisionen, hinzugefügt werden (Abb. 10.77).

Ein Getriebe, das die Handhabungsaufgabe bei umlaufendem Antrieb erfüllt, ist in Abb. 10.78 gezeigt. Der Riemen 6 wird als Getriebeglied interpretiert, da er kinematisch äquivalent auch durch ein in der Schwinge 4 gelagertes Zwischenrad zwischen den beiden Riemenscheiben ersetzt werden kann (Greuel und Volmer 1970, Hain 1976). Mit einer *Totlagensynthese* (►Abschn. 6.1) wird die *Kurbelschwinge* mit dem erforderlichen Schwingwinkel ψ_0 ermittelt. Die vorzeichenbehafteten (Abtriebs-)Winkel, die die Schwinge 4 (ψ_0) und das Übergabeglied 5 (ψ_U) während eines Übergabevorgangs relativ zum Gestell

Tab. 10.1 Konstruktive Freiheiten in Abhängigkeit von den Lagevorgaben (Wertigkeitsbilanz)

Vorgaben	Mögliche Sätze von wählbaren Parametern
2 Lagen (►Abschn. 6.2.2)	(A, B, $\overline{A_0A}$, $\overline{B_0B}$) oder (A_0, B_0, $\overline{A_0A}$, $\overline{B_0B}$)
3 Lagen (►Abschn. 6.2.3)	(A, B) oder (A_0, B_0)
4 Lagen (►Abschn. 6.2.4.1)	(A_0, B_0) auf Mittelpunktkurve oder (A, B) auf Kreispunktkurve
5 Lagen (►Abschn. 6.2.4.2)	0, 1 oder 6 mögliche Getriebe ergeben sich aus BURMESTER'schen Kreis- und Mittelpunkten

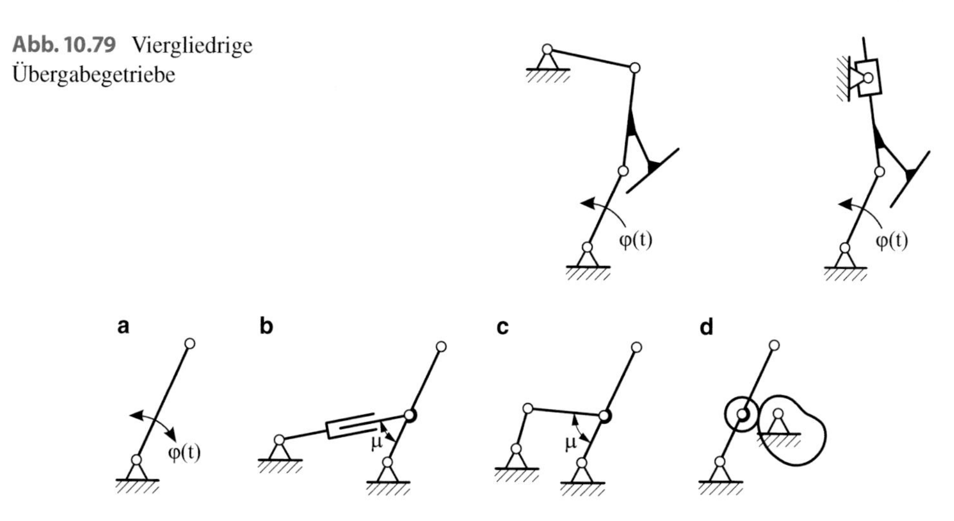

Abb. 10.79 Viergliedrige Übergabegetriebe

Abb. 10.80 Erzeugung einer schwingenden Antriebsbewegung: **a** Drehantrieb, **b** Linearantrieb, **c** Vorschaltgetriebe, **d** Kurvengetriebe

1;0 überstreichen, ergeben die notwendige (konstante) Übersetzung des Riemengetriebes, nämlich

$$\frac{r_5}{r_1} = \frac{\psi_0}{\psi_0 - \psi_U}.$$

Alternativ kann man ein viergliedriges Getriebe direkt als Führungsgetriebe verwenden, wie es oftmals in der industriellen Praxis der Fall ist. Mit der *Wertigkeitsbilanz* (►Abschn. 6.2.1) lässt sich ermitteln, welche kinematischen Parameter eines Getriebes im Allgemeinen noch frei gewählt werden können, wenn eine vorgegebene Anzahl definierter Lagen exakt durchfahren werden muss. Tabelle 10.1 zeigt die Zusammenhänge für viergliedrige Getriebe mit Drehgelenken.

In Abb. 10.79 sind zwei viergliedrige Getriebe abgebildet, die aus einer *Mehrlagensynthese* (►Abschn. 6.2) ermittelt wurden. Im Gegensatz zum sechsgliedrigen Getriebe aus Abb. 10.78 kann der Antrieb nun aber nicht umlaufen. Entstanden sind eine *Doppelschwinge* (►Abschn. 2.4.2) und eine *schwingende Kurbelschleife* (►Abschn. 2.4.2).

Die schwingende Antriebsbewegung kann auf verschiedene Weisen erzeugt werden (Abb. 10.80).

Mit einem Drehantrieb (z. B. Servomotor) oder Linearantrieb (hydraulisch, pneumatisch, elektromagnetisch) kann man die Geschwindigkeits- oder Beschleunigungsprofile individuell und flexibel wählen (z. B. für Hin- und Rückbewegung unterschiedlich oder Rasten beim Greifen und Ablegen). Allerdings können in den *Umkehrlagen* hohe Antriebsmomente bzw. -kräfte entstehen: Neben der Trägheit des Übergabegetriebes und des Handhabungsgutes muss auch die auf die Antriebswelle des Mechanismus reduzierte Trägheit des Motors selbst überwunden werden. Dies kann insbesondere bei Motor-Getriebe-Einheiten mit einer hohen Untersetzung das tatsächliche Nutzmoment des Motors deutlich reduzieren. Eine Antriebsbewegung, die aufgrund eines stark schwankenden erforderlichen Antriebsmoments von der Sollbewegung abweicht, kann dann ungewollte Beschleunigungen und Schwingungen im Übergabegetriebe und dem Handhabungsgut verursachen. Beim Linearantrieb lassen sich hohe Kraftspitzen durch eine günstige Wahl des Anlenkpunktes ($\mu \approx 90°$) verringern.

Durch ein *Vorschaltgetriebe* mit konstanter Winkelgeschwindigkeit Ω umlaufendem Antrieb (Abb. 10.80c) können Spitzen und Schwankungen im Bedarfsmoment deutlich reduziert werden, insbesondere mit weiteren Maßnahmen zum *Leistungsausgleich* (z. B. mit einem Schwungrad). Mit einer *Totlagensynthese* können unterschiedlich schnelle Bewegungen für Hin- und Rücklauf (►Abschn. 6.1) sowie ein *minimaler Übertragungswinkel* (►Abschn. 6.1.3.1) vorgegeben werden. Bei großen Schwingwinkeln ($\psi_0 > 90°$) lassen sich aber nicht beide Forderungen gleichzeitig erfüllen (►Abb. 6.10).

Ein weiterer Vorteil des Vorschaltgetriebes ist, dass das Band mit der Übergabevorrichtung mechanisch gekoppelt werden kann, z. B. mit einem Riementrieb zwischen dem Antrieb des Bandes und der Kurbel des Vorschaltgetriebes. Damit wird die eventuell variierende Geschwindigkeit des Bandes mit der Taktzeit der Übergabevorrichtung synchronisiert. Dies ist bei den zuvor genannten Lösungen mit Direktantrieben mechanisch nicht möglich.

Nachteilig an der Verwendung des Vorschaltgetriebes ist, dass bei konstanter Kurbeldrehzahl in der Greif- und Ablegephase keine Rast möglich ist, wie sie z. B. zum Aufbau des Unterdrucks beim Ansaugen nötig sein kann. Dies lässt sich beispielsweise durch eine Erweiterung um eine weitere Kurbelschwinge (►Abb. 2.33) oder durch ein *Kurvengetriebe* (►Abschn. 2.4.2.2) (Abb. 10.80d) erreichen. In beiden Fällen kann die Bandgeschwindigkeit mit dem Übergabetakt gekoppelt bleiben. Durch die Gestaltung der mit konstanter Geschwindigkeit umlaufenden Kurvenscheibe kann zusätzlich ein gewünschtes Geschwindigkeits- oder Beschleunigungsprofil des Antriebs der Übergabevorrichtung in den vier Bewegungsphasen Greifen-Transport/Vorlauf-Ablegen-Rücklauf erzeugt werden.

Ein Nachteil bei allen genannten Varianten ist, dass die zugeführten Platten im Moment des Greifens eine Relativgeschwindigkeit ungleich null zum Übergabeglied besitzen. Bei einer Lagensynthese kann prinzipiell nicht die Geschwindigkeit vorgegeben werden, mit der die Lagen durchfahren werden. Man kann allerdings versuchen, diese Geschwindigkeit zu beeinflussen, indem man mehrere Lagen näherungsweise parallel zum Band

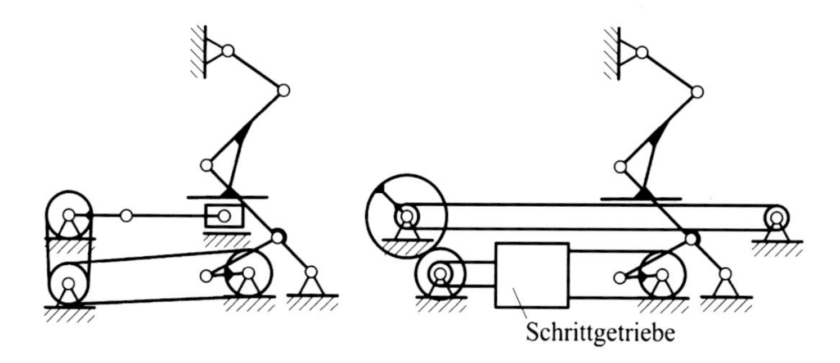

Abb. 10.81 Beispielgetriebe zur Synchronisation bei der Glasplattenaufnahme

geschickt vorgibt. Eine hohe Anzahl von vorgegeben Lagen lässt sich allerdings nicht mit einem viergliedrigen Getriebe erreichen (Tab. 10.1).

Alternativ kann die Zuführung verändert werden: Denkbar ist eine Schubkurbel, die sich beim Greifen in ihrer äußeren Totlage befindet oder die Verwendung eines *Schrittgetriebes* (►Abschn. 10.9) zwischen dem Antrieb der Übergabevorrichtung und dem des Bandes (Abb. 10.81).

Literatur

Böge, A. (Hrsg.): Handbuch Maschinenbau – Grundlagen und Anwendungen der Maschinenbau-Technik. 19. Aufl. S. I141–I147. Verlag Vieweg+Teubner, Wiesbaden (2009)

Braune, R.: Die Handzange mit paralleler Backenführung – Nutzung von heutiger Software zur Auslegung eines Getriebebeispiels von Kurt Hain. Beitrag zum Ehrenkolloquium „Kurt Hain 100 Jahre", TU Dresden, S. 105–129 (2008). DMG-Lib ID: 42987009

Breuer, B.: Bremsenhandbuch – Grundlagen, Komponenten, Systeme, Fahrdynamik. S. 401–411. Vieweg, Wiesbaden (2006)

Dittrich, G.: Systematik der Bewegungsaufgaben und grundsätzliche Lösungsmöglichkeiten. In: VDI-Berichte Nr. 576. S. 1–20. VDI-Verlag, Düsseldorf (1985). DMG-Lib ID: 1610009

Dittrich, G., Braune, R.: Getriebetechnik in Beispielen. 2. Aufl. Oldenbourg, München/Wien (1987). DMG-Lib ID: 941009

Dittrich, G., Wehn, V.: Öffnungsmechanismus einer PKW-Motorhaube. Der Konstrukteur **20**(10), 23–24 (1989). DMG-Lib ID: 3288009

Dittrich, G., Wehn, V.: Pflugschar-Führungsgetriebe. Der Konstrukteur **21**(1–2), 21–22 (1990). DMG-Lib ID: 3291009

Früh, C., et al.: Komfort bei erlebbarer Dynamik und Agilität. ATZextra **01**, 128–143 (2009)

Greuel, O., Volmer, J.: Berechnung von Umlaufrädergetrieben als Führungsgetriebe. Maschinenbautechnik **19**(7), 338–343 (1970). DMG-Lib ID: 1467009

Haarmann, W.: Aufbau und Wirkungsweise von Dreischeibenkupplungen. Maschinenmarkt **80**(102), 2107–2110 (1974)

Hain, K.: Zur Kinematik der Schlepper-Anbaugeräte. Die Landtechnik **5**(8), 292-294 (1950). DMG-Lib ID: 185009

Hain, K.: Entwurf viergliedriger, kraftverstärkender Zangen für gegebene Kräfteverhältnisse. Das Industrieblatt **62**(2), 70–73 (1962). DMG-Lib ID: 283009

Hain, K.: Werkstück-Spannvorrichtungen ohne Gleitführungen. Industrie-Anzeiger **89**(14), 252–255 (1967). DMG-Lib ID: 330009

Hain, K.: Systematik und Kräftewirkungen in Differential-Backenbremsen. Technica **17**(10), 899–904 (1968). DMG-Lib ID: 337009

Hain, K.: Getriebebeispiel-Atlas – Eine Zusammenstellung ungleichförmig übersetzender Getriebe für den Konstrukteur. Blatt 2.3.1. VDI-Verlag, Düsseldorf (1973). DMG-Lib ID: 99009

Hain, K.: Getriebebeispiel-Atlas – Eine Zusammenstellung ungleichförmig übersetzender Getriebe für den Konstrukteur. Blatt 10.3.5. VDI-Verlag, Düsseldorf (1973). DMG-Lib ID: 99009

Hain, K.: Der Einsatz von Planeten-Führungsgetrieben für Übergabe-Vorrichtungen. VDI-Z **118**(22), 1047–1052 (1976). DMG-Lib ID: 401009

Hain, K., Schumny, H.: Gelenkgetriebe-Konstruktion mit HP Serie 40 und 80. In: Reihe: Anwendung von Mikrocomputern. Bd. 9, S. 67–69. Verlag Vieweg, Braunschweig/Wiesbaden (1984)

Hesse, S.: Atlas der modernen Handhabungstechnik. S. 262–262/5, 263. Hoppenstedt Technik Tabellen Verlag, Darmstadt (1991)

Hüsing, M.: Cabrio-Verdeckmechanismen toleranzunempfindlich auslegen – Empfindlichkeits- und Toleranzanalyse. In: VDI-Berichte Nr. 1283, S. 199–214. VDI-Verlag, Düsseldorf (1996). DMG-Lib ID: 5811009

Hüsing, M.: Vorstellung und Vergleich aktueller Cabriolet-Verdeckmechanismen. Steinmetz, E. (Hrsg.) Technische Mitteilungen, Haus der Technik e. V. Essen **91**(2), 78–87 (1998). DMG-Lib ID: 5812009

Hüsing, M.: Verdeckmechanismen von Kraftfahrzeugen mit Stoffdach oder mit formstabilen Dachelementen. In: Heinzl, J. (Hrsg.) Kolloquium Getriebetechnik 1999, 20.–21. September. S. 29–41. TU München, Garching (1999). DMG-Lib ID: 3650009

Hüsing, M., Choi, S.-W., Corves, B.: Cabriolet-Verdeckmechanismen aus der Sicht der Bewegungstechnik. VDI-Getriebetagung 2002. In: VDI-Berichte Nr. 1707, S. 77–99. VDI-Verlag, Düsseldorf (2002). DMG-Lib ID: 3402009

Hüsing, M., Choi, S.-W., Corves, B.: Cabriolet-Verdeckmechanismen eröffnen neue Perspektiven. Konstruktion **55**(6), 37–43 (2003). DMG-Lib ID: 3405009

Hüsing, M., Corves, B.: Verwendung von Ersatzgetrieben bei der Toleranzuntersuchung von Führungsgetrieben. VDI-Getriebetagung 2008. In: VDI-Berichte Nr. 2050, S. 119–130. VDI-Verlag, Düsseldorf (2008). DMG-Lib ID: 8910009

Kerle, H., Haarmann, W., Klebe, J.: Lageberechnung bei querbeweglichen Wellenkupplungen. Antriebstechnik **33**(7), 47–51 (1994). DMG-Lib ID: 3043009

Leiter, R., Mißbach, S., Walden, M.: Fahrwerke. Vogel Buchverlag, Würzburg (2008)

Matschinsky, W.: Radführungen der Straßenfahrzeuge. Springer-Verlag, Berlin/Heidelberg/New York (1998)

Meyer zur Capellen, W., Janssen, B.: Spezielle Koppelkurvenrast- und Schaltgetriebe. Forschungsberichte des Landes NRW, Nr. 1226. S. 81–85. Westdeutscher Verlag, Köln/Opladen (1964). DMG-Lib ID: 2999009

Oderfeld, J.: Ermittlung von Momentanpolen in ebenen Getrieben. Maschinenbautechnik **12**(7), 374–375 (1963)

Rauh, K.: Aufbaulehre der Verarbeitungsmaschinen. Verlag W. Girardet, Essen (1950). DMG-Lib ID: 8477009

Schraut, R.: Gekoppelte Parallelkurbelgetriebe als Kupplung für Wellen mit Achsversatz. Industrie-Anzeiger **91**(26), 595 (1969). DMG-Lib ID: 4135009

Tolle, O.: Kräfteuntersuchung und Maßbestimmung in viergliedrigen kraftverstärkenden Zangen. Werkstatt und Betrieb **99**(11), 797–801 (1966)

VDI (Hrsg.): VDI-Richtlinie 2240: Wellenkupplungen – Systematische Einteilung nach ihren Eigenschaften. Beuth-Verlag, Berlin (1971)

VDI (Hrsg.): VDI-Richtlinie 2722: Gelenkwellen und Gelenkwellenstränge mit Kreuzgelenken – Einbaubedingungen für Homokinematik. Beuth-Verlag, Berlin (2003), überprüft und bestätigt (2014)

Volmer, J. (Hrsg.): Getriebetechnik – Lehrbuch. 2. Aufl. S. 406–423. VEB Verlag Technik, Berlin (1987)

Xia, S., Geu Flores, F., Kecskeméthy, A., Pöttker, A.: Symbolische Generierung der kinematischen Gleichungen mehrschleifiger Mechanismen am Beispiel von Ladeschaufelbaggern. In: 8. Kolloquium Getriebetechnik, Aachen 2009, S. 161–175. Verlagshaus Mainz GmbH, Aachen (2009)

Sachverzeichnis

H. Kerle, B. Corves, M. Hüsing, *Getriebetechnik*, DOI 10.1007/978-3-658-10057-5

Printed in the United States
By Bookmasters